中國科技典籍選刊

叢書主編：孫顯斌

內蒙古師範大學科學技術史研究院藏清同治六年金陵刻本

則古昔齋算學

【上】

[清]李善蘭◇撰　本書整理組◇整理

ZEGUXIZHAI SUANXUE

CNS
K
湖南科學技術出版社　長沙

國家古籍整理出版專項經費資助項目

U0221288

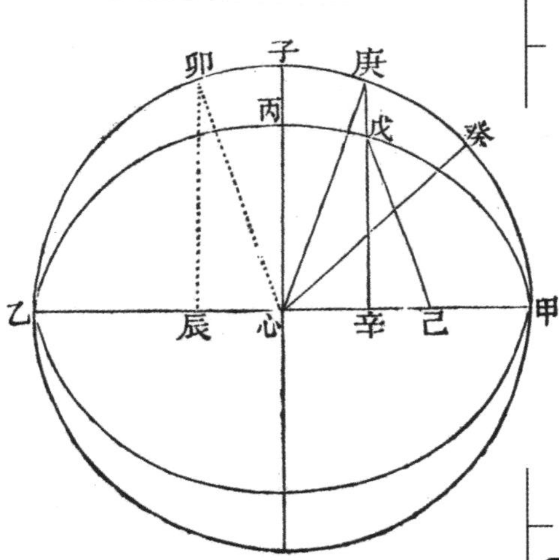

《中國科技典籍選刊》總序

我國有浩繁的科學技術文獻，整理這些文獻是科技史研究不可或缺的基礎工作。竺可楨、李儼、錢寶琮、劉仙洲、錢臨照等我國科技史事業開拓者就是從解讀和整理科技文獻開始的。二十世紀五十年代，科技史研究在我國開始建制化，相關文獻整理工作有了突破性進展，涌現出許多作品，如胡道静的力作《夢溪筆談校證》。

改革開放以來，科技文獻的整理再次受到學術界和出版界的重視，這方面的出版物呈現系列化趨勢。巴蜀書社出版《中華文化要籍導讀叢書》（簡稱《導讀叢書》），如聞人軍的《考工記導讀》、傅維康的《黄帝内經導讀》、繆啓愉的《齊民要術導讀》、胡道静的《夢溪筆談導讀》及潘吉星的《天工開物導讀》。上海古籍出版社與科技史專家合作，爲一些科技文獻作注釋并譯成白話文，刊出《中國古代科技名著譯注叢書》（簡稱《譯注叢書》），包括程貞一和聞人軍的《周髀算經譯注》、聞人軍的《考工記譯注》、郭書春的《九章算術譯注》、繆啓愉的《東魯王氏農書譯注》、陸敬嚴和錢學英的《新儀象法要譯注》、潘吉星的《天工開物譯注》、李迪的《康熙幾暇格物編譯注》等。

二十世紀九十年代，中國科學院自然科學史研究所組織上百位專家選擇并整理中國古代主要科技文獻，編成共約四千萬字的《中國科學技術典籍通彙》（簡稱《通彙》）。它共影印五百四十一種書，分爲綜合、數學、天文、物理、化學、地學、生物、農學、醫學、技術、索引等共十一卷（五十册），分別由林文照、郭書春、薄樹人、戴念祖、郭正誼、唐錫仁、苟翠華、范楚玉、余瀛鰲、華覺明等科技史專家主編。編者爲每種古文獻都撰寫了『提要』，概述文獻的作者、主要内容與版本等方面。自一九九三年起，《通彙》由河南教育出版社（今大象出版社）陸續出版，受到國内外中國科技史研究者的歡迎。近些年來，國家立項支持《中華大典》數學典、天文典、理化典、生物典、農業典等類書性質的系列科技文獻整理工作。類書體例容易割裂原著的語境，這對史學研究來説多少有些遺憾。

總的來看，我國學者的工作以校勘、注釋、白話翻譯爲主，也研究文獻的作者、版本和科技内容。例如，潘吉星將《天工開物校注及研究》分爲上篇（研究）和下篇（校注），其中上篇包括時代背景，作者事迹，書的内容、刊行、版本、歷史地位和國際影響等方面。

《導讀叢書》、《譯注叢書》和《通彙》等爲讀者提供了便于利用的經典文獻校注本和研究成果，也爲科技史知識的傳播做出了重要貢獻。不過，可能由於整理目標與出版成本等方面的限制，這些整理成果不同程度地留下了文獻版本方面的缺憾。《導讀叢書》、《譯注叢書》和其他校注本基本上不提供保持原著全貌的高清影印本，并且録文時將繁體字改爲簡體字，改變版式，還存在截圖、拼圖、换圖中漢字等現象。《通彙》的編者們儘量選用文獻的善本，但《通彙》的影印質量尚需提高。

歐美學者在整理和研究科技文獻方面起步早於我國。他們整理的經典文獻爲科技史的各種專題與綜合研究奠定了堅實的基礎。有些科技文獻整理工作被列爲國家工程。例如，萊布尼茲（G. W. Leibniz）的手稿與論著的整理工作於一九〇七年在普魯士科學院與法國科學院聯合支持下展開，文獻内容包括數學、自然科學、技術、醫學、人文與社會科學，萊布尼茲所用語言有拉丁語、法語和其他語種。該項目因第一次世界大戰而失去法國科學院的支持，但在普魯士科學院支持下繼續實施。第二次世界大戰後，項目得到東德政府和西德政府的資助。迄今，這個跨世紀工程已經完成了五十五卷文獻的整理和出版，預計到二〇五五年全部結束。

二十世紀八十年代以來，國際合作促進了中文科技文獻的整理與研究。我國科技史專家與國外同行發揮各自的優勢，合作整理與研究《九章算術》、《黄帝内經素問》等文獻，并嘗試了新的方法。郭書春分别與法國科研中心林力娜（Karine Chemla）、美國紐約市立大學道本周（Joseph W. Dauben）和徐義保合作，先後校注成中法對照本《九章算術》（*Les Neuf Chapters*，二〇〇四）和中英對照本《九章算術》（*Nine Chapters on the Art of Mathematics*，二〇一四）。中科院自然科學史研究所與馬普學會科學史研究所的學者合作校注《遠西奇器圖説録最》，在提供高清影印本的同時，還刊出了相關研究專著《傳播與會通》。

按照傳統的説法，誰占有資料，誰就有學問，我國許多圖書館和檔案館都重『收藏』輕『服務』。在全球化與信息化的時代，國際科技史學者們越來越重視建設文獻平臺，整理、研究、出版與共享寶貴的科技文獻資源。德國馬普學會（Max Planck Gesellschaft）的科技史專家們提出『開放獲取』經典科技文獻整理計劃，以『文獻研究+原始文獻』的模式整理出版重要典籍。編者盡力選擇稀見的手稿和經典文獻的善本，向讀者提供展現原著面貌的複製本和帶有校注的印刷體轉録本，甚至還有與原著對應編排的英語譯文。同時，編者爲每種典籍撰寫導言或獨立的學術專著，包含原著的内容分析、作者生平、成書與境及參考文獻等。

任何文獻校注都有不足，甚至引起對某些内容解讀的争議。真正的史學研究者不會全盤輕信已有的校注本，而是要親自解讀原始文獻，希望看到完整的文獻原貌，并試圖發掘任何細節的學術價值。與國際同行的精品工作相比，我國的科技文獻整理與出版工作還可以精益求精，比如從所選版本截取局部圖文，甚至對所截取的内容加以『改善』，這種做法使文獻整理與研究的質量打了折扣。

實際上，科技文獻的整理和研究是一項難度較大的基礎工作，對整理者的學術功底要求較高。他們須在文字解讀方面下足够的功夫，并且準確地辨析文本的科學技術内涵，瞭解文獻形成的歷史與境。顯然，文獻整理與學術研究相互支撑，研究决定着整理的質量。隨着研究的深入，整理的質量自然不斷完善。整理跨文化的文獻，最好藉助國際合作的優勢。如果翻譯成英文，還須解决語言轉换的難題，找到合適的以英語爲母語的合作者。

在我國，科技文獻整理、研究與出版明顯滯後於其他歷史文獻，這與我國古代悠久燦爛的科技文明傳統不相稱。相對龐大的傳統科技遺産而言，已經系統整理的科技文獻不過是冰山一角。比如《通彙》中的絶大部分文獻尚無校勘與注釋的整理成果，以往的校注工作集中在幾十種文獻，并且没有配套影印高清晰的原著善本，有些整理工作存在重複或雷同的現象。近年來，國家新聞出版廣电總局加大支持古籍整理和出版的力度，鼓勵科技文獻的整理工作。學者和出版家應該通力合作，借鑒國際上的經驗，高質量地推進科技文獻的整理與出版工作。

鑒於學術研究與文化傳承的需要，中科院自然科學史研究所策劃整理中國古代的經典科技文獻，并與湖南科學技術出版社合作出版，向學界奉獻《中國科技典籍選刊》。非常榮幸這一工作得到圖書館界同仁的支持和肯定，他們的慷慨支持使我們倍受鼓舞。國家圖書館、上海圖書館、清華大學圖書館、北京大學圖書館、日本國立公文書館、早稻田大學圖書館、韓國首爾大學奎章閣圖書館等都對『選刊』工作給予了鼎力支持，尤其是國家圖書館陳紅彦主任、上海圖書館黄顯功主任、清華大學圖書館馮立昇先生和劉薔女士以及北京大學圖書館李雲主任還慨允擔任本叢書學術委員會委員。我們有理由相信有科技史、古典文獻與圖書館學界的通力合作，《中國科技典籍選刊》一定能結出碩果。這項工作以科技史學術研究爲基礎，選擇存世善本進行高清影印和録文，加以標點、校勘和注釋，排版採用圖像與録文、校釋文字對照的方式，便於閱讀與研究。另外，在書前撰寫學術性導言，供研究者和讀者參考。受我們學識與客觀條件所限，《中國科技典籍選刊》還有諸多缺憾，甚至存在謬誤，敬請方家不吝賜教。

我們相信，隨着學術研究和文獻出版工作的不斷進步，一定會有更多高水平的科技文獻整理成果問世。

張柏春　孫顯斌

於中關村中國科學院基礎園區

二〇一四年十一月二十八日

目録

導言

二〇二二年四月，習近平總書記指出：『要精心保護好古籍資源，逐步推進數字化，要加强學術資源庫建設，提升國家文化軟實力』。古籍文獻既是古人思想的寶藏、先賢智慧的結晶，整個民族的血脈，也是中華優秀傳統文化的重要載體，其中蘊藏著豐富而深厚的治國安邦的思想資源和歷史經驗，已成為發展先進文化的深厚基礎，對當代中國社會有著彌足珍貴的經驗啟示和現實借鑒。中華優秀傳統文化是中華文明的智慧結晶和精華所在，需要我們努力從中華民族幾千年來形成和積累的優秀傳統文化中汲取營養和智慧，深入挖掘中華優秀傳統文化的價值内涵，進一步激發中華優秀傳統文化的生機與活力，也需要我們認真汲取中華優秀傳統文化的思想精華和道德精髓，深入挖掘和闡發中華優秀傳統文化。

我國有浩繁的古籍文獻，文獻經過傳抄、刻印、排印等傳佈後，會出現錯誤。為了恢復其原貌，須對古書進行校勘整理、内容注釋和演算法解析，這也是數學史研究的基礎工作。近年來，相關文獻的校勘整理工作有了長足進展，著述宏豐。本書意在科學化保護中華文化遺產，普及傳播中華優秀傳統數學文化，彰顯中華民族文化自信，體現中華民族的軟實力。數學古籍大量存在特殊的文字和符號，其蘊含數學概念和關係，為此，我們開發並在本書中使用了數學古籍録入排版系統，解決了數學古籍中公式、符號的排版問題。通過校勘和整理等方式揭示《則古昔齋算學》中蘊含的數學思想、文化内涵與精粹，增强典籍的傳承價值和受眾範圍，使廣大讀者免去很多麻煩和各種困難，對李善蘭《則古昔齋算學》能有比較全面地了解和把握。

一、李善蘭簡介

李善蘭（一八一一—一八八二）（關於李善蘭的生平事略，李儼的《李善蘭年譜》[一]，嚴敦傑的《李善蘭年譜訂正及補遺》[二]，李

[一] 李儼：李善蘭年譜[A]．李儼：中算史論叢（第四集）[C]．北京：科學出版社，一九五五．
[二] 嚴敦傑：李善蘭年譜訂正及補遺[A]．梅榮照主编：明清數學史論文集[C]．南京：江蘇教育出版社，一九九〇．

迪的《十九世紀中國數學家李善蘭》〔一〕《有關李善蘭的一些新史料》〔二〕，王渝生的《李善蘭研究》〔三〕《中國近代科學的先驅—李善蘭》〔四〕《李善蘭：中國近代科學的先驅者》〔五〕和羅見今的《中國近代數學和數學教育的先驅者—李善蘭、華蘅芳》〔六〕等論著中有詳細考究）是中國近代著名的數學、天文學、力學和植物學家。據清光緒二十二年（一八九六）上海璣衡堂石印本諸可寶《疇人傳三編·李善蘭傳》卷六録文所載：

『李善蘭，字壬叔，號秋紉，海寧人。諸生。曾從長洲老儒陳徵君奐受經，於辭章訓詁之學雖皆涉獵，然好之終不及算學。故算學用心極深，其精到處自謂不讓西人，抑且近代罕匹。方年十齡，讀書家塾，架上有古《九章》，竊取閱之，以爲可不學而能，從此遂好算。應試杭州，得《測圓海鏡》《句股割圜記》以歸，其學始進。三十後，所造漸深，因思割圜法非自然，深思得其理，時有心得，輒復箸書。與同郡戴處士煦、南匯張明經文虎、烏程徐莊愍公、汪教諭曰楨、歸安張茂才福僖，及竝世明算之士皆相善，時有問難。咸豐初，客上海，識英吉利文士偉烈亞力、艾約瑟、韋廉臣三人，從譯諸書。十年，在莊愍幕府，粵匪弄兵，吴越淪陷。同治改元，乃從湘鄉文正公安慶軍中，相依數歲。七年，用湘陰郭侍郎嵩燾薦舉，徵入同文館。文正資送之應詔至都，奏派算學總教習。敘勞積階至三品卿銜、户部郎中、總理各國事務衙門漢章京。光緒十年卒於官，年垂七十矣。』

此段傳文較為詳細地講述了李善蘭的求學歷程：

李善蘭十歲時養成好學習慣，十幾歲能寫詩文，尤其是在一八四二年前後所寫的詩文中，有對腐敗不堪清廷的揭露，有對敵軍殘暴行徑的記録，也有對民族敗類罪行的痛斥。三十歲前渴望學習數學知識，積極搜求數學著作，熟讀傳統數學著作。三十歲後苦研歷算，並與張文虎（一八〇八—一八八五）、顧觀光（一七九九—一八六二）、汪曰禎（一八一三—一八八一）等數學家交流討論數學問題。他的善於學習和勤於思考加深了他對數學的理解，對以後的研究工作奠定了深厚的基礎。一八五一年，李氏結識戴煦，兩人學術交往密切。一八五二年，他到上海後，開始與偉烈亞力（Alexander Wylie）、艾約瑟（Joseph Edkins）等合譯科學著作，把西方數學知識介紹到中國來，繼明末徐光啓、利瑪竇合譯《幾何原本》前六卷之後，開辟了近代研究併發展自然科學的新時期。一八六〇年，李善蘭曾在官至江

〔一〕李迪．十九世紀中國數學家李善蘭［J］．中國科技史料，一九八二（〇三）：一五—二一．

〔二〕李迪．有關李善蘭的一些新史料［A］．李迪主編．數學史研究文集［C］，第一輯．呼和浩特：內蒙古大學出版社，一九九〇．

〔三〕王渝生．李善蘭研究［A］．梅榮照主編．明清數學史論文集［C］．南京：江蘇教育出版社，一九九〇．

〔四〕王渝生．中國近代科學的先驅——李善蘭［M］．北京：科學出版社，二〇〇〇．

〔五〕王渝生．李善蘭：中國近代科學的先驅者［J］．自然辯證法通訊，一九八三（〇五）：五九—七二十八〇．

〔六〕羅見今．中國近代數學和數學教育的先驅者——李善蘭、華蘅芳［J］．遼寧師範大學學報（自然科學版），一九八六（S1）：二二—三四．

蘇巡撫的徐有壬幕下做幕賓，本想一同研究數學，未料徐旋為太平軍所殺，李倉皇返滬，許多數學文稿喪失殆盡。一八六八年，李善蘭受到原廣東巡撫郭筠仙侍郎（嵩燾）的推薦，被征入北京任同文館算學總教習。此後轉向數學教育與研究，直至去世。

十九世紀後半葉，以李善蘭和華蘅芳為代表的中國數學家與數學教育家進行了艱苦卓絕的數學啟蒙和教育啟蒙工作，大量翻譯介紹西方數學的成果，奠定了近代數學、天文學等學科在我國發展的基礎，開辟了近代數學和數學教育發展的新道路。

二、《則古昔齋算學》簡介

李善蘭在得到汪曰禎抄本《四元玉鑒》後，勤學苦讀，完成了《四元解》二卷，並於一八四五年贈予顧氏。一八四五年前後，又寫成了《方圓闡幽》《弧矢啟秘》[一]《對數探源》[二]《垛積比類》（一八四五？）[三]等數學著作，一八四八年，完成了研究歷法的《麟德術解》。

一八六四年夏，曾國藩軍攻陷太平天國首都天京（今南京）。李善蘭跟著到了南京，再次向曾國藩提出出版自己所著所譯的數學書籍，曾國藩表示支持。一八六六年，曾國藩在上海籌建江南機器局，他郵三百金到南京，資助李善蘭出版算書。

一八六七年刊行的《則古昔齋算學》收録李善蘭二十多年來的各種天算著作，計有《方圓闡幽》一卷（一八四五）、《弧矢啟秘》二卷（一八四五）、《對數探源》二卷（一八四五）、《垛積比類》四卷、《四元解》二卷（一八四五）、《麟德術解》三卷（一八四八）、《橢圓正術解》二卷、《橢圓新術》一卷、《橢圓拾遺》三卷、《火器真訣》一卷（一八五八）、《對數尖錐變法釋》一卷、《級數回求》一卷、《天算或問》一卷。

李善蘭的數學成就集中表現在尖錐術[四]、垛積術[五]、數根術[六]等方面。這些工作基本上屬於傳統數學，在中算史上達到了新的境界，創造了傳統數學研究的新水準，在微積分、數論、組合數學、級數論等領域內頗多獨創。他的縝密思考和精辟論述影響了當時一

〔一〕結合尖錐術討論了弧矢間的各種關係，給出一批三角函數及其反函數的無窮級數，其中有正切和正割，與一六七一年格列高里所獲公式略同，但式中分別出現了正切數和歐拉數，寫作的年代大概在一八四五年，但出版要到二十多年後。

〔二〕由尖錐術推導出自然對數的展開式，並由此算出對數表。

〔三〕與《方圓闡幽》應著於同一時期，一八四〇年代中期或一八四五年前後。

〔四〕是在傳統的極限思想的基礎上創立的一種微積分方法，是他數學創新的高峰，導出了中算史上第一個定積分公式，因此被認為這是叩響微積分大門的發軔之作，受到後世學者的重視。

〔五〕《垛積比類》在數學著作中地位特殊，屬於組合級數論，研究了整數級數求和，得到了一批組合計數的結果。

〔六〕《考數根法》首次發表於一八七二年，全文二三五〇餘字，且注有『則古昔齋算學第十四種』字樣，應屬《則古昔齋算學》之繼續，是關於素數的理論，提出了四個素數判定定理，已具備近代數論基礎。

代學人，他的著作成為數學家的必讀書。

《則古昔齋算學》包括了中國算書古代體系且涵蓋了近代創新的成果，是中國傳統數學語言系統向現代數學語言系統轉換的重要階段。在此之前，科學史界的相關人員已對李善蘭的《則古昔齋算學》有過頗多研究，他們多以翻譯和算理分析等研究方法，重點對《垛積比類》《方圓闡幽》《弧矢啟秘》等作了解讀與分析。本書以整理校勘《則古昔齋算學》為基礎，力圖推出一套較為成熟的方法手段，同時為整理其他典籍文獻提供一定的參考。

三、版本情況

根據目前掌握的版本情況，同治三年、同治六年、同治七年各版本，應是同治六年莫友芝金陵刻本。光緒間的石印本應該均據莫友芝金陵刻本石印。版本情況大概是：同治六年莫友芝金陵初刻本，光緒八年金陵藩署重刻本，光緒二十二年上海積山書局石印本及其他石印本。三者有沿襲的關係。另外，個別有零本，如《對數探源》還有《指海》本，《方圓闡幽》《弧矢啟秘》還有《藝海珠塵》本，比《則古昔齋算學》出版早。

本書校點的版本為清同治六年（一八六七）莫友芝金陵刻本《則古昔齋算學》。

古籍的校勘與注釋是要對古籍中需要加以说明和難以理解之處進行解釋、補輯和辨析。涉及的方法主要有校勘學、版本學等；天文、數學、物理、歷史等則是注釋典籍必須的知識。

四、本書的校勘凡例

（一）要徹底實現數字化需建立特殊文字和符號對應的字元編碼，將數學古籍全部轉變成數字文本。為此，首要的問題是，針對現有的國内外的《則古昔齋算學》圖書與古籍文獻（含電子版）等，進行資源加工，即《則古昔齋算學》紙質資源的數字化加工，基本流程分別如下：

其中，最終形成的數字化資源形態，是由文本（TXT）、圖片（JPG）構成，便於系統録入。再對圖片、PDF 格式的資源進行數字化加工：第一步解決文本數字化的問題，把照片或傳統手寫或刊刻文本轉變成數字文本。第二步對數字化内容校勘：文本按照數學邏輯關係進行核校，更正其文字錯誤和計算錯誤。最後將完整的數字化文本收録。基本流程如下：

針對數學古籍中存在的特殊文字和符號等，我們開發了古籍數學符號録入排版系統，解決了《則古昔齋算學》中公式、符號的排版問題。

今後，我們擬建立數學古籍知識詞表，如，數學、天文、物理等專業術語詞典；古今關聯詞語表；常用古籍名稱；避諱字、異體字和繁簡字對照表；古代人名、地名和官名等。在古籍文獻中將關鍵個體化知識點，歸納並生成知識圖譜。此外，計畫實現自動斷句標點、自動校勘、自動注釋等，以方便用户做後續研究。

（二）解釋相關語言文字；如，《方圓闡幽》中的十條『當知』，即十個命題，相當於《幾何原本》中的公理，有的則相當於定理。本書對相關『當知』內容進行了解讀，特別是，李善蘭以點、線、面作為構成幾何圖形的元素，其中點（體之小而微者）是最基本的，由點形成『細而長』的線，由線形成『闊而薄』的面，進而由面形成體。基於前人的研究工作，還對李善蘭關於點、線、面的理解，同歐洲17世紀微積分學先驅者卡瓦列里（B.Cavalieri，一五九八—一六四七）的不可分量方法和連續運動觀點結合起來進行了說明。又如，關於諸尖錐積的相關問題，原著中僅有計算結果，本書補充了部分計算過程，使讀者對相關的推演過程有較為全面的了解。

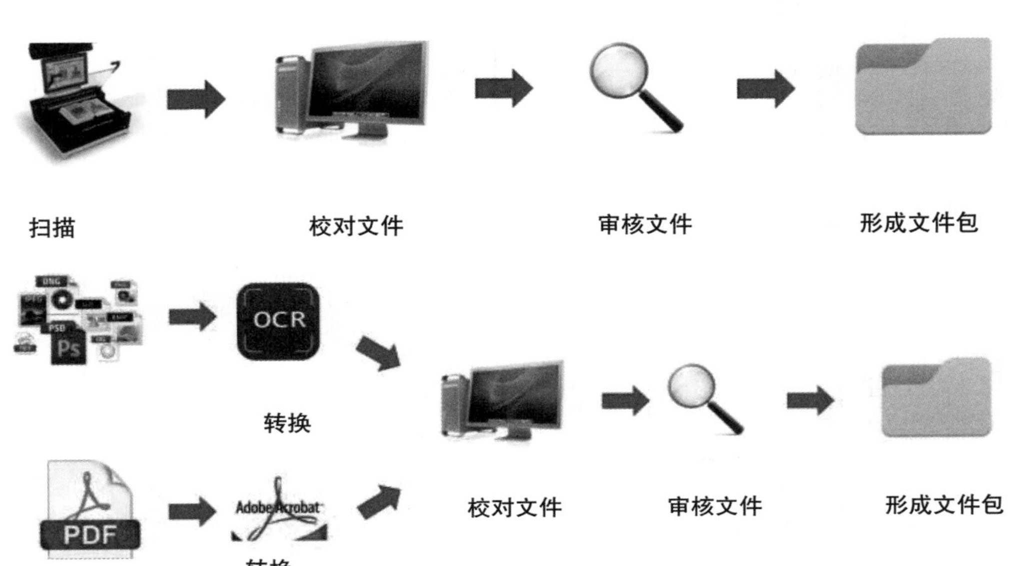

古籍数学符号输入面板

再如，在《弧矢啟秘》中，原著中對『正弦、正矢、正切、正割』與弧背的互求術給出了主要的思路與方法，對同一問題給出了不同的解決方法，本書對部分『互求術』作了簡要说明。在《四元解》中，原著中只給出了解題思路和計算結果，本書對其中不易理解的問題作了較為詳細地推演與说明，特別是，『直積』與『弦和較（黄方）』『弦較較』『股弦和』等之間的變換關係。在《級數回求》中，解讀了部分的冪級數展開式。

（三）考證和介紹作者的生平、思想、創作意圖和書籍寫作的歷史背景；如，考證了《對數探源》《方圓闡幽》《弧矢啟秘》的刊刻年份，介紹了書中出現的相關人物及其代表著作，通過解讀原著中的部分序言，更加全面了解作者的創作意圖和寫作背景等。此外，個別之處也補充了相關的歷史事實，並簡要介紹了所引用的書籍。

（四）分析、闡述原文中的相關術語和解題方法；如，在《橢圓正術解》的『以積求角』等問題中，針對原著中得出的計算結果或相關結論，本書給出了不同的計算方法，從而说明並驗證了原著中的相關論述。另外一項工作主要體現在《麟德術解》中，該書中所涉及的術語較多，涉及到的書名較多，如，『平立定三差』『本率』『總差』『別差』『盈歷』『縮歷』『初率』『先後率』『消息積』『辰率』『遲速』『增減率』『通率』『定率』『大小餘』『閏餘』『天正朔』『氣朔距』『變周』『變日』『入變分』『戊寅術』等，本書對上述名詞術語及其之間的聯繫作了全面分析與说明，對個別術語作了相關辨析工作。

（五）從古籍整理校勘的角度，本書的校點工作还突出如下工作：

㈠力爭使讀者對李善蘭的《則古昔齋算學》整書的數學工作有更深入地理解，書中在註腳中作了相關注解；通過注釋和校勘的轉化形式，以利於讀者接受；如，本『錐』作『堆』、本『梅』作『悔』、本『於』作『斡』、『直積』與『二倍帶母直積』等。

㈡個別之處附上校正前人解讀文獻的紕漏之處；如，《弧矢啟秘》『正弦求弧背術求圓外積』中『二乘』對應的『〇〇三三三三三三三三三三』應為『〇三三三三三三三三三三〇』。

㈢經過比對幾種版本，調整了顛倒、錯亂的文字；核校了『脫文』與『衍文』，即漏掉的文字與多餘的文字，有重複與補入之處；如，在《弧矢啟秘》中，同一數值在不同版本中並不同，個別之處為『衍文』，本書均作了校改。

㈣在校點時，輔以前人的研究成果，包括相關的算式或推演公式、圖示等，幫助讀者理解原文；對其中涉及的主要計算問題，輔以相應的注釋。對於多次出現的同一類型的問題，選擇部分題目進行注釋，使讀者能舉一反三達到疏通理解障礙的目的。

㈤校勘與整理並重，弄清一些對有些研究中出現的諸如：以己意隨意刪節、曲解或曲譯原文、校訂不精、認識偏頗等問題；力圖發掘文獻的內涵，恢復古籍的真實面貌，使文獻得以有效接續、保存和利用，賦予文獻以新的生命力。

從數學古籍數字化的角度，我們所開發的古籍數學符號輸入面板，有效解決了數學古籍中公式、符號的排版問題，同時也適合物理、化學等古籍的電子化録入問題，這為數學史古籍整理與研究積累了不少經驗，有利於數學古籍資源的長久保存與共享，有利於推動數學史量化研究，也有助於數學古籍整理工作融入數字時代。

本書以校勘、注釋與整理等工作為主，更多地突出校勘與整理的價值與意義，也探討文獻的版本和內容，以及歷史地位和國際影響等方面的內容，希望向學界展示前人尚未注意到的傳統文化知識，為中國數學史等相關學科的理論建設提供必要的數學史實、新觀點，並對初學者與研究者都能有所裨益。

同時，本書的出版，不但對於探索數字時代古籍文本自然語言處理的理論和方法具有一定意義，而且對推動古籍整理和研究的自動化和智能化、促進我國文化典籍資源的建設和開發以及弘揚傳統文化等方面，具有一定的現實意義和應用價值，為後續更深入的數學古籍數字化資源開發和挖掘利用提供重要的基礎性支撐，也可為繼承與發揚中華古籍文化、為建設中國特色社會主義文化服務。

本書不完全贊同已有論著中的相關校勘與注釋，而是基於原始文獻，儘可能展現出文獻原貌，試圖發掘諸多之前的研究中忽略的細節問題。誠然，任何文獻的整理與校勘都有不足，甚至引起對某些內容解讀的爭議，本書亦不例外，歡迎廣大專家、同仁和讀者給予批評指正。

《則古昔齋算學》校注

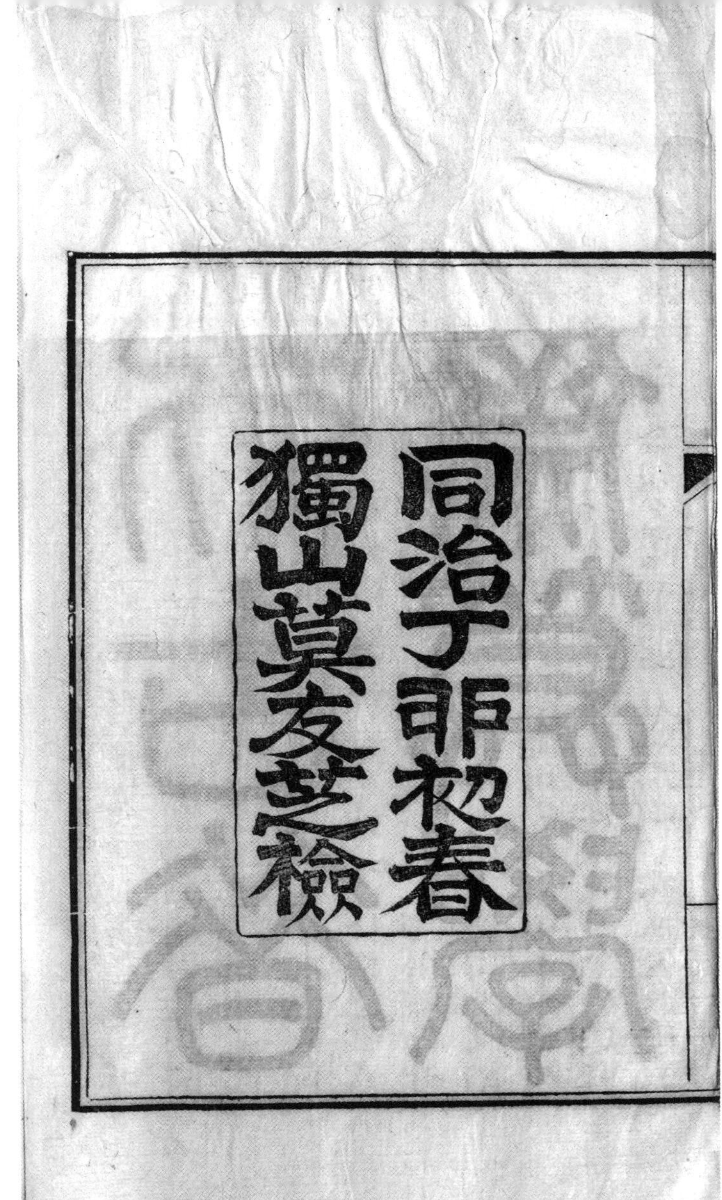

同治丁卯初春獨山莫友芝檢

善蘭年十齡讀書家塾架上有古九章竊取閱之以爲可
不學而能從此遂好算應試武林得測圜海鏡句股割圜
記以歸其學始進因思割圜法非自然深思得其理從此
時有心得輒復著書久之得若干種咸豐庚申在蘇州節
署遭亂盡失之中方圜弧矢對數三種金山錢氏已刻入
叢書餘諸種友人轉相傳録副本收羅數年盡得故物惟
羣經算學考一種因未卒業未以示人不可復得繼又續
著若干種并前所得緘固一篋恐再失也歲甲子來金陵
晤曾沅浦中丞許代付手民閲二年郵致三百金於是取
篋中諸書盡刻之凡十三種方圜闡幽一卷弧矢啟祕二

序

善蘭年十齡，讀書家塾，架上有古《九章》，竊取閲之，以爲可不學而能，從此遂好算。應試武林，得《測圜海鏡》《句股割圜記》以歸，其學始進。因思割圜法非自然，深思得其理。從此時有心得，輒復著書，久之，得若干種。咸豐庚申，在蘇州節署遭亂，盡失之。中《方圜》《弧矢》《對數》三種，金山錢氏已刻入叢書。[1] 餘諸種，友人轉相傳録副本，收羅數年，盡得故物。惟《羣經算學考》一種，因未卒業，未以示人，不可復得。繼又續著若干種，并前所得，緘固一篋，恐再失也。歲甲子，來金陵，晤曾沅浦中丞[2]，許代付手民。閲二年，郵致三百金。於是取篋中諸書，盡刻之。凡十三種：《方圜闡幽》一卷、《弧矢啟秘》二

1《對數探源》見收於錢熙祚輯，錢培業、錢培傑續輯《指海》第十九集，約刻於道光二十六年（1846）。《方圓闡幽》《弧矢啟秘》二種見收於吴省蘭輯、錢熙輔補輯《藝海珠塵》壬集，道光三十年（1850）刻。

2 沅浦，即曾國荃，字子澄，湖南武陵人。光緒二年丙子科進士，官户部主事。

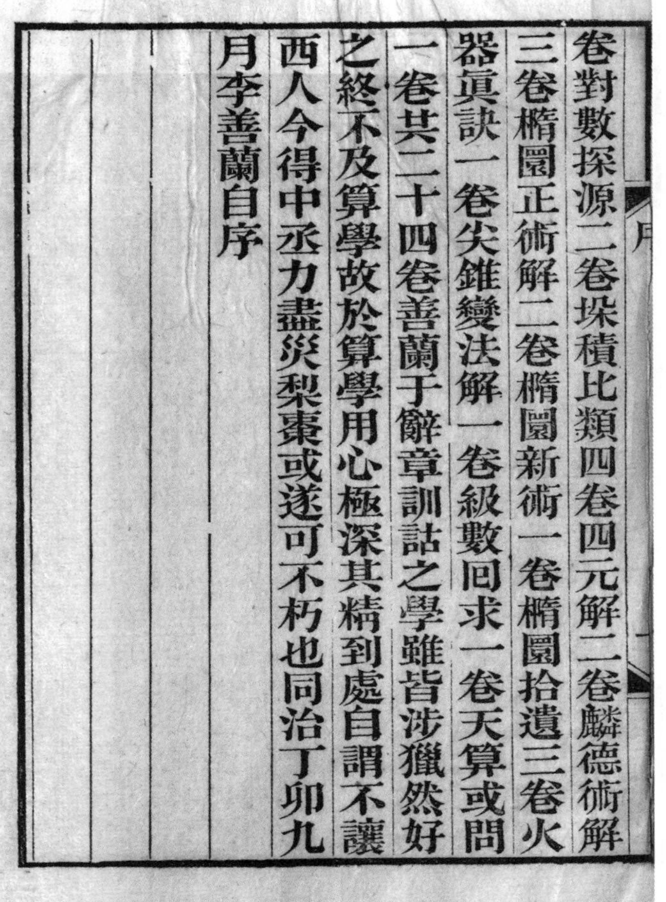
卷對數探源二卷垜積比類四卷四元解二卷麟德術解三卷橢圜正術解二卷橢圜新術一卷橢圜拾遺三卷火器眞訣一卷尖錐變法解一卷級數回求一卷天算或問一卷共二十四卷善蘭于辭章訓詁之學雖皆涉獵然好之終不及算學故於算學用心極深其精到處自謂不讓西人今得中丞力盡災梨棗或遂可不朽也同治丁卯九月李善蘭自序

卷、《對數探源》二卷、《垜積比類》四卷、《四元解》二卷、《麟德術解》三卷、《橢圜正術解》二卷、《橢圜新術》一卷、《橢圜拾遺》三卷、《火器真訣》一卷、《尖錐變法解》一卷、《級數回求》一卷、《天算或問》一卷，共二十四卷。善蘭于辭章訓詁之學，雖皆涉獵，然好之終不及算學，故於算學用心極深，其精到處，自謂不讓西人。今得中丞力，盡災梨棗，或遂可不朽也。同治丁卯九月李善蘭自序。

自王孝通緝古𥝩經李敬齋測員海鏡朱仁卿四元玉鑑
書出中法之巧不可思議然揆天協紀厥用未宏葢厤術
𥝩章兩不相合而邢臺授旹之數差至明季剌謬叢生其
不可用也亦已久矣利氏來賓始傳輪法南熊高足踵事
增華疇人弟子積闡其微逮刻白爾葛西尼改用橢員按
諸實測先天弗違屢變加精洵振古之奇作也承學之士
惑於天員之說而不知叚借㠯求密合之理迬迬置諸不
論嘉道閒纂述家僅江都焦氏有釋橢一卷雖明比例而
宗恉未𠃊觀者歉如今讀大箸三集角積互求以及求實
引角兩心差員錐六種線界諸法莫不綱舉目張言簡義
跋 一

自王孝通《緝古𥝩經》、李敬齋《測員海鏡》、朱仁卿《四元玉鑑》書出，中法之巧，不可思議。然揆天協紀，厥用未宏。蓋曆[1]術𥝩章，兩不相合，而邢臺《授旹》之數差，至明季剌謬叢生，其不可用也，亦已久矣。利氏[2]來賓，始傳輪法；南、熊[3]高足，踵事增華。疇人弟子，積闡其微。逮刻白爾[4]、葛西尼[5]改用橢員，按諸實測，先天弗違，屢變加精，洵振古之奇作也。承學之士，惑於天員之説而不知叚借，㠯求密合之理，迬迬[6]置諸不論。嘉道間纂述家，僅江都焦氏有《釋橢》一卷，雖明比例而宗恉未𠃊，觀者歉如。今讀大箸三集，角積互求以及求實引角、兩心差、員錐六種、線界諸法，莫不綱舉目張，言簡義

1 曆，原作"厤"，《康熙字典・子集・厂部》引《玉篇》云："古文曆字。"清後期刻本因避"弘曆"諱，或改"曆"作"厤"，或作"秝"，今皆徑改作"曆"。

2 利氏，即利瑪竇（Matteo Ricci，1552—1610），意大利耶穌會士。1582年入華。

3 南熊，"南"指南懷仁（Ferdinand Verbiest，1623—1688），比利時耶穌會士，1659年入華。"熊"指熊三拔（Sabatino de Ursis，1575—1620），意大利耶穌會士。1606年入華。著有《簡平儀説》《表度説》等。

4 刻白爾，即開普勒（Johannes Kepler，1571—1630），德國天文學家。

5 葛西尼，即卡西尼（Giovanni Domenico Cassini，1625—1712），法國天文學家。

6 迬，"往"古字。

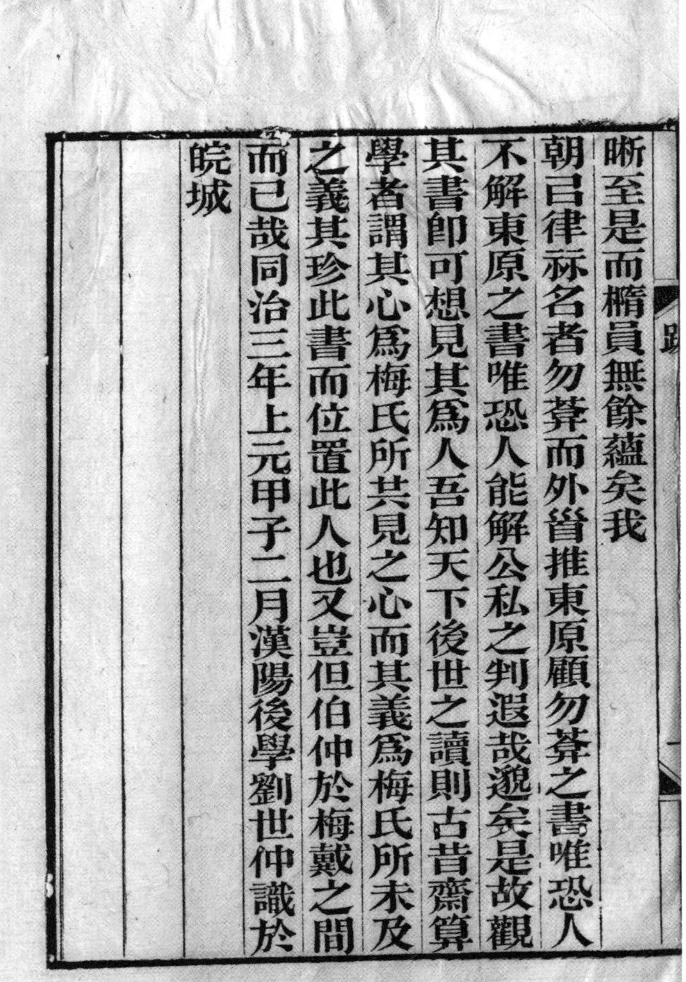

晰至是而橢員無餘蘊矣我
朝吕律麻名者勿菴而外首推東原顧勿菴之書唯恐人
不解東原之書唯恐人能解公私之判遐哉邈矣是故觀
其書卽可想見其爲人吾知天下後世之讀則古昔齋算
學者謂其心爲梅氏所共見之心而其義爲梅氏所未及
之義其珍此書而位置此人也又豈但伯仲於梅戴之間
而已哉同治三年上元甲子二月漢陽後學劉世仲識於
皖城

晰，至是而橢員無餘蘊矣。我朝吕律麻名者，勿菴而外，首推東原。顧勿菴之書，唯恐人不解；東原[1]之書，唯恐人能解。公私之判，遐哉邈矣！是故觀其書，即可想見其爲人。吾知天下後世之讀《則古昔齋算學》者，謂其心爲梅氏所共見之心，而其義爲梅氏所未及之義。其珍此書而位置此人也，又豈但伯仲於梅、戴之間而已哉？同治三年上元甲子二月漢陽後學劉世仲[2]識於皖城。

1 東原，即戴震（1724—1777），乾隆間經學大家，兼通算學，著有《句股割圜記》《策算》。

2 劉世仲（1822—1866），字殿墳，號星予。咸豐九年（1859）舉人。時爲曾國藩幕僚，後卒於安徽軍營。

方圓闡幽

則古昔齋算學一

海甯李善蘭學

第一當知西人所謂點線面皆不能無體

天地間有色者不能無形有形者不能無體蓋色由形著形由體呈今試以墨作一點于紙上細如微塵此形之至小者也然非憑虛而有乃墨所成既爲墨所成則其墨非體乎是故點者體之小而微者也線者體之長而細者也面者體之濶而薄者也

第二當知體可變爲面面可變爲線

如圖甲變爲乙則體而面矣乙變爲丁則面而線矣

方圓闡幽

則古昔齋算学一

海寧[1] 李善蘭學

第一　當知[2] 西人所謂點、線、面，皆不能無體。

天地間有色者不能無形，有形者不能無體。蓋色由形著，形由體呈。今試以墨作一點于紙上，細如微塵，此形之至小者也。然非憑虛而有，乃墨所成。既爲墨所成，則其墨非體乎？是故點者體之小而微者也，線者體之長而細者也，面者體之濶而薄者也。[3]

第二　當知體可變爲面，面可變爲線。

如圖，甲變爲乙，則體而面矣；乙變爲丁，則面而線矣。

1 寧，原作“甯”，避道光“旻寧”諱改，今改回本字。書中凡“寧”避諱作“甯”者，皆徑改。

2 所謂十條“當知”，即十個命題，相當於《幾何原本》中的公理，有的則相當於定理。

3 點、線、面、體皆有實體，只是形狀和大小的不同而已，小而微就是點，長而細即是線，闊而薄則是面。

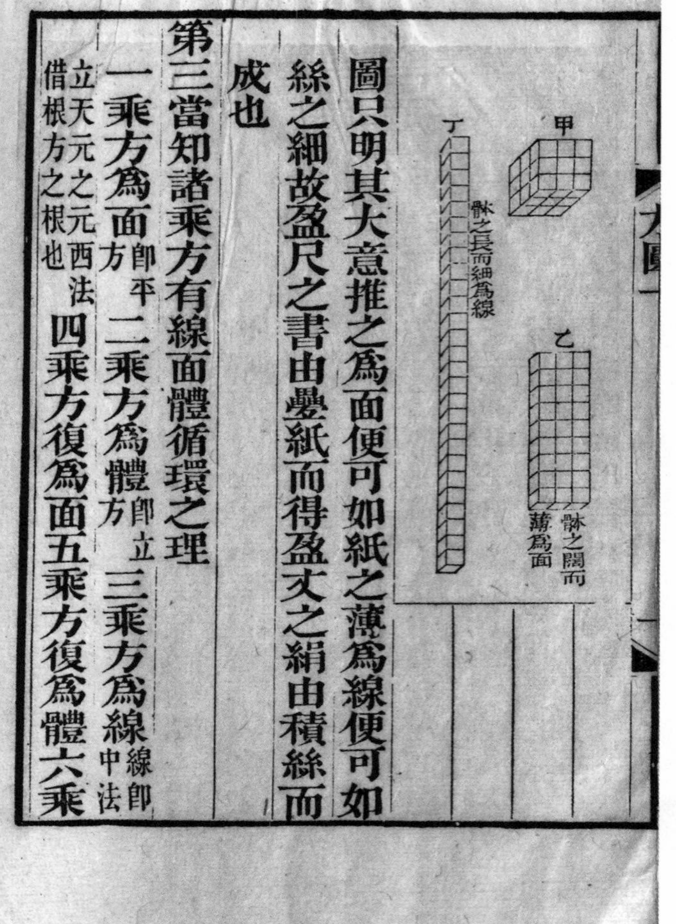

甲

乙　體之闊而薄爲面

丁　體之長而細爲線

圖只明其大意。推之爲面便可如紙之薄，爲線便可如絲之細。故盈尺之書由疊紙而得，盈丈之絹由積絲而成也。

第三　當知諸乘方有線、面、體循環之理。

一乘方爲面，即平方。二乘方爲體，即立方。三乘方爲線，線即中法立天元之元，西法借根方之根也。四乘方復爲面，五乘方復爲體，六乘

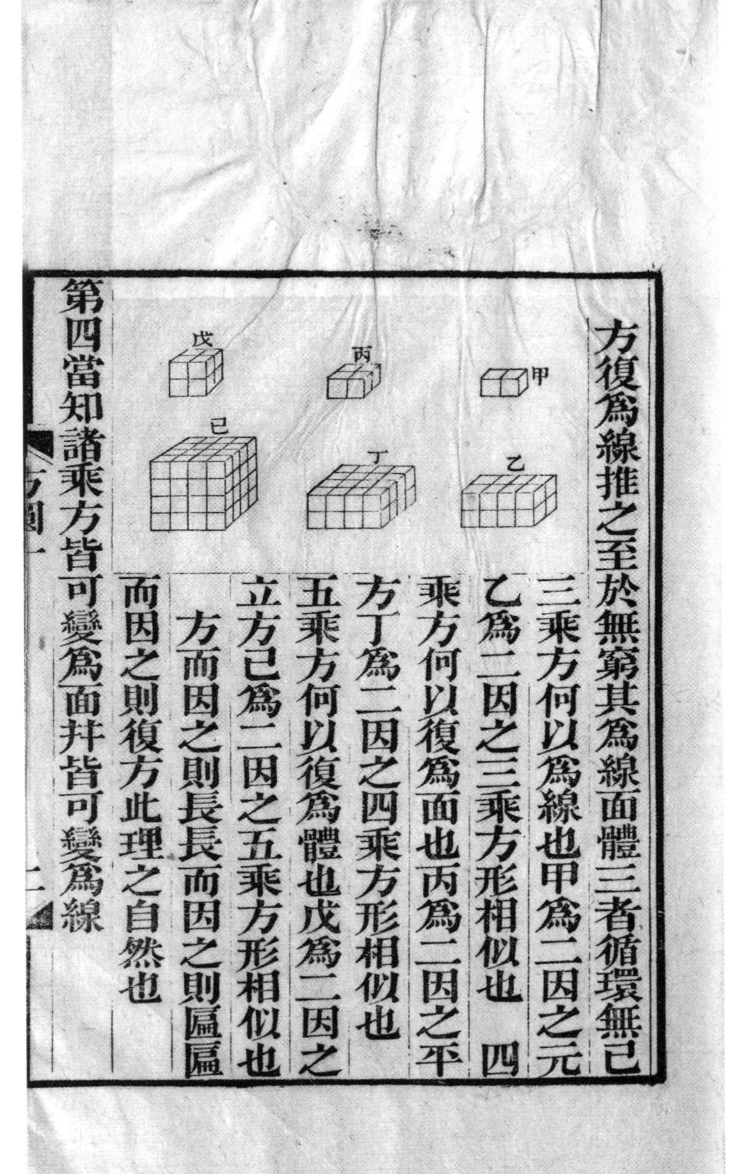

方復爲線推之至於無窮其爲線面體三者循環無已

三乘方何以爲線也甲爲二因之元

乙爲二因之三乘方形相似也　四

乘方何以復爲面也丙爲二因之平

方丁爲二因之四乘方形相似也

五乘方何以復爲體也戊爲二因之

立方已爲二因之五乘方形相似也

方而因之則長長而因之則匾匾

而因之則復方此理之自然也

第四當知諸乘方皆可變爲面并皆可變爲線

方復爲線。推之至於無窮，其爲線、面、體三者循環無已。

三乘方何以爲線也？甲爲二因之元，乙爲二因之三乘方，形相似也。

四乘方何以復爲面也？丙爲二因之平方，丁爲二因之四乘方，形相似也。

五乘方何以復爲體也？戊爲二因之立方，己爲二因之五乘方，形相似也。

方而因之則長，長而因之則匾，匾而因之則復方。此理之自然也。

第四　當知諸乘方皆可變爲面，并皆可變爲線[1]。

1 命題二、三、四是説，線、面、體之間可以互相循環變换，所謂線、面、體的變换，實際上是通過將作爲幾何單元的點按不同方式排列而實現的。所以，李善蘭以點、線、面作爲構成幾何圖形的元素，其中點（體之小而微者）是最基本的。由點形成“細而長”的線，由線形成“闊而薄”的面，進而由面形成體［楊自强. 學貫中西——李善蘭傳，浙江人民出版社，2006，55 頁］，他還給出了相應的示意圖。這里，李善蘭關於點、線、面的理解，同歐洲 17 世紀微積分學先驅者卡瓦列里（B. Cavalieri，1598—1647）的不可分量方法（即是説，線是有無窮多個點構成的，面是由無窮多條線構成的，立體是由無窮多個平面構成的。點、線、面分别就是線、面、體的不可分量。）和連續運動觀點很相似［卡瓦列里没有解釋無寬窄厚薄的元素怎樣可以組成面積和體積。在這方面，開普勒（J. Kepler，1571—1630）將組成平面的線視爲很窄的面，組成立體的面視爲很薄的體］。李善蘭則更進一步認爲線、面、體有“循環之理”，一切高次冪的值都可以用平面的面積或線段的長度來表示。這在微積分學傳入中國之前，是了不起的成就。（王渝生. 中國近代科學的先驅——李善蘭，科學出版社，2000，13 頁）。

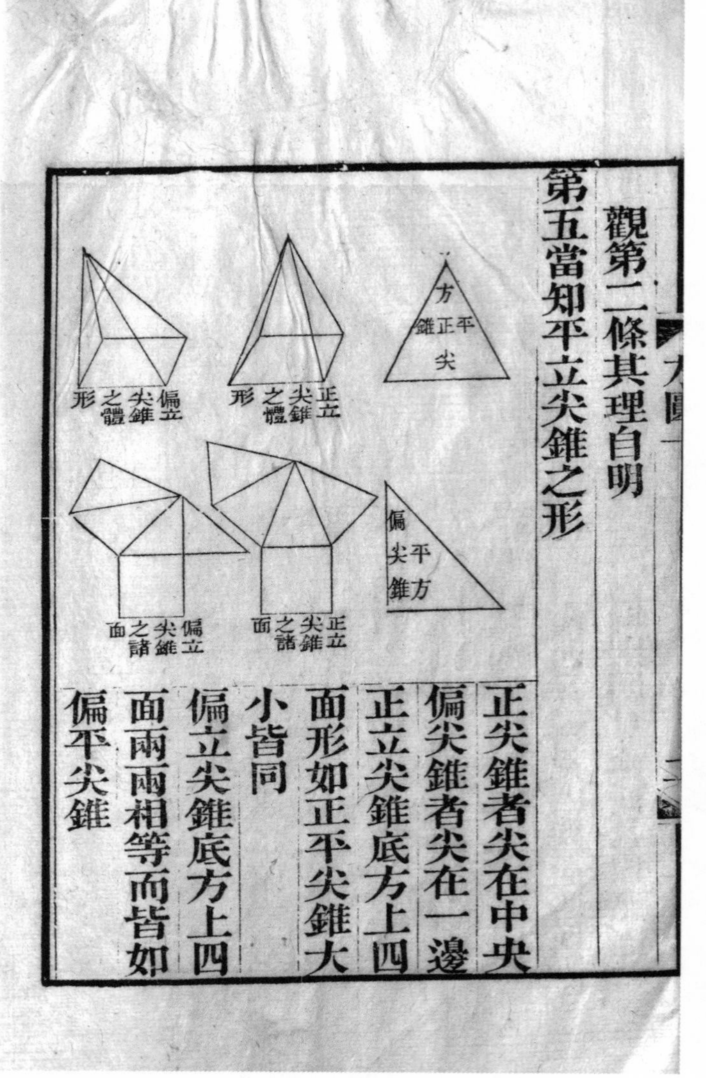
觀第二條其理自明
第五當知平立尖錐之形

正尖錐者尖在中央偏尖錐者尖在一邊正立尖錐底方上四面形如正平尖錐大小皆同偏立尖錐底方上四面兩兩相等而皆如偏平尖錐

觀第二條，其理自明。

第五[1]　當知平、立尖錐[2]之形[3]。

平方正尖錐　　　　平方偏尖錐

正立尖錐之體形　　正立尖錐之諸面

偏立尖錐之體形　　偏立尖錐之諸面

正尖錐者，尖在中央；偏尖錐者，尖在一邊。正立尖錐底方上四面，形如正平尖錐，大小皆同。偏立尖錐底方上四面，兩兩相等，而皆如偏平尖錐。

1 命題五通過六圖説明了平、立尖錐的形狀、概念和分解規律，其中包括“平方正尖錐”（等腰三角形）、“平方偏尖錐”（直角三角形）、“正立尖錐”（正四棱錐）和“偏立尖錐”（陽馬），這都是最簡單的尖錐。（李迪. 中國數學史簡編，遼寧人民出版社，1984：330頁）。

2 藝海珠塵本“錐”作“堆”，全書同。

3 李善蘭此處給出了空間 P 乘尖錐概念及其形狀特征。當 $P=1$，2，3，……時，分别稱爲平尖錐（一乘尖錐）、立尖錐（二乘尖錐）、三乘尖錐、……。二乘以上尖錐的水平截面皆爲正方形，三乘以上尖錐的側面有兩個是平面，另兩個是凹面。

正平尖錐中分之成偏平尖錐正立尖錐四分之成偏立尖錐

第六當知諸乘方皆有尖錐

三乘以上尖錐之底皆方惟上四面不作平體而成凹形乘愈多則凹愈甚今圖三乘尖錐以槩其餘三乘尖錐形與立尖錐同而凹其面正則四面皆凹偏則凹其兩面若以諸面

正平尖錐中分之，成偏平尖錐；正立尖錐四分之，成偏立尖錐。

第六　當知諸乘方皆有尖錐[1]。

三乘以上尖錐之底皆方，惟上四面不作平體，而成凹形。乘愈多，則凹愈甚。今圖三乘尖錐，以槩其餘。

三乘正尖錐之體　　三乘偏尖錐之體

三乘正尖錐之諸面　　三乘偏尖錐之諸面

三乘尖錐形與立尖錐同，而凹其面。正則四面皆凹，偏則凹其兩面。若以諸面

1 命題六是説三乘尖錐之圖形即出現凹面（曲面）。

繪於平面則正之四面曲其兩邊偏之四面曲其一邊
第七當知諸尖錐有積疊之理
元數即立天元之元起于絲髮而遞增之而疊之則成平尖錐
一定之元數疊之則成平方上少下多之元數疊之
則成平尖錐第一層一第二層二第三層三　平方數起於絲髮而漸
增之而疊之則成立尖錐　一定之平方疊之則成立
方上少下多之平方疊之則成立尖錐第一層一第二層四第三層九
立方數起於絲髮而漸增之變爲面體可變面說見前而疊
之則成三乘尖錐第一層一第二層八第三層二十七　三乘方數起於
絲髮而漸增之變爲面而疊之則成四乘尖錐第一層一第二層

繪於平面，則正之四面曲其兩邊，偏之四面曲其一邊。

第七　當知諸尖錐有積疊之理[1]。

元數即立天元之元。起於絲髮，而遞增之而疊之，則成平尖錐。一定之元數疊之，則成平方；上少下多之元數疊之，則成平尖錐。第一層一，第二層二，第三層三。

平方數起於絲髮，而漸增之而疊之，則成立尖錐。一定之平方疊之，則成立方。上少下多之平方疊之，則成立尖錐。第一層一，第二層四，第三層九。

立方數起於絲髮，而漸增之變爲面；體可變面，說見前。而疊之，則成三乘尖錐。第一層一，第二層八，第三層二十七。

三乘方數起於絲髮，而漸增之變爲面；而疊之，則成四乘尖錐。第一層一，第二

1 命題七指出了元數和平尖錐、平方數和立尖錐、立方數和三乘尖錐、三乘方數和四乘尖錐的關係以及各類尖錐之間的變化情況，相當於，當 x 在 $0 \leqslant x \leqslant h$ 區間内變動，表示 x^n（n 爲任意正整數，x 爲任意正數，命題四即是説，x^n 的數值可以用一個平面積來表示，亦可以用一條线段來表示）的平面積積疊成一個尖錐體。他在該“當知”中應用了空間 P 乘尖錐的積疊規律，引入“$P-1$ 乘方垛”的概念，在兩者之間建立了聯繫。“$P-1$ 乘方垛”出自《垛積比類》卷二乘方垛，如圖 1-2（1）“元垛”對應的“一乘尖錐”，圖 1-2（2）“一乘方垛”對應的“二乘尖錐或立尖錐”，圖 1-2（3）“二乘方垛”對應的“三乘尖錐”。“一乘方垛”或“二乘方垛”每個單元無限縮小、垛積層次無限加多，各層之間的“縫隙”逐步彌合，最終形成連續的尖錐體。乘方垛的求和相當於計算級數 $\sum_{k=1}^{n} k^p$（$p=1, 2, \cdots$），“有高求積”術可將“$P-1$ 乘方垛”分解爲三角垛求和。李善蘭正是運用了求垛積的方法轉用於導出積分公式，即從有限的“和分”走向無限的“積分”。

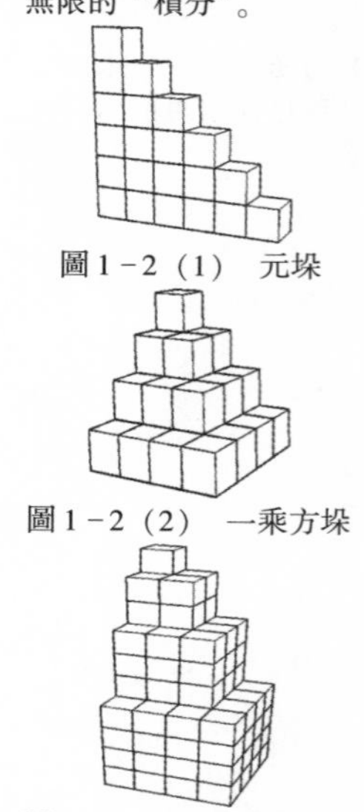

圖 1-2（1）　元垛

圖 1-2（2）　一乘方垛

圖 1-2（3）　二乘方垛

層十六第三層八十一從此遞推可至無窮然則多一乘之尖錐
皆少一乘方漸增漸疊而成也
第八當知諸尖錐之算法
以高乘底爲實本乘方數加一爲法除之得尖錐積
設如立尖堆高九尺底方三尺底面當得九尺以高乘
底得八十一尺爲實乘數加一得三爲法除之得尖錐
積二十七尺
第九當知二乘以上尖錐其所疊之面皆可變爲線
面變爲線則諸尖錐皆成平體而曲其邊正則曲二邊
偏則曲一邊乘益多則曲益甚

層十六，第三層八十一[1]。從此遞推，可至無窮。然則多一乘之尖錐，皆少一乘方，漸增漸疊而成也。

第八　當知諸尖錐之算法[2]。

以高乘底爲實，本乘方數加一爲法除之，得尖錐積。

设如立尖錐高九尺，底方三尺，底面當得九尺。以高乘底，得八十一尺爲實，乘數加一得三爲法除之，得尖錐積二十七尺[3]。

第九[4]　**當知二乘以上尖錐，其所疊之面皆可變爲線**[5]。

面變爲線，則諸尖錐皆成平體，而曲其邊。正則曲二邊，偏則曲一邊，乘益多則曲益甚。

1 按照上述積疊之理，空間的 P 乘尖錐是由平面面積積疊而成，每層面積爲：

$1^p，2^p，3^p，\cdots，r^p\cdots$

2 命題八給出了諸尖錐的演算法，這一命題中，李善蘭所創立的尖錐面，是一種處理代數問題的幾何模型，有解析幾何思想的萌芽。（王渝生. 中國近代科學的先驅——李善蘭，科學出版社，2000：14 頁）。“以高乘底爲實，本乘方數加一爲法，除之得尖錐積”，由平面積 ax^n 積疊起來的尖錐體，高爲 h，底面積爲 ah^n。

3 如圖 1－3，設空間 P 乘尖錐的底面積爲 $a^p=b$，高爲 h，第 h 層到頂點的距離爲 x，令 $k=x$，則第 k 層面積 k^p 可表示爲 $f(x)=(tx)^p$，當 $x=h$ 時，$f(x)=(th)^p=a^p$，可知，$t^p\left(\frac{a}{h}\right)^p$，故：

$$f(x)=\left(\frac{a}{h}\right)^p(x)^p \quad (1)$$

則其體積計算公式爲：

$$V=\frac{1}{p+1}a^p h \quad (2)$$

設一立尖錐（二乘尖錐，$P=2$）高 $h=9$，底面邊長 $a=3$，據上述公式解得立尖錐體積：

$$V=\frac{1}{p+1}a^p h=\frac{1}{2+1}\times3^2\times9=27$$

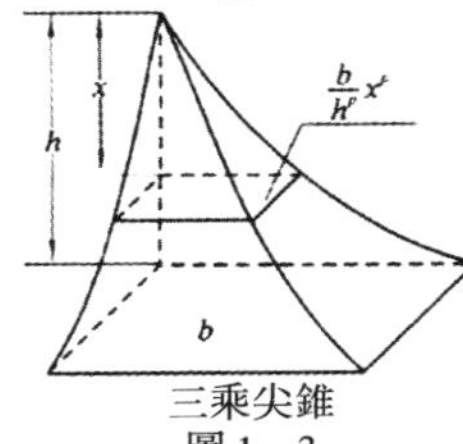

三乘尖錐
圖 1－3

4 説明 ax^n 可以用一個直線段來表示。（錢寶琮. 中國數學史，商務印書館，2019：374 頁）

5 此處在空間 P 乘尖錐的基礎上，李善蘭又給出了平面 P 乘尖錐的概念，即各種曲邊三角形，如圖 1－4。

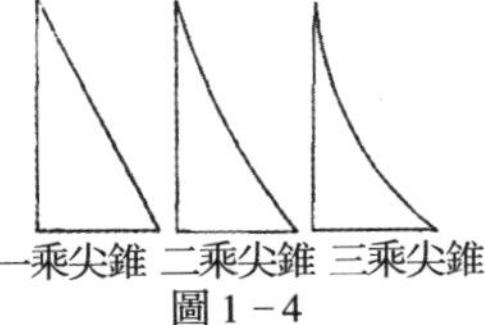

圖 1－4

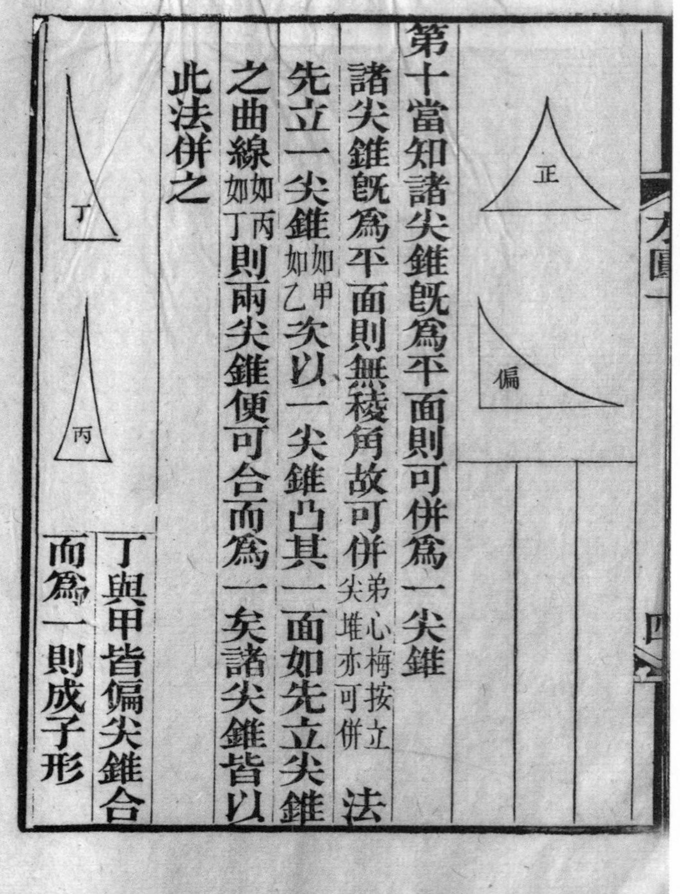

第十當知諸尖錐既爲平面則可併爲一尖錐

諸尖錐既爲平面則無稜角故可併弟心梅按立尖堆亦可併法先立一尖錐如甲如乙次以一尖錐凸其一面如先立尖錐之曲線如丙如丁則兩尖錐便可合而爲一矣諸尖錐皆以此法併之

丁與甲皆偏尖錐合而爲一則成子形

第十　當知諸尖錐既爲平面，則可併爲一尖錐[1]。

諸尖錐既爲平面，則無稜角，故可併。弟心梅[2]按，立尖錐亦可併。法先立一尖錐，如甲如乙。次以一尖錐凸其一面，如先立尖錐之曲線。如丙如丁。則兩尖錐便可合而爲一矣。諸尖錐皆以此法併之[3]。

丁與甲皆偏尖錐，合而爲一，則成子形。

1 命題十説明了同高的許多尖錐可以合併爲一個尖錐，這相當於定積分：（錢寶琮. 中國數學史，商務印書館，2019：374 頁）

$$\int_0^h a_1 x\mathrm{d}x + \int_0^h a_2 x^2\mathrm{d}x + \cdots + \int_0^h a_n x^n\mathrm{d}x = \int_0^h (a_1 x + a_2 x^2 + \cdots + a_n x^n)\mathrm{d}x$$

李善蘭用平面積來表示相當於定積分值的尖錐積，並由面積相加原理得到相當於如上的逐項積分公式。

2 心梅即李心梅，李善蘭弟。據《苞溪李氏家乘》載：“心梅，字庚清，嘉慶乙亥十月初七生，不娶，卒，止。”

3 對於平面 P 乘尖錐，依線面互變的觀點，“二乘以上尖錐其所疊之面皆可變爲線”，此時，空間 P 乘尖錐及其對應的平面 P 乘尖錐，如圖 1－5 所示。此時，公式（1）（2）不變。

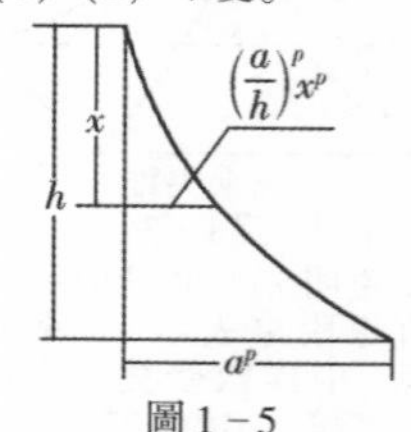

圖 1－5

李氏又進一步指出，等高的平面 P 乘尖錐可以合併，如圖 1－6，其面積可以相加而得到合積：

$$S=S_1+S_2+\cdots \quad (3)$$

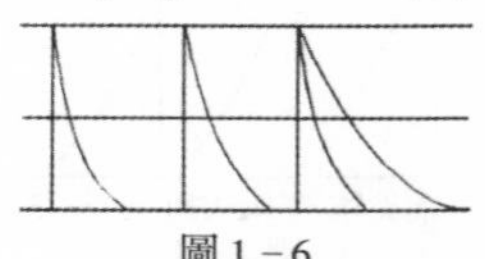

圖 1－6

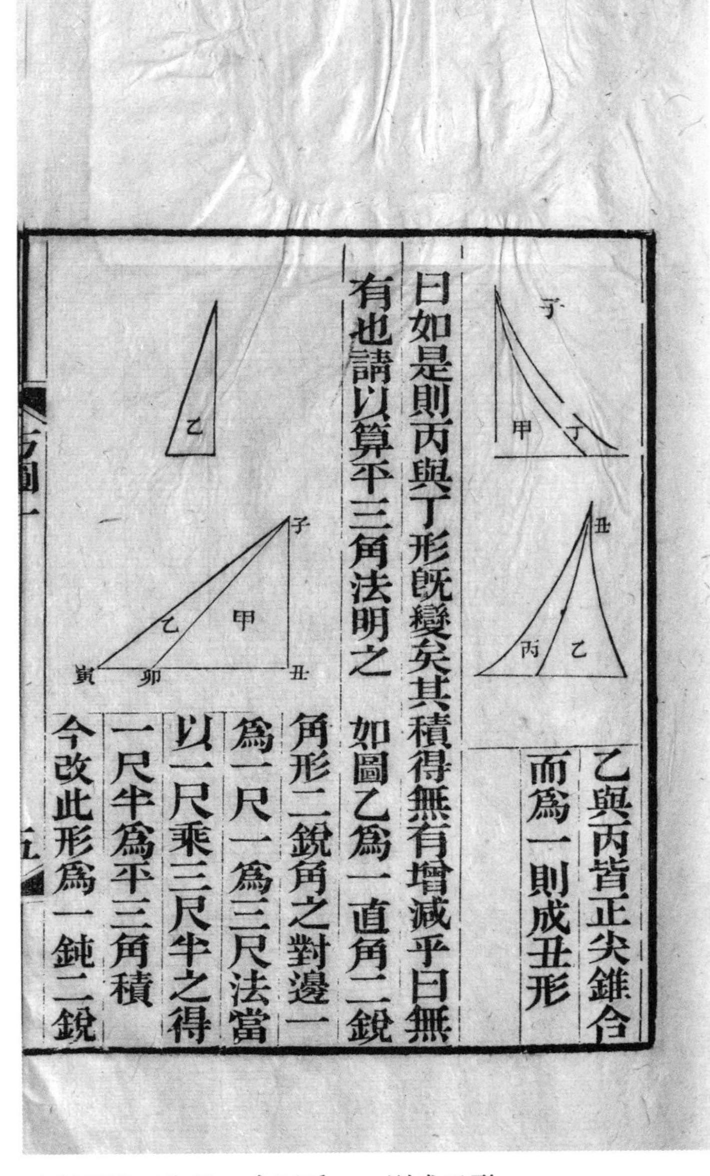

乙與丙皆正尖錐，合而爲一，則成丑形。

曰：如是，則丙與丁形既變矣，其積得無有增減乎？曰：無有[1]也。請以算平三角法明之。如圖，乙爲一直角二鋭角形。二鋭角之對邊，一爲一尺，一爲三尺。法當以一尺乘三尺，半之得一尺半，爲平三角積。今改此形爲一鈍二鋭

1 藝海珠塵本無"有"字。

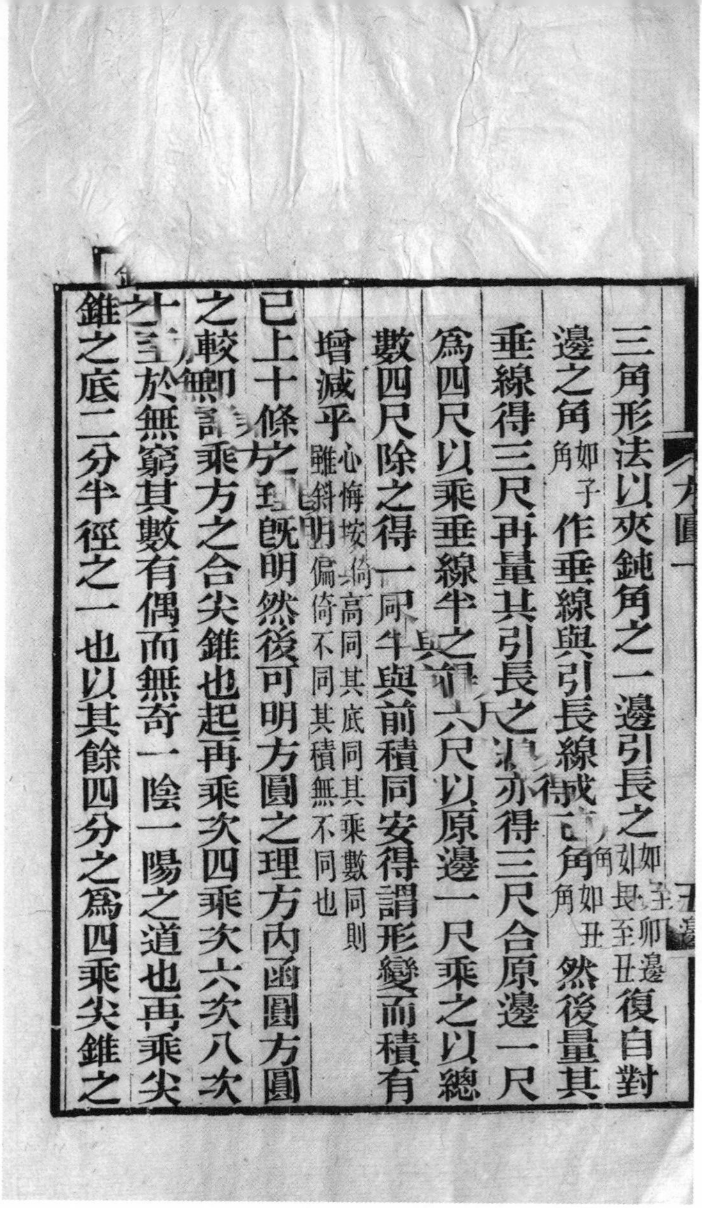

三角形法以夾鈍角之一邊引長之如寅卯邊引長至丑復自對邊之角如子角作垂線與引長線成直角如丑角然後量其垂線得三尺再量其引長之線亦得三尺合原邊一尺爲四尺以乘垂線半之得六尺以原邊一尺乘之以總數四尺除之得一尺半與前積同安得謂形變而積有增減乎心悔按其高同其底同其乘數同則雖斜正偏倚不同其積無不同也

已上十條之理既明然後可明方圓之理方內函圓方圓之較即諸乘方之合尖錐也起再乘次四乘次六次八次十至於無窮其數有偶而無奇一陰一陽之道也再乘尖錐之底二分半徑之一也以其餘四分之爲四乘尖錐之

三角形，法以[1]夾鈍角之一邊引長之，如寅卯邊引長至丑。復自對邊之角如子角。作垂線，與引長線成直角。如丑角。然後量其垂線，得三尺；再量其引長之線，亦得三尺。合原邊一尺爲四尺，以乘垂線，半之得六尺。以原邊一尺乘之，以總數四尺除之，得一尺半，與前積同。安得謂形變而積有增減乎？心（悔）［梅］[2]按：其高同，其底同，其乘數同，則雖斜正偏倚不同，其積無不同也。

已上十條之理既明，然後可明方圓之理。方內函圓，方圓之較即諸乘方之合尖錐也。起再乘，次四乘，次六，次八，次十，至於無窮。其數有偶而無奇，一陰一陽之道也。再乘尖錐之底，二分半徑之一也。以其餘四分之，爲四乘尖錐之

1 藝海珠塵本“以”作“當取”。

2 藝海珠塵“悔”作“梅”，據改。又，藝海珠塵無“心”字。

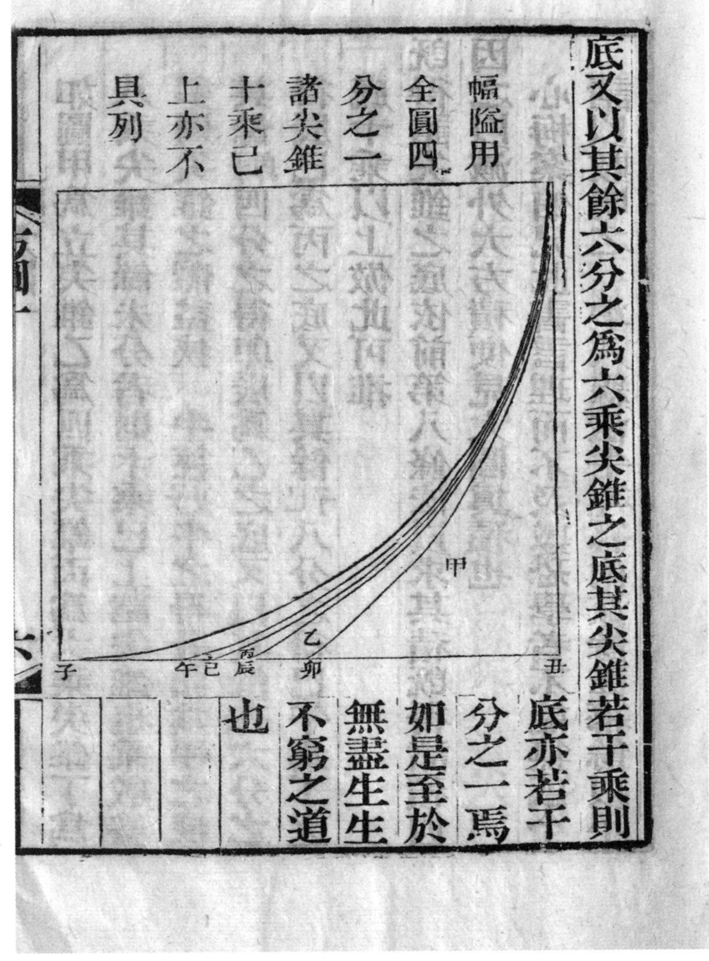
底又以其餘六分之爲六乘尖錐之底其尖錐若干乘則底亦若干分之一焉如是至於無盡生生不窮之道也

幅隘用全圓四分之一諸尖錐十乘已上亦不具列

底；又以其餘六分之，爲六乘尖錐之底。其尖錐若干乘，則底亦若干分之一焉。如是至於無盡，生生不窮之道也。

幅隘用全圓四分之一，諸尖錐十乘已上，亦不具列。

如圖甲為立尖錐乙為四乘尖錐丙為六乘尖錐丁為八乘尖錐其餘未分者則十乘已上諸尖錐也乘數益多則尖錐之體益狹　半徑子丑半之得丑卯為甲之底其餘子卯四分之得卯辰為乙之底又以其餘辰子六分之得辰巳為丙之底又以其餘巳子八分之得巳午為丁之底十乘以上倣此可推

既得諸尖錐之底依前第八條法以求其積既得諸積四因之以減外大方積便見大圓眞積也

心梅案伯兄此書言理而不及數恐學者不能無惑今請以數明之　準八線法半徑冪內減餘弦冪餘以平

如圖，甲爲立尖錐，乙爲四乘尖錐，丙爲六乘尖錐，丁爲八乘尖錐。其餘未分者[1]，則十乘已上諸尖錐也。乘數益多，則尖錐之體益狹。半徑子丑。半之，得丑卯，爲甲之底。其餘子卯。四分之，得卯辰，爲乙之底。又以其餘辰子。六分之，得辰巳，爲丙之底。又以其餘巳子。八分之，得巳午，爲丁之底。十乘以上，倣此可推。

既得諸尖錐之底，依前第八條法，以求其積。既得諸積，四因之，以減外大方積，便見大圓真積也[2]。

心[3]梅案：伯兄此書，言理而不及數，恐學者不能無惑，今請以數明之。準八線法，半徑冪内減餘弦冪，餘以平

1 藝海珠塵本“未分者”作“之細者”。

2 這里，李氏以平面單位圓面積爲例，給出求面積之法。如圖 1－7，爲以單位圓及其外切正方形的四分之一。李氏指出，曲邊三角形 ABC 的面積是無窮多個 $2n$ 乘片面尖錐（$n=1, 2, \cdots$）的合積。諸二乘尖錐的高 $AC=1$，底分别是：

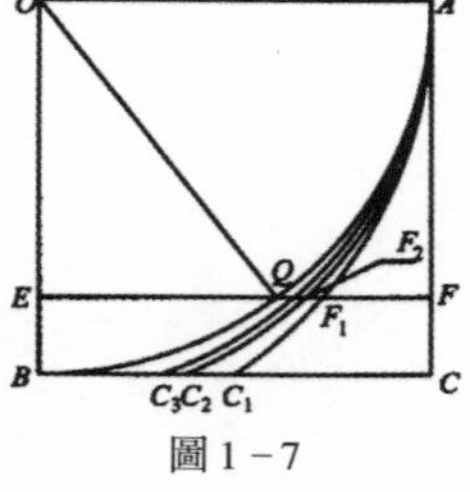

圖 1－7

$CC_1=\frac{1}{2}$,

$C_1C_2=\frac{1}{2}\cdot\frac{1}{4}$,

$C_2C_3=\frac{1}{2}\cdot\frac{3}{4}\cdot\frac{1}{6}$,

$C_3C_4=\frac{1}{2}\cdot\frac{3}{4}\cdot\frac{5}{6}\cdot\frac{1}{8}$,

……

由前文注釋中（2）與（3）式得：

$$S_{\triangle ABC}=S_{\triangle ACC_1}+S_{\triangle AC_1C_2}+S_{\triangle AC_2C_3}+\cdots=\frac{1}{2}\cdot\frac{1}{3}+\frac{1}{2\cdot 4}\cdot\frac{1}{5}+\frac{1\cdot 3}{2\cdot 4\cdot 6}\cdot\frac{1}{7}+\frac{1\cdot 3\cdot 5}{2\cdot 4\cdot 6\cdot 8}\cdot\frac{1}{9}+\cdots$$

由此可得單位圓的面積：

$$\pi=4-4\left(\frac{1}{2}\cdot\frac{1}{3}+\frac{1}{2\cdot 4}\cdot\frac{1}{5}+\frac{1\cdot 3}{2\cdot 4\cdot 6}\cdot\frac{1}{7}+\frac{1\cdot 3\cdot 5}{2\cdot 4\cdot 6\cdot 8}\cdot\frac{1}{9}+\cdots\right)$$

實際上給出了一個求圓周率 π 的級數形式。

3 藝海珠塵本無“心”字。

方開之，爲正弦。用減半徑，爲餘矢。餘矢者，諸尖錐元數之合也。然近底之元數難分，近尖之元數易分。今試以半徑冪爲億，以餘弦冪爲一，則所得之餘矢必近尖，而諸元數可分矣。

半徑冪　一〇〇〇〇〇〇〇〇〇

餘弦冪　〇〇〇〇〇〇〇〇〇一

減餘　〇九九九九九九九九九

開得正弦　〇九九九九九九九九九四九九九九九九九九八
七四九九九九九九三七四九九九九九六
〇九三七四九九七二六五六二四九

餘矢　　〇〇〇〇〇〇〇〇〇五〇〇〇〇〇〇〇〇一
二五〇〇〇〇〇〇〇六二五〇〇〇〇〇〇三
九〇六二五〇〇二七三四三七五〇

〇五者，立尖錐之底也。二分半徑之一。今降四位，餘弦萬分半徑之一，是降四位。故其底法降八位也。每降一位，則其底降二位。〇一二五者，四乘尖錐之底也。四分再乘底之一。今降四位，故其底法降十六位也。每降一位，則其底降四位。〇〇六二五者，六乘尖錐之底也。六分四乘底之三。今降四位，故其底法降二十四位也。每降一位，則其底降六位。〇〇三九〇六二五者，八乘尖錐之底也。八分六乘底之五。今降四位，故其底法降三十二位也。每降一位，則其底降八位。〇〇二七三四三七五者，十乘尖錐之底也。十分八乘底之七。[1] 今降四位，故其底法降四十位也。每降一位，則其底降十位。伯兄之說，可謂信而有徵矣。猶未也，更以二之餘弦驗之。

半徑冪	一〇〇〇〇〇〇〇〇〇
餘弦冪	〇〇〇〇〇〇〇〇〇四
減餘	〇九九九九九九九六
開得正弦	〇九九九九九九九七九九九九九九九七九 九九九九九九五九九九九九九九八九九九 九九九九七一九九九九九九一五九
餘矢	〇〇〇〇〇〇〇〇二〇〇〇〇〇〇〇〇二〇

1 假令 n 乘尖锥底，即为 n 分（$n-2$）乘底之（$n-3$），其中 $n\geqslant4$。

〇〇〇〇〇〇四〇〇〇〇〇〇〇一〇〇〇

〇〇〇〇二八〇〇〇〇〇〇〇八四〇〇〇[1]

立尖錐倍其高，則當四其底，今果五變爲二〇。四乘尖錐倍其高，則當十六其底，今果一二五變爲二〇〇〇。六乘尖錐倍其高，則當六十四其底，今果六二五變爲四〇〇〇〇。八乘尖錐倍其高，則當二百五十六其底，今果三九〇六二五變爲一〇〇〇〇〇〇〇〇。十乘尖錐倍其高，則當一千二十四其底，今果二七三四三七五變爲二八〇〇〇〇〇〇〇〇〇也。八四者，十二乘尖錐倍高之底。然則方圓之較其爲諸尖錐之合，可無疑矣[2]。

1 藝海珠塵本“八四”下“〇〇〇”作“〇”。

2 諸二乘尖錐的底及其乘數的計算可作如下解釋。如前圖 1－7，在 AC 上任取一點 F，作 $FE /\!/ AO$ 交圓弧 AB 於點 Q，令 $AF=OE=x$。令圓心角 $EOQ=\alpha$，則：$\cos\alpha = x$，$\sin\alpha = QE = \sqrt{1-x^2}$，

$$\mathrm{cosvers}\alpha = FQ = 1-\sqrt{1-x^2} = \frac{1}{2}x^2+\frac{1}{2\cdot4}x^4+\frac{1\cdot3}{2\cdot4\cdot6}x^6+\cdots \qquad (4)$$

(4) 中諸係數即爲諸尖錐的底。由於李善蘭没有明確指出他是怎樣得到這個冪級數展開式中諸 x^{2n} 的係數，李心梅舉例給予説明：取 $x^2=10^{-8}$，則：

$$\mathrm{cos\ vers}\alpha = 1-\sqrt{1-10^{-8}} = 1-\sqrt{0.99999999} = 1-0.999999994999999997499999993749999996093749972656249\cdots$$
$$=0.00000000500000000125000000062500039062500273443750\cdots$$
$$=0.5\times10^{-8}+0.125\times10^{-16}+0.625\ \times^{-24}+0.0390625\times10^{-32}+0.0273375\times10^{-40}+\cdots$$

此即：$1-\sqrt{1-x^2}=\frac{1}{2}x^2+\frac{1}{2\cdot4}x^4+\frac{1\cdot3}{2\cdot4\cdot6}x^6+\frac{1\cdot3\cdot5}{2\cdot4\cdot6\cdot8}x^8+\cdots$

又取 $x^2=2\times10^{-8}$，通過計算同樣得上式。於是，FQ 由上式右端諸項合併而成。依尖錐術，當 x 由 $0\to1$ 時，諸項分别積疊成底爲 $\frac{1}{2}$，$\frac{1}{2\cdot4}$，$\frac{1\cdot3}{2\cdot4\cdot6}$，$\frac{1\cdot3\cdot5}{2\cdot4\cdot6\cdot8}$，…，高爲 1 的二乘、四乘、六乘、八乘，…尖錐。

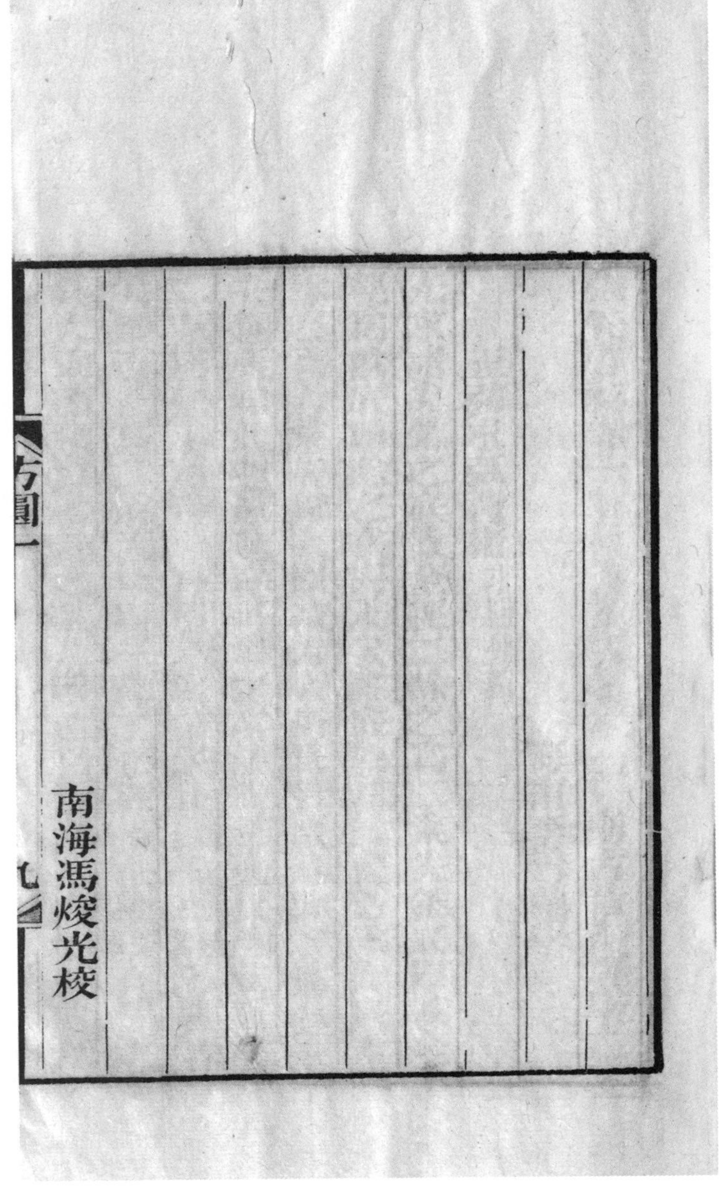

南海馮焌光校

弧矢啟祕卷一

則古昔齋算學二

海寧李善蘭學

正弦求弧背術求圓外積

先求諸尖錐[1]之底。置全徑，二除之爲二乘尖錐底，以減全徑，爲餘底；四除之爲四乘尖錐底，以減餘底，仍爲餘底；六除之爲六乘尖錐底，以減餘底，仍爲餘底；八除之爲八乘尖錐底。如此遞減遞除，可得無窮諸尖錐底。其除法遞加二數，用偶不用奇。乃置諸尖錐底，各以半徑乘之，爲諸尖錐直積。其二乘直積以三除之，其四乘直積以五除之，其六乘直積以七除之，其八乘直積以九除之。如此置無

1 藝海珠塵本“錐”作“堆”，全書同。

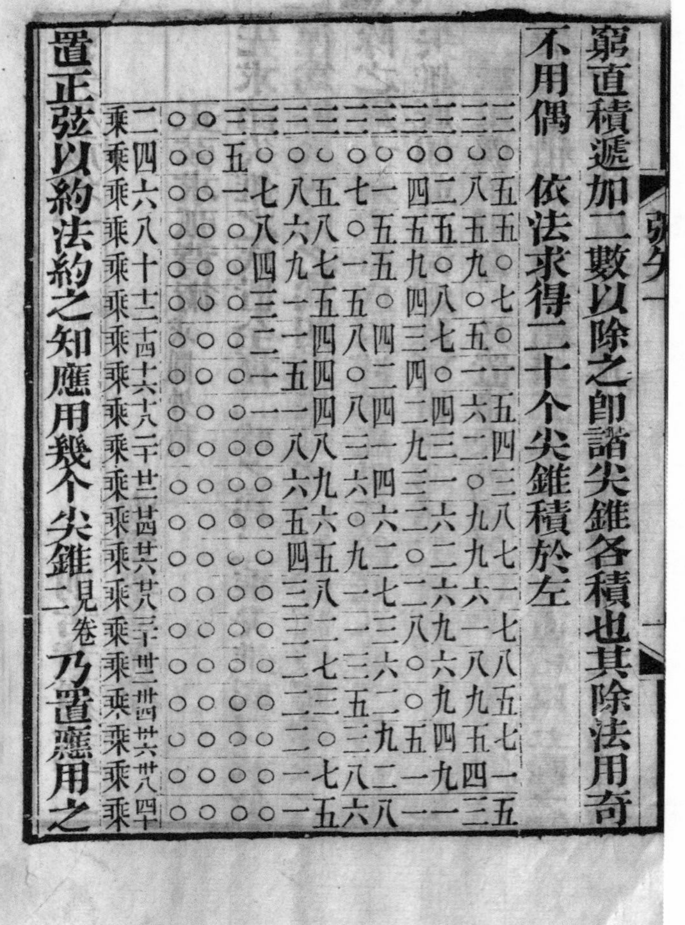

窮直積，遞加二數以除之，即諸尖錐各積也，其除法用奇不用偶。依法求得二十个尖錐積於左。

二乘	〇〇三三三三三三三三三三	四乘	〇〇五〇〇〇〇〇〇〇〇〇
六乘	〇〇一七八五七一四二八五	八乘	〇〇〇八六八〇五五五五五
十乘	〇〇〇四九七一五九〇九〇	十二乘	〇〇〇三一五五〇四八〇七
十四乘	〇〇〇二一四八四三七五〇	十六乘	〇〇〇一五四〇二四〇一一
十八乘	〇〇〇一一四八四二四六五	二十乘	〇〇〇〇八八三一九三二四
廿二乘	〇〇〇〇六九六四三一〇三	廿四乘	〇〇〇〇五六〇六二六九八
廿六乘	〇〇〇〇四五九二〇二九七	廿八乘	〇〇〇〇三八一七二六六一
三十乘	〇〇〇〇三二一三八九一七	卅二乘	〇〇〇〇二七三六〇六八八
卅四乘	〇〇〇〇二三五二〇九九五	卅六乘	〇〇〇〇二〇三九五四五七
卅八乘	〇〇〇〇一七八二一九四一[1]	四十乘	〇〇〇〇一五六八一一三五[2]

置正弦，以約法約之，知應用幾个尖錐。見卷二[3]。乃置應用之

1 藝海珠塵本作“〇〇〇〇一七八八九四一八”。

2 藝海珠塵本作“〇〇〇〇一五七四〇五〇六”。

3 藝海珠塵本“卷二”作“卷下”。後文同。

最下尖錐積以正弦冪乘之以半徑冪除之加入上一層
尖錐積再以正弦冪乘之以半徑冪除之再加入上一層
尖錐積再以正弦冪乘之以半徑冪除之如此遞加遞乘
遞除至加入最上一層乘除畢復以正弦乘之以半徑除
之爲圓外積 另以正弦求得矢用加半徑以正弦乘之
以圓外積減之以半徑除之得弧背眞數依表化爲度分
秒見卷二
正弦求弧背又術求圜內積
置前所求圜外各尖錐積其最上一層一乘之下一層三
乘之再下一層五乘之再下一層七乘之再下一層九乘

最下尖錐積，以正弦冪乘之，以半徑冪除之；加入上一層尖錐積，再以正弦冪乘之，以半徑冪除之；再加入上一層尖錐積，再以正弦冪乘之，以半徑冪除之，如此遞加遞乘遞除至加入最上一層。乘除畢，復以正弦乘之，以半徑除之，爲圓外積。[1] 另以正弦求得矢，用加半徑，以正弦乘之，以圓外積減之，以半徑除之，得弧背真數。依表化爲度分秒。見卷二。

正弦求弧背又術求圜内積

置前所求圜外各尖錐積，其最上一層一乘之，下一層三乘之，再下一層五乘之，再下一層七乘之，再下一層九乘

1 據李善蘭原意，“求圓外積”分爲三個步驟：（1）諸圓外偶乘尖錐積。以無窮直積，遞加二數來除，即諸尖錐各積，其除法用奇不用偶。關於諸尖錐之底與諸尖錐直積的表述與操作，李氏已在《方圓闡幽》中求 π 時給出了，這里李氏將其視爲已知量來運用。（2）求圓外積。以 $\frac{\sin^2\alpha}{r^2}$ 爲不變的乘數，在單位圓内，半徑取 1，得到圓外積爲：$2\left(\frac{\sin^3\alpha}{3\times2}+\frac{(\sin^3\alpha)\cdot(\sin^2\alpha)}{5\times4!!}+\frac{3!!\cdot(\sin^2\alpha)\cdot(\sin^2\alpha)\cdot(\sin^2\alpha)}{7\times6!!}+\cdots\cdots\right)$ 以 $\sin^2\alpha$ 進行遞加遞乘遞除，各項的分母以諸項尖錐之底爲基，各項分子則分别乘以 $\sin^2\alpha$，$\sin^4\alpha$，$\sin^6\alpha$ 等。（3）求弧背。進一步，借助圓外積可以求得正弦、矢和弧背之間的關係。這里的關鍵是由正弦如何求得矢，李氏在《弧矢啟秘》卷二“求分弧正弦術”中給出了“以正弦冪減半徑冪，平方開之，得餘弦，用減半徑，得正矢”，即：$\sqrt{r^2-\sin^2\alpha}=\cos\alpha$，$r-\cos\alpha=vers\ \alpha$，由《方圓闡幽》及前兩步的作法可知，他通過一長爲全徑、寬爲正弦的矩形，與兩個底爲餘弦，高爲正弦的三角形作差，使用了如下方法：$2\sin^2\alpha-2\left(\frac{1}{2}\cdot\cos\alpha\cdot\sin\alpha\right)=(\sin\alpha)\cdot(2-\cos\alpha)$ 再利用（$vers\alpha=1-\cos\alpha$），將餘弦轉换爲矢的形式：$(\sin\alpha)\cdot(2-\cos\alpha)=(\sin\alpha)\cdot[2-(1-vers\alpha)]=(\sin\alpha)\cdot(1+vers\alpha)$，即得弧背 a 爲：$a-(\sin\alpha)\cdot(1+vers\alpha)-2\cdot\left(\frac{\sin^3\alpha}{3\times2}+\frac{\sin^5\alpha}{5\times4!!}+\frac{3!!\cdot(\sin^7\alpha)}{7\times6!!}+\cdots\cdots\right)$（王鑫義. 晚清算家對割圓級數的改進研究（1840—1873），内蒙古師範大學，2021：101頁）

之，順是以下，皆遞加二數以乘之。乘畢俱半之，爲圜内諸尖錐積。如法求得二十个尖錐積於左。

二乘	〇一六六六六六六六六六六	四乘	〇〇七五〇〇〇〇〇〇〇〇
六乘	〇〇四四六四二八五七一二[1]	八乘	〇〇三〇三八一九四四四四
十乘	〇〇二二三七二一五九〇九	十二乘	〇〇一七三五二七六四四二
十四乘	〇〇一三九六四八四三七五	十六乘	〇〇一一五五一八〇〇八九
十八乘	〇〇〇九七六一六〇九五二	二十乘	〇〇〇八三九〇三三五八〇
廿二乘	〇〇〇七三一二五二五八七	廿四乘	〇〇〇六四四七二一〇三一
廿六乘	〇〇〇五七四〇〇三七一八	廿八乘	〇〇〇五一五三三〇九二四
三十乘	〇〇〇四六六〇一四二九七[2]	卅二乘	〇〇〇四二四〇九〇六六四[3]
卅四乘	〇〇〇三八八〇九六四一七[4]	卅六乘	〇〇〇三五六九二〇四九七[5]
卅八乘	〇〇〇三二九七〇五九〇八[6]	四十乘	〇〇〇三〇五七八二一三二[7]

置正弦，以約法約之，知應用幾个尖錐積。乃置應用之最

1 藝海珠塵本“七一二”作“七一四”。

2 藝海珠塵本“二九七”作“三〇九”。

3 藝海珠塵本“六六四”作“六七三”。

4 藝海珠塵本“四一七”作“四二三”。

5 藝海珠塵本“四九七”作“五〇九”。

6 藝海珠塵本作“〇〇〇三三〇九五四二三五”。

7 藝海珠塵本作“〇〇〇三〇六九三九八七三”。

下尖錐積以正弦冪乘之以半徑冪除之加入上一層尖
錐積再以正弦冪乘之以半徑冪除之如此遞加遞乘遞
除至加入最上一層乘除畢復以正弦乘之以半徑除之
爲圜内積再以半徑除之爲弦背差加正弦得弧背眞數
依表化爲度分秒
正矢求弧背術
置正弦求弧背第二術中諸尖錐積各半之其最上一層
復以四除一次下一層以四除二次再下一層以四除三
次如此每下一層每以四多除一次除畢爲三十度正弦
上諸尖錐積乃各以半徑除之爲三十度正弦上弦背差

下尖錐積，以正弦冪乘之，以半徑冪除之；加入上一層尖錐積，再以正弦冪乘之，以半徑冪除之，如此遞加遞乘遞除至加入最上一層。乘除畢，復以正弦乘之，以半徑除之，爲圜内積。再以半徑除之，爲弦背差，加正弦得弧背真數。[1] 依表化爲度分秒。

正矢求弧背術

置正弦求弧背第二術中諸尖錐積，各半之，其最上一層復以四除一次，下一層以四除二次，再下一層以四除三次。如此每下一層，每以四多除一次。除畢，爲三十度正弦上諸尖錐積。乃各以半徑除之，爲三十度正弦上弦背差。

1 若以“圜内積”求“正弦求弧背”，由前面所求的圜外各尖錐積，可得圜内諸尖錐積：$\frac{1}{3\times2}+\frac{3}{5\times4!!}+\frac{5\times3!!}{7\times6!!}+\cdots\cdots$ 其中，各項的分子（1，3，5，……）即爲李氏所稱的“乘數”。結合李氏給出的各乘尖錐值，上式首項即爲二乘尖錐積（0.16666666666），第二項即爲四乘尖錐積（0.075），後仿此。進一步，以$\frac{\sin^2\alpha}{r^2}$爲不變的乘數，在單位圓内，半徑取1，李氏將得到的圜内積又稱爲“弦背差”即（$a-\sin\alpha$）：$\left(\frac{\sin^3\alpha}{3\times2}+\frac{3\cdot(\sin^5\alpha)}{5\times4!!}+\frac{5\cdot3!!\cdot(\sin^7\alpha)}{7\times6!!}+\cdots\cdots\right)$ 即得弧背：$a=\sin\alpha+(a-\sin\alpha)=\sin\alpha+\frac{\sin^3\alpha}{3\times2}+\frac{3\cdot(\sin^5\alpha)}{5\times4!!}+\frac{5\cdot3!!\cdot(\sin^7\alpha)}{7\times6!!}+\cdots\cdots$（“正弦求弧背”的“求圜外積”和“求圜内積”兩種方法的比較詳見：王鑫義. 晚清算家對割圓級數的改進研究（1840—1873），内蒙古師範大學，2021：102－103頁）

弧矢一　三
加入三十度正弦爲三十度弧背自之爲三十度弧背羃其加法乘法皆如天元術後仿此四倍之爲六十度正矢上弧背羃中諸尖錐積也用爲正矢求弧背羃之根若徑求諸尖錐積不假前術則先求諸尖錐之底倍三十度正弦爲一乘尖錐底一乘之六也二三除之爲三乘尖錐底二乘之十也二五除之爲五乘尖錐底三乘之十四也二七除之爲七乘尖錐底四乘之十八也二九除之爲九乘尖錐底如此遞乘遞除可得無窮尖錐底其乘數恒加一其除數恒加四乃置諸尖錐底各以全徑乘之爲諸尖錐直積其一乘直積以二除之其三乘直積以四除之其五乘直積以六除之如

加入三十度正弦，爲三十度弧背，自之爲三十度弧背羃。其加法、乘法，皆如天元術，後仿此。四倍之，爲六十度正矢上弧背羃中諸尖錐積也，用爲正矢求弧背羃之根。[1] 若徑求諸尖錐積，不假前術，則先求諸尖錐之底。倍三十度正弦，爲一乘尖錐底。一乘之，六二三也。除之，爲三乘尖錐底；二乘之，十二五也。除之，爲五乘尖錐底；三乘之，十四二七也。除之，爲七乘尖錐底；四乘之，十八二九也。除之，爲九乘尖錐底。如此遞乘遞除，可得無窮尖錐底。其乘數恒加一，其除數恒加四。[2] 乃置諸尖錐底，各以全徑乘之，爲諸尖錐直積。其一乘直積以二除之，其三乘直積以四除之，其五乘直積以六除之，如

1 李善蘭將“正弦求弧背術”中已得到的三十度弧背自乘即爲三十度弧背羃，在同一象限内，三十度弧背羃的四倍即爲六十度正矢弧背羃，並將其作爲“正矢求弧背羃之根”。實際上，他所依據的還是諸圓内或圓外尖錐積中各項的遞加遞減遞乘關係：

$\frac{1}{2}\times\frac{1}{3\times2}$，$\frac{1}{4!!}\times\frac{3}{2\times5}$，$\frac{3!!}{6!!}\times\frac{5}{2\times7}$，……

2 其一乘直積用二除（即2!!），其三乘直積用四除（即4!!），其五乘直積用六除（即6!!）。

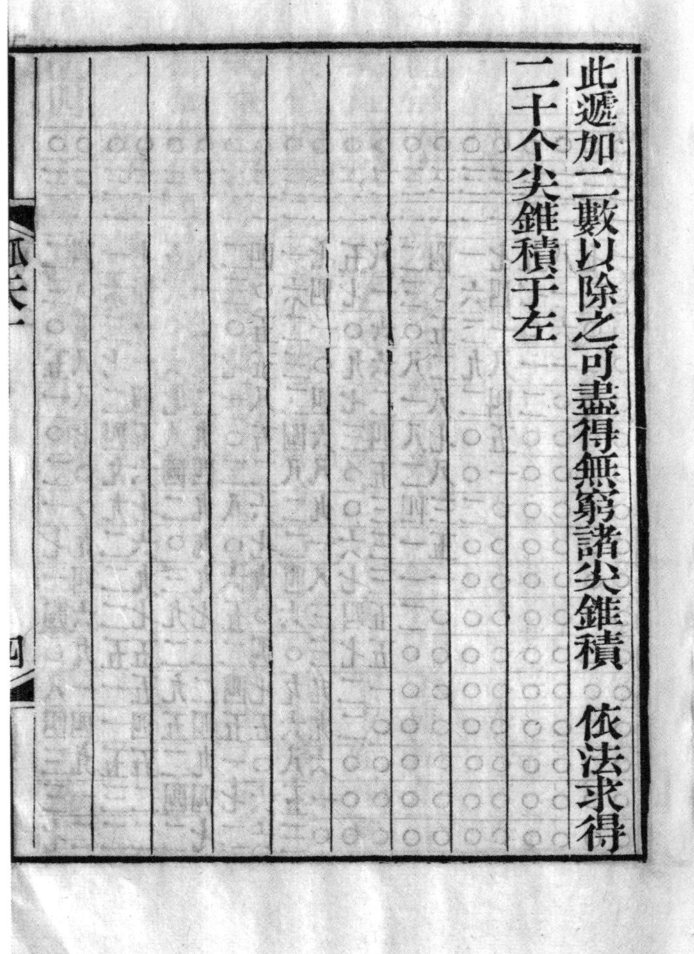
此遞加二數以除之可盡得無窮諸尖錐積　依法求得二十个尖錐積于左

此遞加二數以除之，可盡得無窮諸尖錐積[1]。依法求得二十个尖錐積于左。

1 在“正矢求弧背術”中，首先要解决如何由前面已得到的“正弦求弧背術”轉化爲“正矢求弧背”的問題，即由弦轉化爲矢。以$\frac{2vers\alpha}{r}$爲不變的乘數，在單位圓内，半徑取1，則有：

$$a^2=4\sin\left(\frac{\alpha}{2}\right)+\frac{4}{3}\sin^4\left(\frac{\alpha}{2}\right)+\frac{32}{45}\sin^6\left(\frac{\alpha}{2}\right)+\cdots\cdots$$

$$a^2=\left[2\sin\left(\frac{\alpha}{2}\right)\right]^2+\frac{1}{12}\left[2\sin\left(\frac{\alpha}{2}\right)\right]^4+\frac{1}{90}\left[2\sin\left(\frac{\alpha}{2}\right)\right]^6+\cdots$$

一乘	一〇〇〇〇〇〇〇〇〇〇〇〇〇〇〇〇〇〇〇〇〇〇
三乘	〇〇八三三三三三三三三三三三三三三三三三三三三
五乘	〇〇一一一一一一一一一一一一一一一一一一一一一
七乘	〇〇〇一七八五七一四二八五七一四二八五七一四二
九乘	〇〇〇〇三一七四六〇三一七四六〇三一七四六〇三
十一乘	〇〇〇〇〇六〇一二五〇六〇一二五〇六〇一二五〇
十三乘	〇〇〇〇〇一一八九二八六九〇三五七二六一七八五
十五乘	〇〇〇〇〇〇二四二八一二七四二八一二七四二八一
十七乘	〇〇〇〇〇〇〇五〇七八四三六四五〇九八五四七〇
十九乘	〇〇〇〇〇〇〇一〇八二五〇八八二二四四六九〇二
廿一乘	〇〇〇〇〇〇〇〇二三四三〇九二六八九二七九〇一
廿三乘	〇〇〇〇〇〇〇〇〇五一三六一二七〇九〇六二九七
廿五乘	〇〇〇〇〇〇〇〇〇一一三七八四九六九三九二四一
廿七乘	〇〇〇〇〇〇〇〇〇〇二五四三六〇五七九七二六四
廿九乘	〇〇〇〇〇〇〇〇〇〇〇五七三〇四二二二五五九〇
卅一乘	〇〇〇〇〇〇〇〇〇〇〇一二九九七四二九五一一八
卅三乘	〇〇〇〇〇〇〇〇〇〇〇〇二九六五五四五四一四四
卅五乘	〇〇〇〇〇〇〇〇〇〇〇〇〇六八〇一九二五五九三
卅七乘	〇〇〇〇〇〇〇〇〇〇〇〇〇一五六七四四二三一三
卅九乘	〇〇〇〇〇〇〇〇〇〇〇〇〇〇三六二七二二二二七

〇〇一	一	乘
八〇〇	三	乘
一〇〇	五	乘
〇〇〇	七	乘
〇〇〇	九	乘
〇〇〇	十一	乘
〇〇〇	十三	乘
〇〇〇	十五	乘
〇〇〇	十七	乘
〇〇〇	十九	乘
〇〇〇	廿一	乘
〇〇〇	廿三	乘
〇〇〇	廿五	乘
〇〇〇	廿七	乘
〇〇〇	廿九	乘
〇〇〇	卅一	乘
〇〇〇	卅三	乘
〇〇〇	卅五	乘
〇〇〇	卅七	乘
〇〇〇	卅九	乘

置倍矢以約法約之知應用幾个尖錐積乃置應用最下尖錐積以倍矢乘之以半徑除之加入上一層尖錐積再以倍矢乘之以半徑除之再加入上一層尖錐積再以倍矢乘之以半徑除之如此至最上一層乘除畢平方開之得弧背眞數依表化爲度分秒

正切求弧背術

置四十五度正切爲各尖錐底以半徑乘之爲各尖錐直

置倍矢，以約法約之，知應用幾个尖錐積。乃置應用最下尖錐積，以倍矢乘之，以半徑除之；加入上一層尖錐積，再以倍矢乘之，以半徑除之；再加入上一層尖錐積，再以倍矢乘之，以半徑除之，如此至最上一層。乘除畢，平方開之，得弧背眞數。[1] 依表化爲度分秒。

正切求弧背術[2]

置四十五度正切爲各尖錐底，以半徑乘之，爲各尖錐直

1 將 $\left[2\sin\left(\frac{\alpha}{2}\right)\right]^2=2vers\alpha$ 代入 $a^2=\left[2\sin\left(\frac{\alpha}{2}\right)\right]^2+\frac{1}{12}\left[2\sin\left(\frac{\alpha}{2}\right)\right]^4+\frac{1}{90}\left[2\sin\left(\frac{\alpha}{2}\right)\right]^6+\cdots\cdots$，即得弧背冪：

$$a^2=2versa+\frac{1}{12}\cdot(2vers\alpha)^2+\frac{1}{90}\cdot(2vers\alpha)^3+\cdots\cdots$$

上式開方即得弧背。

2 據王渝生的研究，“正切求弧背術”是由“弧背求正切術”還原而得的。

積。乃以三除直積，爲二乘尖錐積，正；以五除直積，爲四乘尖錐積，負；以七除直積，爲六乘尖錐積，正；以九除直積，爲八乘尖錐積，負。如此遞加二數，以除直積，可得無窮正負諸尖錐積。依法求得二十个尖錐積于左。

二乘	〇三三三三三三三三三三三	正	四乘	〇二〇〇〇〇〇〇〇〇〇〇	負
六乘	〇一四二八五七一四二八五	正	八乘	〇一一一一一一一一一一一	負
十乘	〇〇九〇九〇九〇九〇九〇	正	十二乘	〇〇七六九二三〇七六九二	負
十四乘	〇〇六六六六六六六六六六	正	十六乘	〇〇五八八二三五二九四一	負
十八乘	〇〇五二六三一五七八九四	正	二十乘	〇〇四七六一九〇四七六一	負
廿二乘	〇〇四三四七八二六〇八六	正	廿四乘	〇〇四〇〇〇〇〇〇〇〇〇	負
廿六乘	〇〇三七〇三七〇三七〇三	正	廿八乘	〇〇三四四八二七五八六二	負
三十乘	〇〇三二二五八〇六四五一	正	卅二乘	〇〇三〇三〇三〇三〇三〇	負
卅四乘	〇〇二八五七一四二八五七	正	卅六乘	〇〇二七〇二七〇二七〇二	負
卅八乘	〇〇二五六四一〇二五六四	正	四十乘	〇〇二四三九〇二四三九〇	負

置正切，以約法約之，知應用幾个尖錐積。乃置應用之最下尖錐積，以正切冪乘之，以半徑冪除之；以減上一層尖錐積，再以正切冪乘之，以半徑冪除之；再以減上一層尖錐積，再以正切冪乘之，以半徑冪除之，如此遞減遞乘遞除至最上一層。乘除畢，復以正切乘之，以半徑除之，爲圓外積。再以半徑除之，爲弧切差。以減正切，得弧背真數。[1] 依表化爲度分秒。

正割求弧背術[2]

1 “正切求弧背”與“正弦求弧背”並不類似，也並非直接源於尖錐術（王渝生. 李善蘭的尖錐術，自然科學史研究，1983，第2卷第3期，274頁）因四十五度正切爲半徑，可得底、高皆爲1的二乘、四乘、六乘、八乘等尖錐，諸尖錐積（李氏均用小數表示）分別爲：

$\frac{1}{3}$［0.33333333333（正）］，

$-\frac{1}{5}$［0.20000000000（負）］，

$\frac{1}{7}$［0.14285714285（正）］，

$-\frac{1}{9}$［0.11111111111（負）］，

……

故，正切求弧背術爲：

$$\alpha=\tan\alpha-\frac{1}{3}\tan^3\alpha+\frac{1}{5}\tan^5\alpha-\frac{1}{7}\tan^7\alpha+\cdots\cdots$$

2 “正割求弧背”三術爲李善蘭所創，是前人研究中没有涉及的。同一問題他使用了不盡相同的方法。

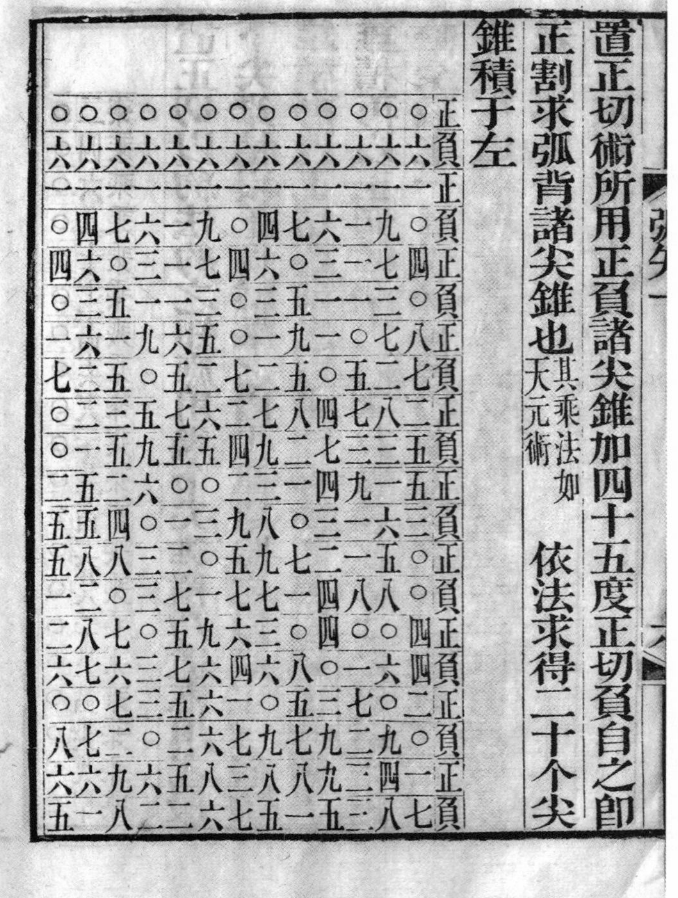

置正切術所用正負諸尖錐，加四十五度正切，負，自之即正割求弧背諸尖錐也。其乘法如天元術。依法求得二十个尖錐積于左。

一乘	一○○○○○○○○○○○○○○○○○○○○○	正
三乘	○六六六六六六六六六六六六六六六六六六六六六	負
五乘	○五一一一一一一一一一一一一一一一一一一一一	正
七乘	○四一九○四七六一九○四七六一九○四七六一九○	負
九乘	○三五七四六○三一七四六○三一七四六○三一七四	正
十一乘	○三一三○三五一一三○三五一一三○三五一一三○	負
十三乘	○二七九三○四八二二一六一九六五○一九一○七八	正
十五乘	○二五二七二五○五二七二五○五二七二五○五二七	負
十七乘	○二三一一八○四三九○二三五七六二七八四七八二	正
十九乘	○二一三三二五五五三○一五九五五四九二七三三五	負
廿一乘	○一九八二六一三二五二五二六○○二三一四九一五	正
廿三乘	○一八五三六二七三六五五四○一三九八○三一六三	負
廿五乘	○一七四一八○九八七五八八三二○五九七二一五○	正
廿七乘	○一六四三八四九九一一二○三七一七七一四八八○	負
廿九乘	○一五五七二四八四二二八七○五九六三○四○○四	正
卅一乘	○一四八○○八一六八六七六三七六四六八○一六四[1]	負
卅三乘	○一四一○八四三三七○○七三五六一○五三七○二	正
卅五乘	○一三四八三三六一九八七二○二六七九七九二九○	負
卅七乘	○一二九一五九五八八六六九六五八三八八九三四一	正
卅九乘	○一二三九八三六六○五一八二二六七五一五三八七[2]	負

1 藝海珠塵本“三七六”作“三九六”，“一六四”作“三六四”。

2 藝海珠塵本“二二六”作“二四六”，“三八七”作“五八七”。

乘一	一〇〇〇〇〇〇〇〇〇
乘三	〇六六六六六六六六六
乘五	〇五一一一一一一一一
乘七	〇四一九〇四七六一九
乘九	〇三五七四六〇三一七
乘十一	〇三一三〇三五一一三
乘十三	〇二七九三〇四八二二
乘十五	〇二五二七二五〇五二
乘十七	〇二三一一八〇四三九
乘十九	〇二一三三二五五五三
乘廿一	〇一九八二六一三二五
乘廿三	〇一八五三六二七三六
乘廿五	〇一七四一八〇九八七
乘廿七	〇一六四三八四九九一
乘廿九	〇一五五七二四八四二
乘卅一	〇一四八〇〇八一六八
乘卅三	〇一四一〇八四三三七
乘卅五	〇一三四八三三六一九
乘卅七	〇一二九一五九五八八
乘卅九	〇一二三九八三六六〇

以半徑減正割爲割徑差倍之于上又以割徑差自之半徑除之以加上位爲乘數置乘數以約法約之知應用幾个尖錐積乃置應用最下一層尖錐積以乘數乘之以半徑除之以減上一層尖錐積再以乘數乘之以半徑除之

以半徑減正割，爲割徑差[1]，倍之于上。又以割徑差自之，半徑除之，以加上位，爲乘數[2]。置乘數，以約法約之，知應用幾个尖錐積。乃置應用最下一層尖錐積，以乘數乘之，以半徑除之；以減上一層尖錐積，再以乘數乘之，以半徑除之，

1 在“正割求弧背”等術中，李善蘭不斷地使用“割徑差”，即（半徑取1）：

$$\sec\alpha-1=\frac{vers\alpha}{1-vers\alpha}=\frac{\frac{a^2}{2!}-\frac{a^4}{4!}+\frac{a^6}{6!}-\frac{a^8}{8!}+\cdots}{1-\frac{a^2}{2!}+\frac{a^4}{4!}-\frac{a^6}{6!}+\frac{a^8}{8!}+\cdots\cdots}$$

2 令“乘數”爲 δ，取半徑 r 爲1，則：

$$\delta=2(\sec\alpha-r)+\frac{(\sec\alpha-r)^2}{r}$$

如此遞減遞乘遞除至最上一層乘除畢開平方得弧背
眞數依表化爲度分秒

正割求弧背又術

置前所求諸尖錐積最上一層不動下一層以四除一次
再下一層以四除二次再下一層以四除三次如此遞下
一層遞以四多除一次除畢正者正之負者負之爲又術
諸尖錐積　依法求得二十个尖錐積于左

正	○	○	○	○	○
負	六	六	六	六	六
正	四	四	四	四	四
負	○	九	一	六	七
正	三	九	七	○	五
負	三	三	七	五	二
正	九	○	九	九	五
負	三	一	八	○	三
正	八	三	九	八	六
負	四	六	○	九	七
正	七	○	七	○	○
負	二	五	八	五	七
正	五	八	二	八	一
負	八	三	三	五	○
正	五	一	○	二	四
負	八	五	一	七	八
正	九	四	九	九	六
負	二	五	二	六	九
正	二	五	八	三	九
負	三	九	二	九	九

如此遞減遞乘遞除至最上一層。乘除畢，開平方得弧背眞數。[1]依表化爲度分秒。

正割求弧背又術

置前所求諸尖錐積最上一層不動，下一層以四除一次，再下一層以四除二次，再下一層以四除三次。如此遞下一層，遞以四多除一次。除畢，正者正之，負者負之，爲又術諸尖錐積。依法求得二十个尖錐積于左。

1 $a=\sqrt{\left[2(\sec\alpha-r)+\frac{(\sec\alpha-r)^2}{r}\right]-\frac{2}{3}\cdot\left[2(\sec\alpha-r)+\frac{(\sec\alpha-r)^2}{r}\right]^2+\frac{23}{45}\cdot\left[2(\sec\alpha-r)+\frac{(\sec\alpha-r)^2}{r}\right]^3+\cdots\cdots}$

王渝生在《李善蘭的尖錐術》中得到的“正割求弧背第一術”有一項是有誤的。

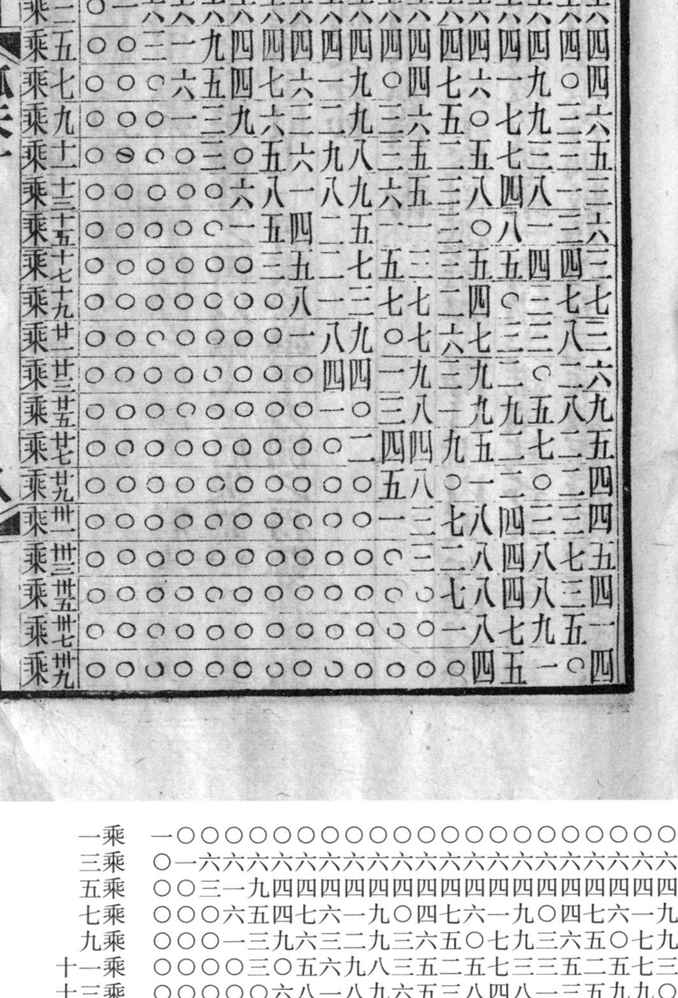

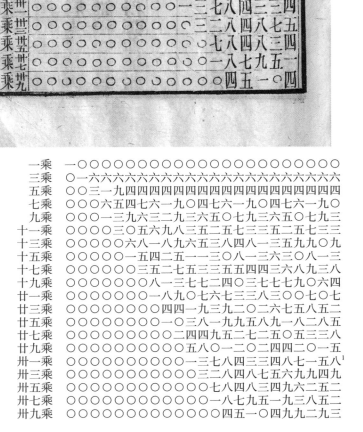

一乘	一〇〇〇〇〇〇〇〇〇〇〇〇〇〇〇〇〇〇〇〇〇〇〇〇〇	正
三乘	〇一六六六六六六六六六六六六六六六六六六六六	負
五乘	〇〇三一九四四四四四四四四四四四四四四四四四	正
七乘	〇〇〇六五四七六一九〇四七六一九〇四七六一九〇	負
九乘	〇〇〇一三九六三二九三六五〇七九三六五〇七九三	正
十一乘	〇〇〇〇三〇五六九八三五二五七三三五二五七三三	負
十三乘	〇〇〇〇〇六八一八九六五三八四八一三五九九〇九	正
十五乘	〇〇〇〇〇一五四二五一一三〇八一三六三〇八一三	負
十七乘	〇〇〇〇〇〇三五二七五三三五五四四三六八九三八	正
十九乘	〇〇〇〇〇〇〇八一三七七二四〇三七七七九〇六四	負
廿一乘	〇〇〇〇〇〇〇一八九〇七六七三三八三〇〇七〇七	正
廿三乘	〇〇〇〇〇〇〇〇四四一九三九二〇二六七五八五二	負
廿五乘	〇〇〇〇〇〇〇〇一〇三八一九九五八九一八二八五	正
廿七乘	〇〇〇〇〇〇〇〇〇二四四九五二七二五〇五三三八	負
廿九乘	〇〇〇〇〇〇〇〇〇〇五八〇一二〇二四四二〇一五	正
卅一乘	〇〇〇〇〇〇〇〇〇〇一三七八四三三四八七一五八[1]	負
卅三乘	〇〇〇〇〇〇〇〇〇〇〇三二八四八七五六九九四九	正
卅五乘	〇〇〇〇〇〇〇〇〇〇〇〇七八四八三四九六二五二	負
卅七乘	〇〇〇〇〇〇〇〇〇〇〇〇一八七九五一九三八五二	正
卅九乘	〇〇〇〇〇〇〇〇〇〇〇〇〇四五一〇四九九二九三	負

1 藝海珠塵本“四八七一五八”作“六七三四二二”。

倍割徑差以全徑乘之以全徑加割徑差除之爲用數置用數如法約之知應用幾个尖錐積乃置應用最下一層尖錐積以用數乘之以半徑除之用減上一層尖錐積再以用數乘之以半徑除之再以減上一層尖錐積如此遞減遞乘遞除至最上一層乘除畢平方開之得弧背眞數依表化爲度分秒

正割求弧背三術

立天元一爲六十度割徑差加二得‖|元以天元除之得‖|○元爲乘數乃置第一術諸尖錐積其各乘數卽命爲六十度割徑差各乘數乃以天元乘數逐層乘之其最上

倍割徑差，以全徑乘之，以全徑加割徑差除之，爲用數。[1] 置用數，如法約之，知應用幾个尖錐積。乃置應用最下一層尖錐積，以用數乘之，以半徑除之；用減上一層尖錐積，再以用數乘之，以半徑除之，再以減上一層尖錐積[2]，如此遞減遞乘遞除至最上一層。乘除畢，平方開之，得弧背真數。[3] 依表化爲度分秒。

正割求弧背三術

立天元一爲六十度割徑差[4]，加二得‖|元[5]。以天元除之，得‖|○元[6]，爲乘數。乃置第一術諸尖錐積，其各乘數即命爲六十度割徑差。各乘數乃以天元乘數逐層乘之，其最上

1 令“用數”爲 v，取半徑 r 爲1，則：

$$v=\frac{2\ (\sec\alpha-r)\times 2r}{2r+(\sec\alpha-r)}$$

2 再以減上一層尖錐積，據前後文例，此句當爲衍文。

3 $a=$

$$\sqrt{\frac{2r\cdot 2(\sec\alpha-r)}{2r+(\sec\alpha-r)}\ \frac{2}{3}\cdot\frac{1}{4}\cdot\left[\frac{2r\cdot 2(\sec\alpha-r)}{2r+(\sec\alpha-r)}\right]^2 + \frac{23}{45}\cdot\frac{1}{16}\cdot\left[\frac{2r\cdot 2(\sec\alpha-r)}{2r+(\sec\alpha-r)}\right]^3+\cdots\cdots}$$ 。

4 立天元一，相當於設未知數 x。

5 此式上層爲常數，下層爲未知數 x 係數，此即表示 $2+x$。

6 此式表示 $\frac{2+x}{x}$。

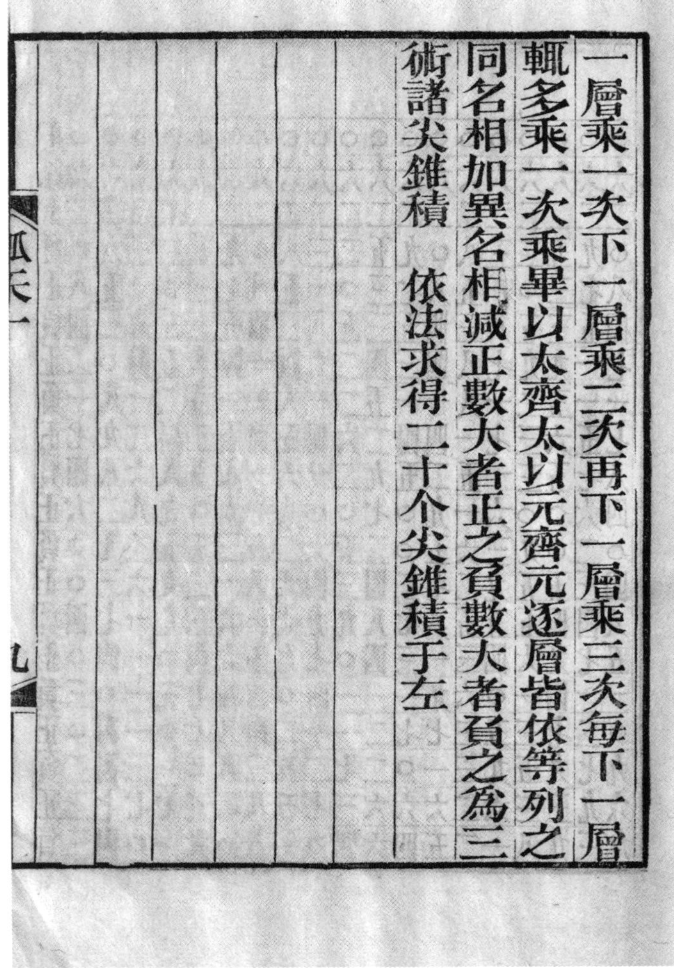
一層乘一次下一層乘二次再下一層乘三次每下一層
輒多乘一次乘畢以太齊太以元齊元逐層皆依等列之
同名相加異名相減正數大者正之負數大者負之爲三
術諸尖錐積　依法求得二十个尖錐積于左

一層乘一次，下一層乘二次，再下一層乘三次。每下一層，輒多乘一次。乘畢，以太齊太，以元齊元，逐層皆依等列之。同名相加，異名相減，正數大者正之，負數大者負之，爲三術諸尖錐積。[1] 依法求得二十个尖錐積于左。

1 李善蘭所創的“正割求弧背三術”均未出現由正割徑求弧背的情形，即正割實際並未參與運算，而是均借用正切冪與割徑差的關係。

元	二〇〇〇〇〇〇〇〇〇〇〇〇〇〇〇〇〇〇〇〇〇〇	正
一乘	一六六六六六六六六六六六六六六六六六六六六六六	負
二乘	一四二二二二二二二二二二二二二二二二二二二二二	正
三乘	一二三八〇九五二三八〇九五二三八〇九五二三八〇	負
四乘	一〇九五八七三〇一五八七三〇一五八七三〇一五八	正
五乘	〇九八三四五三五八三四五三五八三四五三五八三四	負
六乘	〇八九二七一九九七八四三四二六四一四八五四〇二	正
七乘	〇八一八一一五二一八一一五二一八一一五二一八一	負
八乘	〇七五五七五六三七一四四二六四五九五二四二九七	正
九乘	〇七〇二八七五三一五二五九二一六一八五八六八四	負
十乘	〇六五七四[1]六〇〇六一九〇七〇〇八一六〇九八二六	正
十一乘	〇六一八〇二〇九三六五〇二五六二四[2]三五五二九〇	負
十二乘	〇五八三四三五五九二七二四三四六八一三九六三〇	正
十三乘	〇五五二八四四五五五八七八九九六一六三九一七四	負
十四乘	〇五二四[3]五七九六四三一三四〇七九五六四〇一四〇	正
十五乘	〇五〇一一一四一〇六九一一一四〇四四七五一〇三[4]	負
十六乘	〇四七九〇二七三五三七七二一一二四八七〇一四〇[5]	正
十七乘	〇四五八九七九五九三一〇二七二五三八〇一三四二[6]	負
十八乘	〇四四〇六九三三六二六六六三七五八七三七七七二[7]	正
十九乘	〇四二三九三九八一二五四六四〇一八〇九一〇四三[8]	負

1 藝海珠塵本“四”作“三”。

2 藝海珠塵本“四”作“五”。

3 藝海珠塵本“四”作“五”。

4 藝海珠塵本“六九一一一四〇四四七五一〇三”作“八二二一八六一七五八二三〇三”。

5 藝海珠塵本“五三七七二一一二四八七〇一四〇”作“四三二八六三四二〇〇一二五四〇”。

6 藝海珠塵本“五九三一〇二七二五三八〇一三四二”作“六三二四二四三六四七〇一七三四二”。

7 藝海珠塵本“三六二六六六三七五八七三七七七二”作“二六〇九〇五八八四一二三三七七二”。

8 藝海珠塵本“八一二五四六四〇一八〇九一〇四三”作“九八二六一二四九一八七五〇二四三”。

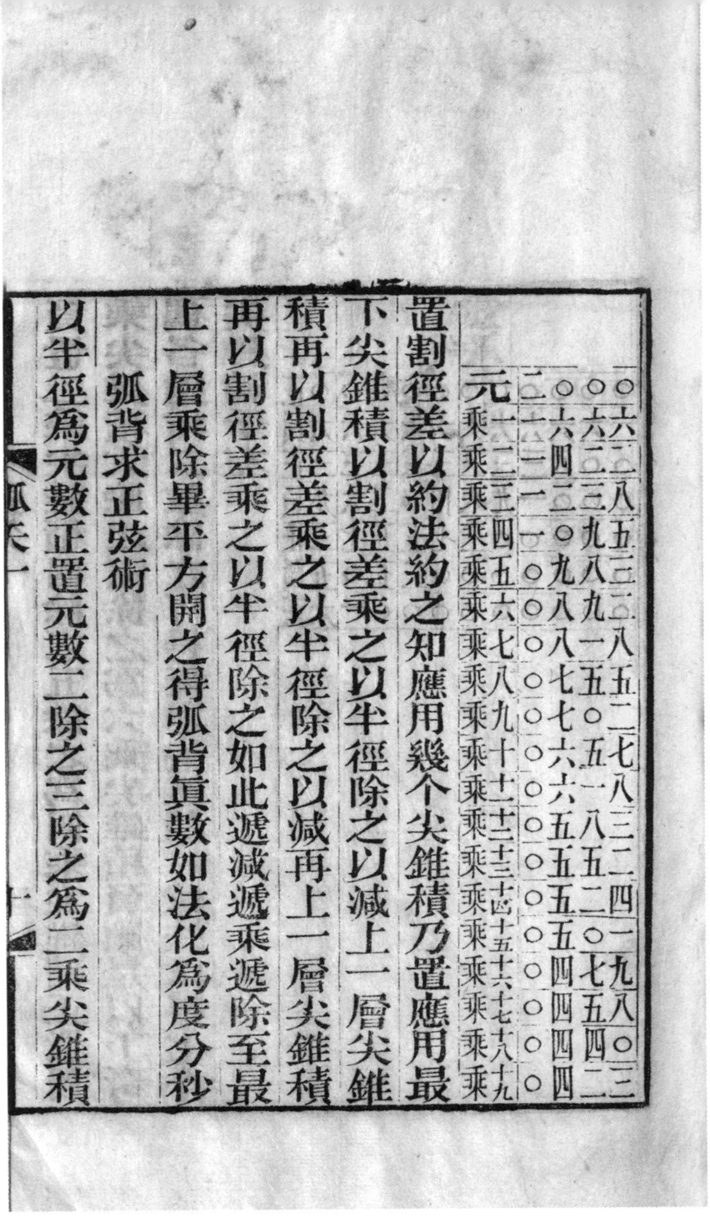

置割徑差，以約法約之，知應用幾个尖錐積。乃置應用最下尖錐積，以割徑差乘之，以半徑除之；以減上一層尖錐積，再以割徑差乘之，以半徑除之；以減再上一層尖錐積，再以割徑差乘之，以半徑除之，如此遞減遞乘遞除至最上一層。乘除畢，平方開之，得弧背真數。[1] 如法化爲度分秒。

弧背求正弦術

以半徑爲元數，正置元數，二除之三除之，爲二乘尖錐積，

1 $a^2=2(\sec\alpha-r)-\frac{5}{3}(\sec\alpha-r)^2+\frac{64}{45}(\sec\alpha-r)^3-\frac{26}{21}(\sec\alpha-r)^4+\cdots\cdots$。

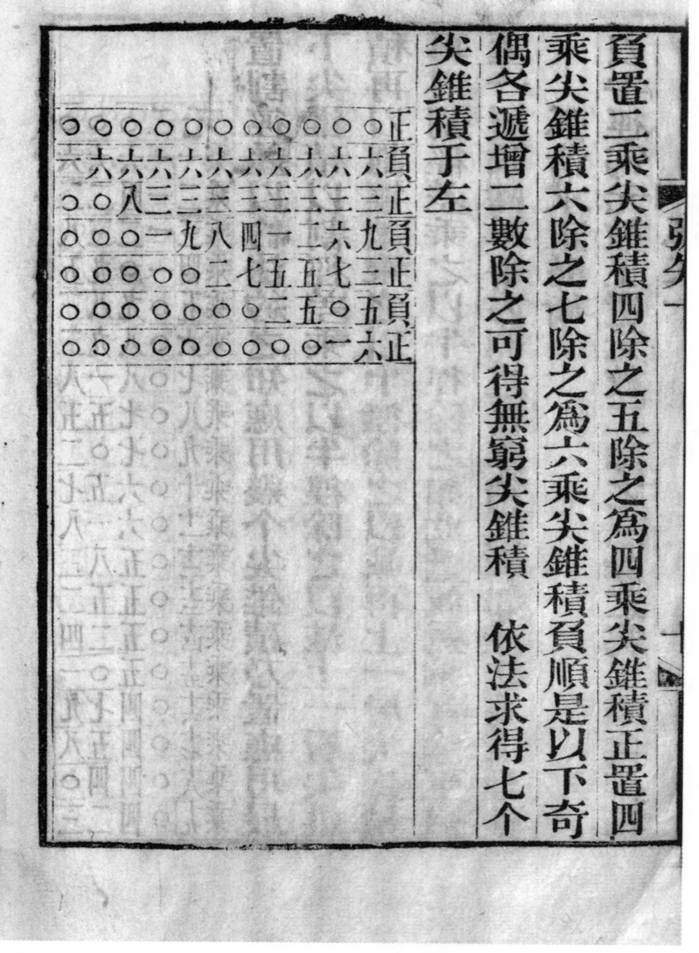

負。置二乘尖錐積，四除之五除之，爲四乘尖錐積，正。置四乘尖錐積，六除之七除之，爲六乘尖錐積，負。順是以下，奇偶各遞增二數除之，可得無窮尖錐積。依法求得七个尖錐積于左。

元	一〇〇〇〇〇〇〇〇〇〇〇〇	正
二乘	〇一六六六六六六六六六六六	負
四乘	〇〇〇八三三三三三三三三三	正
六乘	〇〇〇〇一九八四一二六九	負
八乘	〇〇〇〇〇〇二七五五七三	正
十乘	〇〇〇〇〇〇〇〇二五〇五	負
十二乘	〇〇〇〇〇〇〇〇〇〇一六	正

置弧背真數以約法約之知應用幾个尖錐乃置應用之
最下尖錐以弧背冪乘之以半徑冪除之以減上一層尖
錐積再以弧背冪乘之以半徑冪除之以減再上一層尖
錐積如此遞乘遞除遞減至最上一層減畢以弧背乘之
以半徑除之即正弦也

弧背求正矢術

即取弧背求正弦諸尖錐各命爲直積其元積二除之爲
一乘尖錐積其二乘積四除之爲三乘尖錐積其四乘積

置弧背真數，以約法約之，知應用幾个尖錐。乃置應用之最下尖錐，以弧背冪乘之，以半徑冪除之，以減上一層尖錐積；再以弧背冪乘之，以半徑冪除之，以減再上一層尖錐積，如此遞乘遞除遞減至最上一層。減畢，以弧背乘之，以半徑除之，即正弦也。

弧背求正矢術[1]

即取弧背求正弦諸尖錐，各命爲直積。其元積二除之，爲一乘尖錐積；其二乘積四除之，爲三乘尖錐積；其四乘積

1 “弧背求正切術”是由“弧背求正弦術”與“弧背求正矢術”，結合餘弦與正矢的關係 $1-\cos\alpha=vers\alpha$，即可求得：$\tan\alpha=\frac{\sin\alpha}{1-vers\alpha}$。

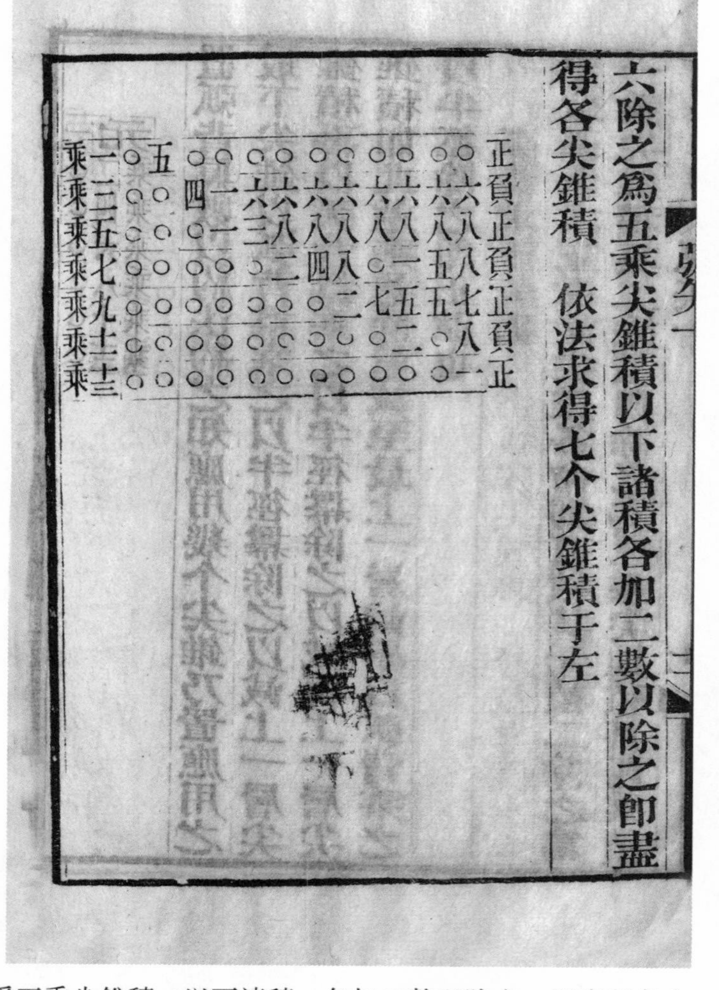

六除之，爲五乘尖錐積。以下諸積，各加二數以除之，即盡得各尖錐積。依法求得七个尖錐積于左。

一乘	〇五〇〇〇〇〇〇〇〇〇〇〇	正
三乘	〇〇四一六六六六六六六六六	負
五乘	〇〇〇一三八八八八八八八八	正
七乘	〇〇〇〇〇二四八〇一五八	負
九乘	〇〇〇〇〇〇〇二七五五七	正
十一乘	〇〇〇〇〇〇〇〇〇二〇八	負
十三乘	〇〇〇〇〇〇〇〇〇〇〇一	正

置弧背眞數以約法約之知應用幾个尖錐乃置應用之最下尖錐積以弧背羃乘之以半徑羃除之以減上一層尖錐積再以弧背羃乘之以半徑羃除之以減再上一層尖錐積再以弧背羃乘之以半徑羃除之如此遞減遞乘遞除至最上一層乘除畢即正矢也

弧背求正切術

法以弧背求正弦諸尖錐積正者正之負者負之爲第一行其最上一層無加減即爲第二行之首正列于第一行之右第一層一除之二除之爲第二層正三除之四除之爲第三層負五除之六除之爲第四層正七除之八除之

置弧背真數，以約法約之，知應用幾个尖錐。乃置應用之最下尖錐積，以弧背羃乘之，以半徑羃除之；以減上一層尖錐積，再以弧背羃乘之，以半徑羃除之；以減再上一層尖錐積，再以弧背羃乘之，以半徑羃除之，如此遞減遞乘遞除至最上一層。乘除畢，即正矢也。

弧背求正切術[1]

法以弧背求正弦諸尖錐積，正者正之，負者負之，爲第一行。[2]其最上一層無加減，即爲第二行之首，正，列于第一行之右。第一層一除之二除之，爲第二層，正；三除之四除之，爲第三層，負；五除之六除之，爲第四層，正；七除之八除之，

1 出現了無窮級數的除法運算。

2 給出了諸尖錐積和計算方法，即由“正弦求弧背術”回求得到“弧背求正弦術”：

$$\sin\alpha=\alpha-\frac{\alpha^3}{3!}+\frac{\alpha^5}{5!}-\frac{\alpha^7}{7!}+\cdots\cdots$$

爲第五層負順是以下皆如是至單位下而止復以兩行第二層正負相減爲第三行之首正列于第二行之右第二層一除之二除之爲第三層正三除之四除之爲第四層負順是以下皆如是至單位下而止復以各行第三層正數并之負數減之爲第四行之首正列于第三行之右第三層如前以一二三四諸數除之得四五六七各層正負諸數復以各行第四層正數併之負數減之爲第五行之首正列于第四行之右第四層仍如前除得五六七八各層正負諸數如是遞次求之可得無窮各行各層正負諸數乃取第二行以下各行之首爲本術諸尖錐積　依

爲第五層，負。順是以下皆如是，至單位下而止。復以兩行第二層正負相減，爲第三行之首，正，列于第二行之右。第二層一除之二除之，爲第三層，正；三除之四除之，爲第四層，負；順是以下皆如是，至單位下而止。復以各行第三層正數并之負數減之，爲第四行之首，正，列于第三行之右。第三層如前以一、二、三、四諸數除之，得四、五、六、七各層正負諸數。復以各行第四層正數併之負數減之，爲第五行之首，正，列于第四行之右。第四層仍如前除得五、六、七、八各層正負諸數。如是遞次求之，可得無窮各行各層正負諸數。[1] 乃取第二行以下各行之首，爲本術諸尖錐積。[2] 依

1 遞次求得無窮各行各層正負諸數，再取第二行以下各行之首爲本術諸尖錐積，從第三行之首開始，各層已不只爲一項，即爲多項式。

2 “弧背求正切術” 各尖錐積：

元	1.00000000000	1
二乘	0.33333333333	$\frac{2}{3}$
四乘	0.13333333333	$\frac{16}{5!}$
……	……	……
六乘	0.05396825396	$\frac{272}{7!}$
八乘	0.02186948853	$\frac{7936}{9!}$
十乘	0.00886323554	$\frac{353792}{11!}$
……	……	……

各尖錐積對應 “弧背求正切術” 中的各項係數，令弧背爲 a，則有：

$$\tan\alpha=\frac{\sin\alpha}{1-vers\alpha}=\frac{\sin\alpha}{\cos\alpha}=a+\frac{2}{3!}\alpha^3+\frac{16}{5!}\alpha^5+\frac{272}{7!}\alpha^7+\frac{7936}{9!}\alpha^9+\frac{353792}{11!}\alpha^{11}+\cdots\cdots$$

王渝生在文獻《李善蘭的尖錐術，第 2 卷第 3 期 274 頁》中得到的 “弧背求正切術” 有一項是有誤的。

法得二十个尖錐積于左。

元	一〇〇〇〇〇〇〇〇〇〇〇	二乘	〇三三三三三三三三三三三
四乘	〇一三三三三三三三三三三	六乘	〇〇五三九六八二五三九六
八乘	〇〇二一八六九四八八五三	十乘	〇〇〇八八六三二三五五四
十二乘	〇〇〇三五九二一二八〇四	十四乘	〇〇〇一四五五八三四三九
十六乘	〇〇〇〇五九〇〇二七四四	十八乘	〇〇〇〇二三九一二九一一
二十乘	〇〇〇〇〇九六九一五三七	廿二乘	〇〇〇〇〇三九二七八三二
廿四乘	〇〇〇〇〇一五九一八九一	廿六乘	〇〇〇〇〇〇六四五一六九
廿八乘	〇〇〇〇〇〇二六一四七七	三十乘	〇〇〇〇〇〇一〇五九七二
卅二乘	〇〇〇〇〇〇〇四二九四九	卅四乘	〇〇〇〇〇〇〇一七四〇六
卅六乘	〇〇〇〇〇〇〇〇七〇五四	卅八乘	〇〇〇〇〇〇〇〇二八五八

置弧背真數，以約法約之，知應用幾个尖錐。乃置應用之最下尖錐積，以弧背羃乘之，以半徑羃除之，加入上一層

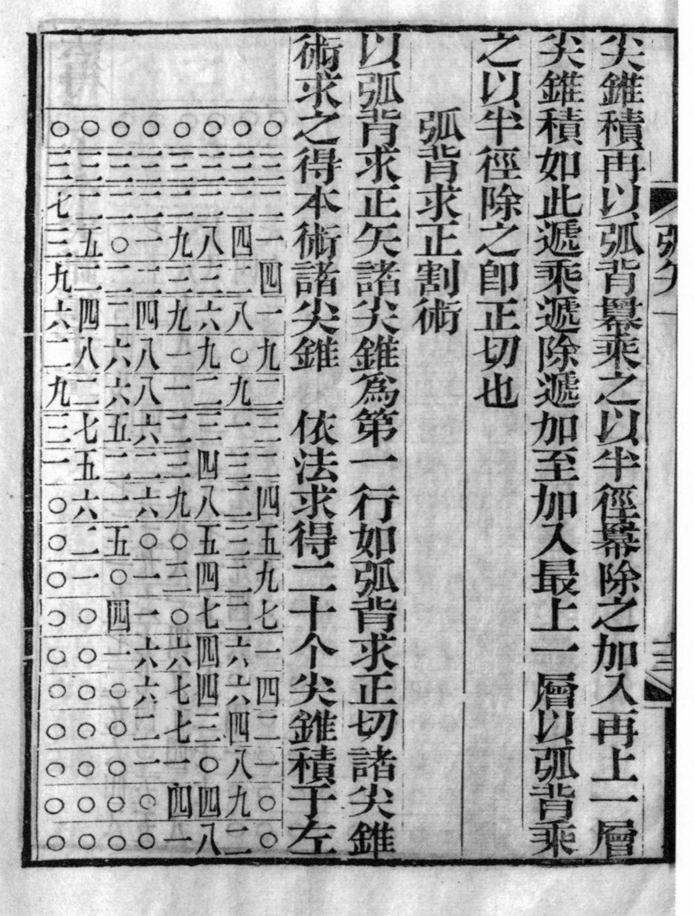

尖錐積再以弧背冪乘之以半徑冪除之加入再上一層尖錐積如此遞乘遞除遞加至加入最上一層以弧背乘之以半徑除之卽正切也

弧背求正割術

以弧背求正矢諸尖錐爲第一行如弧背求正切諸尖錐術求之得本術諸尖錐　依法求得二十个尖錐積于左

○	○	○	○	○	○	○	○
三	三	三	三	三	三	三	三
七	二	二	二	二	二	二	二
三	五	○	一	九	八	四	一
九	二	二	二	三	三	二	四
六	四	二	四	九	六	八	一
二	八	六	八	一	九	○	九
九	二	六	八	一	二	九	二
三	七	五	六	二	三	一	三
二	五	二	二	三	四	三	二
○	六	一	六	九	八	二	四
○	二	五	○	○	五	三	五
○	一	○	一	三	四	二	九
○	○	四	一	○	七	二	七
○	○	一	六	六	四	六	一
○	○	○	六	七	四	六	四
○	○	○	二	七	三	四	二
○	○	○	一	一	○	八	一
○	○	○	○	四	四	九	○
○	○	○	○	一	八	二	○

尖錐積；再以弧背冪乘之，以半徑冪除之，加入再上一層尖錐積。如此遞乘遞除遞加至加入最上一層，以弧背乘之，以半徑除之，即正切也。

弧背求正割術

以弧背求正矢諸尖錐爲第一行[1]，如弧背求正切諸尖錐術求之，得本術諸尖錐[2]。依法求得二十个尖錐積于左。

1 包含了無窮級數的除法運算，首先面臨的問題是弧背、正矢和正割之間的關係，由 $\sec\alpha\cdot\cos\alpha=1$ 得：

$$\sec\alpha=\frac{1}{\cos\alpha}=\frac{1}{1-\operatorname{vers}\alpha}$$

因分子爲1，無法進行有效的除法運算，還需變形。

2 計算方法與具體過程均與“弧背求正切術”中相同，得到弧背求正割術：

$$\sec\alpha=1+\frac{1}{2!}\alpha^2+\frac{5}{4!}\alpha^4+\frac{61}{6!}\alpha^6+\cdots\cdots$$

一乘	〇五〇〇〇〇〇〇〇〇〇〇	三乘	〇二〇八三三三三三三三三
五乘	〇〇八四七二二二二二二二	七乘	〇〇三四三五〇一九八四一
九乘	〇〇一三九二二二三三二四	十一乘	〇〇〇五六四二四九六八一
十三乘	〇〇〇二二八六八一九〇九	十五乘	〇〇〇〇九二六八一二九二
十七乘	〇〇〇〇三七五六二三一三	十九乘	〇〇〇〇一五二二三四三二[1]
廿一乘	〇〇〇〇〇六一六九八二四	廿三乘	〇〇〇〇〇二五〇〇五三五
廿五乘	〇〇〇〇〇一〇一三四二九	廿七乘	〇〇〇〇〇〇四一〇七二七
廿九乘	〇〇〇〇〇〇一六六四六一	卅一乘	〇〇〇〇〇〇〇六七四六四
卅三乘	〇〇〇〇〇〇〇二七三四二[2]	卅五乘	〇〇〇〇〇〇〇一一〇八一
卅七乘	〇〇〇〇〇〇〇〇四四九〇	卅九乘	〇〇〇〇〇〇〇〇一八二〇

置弧背真數，以約法約之，知應用幾个尖錐。乃置應用之最下尖錐積，以弧背冪乘之，以半徑冪除之；加入上一層尖錐積，再以弧背冪乘之，以半徑冪除之，如此遞加遞乘遞除至最上一層。乘除畢，加入半徑，即正割也。

1 藝海珠塵本“二”作“一”。

2 藝海珠塵本“二”作“一”。

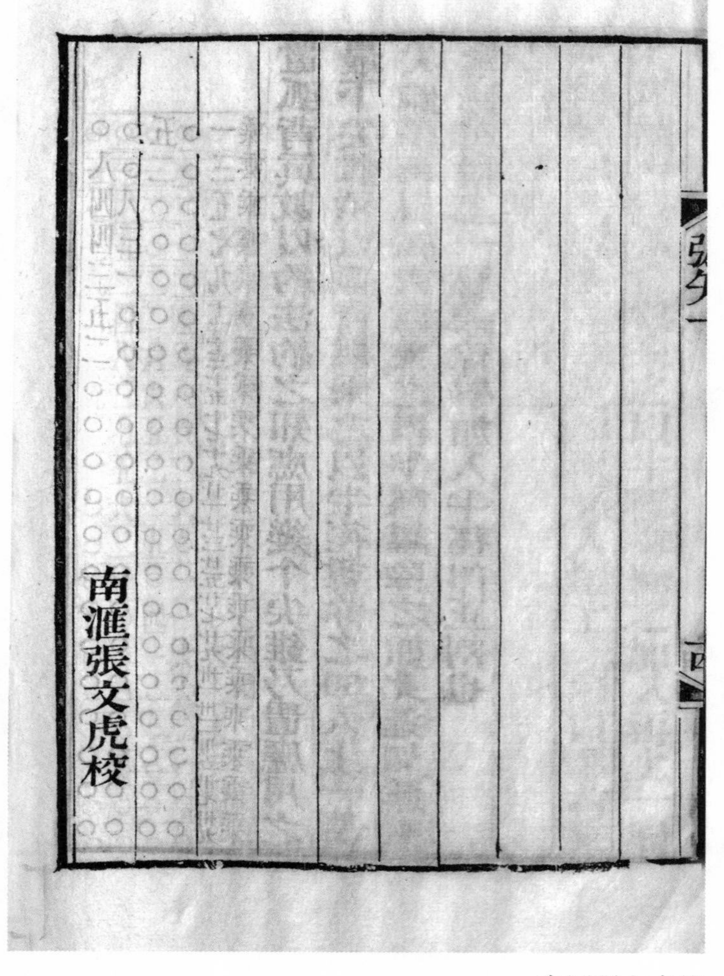

南滙張文虎校

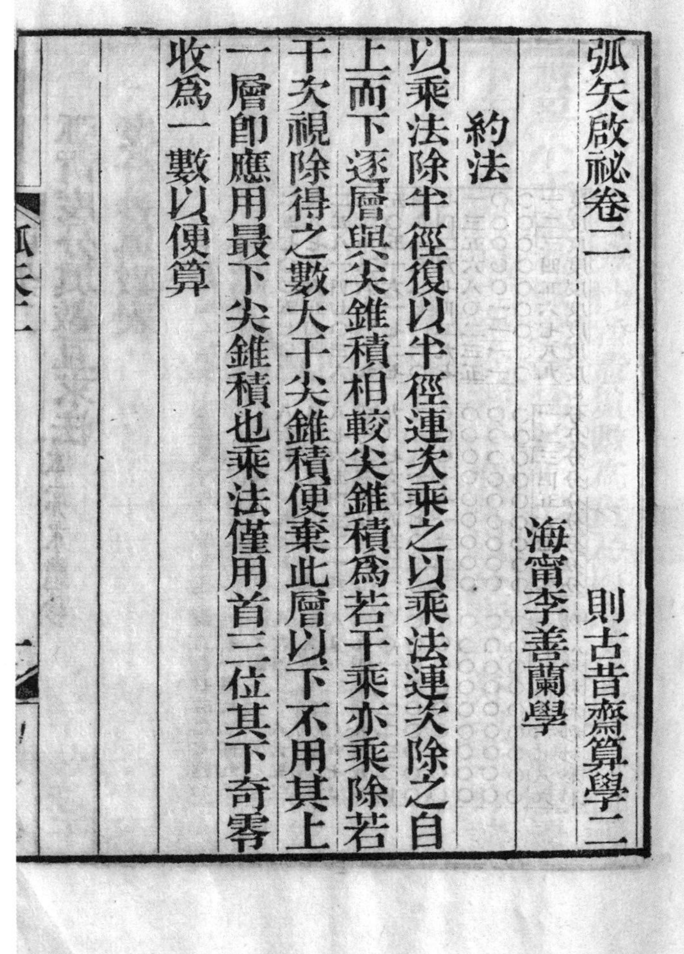

弧矢啟祕卷二

則古昔齋算學二

海寧李善蘭學

约法

以乘法除半徑，復以半徑連次乘之，以乘法連次除之。自上而下，逐層與尖錐積相較，尖錐積爲若干乘，亦乘除若干次。視除得之數大（干）［于］[1] 尖錐積，便棄此層以下不用，其上一層即應用最下尖錐積也。乘法僅用首三位，其下奇零收爲一數以便算。

1 “干” 當作 “于”，據藝海珠塵本改。

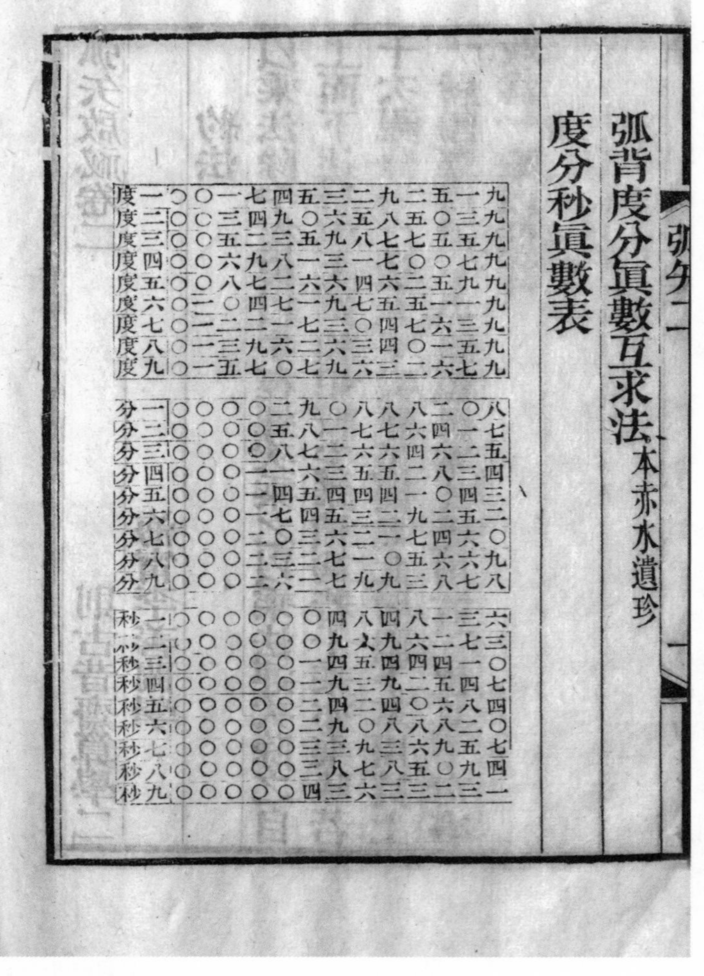

弧背度分真數互求法本《赤水遺珍》[1]

度分秒真數表

一度	○○一七四五三二九二五一九	一分	○○○○二九○八八八二○八
二度	○○三四九○六五八五○三九	二分	○○○○五八一七七六四一七
三度	○○五二三五九八七七五五九	三分	○○○○八七二六六四六二五
四度	○○六九八一三一七○○七九	四分	○○○一一六三五五二八三四
五度	○○八七二六六四六二五九九	五分	○○○一四五四四四一○四三
六度	○一○四七一九七五五一一九	六分	○○○一七四五三二九二五二
七度	○一二二一七三○四七六三九	七分	○○○二○三六二一七四六○
八度	○一三九六二六三四○一五九	八分	○○○二三二七一○五六六九
九度	○一五七○七九六三二六七九	九分	○○○二六一七九九三八七八

一秒	○○○○○○四八四八一三六	六秒	○○○○○二九○八八八二○
二秒	○○○○○○九六九六二七三	七秒	○○○○○三三九三六九五七
三秒	○○○○○一四五四四四一○	八秒	○○○○○三八七八五○九四
四秒	○○○○○一九三九二五四七	九秒	○○○○○四三六三三二三一
五秒	○○○○○二四二四○六八四		

1《赤水遺珍》，梅瑴成撰，見《梅氏叢書輯要》卷六十一。

有眞數求度分秒者置眞數爲實乃以度表各升一位視數畧小于實者減之命爲若干十度次以度表本數視畧小于餘實者減之命爲若干度次以分表一分至六分諸數各升一位視畧小于餘實者減之命爲若干十分次以分表本數視畧小于餘實者減之命爲若干分次以秒表一秒至六秒諸數各升一位視畧小于餘實者減之命爲若干十秒次以秒表本數視畧小于餘實者減之命爲若干秒秒下餘實在半秒以上者收爲一秒半秒以下則棄之有度分秒求眞數者依若干十度若干十分若干十秒各取其表數升一位併之于上次依若干度若干分若干

有真數求度分秒者，置真數爲實，乃以度表各升一位，視數畧小于實者減之，命爲若干十度。次以度表本數視畧小于餘實者減之，命爲若干度。次以分表一分至六分諸數各升一位，視畧小于餘實者減之，命爲若干十分。次以分表本數視畧小于餘實者減之，命爲若干分。次以秒表一秒至六秒諸數各升一位，視畧小于餘實者減之，命爲若干十秒。次以秒表本數視畧小于餘實者減之，命爲若干秒。秒下餘實在半秒以上者收爲一秒，半秒以下則棄之。有度分秒求真數者，依若干十度、若干十分、若干十秒，各取其表數升一位，併之于上；次依若干度、若干分、若干

秒各取其表數併之併入上位得弧背眞數
求分弧正弦術
以正弦冪減半徑冪平方開之得餘弦用減半徑得正矢
以正矢乘半徑半之開平方得分弧正弦
求分弧正矢術
半正矢以減半徑餘以半徑乘之開平方得分弧餘弦以
減半徑得分弧正矢
求分弧正切術
以正切除半徑冪得餘切自之加半徑冪平方開之得餘
割以餘切減之得分弧正切

秒，各取其表數併之，併入上位，得弧背真數。

求分弧正弦術

以正弦冪減半徑冪，平方開之，得餘弦。用減半徑，得正矢。以正矢乘半徑，半之，開平方，得分弧正弦。[1]

求分弧正矢術

半正矢，以減半徑，餘以半徑乘之，開平方，得分弧餘弦。以減半徑，得分弧正矢。

求分弧正切術

以正切除半徑冪，得餘切。自之，加半徑冪，平方開之，得餘割。以餘切減之，得分弧正切[2]。

1 令半徑爲 r，則有以下各式：
$\sin^2\alpha+\cos^2\alpha=r^2$，
$\text{vers}\ \alpha=r-\cos\alpha$，
$\text{covers}\ \alpha=r-\sin\alpha$。

2 令半徑爲 r，則有以下各式：
$\tan\alpha\cdot\cot\alpha=r$，
$r^2+\cot^2\alpha=\csc^2\alpha$。

求分弧正割術
以正割與半徑相加爲割徑和相減爲割徑較以較乘半
徑冪以和除之得分弧正切冪加半徑冪開平方得分弧
正割
正弦等線太大用尖錐術求弧背乘除必繁則先用右
術求得分弧各線然後求之既得弧背乃倍之
求倍弧正弦術
置正弦冪倍之以半徑除之得倍弧正矢以倍弧正矢減
全徑即以乘之開平方得倍弧正弦
求倍弧正矢術

弧矢二　三

求分弧正割術

以正割與半徑相加爲割徑和，相減爲割徑較。以較乘半徑冪，以和除之，得分弧正切冪。加半徑冪，開平方，得分弧正割。

正弦等線太大，用尖錐術求弧背，乘除必繁。則先用右術求得分弧各線，然後求之。既得弧背，乃倍之。

求倍弧正弦術

置正弦冪倍之，以半徑除之，得倍弧正矢。[1] 以倍弧正矢減全徑，即以乘之，開平方得倍弧正弦。

求倍弧正矢術

1 令半徑爲 r，則有：$\text{vers}\ 2\alpha = r - \cos 2\alpha$。

以正矢減全徑即以正矢乘之倍之以半徑除之得倍弧正矢

求倍弧正切術

倍正切以乘半徑冪爲實以正切冪減半徑冪爲法法除實得倍弧正切

求倍弧正割術

正割冪乘半徑爲實以半徑冪減正割冪爲正切冪以正切冪反減半徑冪爲法法除實得倍弧正割

若弧線太大用尖錐術以求正弦等線乘除必繁則折半求之既得各線乃用右術以求倍弧各線

以正矢減全徑，即以正矢乘之，倍之，以半徑除之，得倍弧正矢。

求倍弧正切術

倍正切，以乘半徑冪爲實，以正切冪減半徑冪爲法，法除實，得倍弧正切。[1]

求倍弧正割術

正割冪乘半徑爲實，以半徑冪減正割冪爲正切冪[2]，以正切冪反減半徑冪爲法，法除實，得倍弧正割。

若弧線太大，用尖錐術以求正弦等線，乘除必繁，則折半求之。既得各線，乃用右術以求倍弧各線。

1 令半徑爲 r，則有：$\tan 2\alpha=\frac{2\tan\alpha}{1-\tan^2\alpha}$。

2 令半徑爲 r，則有：$\sec^2\alpha-r^2=\tan^2\alpha$。

求外較弧正弦術
以本弧正弦與大弧正弦相減爲正弦較相加爲正弦和
和較相乘爲長方積加入大弧餘弦冪平方開之得本弧
餘弦與大弧餘弦相減爲餘弦較相加爲餘弦和乃以正
餘弦兩較相減爲較較兩和相減爲和較以較較乘和較
半之加上長方積半徑除之得外較弧正弦
求外較弧正矢術
以矢減半徑爲本弧餘弦以大弧餘弦減之爲餘弦較加
之爲餘弦和和較相乘以減大弧正弦冪平方開之得本
弧正弦以減大弧正弦爲正弦較乃以正弦較餘弦較各

弧矢二　四

求外較弧正弦術

以本弧正弦與大弧正弦相減爲正弦較，相加爲正弦和。和較相乘爲長方積，加入大弧餘弦冪，平方開之，得本弧餘弦。與大弧餘弦相減爲餘弦較，相加爲餘弦和。乃以正餘弦兩較相減爲較較，兩和相減爲和較。以較較乘和較，半之加上長方積，半徑除之，得外較弧正弦。

求外較弧正矢術

以矢減半徑爲本弧餘弦，以大弧餘弦減之爲餘弦較，加之爲餘弦和。和較相乘，以減大弧正弦冪，平方開之，得本弧正弦，以減大弧正弦，爲正弦較。乃以正弦較、餘弦較各

弧矢二　四
自乘相併半之半徑除之得外較弧正矢
求外較弧正切術
以本弧正切減大弧正切為正切較以正切較乘大弧正
切大弧正割除之為小分股以小分股減大弧正割為大
分股乃以小分股乘半徑冪為實以大分股乘大弧正切
為法法除實得外較弧正切
求外較弧正割術
置大弧正割以大弧正切冪乘之以大弧正割冪除之為
和數自之為和冪復以本弧正割冪減大弧正割冪以大
弧正切冪乘之大弧正割冪除之以減和冪餘以平方開

自乘，相併半之，半徑除之，得外較弧正矢。

求外較弧正切術

以本弧正切減大弧正切，爲正切較。以正切較乘大弧正切，大弧正割除之，爲小分股。以小分股減大弧正割，爲大分股。乃以小分股乘半徑冪爲實，以大分股乘大弧正切爲法，法除實，得外較弧正切。

求外較弧正割術

置大弧正割，以大弧正切冪乘之，以大弧正割冪除之，爲和數，自之爲和冪。復以本弧正割冪減大弧正割冪，以大弧正切冪乘之，大弧正割冪除之，以減和冪，餘以平方開

之得數以減和數得較數以較數減大弧正割爲大股乃以半徑乘本弧正割以大股除之得外較弧正割

外較弧者本弧與大弧較較弧在本弧之外也若正弦等線小于三十度或四十五度或六十度正弦等線者即命三十度等弧爲大弧用右術求得外較弧正弦等線然後用尖錐術以求弧背既得弧背以減大弧即得本弧　若弧背小于三十度等弧者命三十度等弧爲大弧以弧背減之爲外較弧用尖錐術求得正弦等線反命本弧爲外較弧外較弧爲本弧用右術以求本弧正弦等線

之，得數以減和數得較數，以較數減大弧正割爲大股。乃以半徑乘本弧正割，以大股除之，得外較弧正割。

外較弧者，本弧與大弧較，較弧在本弧之外也。若正弦等線小于三十度或四十五度或六十度正弦等線者，即命三十度等弧爲大弧。用右術求得外較弧正弦等線，然後用尖錐術以求弧背。既得弧背，以減大弧，即得本弧。若弧背小于三十度等弧者，命三十度等弧爲大弧，以弧背減之，爲外較弧，用尖錐術求得正弦等線。反命本弧爲外較弧，外較弧爲本弧，用右術以求本弧正弦等線。

求内較弧正弦術

以本弧正弦與小弧正弦相減爲正弦較，相加爲正弦和。和較相乘，爲長方積。以減小弧餘弦冪，平方開之，得本弧餘弦。與小弧餘弦相減爲餘弦較，相加爲餘弦和。乃以正餘弦兩較相減爲較較，兩和相減爲和較。以較較乘和較，半之加上長方積，半徑除之，得内較弧正弦。

求内較弧正矢術

以矢減半徑爲本弧餘弦，與小弧餘弦相減爲餘弦較，相加爲餘弦和。和較相乘，以加小弧正弦冪，平方開之，得本弧正弦。以小弧正弦減之，爲正弦較。乃以正餘弦兩較各

求內較弧正弦術
以本弧正弦與小弧正弦相減爲正弦較相加爲正弦和和較相乘爲長方積以減小弧餘弦冪平方開之得本弧餘弦與小弧餘弦相減爲餘弦較相加爲餘弦和乃以正餘弦兩較相減爲較較兩和相減爲和較以較較乘和較半之加上長方積半徑除之得內較弧正弦
求內較弧正矢術
以矢減半徑爲本弧餘弦與小弧餘弦相減爲餘弦較相加爲餘弦和和較相乘以加小弧正弦冪平方開之得本弧正弦以小弧正弦減之爲正弦較乃以正餘弦兩較各

自乘相併半之半徑除之得內較弧正矢

求內較弧正切術

以小弧正切減本弧正切爲正切較以正切較乘小弧正切小弧正割除之爲小分股以小分股加小弧正割爲大分股乃以小分股乘半徑冪爲實以大分股乘小弧正切爲法法除實得內較弧正切

求內較弧正割術

置小弧正割以小弧正切冪乘之以小弧正割冪除之爲較數自之爲較冪復以小弧正割冪減本弧正割冪以小弧正切冪乘之小弧正割冪除之以加較冪平方開之得

自乘，相併半之，半徑除之，得内較弧正矢。

求内較弧正切術

以小弧正切減本弧正切，爲正切較。以正切較乘小弧正切，小弧正割除之，爲小分股。以小分股加小弧正割，爲大分股。乃以小分股乘半徑冪爲實，以大分股乘小弧正切爲法，法除實，得内較弧正切。

求内較弧正割術

置小弧正割，以小弧正切冪乘之，以小弧正割冪除之，爲較數，自之爲較冪。復以小弧正割冪減本弧正割冪，以小弧正切冪乘之，小弧正割冪除之，以加較冪，平方開之，得數以加小弧正割，以較數減之，得大股。乃以半徑乘本弧正割，以大股除之，得内較弧正割。

内較弧者，本弧與小弧較，較弧在本弧之内也。若正弦等線大于三十度或四十五度或六十度正弦等線者，即命三十度等弧爲小弧。用右術求得内較弧正弦等線，然後用尖錐術以求弧背。既得弧背，以加小弧，即得本弧。

求和弧正弦術

以較弧正弦冪減半徑冪，以小弧正弦冪乘之，以半徑冪除之，平方開之于上。又以較弧正弦乘小弧餘弦，半徑除

之併入上位得和弧正弦
求和弧正矢術
以較弧正矢乘較弧大矢又以小弧正弦冪乘之半徑冪除之平方開之于上復以較弧矢乘小弧餘弦半徑除之併入上位以加小弧正矢得和弧正矢
求和弧正切術
以較弧正切乘小弧正切用減半徑冪爲法較弧正切乘小弧正割冪爲實以法除實加入小弧正切得和弧正切
求和弧正割術
以較弧正割冪乘小弧正切冪以半徑冪除之復以小弧

之，併入上位，得和弧正弦。

求和弧正矢術

以較弧正矢乘較弧大矢，又以小弧正弦冪乘之，半徑冪除之，平方開之于上。復以較弧矢乘小弧餘弦，半徑除之，併入上位，以加小弧正矢，得和弧正矢。

求和弧正切術

以較弧正切乘小弧正切，用減半徑冪爲法，較弧正切乘小弧正割冪爲實，以法除實，加入小弧正切，得和弧正切。

求和弧正割術

以較弧正割冪乘小弧正切冪，以半徑冪除之，復以小弧

弧矢二　七

正切羃減之平方開之以減半徑爲法兩正割相乘爲實
法除實得和弧正割
若弧背大于三十度或四十五度或六十度等弧者即
以三十度等弧減之然後用尖錐術以求正弦等線既
得諸線乃命三十度等弧爲小弧命本弧爲和弧用右
術以求本弧諸線
求餘弦術
以正矢減半徑得餘弦
求餘矢術
以正弦減半徑得餘矢

正切羃減之，平方開之，以減半徑爲法，兩正割相乘爲實，法除實，得和弧正割。

若弧背大于三十度或四十五度或六十度等弧者，即以三十度等弧減之，然後用尖錐術以求正弦等線。既得諸線，乃命三十度等弧爲小弧，命本弧爲和弧，用右術以求本弧諸線。

求餘弦術

以正矢減半徑，得餘弦。[1]

求餘矢術

以正弦減半徑，得餘矢。[2]

1 令半徑爲 r，則有：$\cos\alpha=r-\operatorname{vers}\alpha$。

2 令半徑爲 r，則有：$\operatorname{covers}\alpha=r-\sin\alpha$。

求餘切術
以正切除半徑冪得餘切
求餘割術
以正割乘半徑正切除之得餘割
若正弦等線極大用右術求得餘弦等線然後用尖錐術以求弧背既得弧背以減九十度即得本弧　若弧背極大與九十度相減然後用尖錐術以求正弦等線
既得諸線用右術以求本弧諸線

求餘切術

以正切除半徑冪，得餘切。

求餘割術

以正割乘半徑正切除之，得餘割。

若正弦等線極大，用右術求得餘弦等線，然後用尖錐術以求弧背。既得弧背，以減九十度，即得本弧。若弧背極大，與九十度相減，然後用尖錐術以求正弦等線。既得諸線，用右術以求本弧諸線。

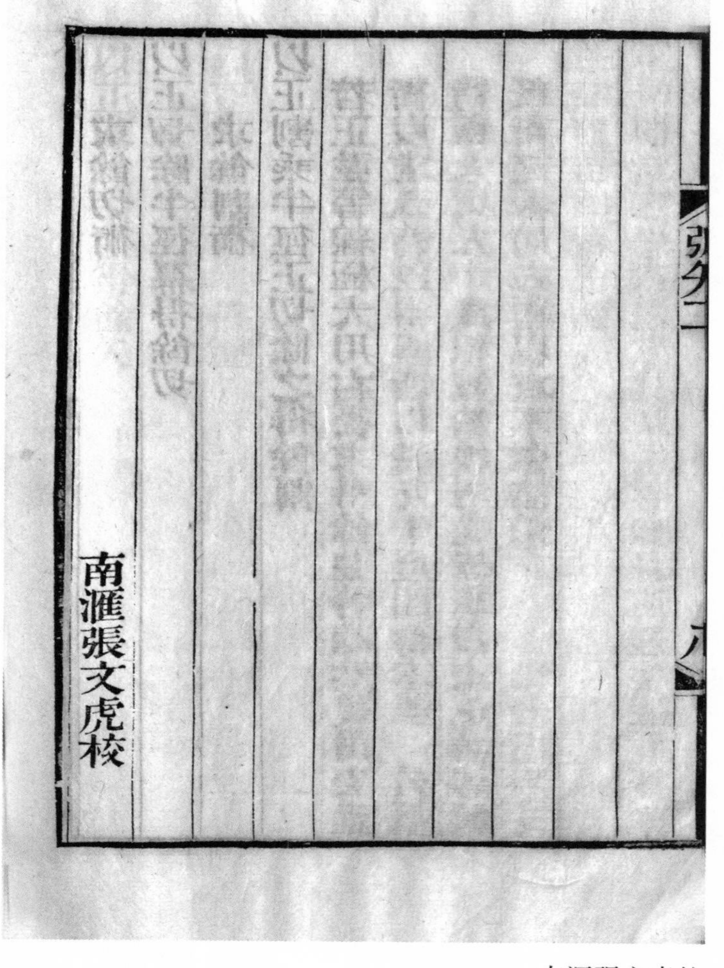
南滙張文虎校

南滙張文虎校

對數探源卷一　則古昔齋算學三
海甯李善蘭學
正數以乘除爲比例對數以加減爲比例正數連比例之率以前率與後率遞減之則所餘者仍爲連比例之率且仍如原率之比例對數連比例之率以前率與後率遞減之則所餘者必爲齊同之數是故有對數萬求其逐一相對之正數則爲連比例萬率其理夫人而知之也有正數萬求其逐一相對之對數則雖歐羅巴造表之人僅能得其數未能知其理也間嘗深思得之歎其精微玄妙且用以造表較西人

對數探源卷一[1]

則古昔齋算學三

海寧李善蘭學

正數以乘除爲比例，對數以加減爲比例。正數連比例之率，以前率與後率遞減之，則所餘者仍爲連比例之率，且仍如原率之比例。對數連比例之率，以前率與後率遞減之，則所餘者必爲齊同之數。是故有對數萬，求其逐一相對之正數，則爲連比例萬率，其理夫人而知之也。有正數萬，求其逐一相對之對數，則雖歐羅巴造表之人，僅能得其數，未能知其理也。間嘗深思得之，歎其精微玄妙，且用以造表，較西人

1 指海本卷前有顧觀光《對數探源序》，參附録。

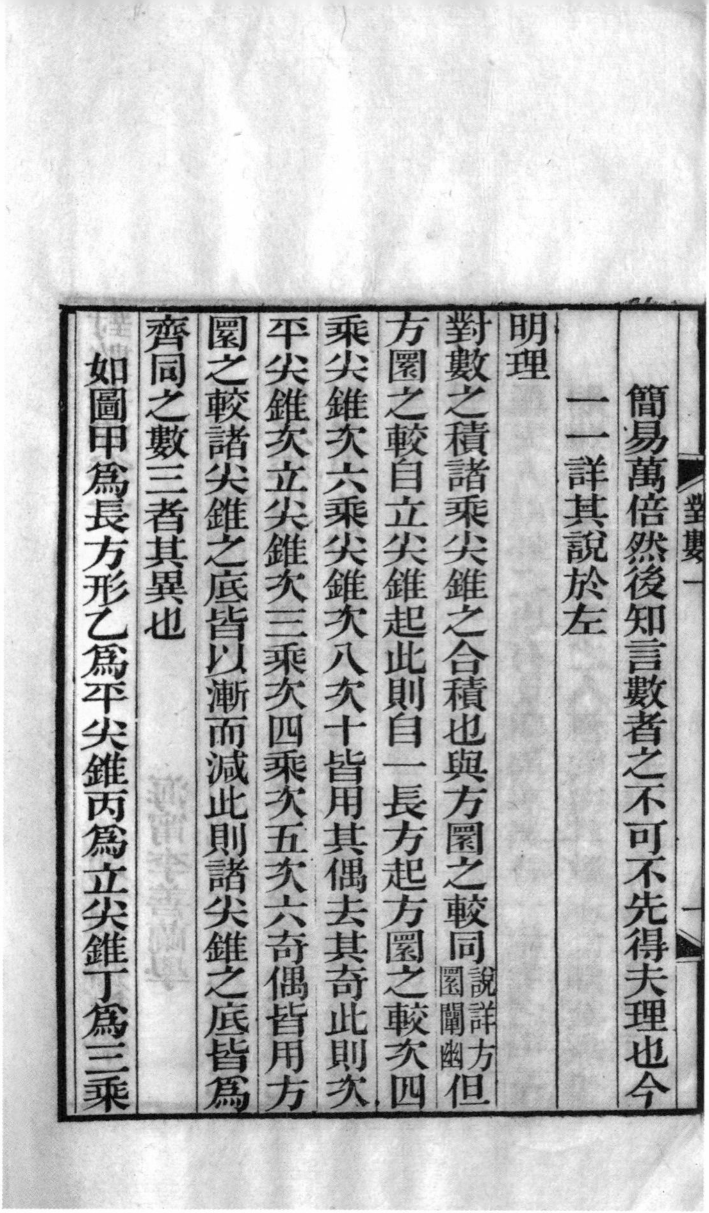

簡易萬倍然後知言數者之不可不先得夫理也今
一一詳其說於左
明理
對數之積諸乘尖錐之合積也與方圜之較同說詳方圜闡幽但
方圜之較自立尖錐起此則自一長方起方圜之較次四
乘尖錐次六乘尖錐次八次十皆用其偶去其奇此則次
平尖錐次立尖錐次三乘次四乘次五次六奇偶皆用方
圜之較諸尖錐之底皆以漸而減此則諸尖錐之底皆爲
齊同之數三者其異也
如圖甲爲長方形乙爲平尖錐丙爲立尖錐丁爲三乘

簡易萬倍。然後知言數者之不可不先得夫理也。今一一詳其說於左。

明理[1]

對數之積，諸乘尖錐之合積也[2]，與方圜之較同[3]。說詳《方圜闡幽》。但方圜之較自立尖錐起，此則自一長方起。方圜之較次四乘尖錐，次六乘尖錐，次八，次十，皆用其偶去其奇；此則次平尖錐，次立尖錐，次三乘，次四乘，次五，次六，奇偶皆用。方圜之較諸尖錐之底，皆以漸而減；此則諸尖錐之底，皆爲齊同之數。三者其異也。

如圖，甲爲長方形，乙爲平尖錐，丙爲立尖錐，丁爲三乘

1 指海本“明理”二字在上段文字之前。

2 指海本“尖錐”作“尖堆”，全書同。

3 指海本“圜”作“員”，二字通，後文同。

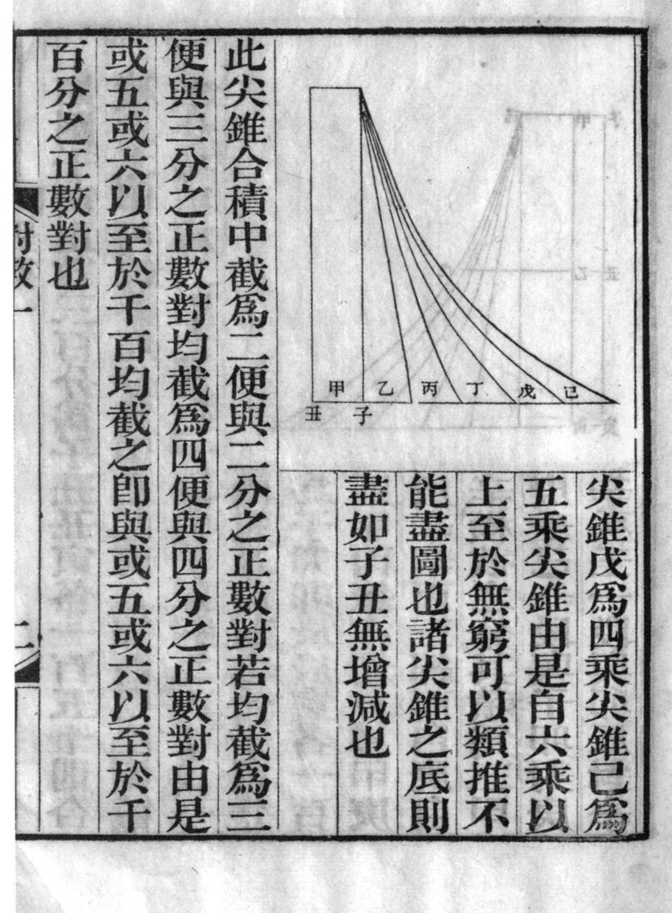
甲
乙
丙
丁
戊
己
丑
子
尖錐戊爲四乘尖錐己爲
五乘尖錐由是自六乘以
上至於無窮可以類推不
能盡圖也諸尖錐之底則
盡如子丑無增減也
此尖錐合積中截爲二便與二分之正數對若均截爲三
便與三分之正數對均截爲四便與四分之正數對由是
或五或六以至於千百均截之卽與或五或六以至於千
百分之正數對也

尖錐，戊爲四乘尖錐，己爲五乘尖錐。由是自六乘以上，至於無窮，可以類推，不能盡圖也。諸尖錐之底則盡如子丑，無增減也。

此尖錐合積，中截爲二，便與二分之正數對；若均截爲三，便與三分之正數對；均截爲四，便與四分之正數對。由是或五或六，以至於千百，均截之，即與或五或六以至於千百分之正數對也。

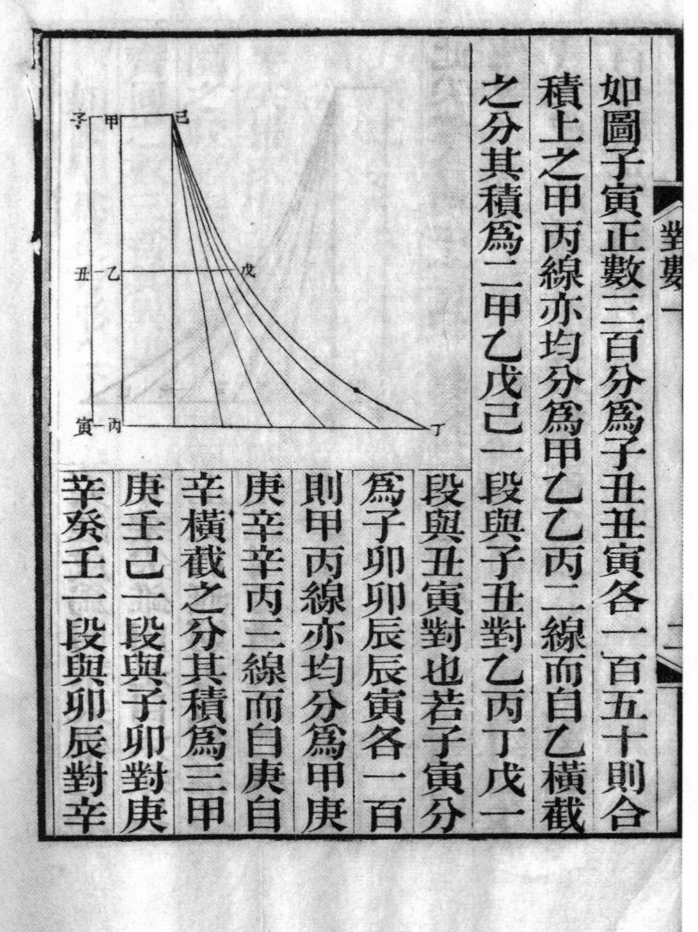

如圖子寅正數三百分爲子丑丑寅各一百五十則合積上之甲丙線亦均分爲甲乙乙丙二線而自乙橫截之分其積爲二甲乙戊己一段與子丑對乙丙丁戊一段與丑寅對也若子寅分爲子卯卯辰辰寅各一百則甲丙線亦均分爲甲庚庚辛辛丙三線而自庚自辛橫截之分其積爲三甲庚壬己一段與子卯對庚辛癸壬一段與卯辰對辛

如圖，子寅正數三百，分爲子丑、丑寅各一百五十，則合積上之甲丙線，亦均分爲甲乙、乙丙二線。而自乙橫截之，分其積爲二：甲乙戊己一段，與子丑對；乙丙丁戊一段，與丑寅對也。若子寅分爲子卯、卯辰、辰寅各一百，則甲丙線亦均分爲甲庚、庚辛、辛丙三線。而自庚自辛橫截之，分其積爲三：甲庚壬己一段，與子卯對；庚辛癸壬一段，與卯辰對；辛

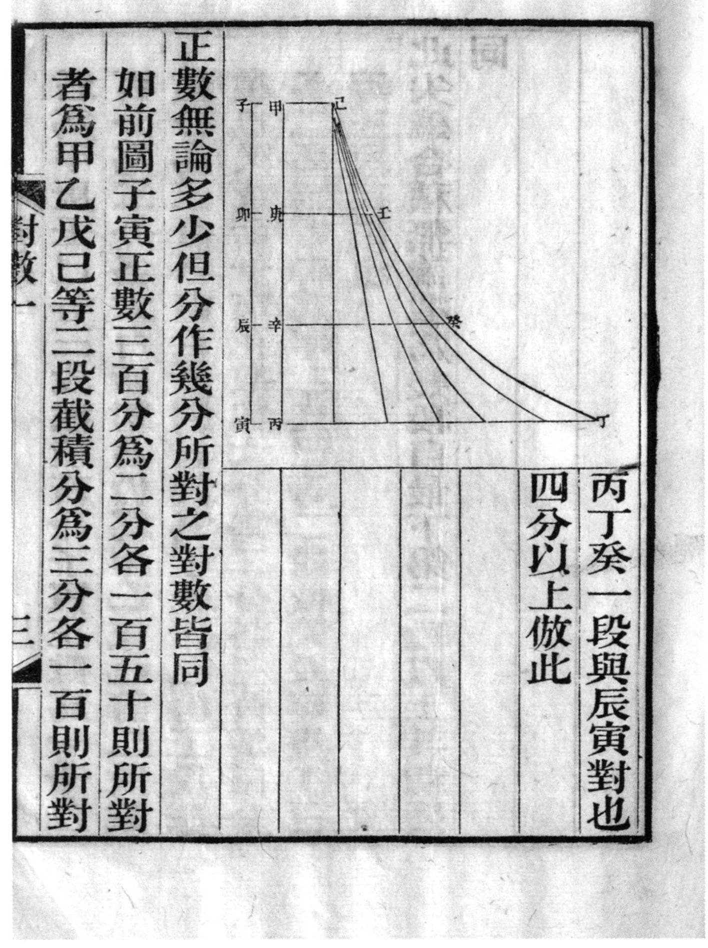

丙丁癸一段，與辰寅對也。四分以上倣此。

正數無論多少，但分作幾分，所對之對數皆同。

如前圖，子寅正數三百，分爲二分，各一百五十，則所對者爲甲乙戊己等二段截積。分爲三分，各一百，則所對者爲甲庚壬己等三段截積若命子寅正數爲一千二百分爲二分各六百所對者仍爲甲乙戊己等二段截積分爲三分各四百所對者仍爲甲庚壬己等三段截積也又或命子寅正數爲六分爲二分各三分爲三分各二所對者仍爲甲乙戊己等二段截積及甲庚壬己等三段截積也

此尖錐合積無論截爲幾段自最下第二段以上其積皆同

者爲甲庚壬己等三段截積。若命子寅正數爲一千二百，分爲二分，各六百，所對者仍爲甲乙戊己等二段截積。分爲三分，各四百，所對者仍爲甲庚壬己等三段截積也。又或命子寅正數爲六，分爲二分各三，分爲三分各二，所對者仍爲甲乙戊己等二段截積，及甲庚壬己等三段截積也。

此尖錐合積無論截爲幾段，自最下第二段以上，其積皆同。

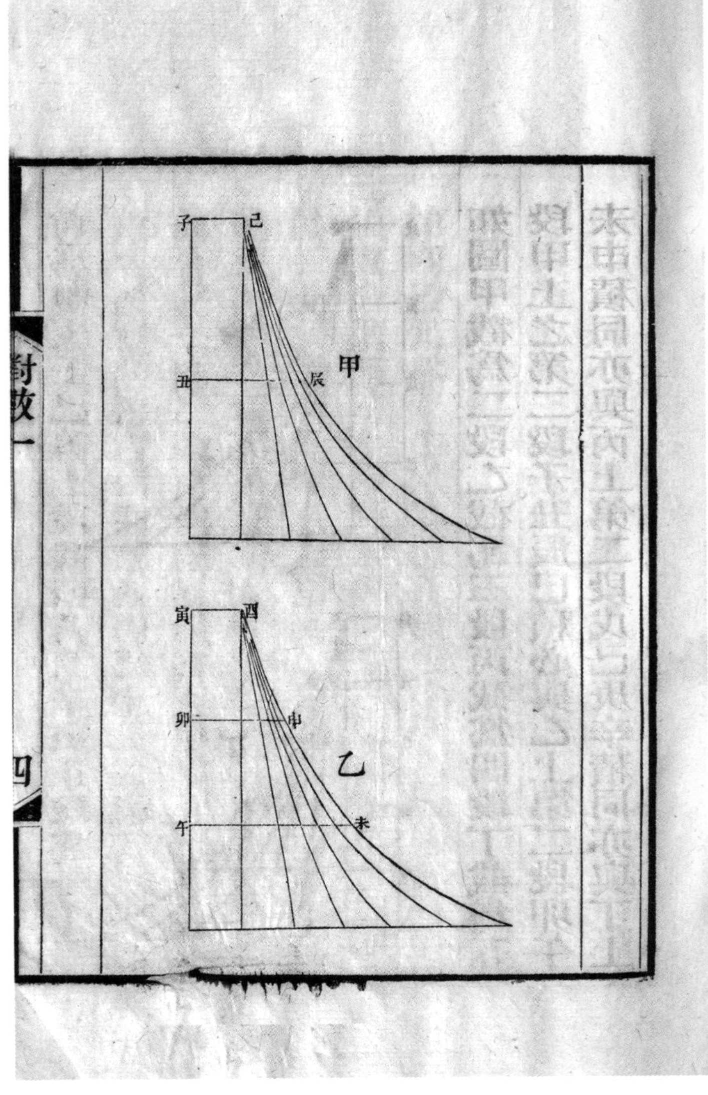
子
己
甲
丑
辰
寅
酉
卯
申
乙
午
未

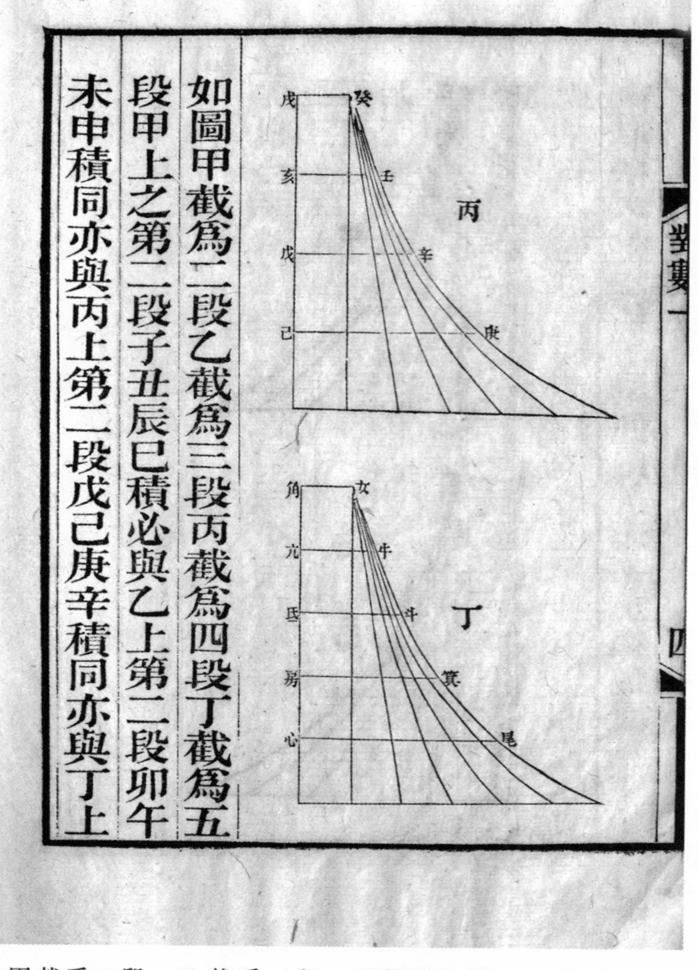

如圖，甲截爲二段，乙截爲三段，丙截爲四段，丁截爲五段。甲上之第二段子丑辰巳積，必與乙上第二段卯午未申積同，亦與丙上第二段戊己庚辛積同，亦與丁上

第二段房心尾箕積同也乙上之第三段寅卯申酉積
必與丙上第三段亥戊辛壬積同亦與丁上第三段氐
房箕斗積同也丙上之第四段戊亥壬癸積必與丁上
第四段亢氐斗牛積同也五段以上理可類推
此尖錐合積無論全積殘積但同截爲幾段則自上而下
至最下第二段其逐段之積皆同
如圖甲爲全積乙爲殘積凡殘積皆截去上一段試同截爲二段
則全積上第二段子寅午辰積必與殘積上第二段丙
戊壬庚積同也或同截爲四段則全積上第四段子丑
巳辰積必與殘積上第四段丙丁辛庚積同全積上第

第二段房心尾箕積同也。乙上之第三段寅卯申酉積，必與丙上第三段亥戊辛壬積同，亦與丁上第三段氐房箕斗積同也。丙上之第四段戊亥壬癸積，必與丁上第四段亢氐斗牛積同也。五段以上，理可類推。

此尖錐合積無論全積、殘積，但同截爲幾段，則自上而下至最下第二段，其逐段之積皆同。

如圖，甲爲全積，乙爲殘積。凡殘積，皆截去上一段。試同截爲二段，則全積上第二段子寅午辰積，必與殘積上第二段丙戊壬庚積同也。或同截爲四段，則全積上第四段子丑巳辰積，必與殘積上第四段丙丁辛庚積同。全積上第

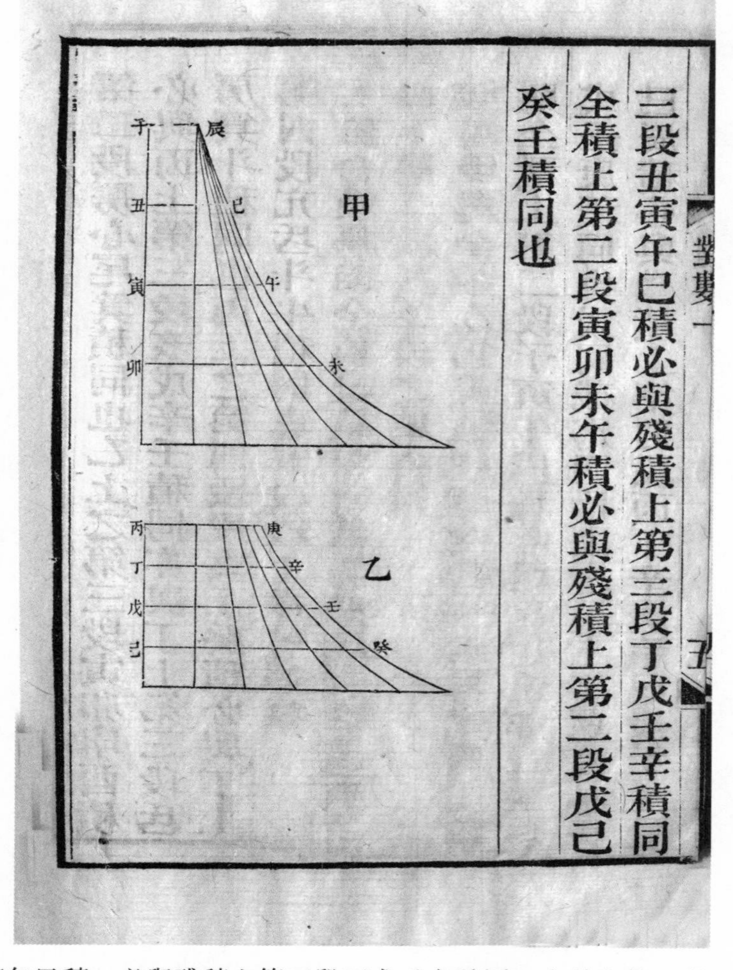
三段丑寅午巳積必與殘積上第三段丁戊壬辛積同
全積上第二段寅卯未午積必與殘積上第二段戊己
癸壬積同也

三段丑寅午巳積，必與殘積上第三段丁戊壬辛積同。全積上第二段寅卯未午積，必與殘積上第二段戊己癸壬積同也。

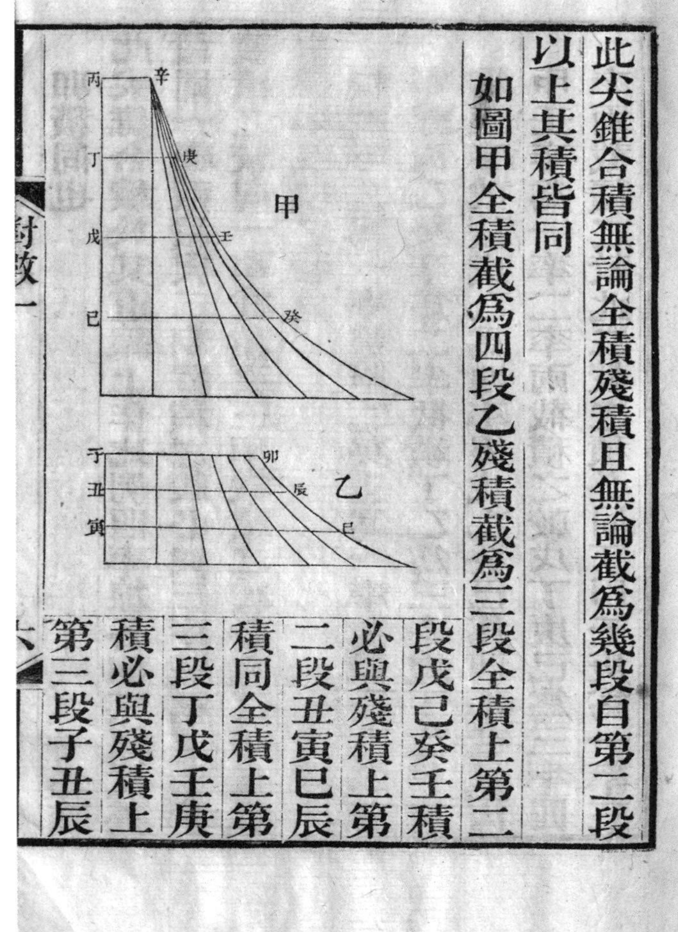

此尖錐合積無論全積、殘積，且無論截爲幾段，自第二段以上，其積皆同。

如圖，甲全積截爲四段，乙殘積截爲三段。全積上第二段戊己癸壬積，必與殘積上第二段丑寅巳辰積同。全積上第三段丁戊壬庚積，必與殘積上第三段子丑辰卯積同也。

此尖錐合積於其直線上作比例四率線，各如其線截其積，則一率截積與二率截積之較，必與三率截積與四率截積之較同。一率截積與三率截積之較，必與二率截積與四率截積之較同。

如圖，甲乙爲一率線，甲乙癸壬爲一率截積；丙乙爲二率線，丙乙癸辛爲二率截積；丁乙爲三率線，丁乙癸庚爲三率截積；戊乙爲四率線，戊乙癸已爲四率截積。丙甲壬辛爲一率、二率兩截積之較，戊丁庚已爲三率、四率兩截積之較，此二較之積必同。丁甲壬庚爲一率、三

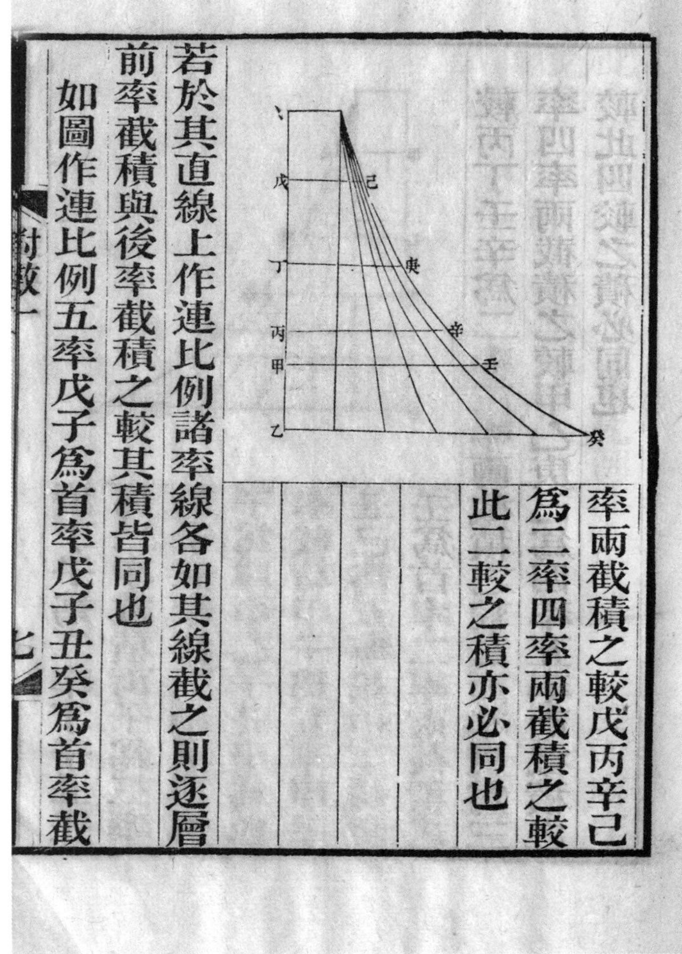
率兩截積之較戊丙辛己
爲二率四率兩截積之較
此二較之積亦必同也

若於其直線上作連比例諸率線各如其線截之則逐層
前率截積與後率截積之較其積皆同也
如圖作連比例五率戊子爲首率戊子丑癸爲首率截
對數一
七

率兩截積之較，戊丙辛己爲二率、四率兩截積之較，此二較之積亦必同也。

若於其直線上作連比例諸率線，各如其線截之，則逐層前率截積與後率截積之較，其積皆同也。

如圖，作連比例五率。戊子爲首率，戊子丑癸爲首率截

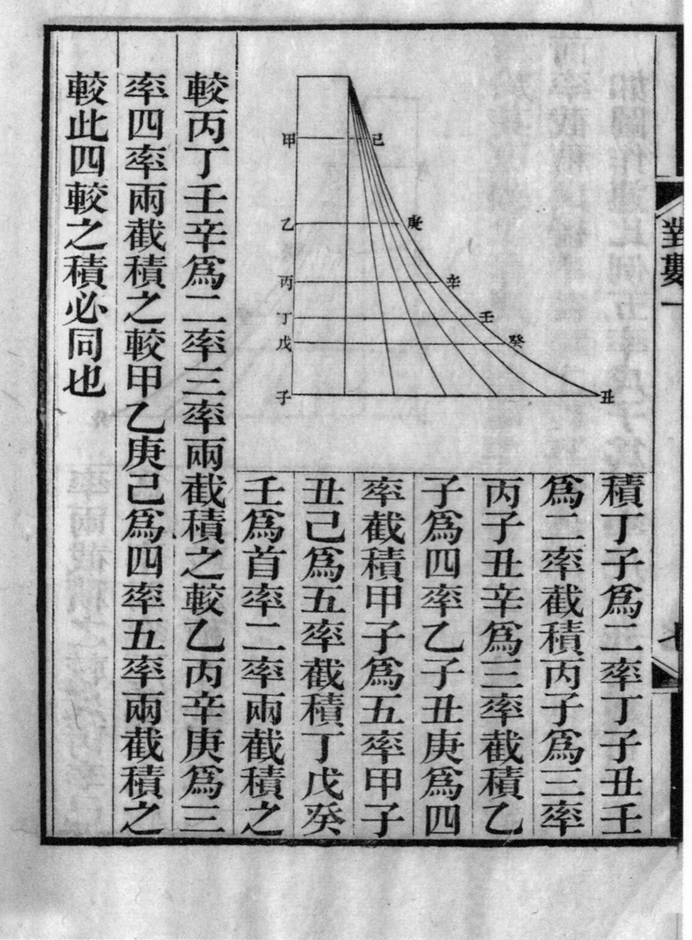

積丁子爲二率丁子丑壬爲二率截積丙子爲三率丙子丑辛爲三率截積乙子爲四率乙子丑庚爲四率截積甲子爲五率甲子丑己爲五率截積丁戊癸壬爲首率二率兩截積之較丙丁壬辛爲二率三率兩截積之較乙丙辛庚爲三率四率兩截積之較甲乙庚己爲四率五率兩截積之較此四較之積必同也

積；丁子爲二率，丁子丑壬爲二率截積；丙子爲三率，丙子丑辛爲三率截積；乙子爲四率，乙子丑庚爲四率截積；甲子爲五率，甲子丑己爲五率截積。丁戊癸壬爲首率、二率兩截積之較，丙丁壬辛爲二率、三率兩截積之較，乙丙辛庚爲三率、四率兩截積之較，甲乙庚己爲四率、五率兩截積之較，此四較之積必同也。

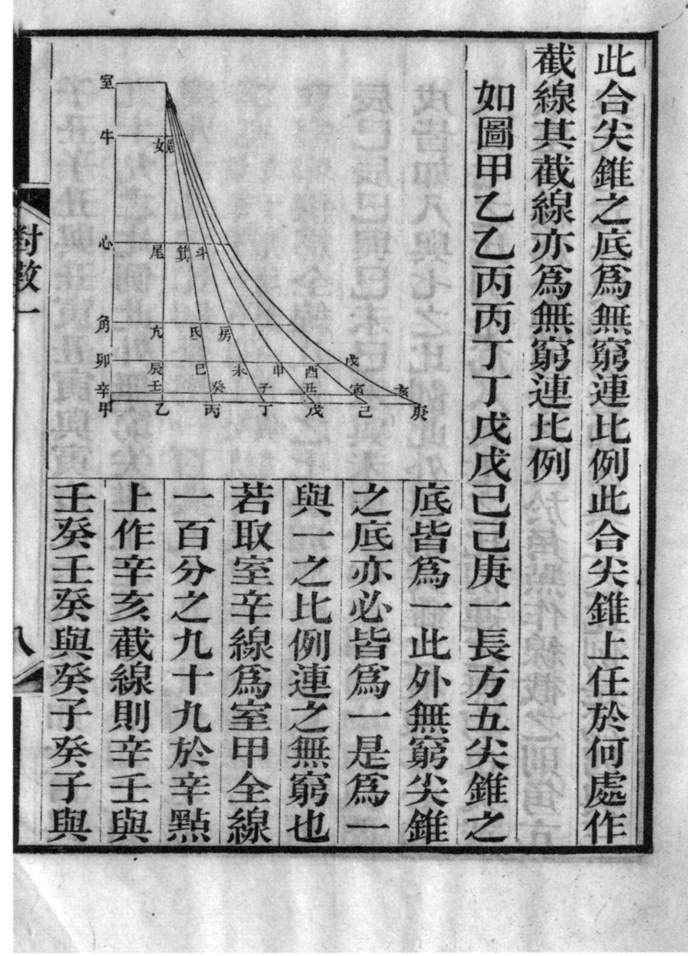

此合尖錐之底爲無窮連比例此合尖錐上任於何處作截線其截線亦爲無窮連比例

如圖甲乙乙丙丙丁丁戊戊己己庚一長方五尖錐之底皆爲一此外無窮尖錐之底亦必皆爲一是爲一與一之比例連之無窮也若取室辛線爲室甲全線一百分之九十九於辛點上作辛亥截線則辛壬與壬癸壬癸與癸子癸子與

此合尖錐之底，爲無窮連比例。此合尖錐上任於何處作截線，其截線亦爲無窮連比例。

如圖，甲乙、乙丙、丙丁、丁戊、戊己、己庚，一長方五尖錐之底，皆爲一。此外，無窮尖錐之底，亦必皆爲一，是爲一與一之比例連之無窮也。若取室辛線爲室甲全線一百分之九十九，於辛點上作辛亥截線，則辛壬與壬癸、壬癸與癸子、癸子與子丑、子丑與丑寅、丑寅與寅亥，此六截線皆如一百與九十九之比例。此外，無窮尖錐上之截線，亦必如一百與九十九之比例，是爲一百與九十九之比例連之無窮也。如辛壬一百，則壬癸九十九；壬癸一百，則癸子九十九，所謂一百與九十九之比例也。後俱同。若取室卯線爲全線八分之七，於卯點作截線，則卯辰與辰巳、辰巳與巳未、巳未與未申、未申與申酉、申酉與酉戌，皆如八與七之比例。此外，無窮尖錐之截線，亦必如八與七之比例，是爲八與七之比例連之無窮也。又或取室角線爲全線四分之三，於角點作線截之，則角亢與亢氐、亢氐與氐房，皆如四與三之比例，是爲四與三之比例連之無窮也又或取室心線爲全線二分之一於心點作線截之則心尾與尾箕尾箕與箕斗皆如二與一之比例是爲二與一之比例連之無窮也又或取室牛線爲全線二十分之三則牛女與女危即如二十與三之比例是二十與三之比例連之無窮也凡連比例後率與前率之比即如所取線與全線之比也

凡截線皆有盡界其界皆可求而底無盡界

如前圖壬癸爲辛壬一百分之九十九則辛壬必爲全截線一百分之一設辛壬爲一百則全截線之盡界必爲一萬也又如亢氐爲角亢四分之三則角亢必爲全

之比例連之無窮也。又或取室心線爲全線二分之一，於心點作線截之，則心尾與尾箕、尾箕與箕斗，皆如二與一之比例，是爲二與一之比例連之無窮也。又或取室牛線爲全線二十分之三，則牛女與女危即如二十與三之比例，是二十與三之比例連之無窮也。凡連比例後率與前率之比，即如所取線與全線之比也。

凡截線皆有盡界，其界皆可求，而底無盡界。

如前圖，壬癸爲辛壬一百分之九十九，則辛壬必爲全截線一百分之一。設辛壬爲一百，則全截線之盡界必爲一萬也。又如亢氐爲角亢四分之三，則角亢必爲全截線四分之一設角亢爲一百則全截線之盡界必爲四百也故以首率二率較與首率之比即同於首率與全截線之比也何則試任作一線如尾角取其四分之一爲角亢餘亢尾再取其四分之一爲亢氐餘氐尾再取其四分之一爲氐房餘房尾如此累取之可以無窮而角亢與亢氐亢氐與氐房必皆如四分之三是即四與三之無窮連比例也而亢尾爲角尾四分之三亢氐爲角亢四分之三角亢亢氐之較爲角氐角尾亢尾之較爲角亢故以角氐爲一率角亢爲二率仍以

尾　房　氐　亢　角
氐

對數一　九

截線四分之一。設角亢爲一百，則全截線之盡界必爲四百也。故以首率、二率較與首率之比，即同於首率與全截線之比也。何則？試任作一線如尾角，取其四分之一爲角亢，餘亢尾。再取其四分之一爲亢氐[1]，餘氐尾。再取其四分之一爲氐房，餘房尾。如此累取之，可以無窮。而角亢與亢氐、亢氐與氐房，必皆如四分之三，是即四與三之無窮連比例也。而亢尾爲角尾四分之三，亢氐爲角亢四分之三。角亢、亢氐之較爲角氐，角尾、亢尾之較爲角亢，故以角氐爲一率，角亢爲二率，仍以

1 其，指前所餘亢尾。後文“其”指此所餘氐尾。

角亢爲三率四率必爲角尾也曰亢氐與角亢何以知
其爲四分之三也曰角亢者角尾四分之一也亢氐者
亢尾四分之一也其母既如四與三之比例故其子亦
如四與三之比例也凡截線上之連比例皆漸小故必
有一盡界任爾無窮比例總不能越此界底上之連比
例皆如首率而其比例又無盡則烏得有盡界也
凡兩截積同者此截積之高與彼截積之高彼截線與此
截線可相爲比例
如圖子午尖錐合積之高平分於丑作丑辰截線又以
丑午之高平分於寅作寅巳截線令子丑辰卯一段截

角亢爲三率，四率必爲角尾也。曰：亢氐與角亢，何以知其爲四分之三也？曰：角亢者，角尾四分之一也；亢氏者，亢尾四分之一也。其母既如四與三之比例，故其子亦如四與三之比例也。凡截線上之連比例皆漸小，故必有一盡界，任爾無窮比例，總不能越此界。底上之連比例皆如首率，而其比例又無盡，則烏得有盡界也？

凡兩截積同者，此截積之高與彼截積之高，彼截線與此截線，可相爲比例。

如圖，子午尖錐合積之高平分於丑，作丑辰截線。又以丑午之高平分於寅，作寅巳截線。令子丑辰卯一段截

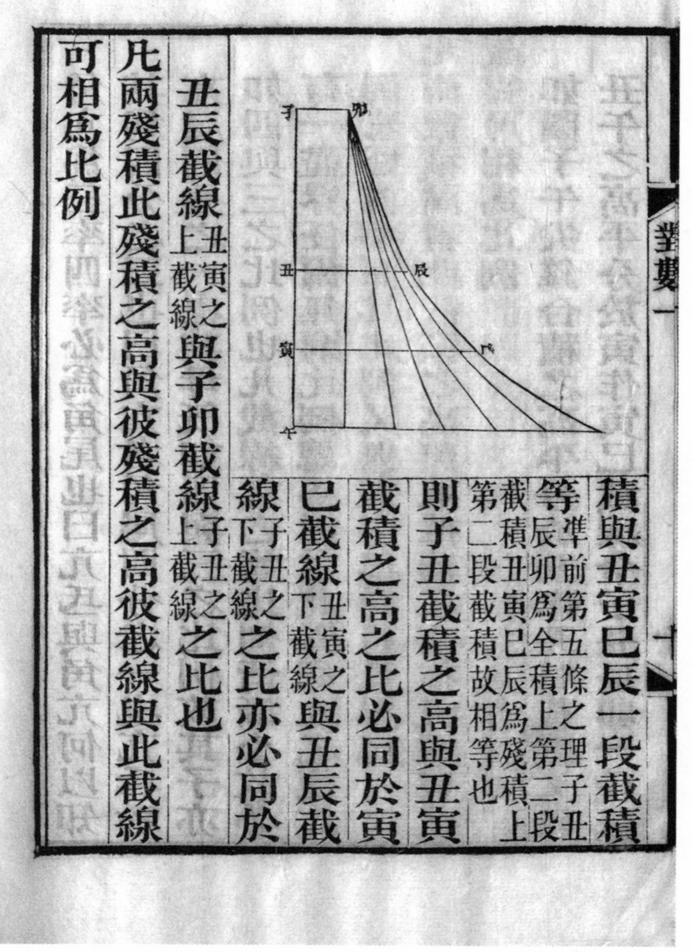

積與丑寅巳辰一段截積等，準前第五條之理，子丑辰卯爲全積上第二段截積，丑寅巳辰爲殘積上第二段截積，故相等也。則子丑截積之高與丑寅截積之高之比，必同於寅巳截線丑寅之下截線。與丑辰截線子丑之下截線。之比，亦必同於丑辰截線丑寅之上截線。與子卯截線子丑之上截線。之比也。

凡兩殘積，此殘積之高與彼殘積之高，彼截線與此截線，可相爲比例。

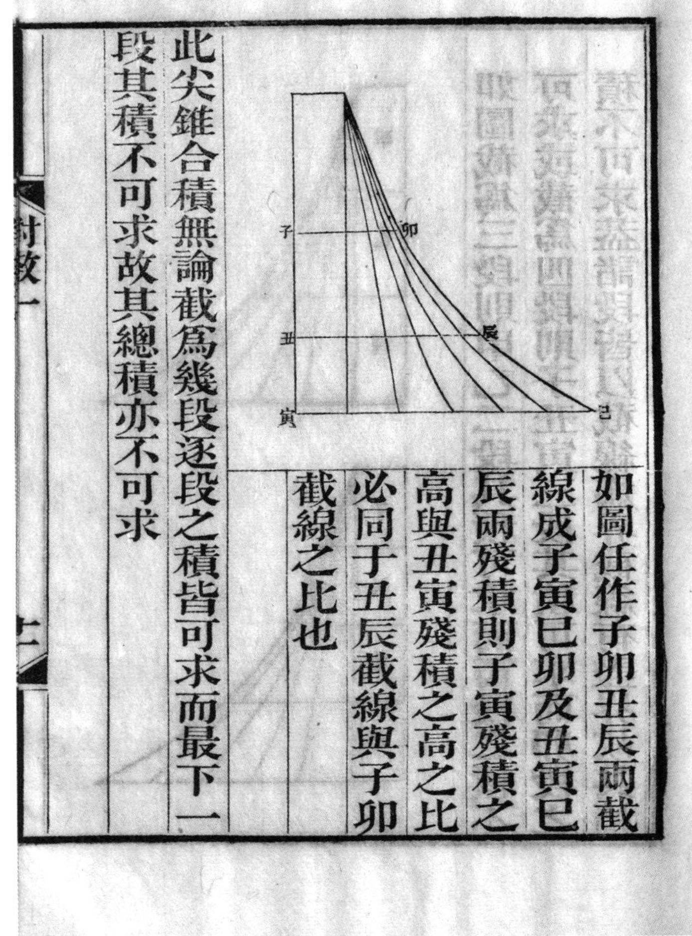

如圖，任作子卯、丑辰兩截線，成子寅巳卯及丑寅巳辰兩殘積，則子寅殘積之高與丑寅殘積之高之比，必同于丑辰截線與子卯截線之比也。

此尖錐合積無論截爲幾段，逐段之積皆可求。而最下一段，其積不可求，故其總積亦不可求。

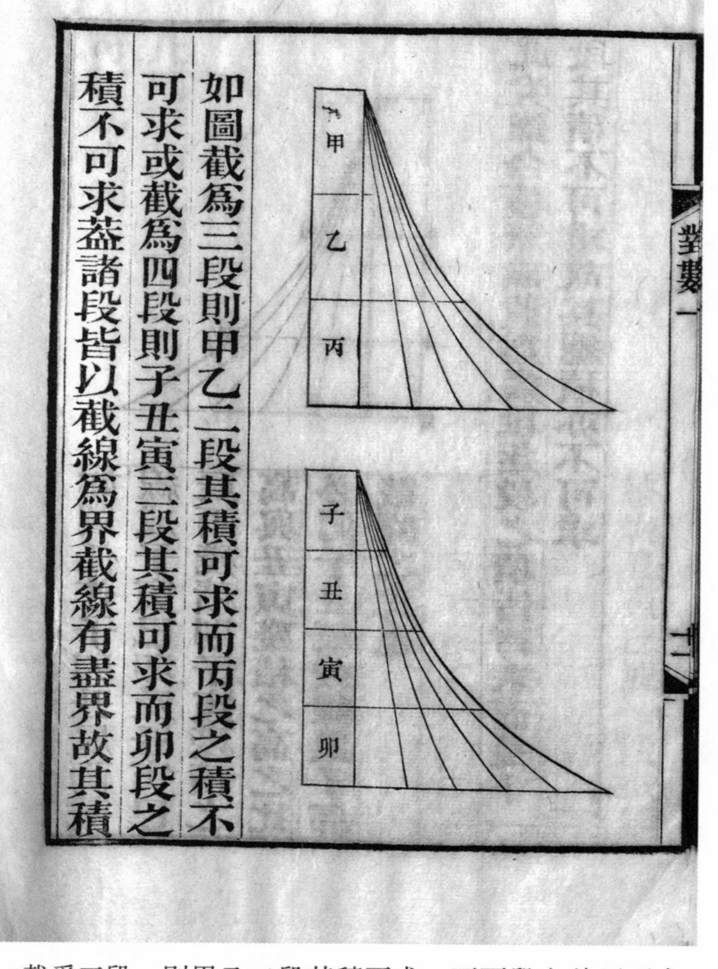
甲
乙
丙
子
丑
寅
卯
對數一
十二
如圖截爲三段則甲乙二段其積可求而丙段之積不可求或截爲四段則子丑寅三段其積可求而卯段之積不可求葢諸段皆以截線爲界截線有盡界故其積

如圖，截爲三段，則甲乙二段其積可求，而丙段之積不可求。或截爲四段，則子丑寅三段其積可求，而卯段之積不可求。葢諸段皆以截線爲界，截線有盡界，故其積

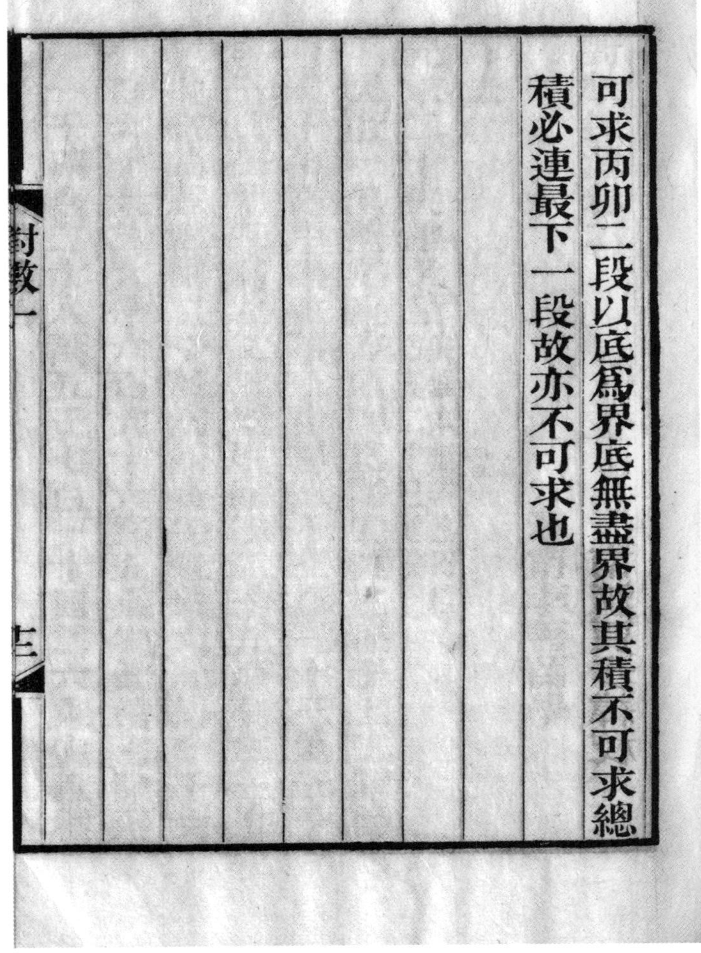
可求丙卯二段以底爲界底無盡界故其積不可求總
積必連最下一段故亦不可求也

對數一　三

可求。丙卯二段以底爲界，底無盡界，故其積不可求。總積必連最下一段，故亦不可求也。

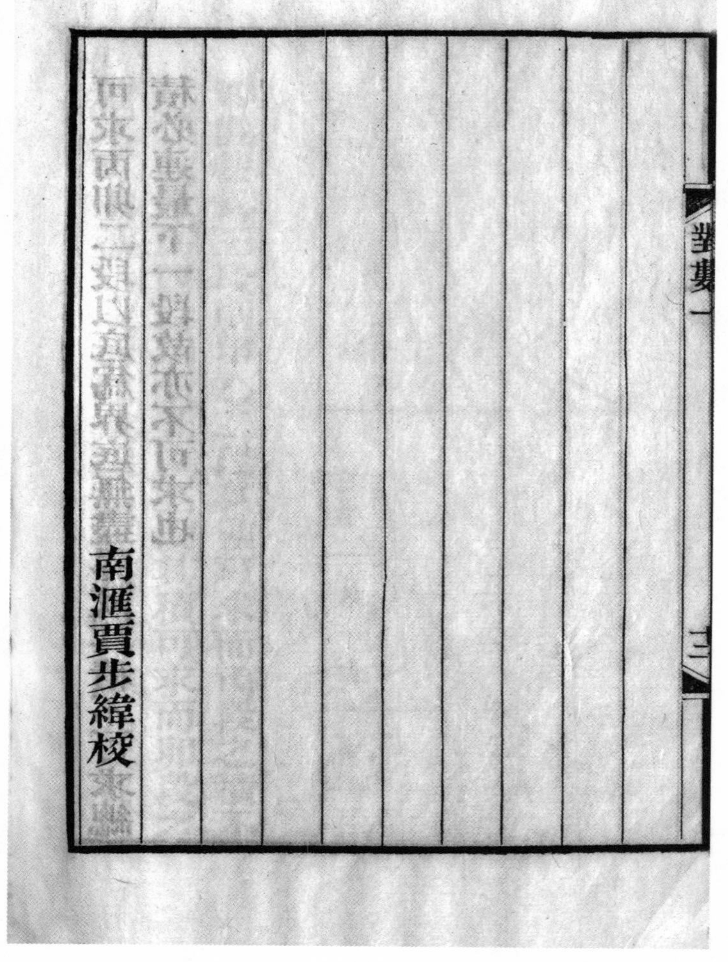

南滙賈步緯校

對數探源卷二　則古昔齋算學三
海甯李善蘭學
詳法
先求二十尖錐汎積尖錐本無盡然用以造表二十已足矣
法借一萬萬爲長方積卽爲諸尖錐之根于上二除得五千萬爲平尖錐積三除得三千三百三十三萬三千三百三十三爲立尖錐積四除得二千五百萬爲三乘尖錐積五除得二千萬爲四乘尖錐積六除得一千六百六十六萬六千六百六十六爲五乘尖錐積七除得一千四百二十八萬五千七百一十四爲六乘尖錐積
對數二　一

對數探源卷二

則古昔齋算學三

海寧李善蘭學

詳法

先求二十尖錐汎積尖錐本無盡，然用以造表，二十已足矣。

法借一萬萬爲長方積，即爲諸尖錐之根，于上。二除[1]得五千萬，爲平尖錐積；三除得三千三百三十三萬三千三百三十三，爲立尖錐積；四除得二千五百萬，爲三乘尖錐積；五除得二千萬，爲四乘尖錐積；六除得一千六百六十六萬六千六百六十六，爲五乘尖錐積；七除得一千四百二十八萬五千七百一十四，爲六乘尖錐積；

1 指海本“除”作“之”。以下三除、四除，直至二十除，“除”皆作“之”。

八除得一千二百五十萬爲七乘尖錐積九除得一千一百一十一萬一千一百一十一爲八乘尖錐積十除得一千萬爲九乘尖錐積十一除得九百〇九萬〇九百〇九爲十乘尖錐積十二除得八百三十三萬三千三百三十三爲十一乘尖錐積十三除得七百六十九萬二千三百〇七爲十二乘尖錐積十四除得七百一十四萬二千八百五十七爲十三乘尖錐積十五除得六百六十六萬六千六百六十六爲十四乘尖錐積十六除得六百二十五萬爲十五乘尖錐積十七除得五百八十八萬二千三百五十三爲十六乘尖錐積十八

八除得一千二百五十萬，爲七乘尖錐積；九除得一千一百一十一萬一千一百一十一，爲八乘尖錐積；十除得一千萬，爲九乘尖錐積；十一除得九百〇九萬〇九百〇九，爲十乘尖錐積；十二除得八百三十三萬三千三百三十三，爲十一乘尖錐積；十三除得七百六十九萬二千三百〇七，爲十二乘尖錐積；十四除得七百一十四萬二千八百五十七，爲十三乘尖錐積；十五除得六百六十六萬六千六百六十六，爲十四乘尖錐積；十六除得六百二十五萬，爲十五乘尖錐積；十七除得五百八十八萬二千三百五十三，爲十六乘尖錐積；十八除得五百五十五萬五千五百五十五，爲十七乘尖錐積；十九除得五百二十六萬三千一百五十七，爲十八乘尖錐積；二十除得五百萬，爲十九乘尖錐積。

二十尖錐汎積表

長方	一〇〇〇〇〇〇〇〇〇	平	〇五〇〇〇〇〇〇〇〇
立	〇三三三三三三三三三	三乘	〇二五〇〇〇〇〇〇〇
四乘	〇二〇〇〇〇〇〇〇〇	五乘	〇一六六六六六六六六
六乘	〇一四二八五七一四	七乘	〇一二五〇〇〇〇〇〇
八乘	〇一一一一一一一一	九乘	〇一〇〇〇〇〇〇〇〇
十乘	〇〇九〇九〇九〇九	十一乘	〇〇八三三三三三三三
十二乘	〇〇七六九二三〇七	十三乘	〇〇七一四二八五七
十四乘	〇〇六六六六六六六	十五乘	〇〇六二五〇〇〇〇
十六乘	〇〇五八八二三五三	十七乘	〇〇五五五五五五五
十八乘	〇〇五二六三一五七	十九乘	〇〇五〇〇〇〇〇〇〇

乃分此汎積爲十段求其第二段至第十段之共積
法置汎積表最下一層以二除之得二百五十萬加入
第二層得七百七十六萬三千一百五十七又以二除
之得三百八十八萬一千五百七十八加入第三層得
九百四十三萬七千一百三十四又以二除之得四百
七十一萬八千五百六十七加入第四層得一千○六
十萬○○九百二十○又以二除之得五百三十萬○
○四百六十○加入第五層得一千一百五十五萬○
四百六十○又以二除之得五百七十七萬五千二百
三十加入第六層得一千二百四十四萬一千八百九

乃分此汎積爲十段，求其第二段至第十段之共積。

法置汎積表最下一層，以二除之，得二百五十萬，加入第二層，得七百七十六萬三千一百五十七。又以二除之，得三百八十八萬一千五百七十八，加入第三層，得九百四十三萬七千一百三十四。又以二除之，得四百七十一萬八千五百六十七，加入第四層，得一千〇六十萬〇〇九百二十〇。又以二除之，得五百三十萬〇〇四百六十〇，加入第五層，得一千一百五十五萬〇四百六十〇。又以二除之，得五百七十七萬五千二百三十，加入第六層，得一千二百四十四萬一千八百九

十六又以二除之得六百二十二萬〇九百四十八加
入第七層得一千三百三十六萬三千八百〇五又以
二除之得六百六十八萬一千九百〇二加入第八層
得一千四百三十七萬四千二百〇九又以二除之得
七百一十八萬七千一百〇四加入第九層得一千五
百五十二萬〇四百三十七又以二除之得七百七十
六萬〇二百一十八加入第十層得一千六百八十五
萬一千一百二十七又以二除之得八百四十二萬五
千五百六十三加入第十一層得一千八百四十二萬
五千五百六十三又以二除之得九百二十一萬二千

十六。又以二除之，得六百二十二萬〇九百四十八，加入第七層，得一千三百三十六萬三千八百〇五。又以二除之，得六百六十八萬一千九百〇二，加入第八層，得一千四百三十七萬四千二百〇九。又以二除之，得七百一十八萬七千一百〇四，加入第九層，得一千五百五十二萬〇四百三十七。又以二除之，得七百七十六萬〇二百一十八，加入第十層，得一千六百八十五萬一千一百二十七。又以二除之，得八百四十二萬五千五百六十三，加入第十一層，得一千八百四十二萬五千五百六十三。又以二除之，得九百二十一萬二千

七百八十一加入第十二層得二千〇三十二萬三千
八百九十二又以二除之得一千〇一十六萬一千九
百四十六加入第十三層得二千二百六十六萬一千
九百四十六又以二除之得一千一百三十三萬〇九
百七十三加入第十四層得二千五百六十一萬六千
六百八十七又以二除之得一千二百八十萬〇八千
三百四十三加入第十五層得二千九百四十七萬五
千〇〇九又以二除之得一千四百七十三萬七千五
百〇四加入第十六層得三千四百七十三萬七千五
百〇四又以二除之得一千七百三十六萬八千七百

七百八十一，加入第十二層，得二千〇三十二萬三千八百九十二。又以二除之，得一千〇一十六萬一千九百四十六，加入第十三層，得二千二百六十六萬一千九百四十六。又以二除之，得一千一百三十三萬〇九百七十三，加入第十四層，得二千五百六十一萬六千六百八十七。又以二除之，得一千二百八十萬〇八千三百四十三，加入第十五層，得二千九百四十七萬五千〇〇九。又以二除之，得一千四百七十三萬七千五百〇四，加入第十六層，得三千四百七十三萬七千五百〇四。又以二除之，得一千七百三十六萬八千七百

五十二加入第十七層得四千二百三十六萬八千七
百五十二又以二除之得二千一百一十八萬四千三
百七十六加入第十八層得五千四百五十一萬七千
七百〇九又以二除之得二千七百二十五萬八千八
百五十四加入第十九層得七千七百二十五萬八千
八百五十四又以二除之得三千八百六十二萬九千
四百二十七加入最上一層得一萬三千八百六十二
萬九千四百二十七又以二除之得六千九百三十一
萬四千七百一十三爲第二段積
另置汎積表第十二層以五除之得二百二十二萬二

五十二，加入第十七層，得四千二百三十六萬八千七百五十二。又以二除之，得二千一百一十八萬四千三百七十六，加入第十八層，得五千四百五十一萬七千七百〇九。又以二除之，得二千七百二十五萬八千八百五十四，加入第十九層，得七千七百二十五萬八千八百五十四。又以二除之，得三千八百六十二萬九千四百二十七，加入最上一層，得一萬三千八百六十二萬九千四百二十七。又以二除之，得六千九百三十一萬四千七百一十三，爲第二段積。

另置汎積表第十二層，以五除之，得二百二十二萬二

千二百二十二加入第十三層得一千四百七十二萬
二千二百二十二又以五除之得二百九十四萬四千
四百四十四加入第十四層得一千七百二十三萬〇
一百五十八又以五除之得三百四十四萬六千〇三
十一加入第十五層得二千〇一十一萬二千六百九
十七又以五除之得四百〇二萬二千五百三十九加
入第十六層得二千四百〇二萬二千五百三十九又
以五除之得四百八十萬〇四千五百〇七加入第十
七層得二千九百八十萬〇四千五百〇七又以五除
之得五百九十六萬〇九百〇一加入第十八層得三

千二百二十二，加入第十三層，得一千四百七十二萬二千二百二十二。又以五除之，得二百九十四萬四千四百四十四，加入第十四層，得一千七百二十三萬〇一百五十八。又以五除之，得三百四十四萬六千〇三十一，加入第十五層，得二千〇一十一萬二千六百九十七。又以五除之，得四百〇二萬二千五百三十九，加入第十六層，得二千四百〇二萬二千五百三十九。又以五除之，得四百八十萬〇四千五百〇七，加入第十七層，得二千九百八十萬〇四千五百〇七。又以五除之，得五百九十六萬〇九百〇一，加入第十八層，得三千九百二十九萬四千二百三十四。又以五除之，得七百八十五萬八千八百四十六[1]，加入第十九層，得五千七百八十五萬八千八百四十六。又以五除之，得一千一百五十七萬一千七百六十九，加入最上一層，得一萬一千一百五十七萬一千七百六十九。又以五除之，得二千二百三十一萬四千三百五十三，爲第五段積。加入三个第二段積，按準上卷第四條，分尖錐爲二段，則第二段積即第六[2]至第十凡[3]五段之共積。若分五段，則第二段積即第三第四兩段之共積。故三个第二段積即八段共積也。得二萬三千〇二十五萬八千四百九十二，即第二段至第十段共積也。

1 指海本“四十六”作“三十六”，據演算，作“四十六”是。下文同。

2 指海本“第六”下有“段”字。

3 指海本無“凡”字。

對數二　五

求第五段止用九个尖錐者九乘尖錐用五連除十次已不足一數故九乘以下俱不用也

次求二十尖錐定積

法以二段至十段共積二三〇二五八四九二爲一率長方積一〇〇〇〇〇〇〇〇〇爲二率二段至十段定共積一〇〇〇〇〇〇〇〇〇爲三率求得四率〇四三四二九四五一爲定長方積卽爲諸尖錐定積之根于上如前求汎積法二而一得〇二一七一四七二五爲平尖錐定積三而一得〇一四四七六四八三爲立尖錐定積四而一得〇一〇八五七三六二爲三乘尖錐

求第五段止用九个尖錐者，九乘尖錐用五連除十次，已不足一數，故九乘以下俱不用也。

次求二十尖錐定積

法以二段至十段共積二三〇二五八四九二爲一率，長方積一〇〇〇〇〇〇〇〇〇爲二率，二段至十段定共積一〇〇〇〇〇〇〇〇〇爲三率，求得四率〇四三四二九四五一，爲定長方積，即爲諸尖錐定積之根，于上。如前求汎積法，二而一得〇二一七一四七二五，爲平尖錐定積；三而一得〇一四四七六四八三，爲立尖錐定積；四而一得〇一〇八五七三六二，爲三乘尖錐

定積五而一得〇〇八六八五八九〇爲四乘尖錐定
積六而一得〇〇七二三八二四一爲五乘尖錐定積
七而一得〇〇六二〇四二〇七爲六乘尖錐定積八
而一得〇〇五四二八六八一爲七乘尖錐定積九而
一得〇〇四八二五四九四爲八乘尖錐定積十而一
得〇〇四三四二九四五爲九乘尖錐定積十一而一
得〇〇三九四八一三一爲十乘尖錐定積十二而一
得〇〇三六一九一二〇爲十一乘尖錐定積十三而
一得〇〇三三四〇七二七爲十二乘尖錐定積十四
而一得〇〇三一〇二一〇三爲十三乘尖錐定積十

定積；五而一得〇〇八六八五八九〇，爲四乘尖錐定積；六而一得〇〇七二三八二四一，爲五乘尖錐定積；七而一得〇〇六二〇四二〇七，爲六乘尖錐定積；八而一得〇〇五四二八六八一，爲七乘尖錐定積；九而一得〇〇四八二五四九四，爲八乘尖錐定積；十而一得〇〇四三四二九四五，爲九乘尖錐定積；十一而一得〇〇三九四八一三一，爲十乘尖錐定積；十二而一得〇〇三六一九一二〇，爲十一乘尖錐定積；十三而一得〇〇三三四〇七二七，爲十二乘尖錐定積；十四而一得〇〇三一〇二一〇三，爲十三乘尖錐定積；十

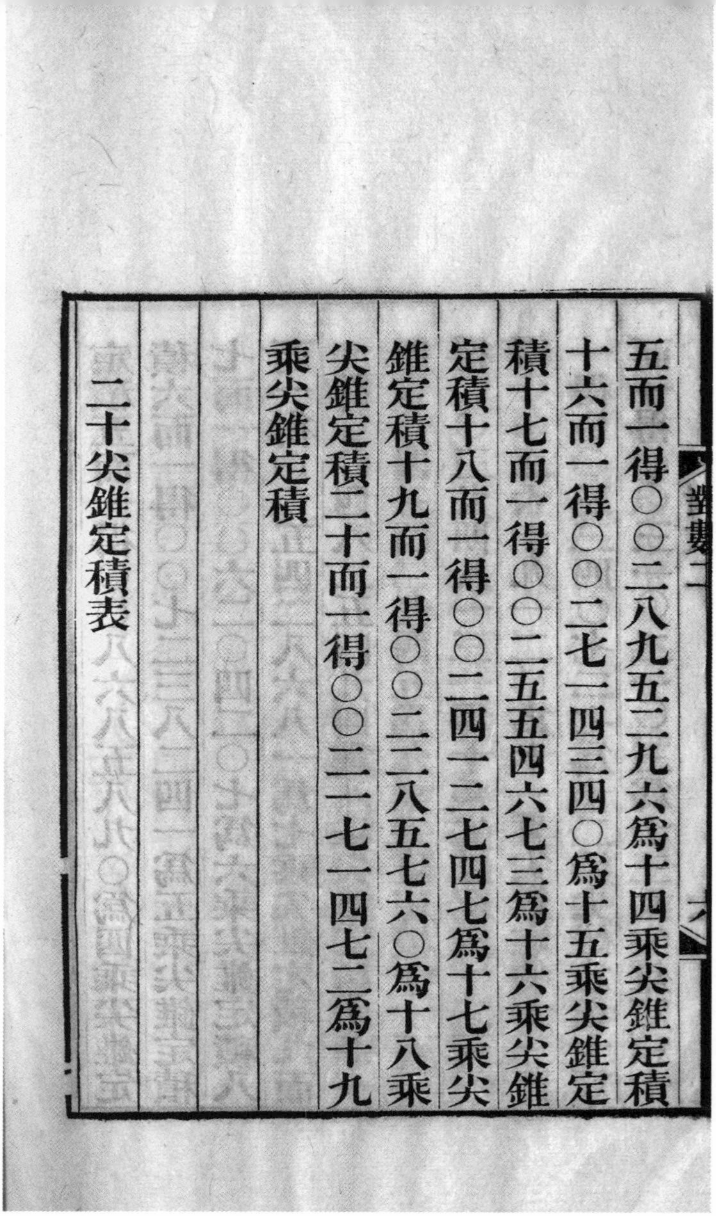

五而一得〇〇二八九五二九六爲十四乘尖錐定積
十六而一得〇〇二七一四三四〇爲十五乘尖錐定
積十七而一得〇〇二五五四六七三爲十六乘尖錐
定積十八而一得〇〇二四一二七四七爲十七乘尖
錐定積十九而一得〇〇二二八五七六〇爲十八乘
尖錐定積二十而一得〇〇二一七一四七二爲十九
乘尖錐定積

二十尖錐定積表

五而一得〇〇二八九五二九六，爲十四乘尖錐定積；十六而一得〇〇二七一四三四〇，爲十五乘尖錐定積；十七而一得〇〇二五五四六七三，爲十六乘尖錐定積；十八而一得〇〇二四一二七四七，爲十七乘尖錐定積；十九而一得〇〇二二八五七六〇，爲十八乘尖錐定積；二十而一得〇〇二一七一四七二，爲十九乘尖錐定積。

二十尖錐定積表

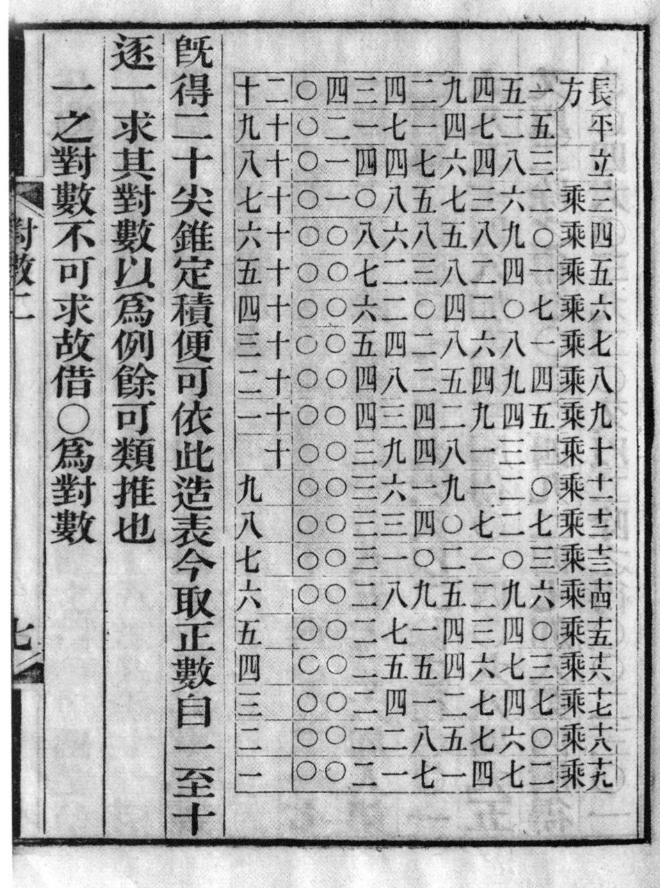

长方	〇四三四二九四五一	二十	平	〇二一七一四七二五	十九
立	〇一四四七六四八三	十八	三乘	〇一〇八五七三六二	十七
四乘	〇〇八六八五八九〇	十六	五乘	〇〇七二三八二四一	十五
六乘	〇〇六二〇四二〇七	十四	七乘	〇〇五四二八六八一	十三
八乘	〇〇四八二五四九四	十二	九乘	〇〇四三四二九四五	十一
十乘	〇〇三九四八一三一	十	十一乘	〇〇三六一九一二〇	九
十二乘	〇〇三三四〇七二七	八	十三乘	〇〇三一〇二一〇三	七
十四乘	〇〇二八九五二九六	六	十五乘	〇〇二七一四三四〇	五
十六乘	〇〇二五五四六七三	四	十七乘	〇〇二四一二七四七	三
十八乘	〇〇二二八五七六〇	二	十九乘	〇〇二一七一四七二	一

既得二十尖錐定積，便可依此造表。今取正數自一至十，逐一求其對數，以爲例，餘可類推也。

一之對數不可求，故借〇[1]爲對數[2]

1 指海本“〇”作“萬萬”。

2 指海本此句後有小字云：“按一之對數必命爲〇，方與正數相應，而尖堆下段不可求之理益明。”

正對數數
一 ○○○○○○○○○○○
解曰一之對數卽尖錐合積中之最下一段其數無盡不可求故命爲○也
求二之對數法置尖錐定積表最下一層○○二一七一四七二以二除之得○○一○八五七三六加入第二層得○○三三七一四九六又以二除之得○○一六八五七四八加入第三層得○○四○九八四九五又以二除之得○○二○四九二四七加入第四層得○○四六○三九二○又以二除之得○○二三○一

正數	對數
一	○○○○○○○○○○○[1]

解曰：一之對數，即尖錐合積中之最下一段，其數無盡，不可求，故命爲○也[2]。

求二之對數，法置尖錐定積表最下一層○○二一七一四七二，以二除之，得○○一○八五七三六，加入第二層，得○○三三七一四九六。又以二除之，得○○一六八五七四八，加入第三層，得○○四○九八四九五。又以二除之，得○○二○四九二四七，加入第四層，得○○四六○三九二○。又以二除之，得○○二三○一

1 指海本“○○○○○○○○○○”作“一○○○○○○○○○”。

2 指海本“不可求”至句末作“故不可求。萬萬者，一與十兩對數之較，以其整數，故借之也。”

九六〇加入第五層得〇〇五〇一六三〇〇又以二
除之得〇〇二五〇八一五〇加入第六層得〇〇五
四〇三四四六又以二除之得〇〇二七〇一七二三
加入第七層得〇〇五八〇三八二六又以二除之得
〇〇二九〇一九一三加入第八層得〇〇六二四二
六四〇又以二除之得〇〇三一二一三二〇加入第
九層得〇〇六七四〇四四〇又以二除之得〇〇三
三七〇二二〇加入第十層得〇〇七三一八三五一
又以二除之得〇〇三六五九一七五加入第十一層
得〇〇八〇〇二一二〇又以二除之得〇〇四〇〇

對數二　八

九六〇，加入第五層，得〇〇五〇一六三〇〇。又以二除之，得〇〇二五〇八一五〇，加入第六層，得〇〇五四〇三四四六。又以二除之，得〇〇二七〇一七二三，加入第七層，得〇〇五八〇三八二六。又以二除之，得〇〇二九〇一九一三，加入第八層，得〇〇六二四二六四〇。又以二除之，得〇〇三一二一三二〇，加入第九層，得〇〇六七四〇四四〇。又以二除之，得〇〇三三七〇二二〇。加入第十層，得〇〇七三一八三五一。又以二除之，得〇〇三六五九一七五，加入第十一層，得〇〇八〇〇二一二〇。又以二除之，得〇〇四〇〇

一〇六〇加入第十二層得〇〇八八二六五五四又
以二除之得〇〇四四一三二七七加入第十三層得
〇〇九八四一九五八又以二除之得〇〇四九二〇
九七九加入第十四層得〇一一一二五一八六又以
二除之得〇〇五五六二五九三加入第十五層得〇
一二八〇〇八三四又以二除之得〇〇六四〇〇四
一七加入第十六層得〇一五〇八六三〇七又以二
除之得〇〇七五四三一五三加入第十七層得〇一
八四〇〇五一五又以二除之得〇〇九二〇〇二五
七加入第十八層得〇二三六七六七四〇又以二除

一〇六〇，加入第十二層，得〇〇八八二六五五四。又以二除之，得〇〇四四一三二七七，加入第十三層，得〇〇九八四一九五八。又以二除之，得〇〇四九二〇九七九，加入第十四層，得〇一一一二五一八六。又以二除之，得〇〇五五六二五九三，加入第十五層，得〇一二八〇〇八三四。又以二除之，得〇〇六四〇〇四一七，加入第十六層，得〇一五〇八六三〇七。又以二除之，得〇〇七五四三一五三，加入第十七層，得〇一八四〇〇五一五。又以二除之，得〇〇九二〇〇二五七，加入第十八層，得〇二三六七六七四〇。又以二除之，得〇一一八三八三七〇，加入第十九層，得〇三三五五三〇九五。又以二除之，得〇一六七七六五四七，加入第二十層，得〇六〇二〇五九九八。又以二除之，得〇三〇一〇二九九九。末三位收爲整數，得〇三〇一〇三〇〇〇，爲一與二兩對數之較。一無對數，故一與二兩對數之較，即二之對數也[1]。

正數	對數
一	〇〇〇〇〇〇〇〇〇[2]
二	〇三〇一〇三〇〇〇[3]

1 指海本"爲一與二兩對數之較"之後作"加入一之對數，得一三〇一〇三〇〇〇，即二之對數也。""一無對數"至句末爲小字。

2 指海本"〇〇〇〇〇〇〇〇〇"作"一〇〇〇〇〇〇〇〇"。

3 指海本"〇三〇一〇三〇〇〇"作"一三〇一〇三〇〇〇"。後文對數首位"〇"，無論正文抑或表格，指海本皆作"一"，不復出校。

解曰：以正數爲法，除尖錐表最下一層，加入上一層，再以法除之，加入再上一層，再以法除之。如此遞加遞除至最上一層而止，得兩對數之較，加入前對數，得本對數。凡依次求對數者，皆用此法。

求三之對數，法以三連次自乘至十三次，得○○四七八二九六九，大於表中十三乘尖錐積。便以十三乘尖錐○○三一○二一○三爲最下一層，以三除之，得○○一○三四○三四，加入第八層，得○○四三七四七六一。又以三除之，得○○一四五八二五三，加入第九層，得○○五○七七三七三。又以三除之，得○○一六

九二四五七加入第十層得○○五六四○五八八又
以三除之得○○一八八○一九六加入第十一層得
○○六二二三一四一又以三除之得○○二○七四
三八○加入第十二層得○○六八九九八七四又以
三除之得○○二二九九九五八加入第十三層得○
○七七二八六三九又以三除之得○○二五七六二
一三加入第十四層得○○八七八○四二○又以三
除之得○○二九二六八○六加入第十五層得○一
○一六五○四七又以三除之得○○三三八八三四
九加入第十六層得○一二○七四二三九又以三除

九二四五七，加入第十層，得○○五六四○五八八。又以三除之，得○○一八八○一九六，加入第十一層，得○○六二二三一四一。又以三除之，得○○二○七四三八○，加入第十二層，得○○六八九九八七四。又以三除之，得○○二二九九九五八，加入第十三層，得○○七七二八六三九。又以三除之，得○○二五七六二一三，加入第十四層，得○○八七八○四二○。又以三除之，得○○二九二六八○六，加入第十五層，得○一○一六五○四七。又以三除之，得○○三三八八三四九，加入第十六層，得○一二○七四二三九。又以三除

之得○○四○二四七四六加入第十七層得○一四
八八二一○八又以三除之得○○四九六○七○二
加入第十八層得○一九四三七一八五又以三除之
得○○六四七九○六一加入第十九層得○二八一
九三七八六又以三除之得○○九三九七九二八加
入最上一層得○五二八二七三七九又以三除之得
○一七六○九一二六爲二與三兩對數之較加入二
之對數○三○一○三○○○得○四七七一二一二
六即三之對數也

之，得○○四○二四七四六。加入第十七層，得○一四八八二一○八。又以三除之，得○○四九六○七○二，加入第十八層，得○一九四三七一八五。又以三除之，得○○六四七九○六一，加入第十九層，得○二八一九三七八六。又以三除之，得○○九三九七九二八，加入最上一層，得○五二八二七三七九。又以三除之，得○一七六○九一二六，爲二與三兩對數之較。加入二之對數○三○一○三○○○，得○四七七一二一二六，即三之對數也。

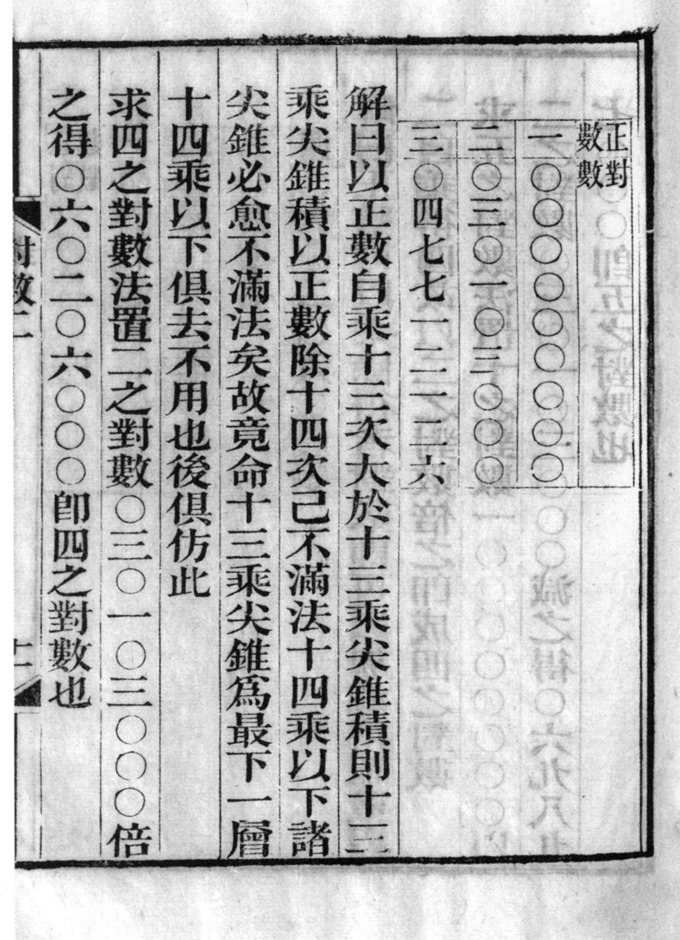

正數	對數
一	〇〇〇〇〇〇〇〇〇〇
二	〇三〇一〇三〇〇〇
三	〇四七七一二一二六

解曰：以正數自乘十三次，大於十三乘尖錐積。則十三乘尖錐積以正數除十四次，已不滿法，十四乘以下諸尖錐，必愈不滿法矣。故竟命十三乘尖錐爲最下一層，十四乘以下俱去不用也。後俱仿此。

求四之對數，法置二之對數〇三〇一〇三〇〇〇，倍之得〇六〇二〇六〇〇〇，即四之對數也[1]。

1 指海本"即四之對數"前有"以一之對數一〇〇〇〇〇〇〇〇〇減之，得一六〇二〇六〇〇〇"句。

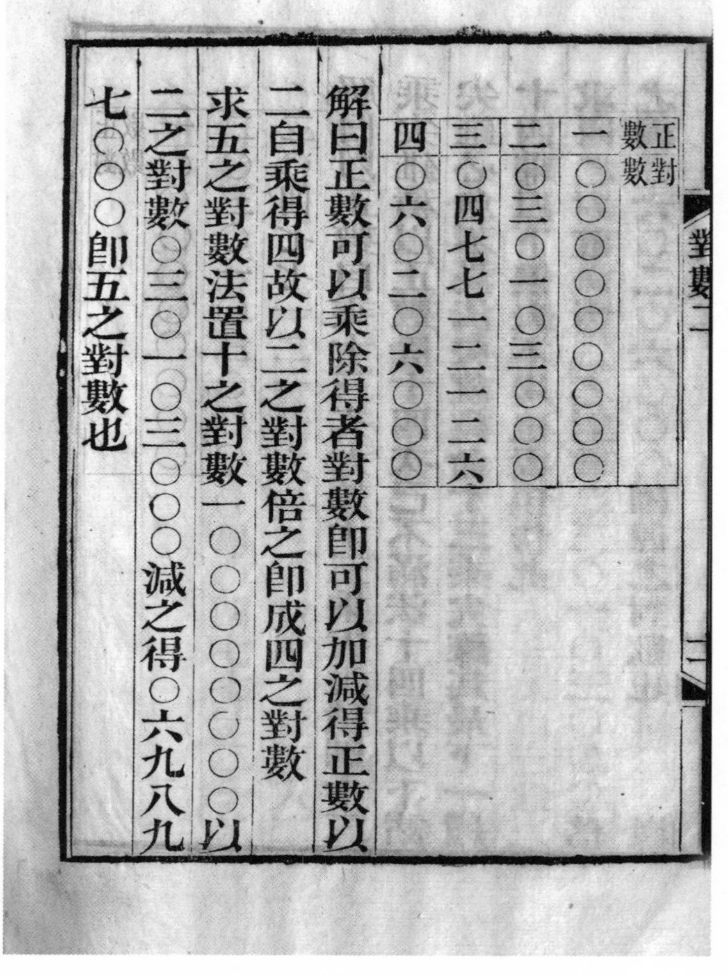

對數二

正數	對數
一	○○○○○○○○○○
二	○三○一○三○○○
三	○四七七一二一二六
四	○六○二○六○○○

解曰正數可以乘除得者對數即可以加減得正數以二自乘得四故以二之對數倍之即成四之對數

求五之對數法置十之對數一○○○○○○○○○以二之對數○三○一○三○○○減之得○六九八九七○○○即五之對數也

正數	對數
一	○○○○○○○○○○
二	○三○一○三○○○
三	○四七七一二一二六
四	○六○二○六○○○

解曰：正數可以乘除得者，對數即可以加減得。正數以二自乘得四，故以二之對數倍之，即成四之對數。

求五之對數，法置十之對數一○○○○○○○○○[1]，以二之對數○三○一○三○○○減之，得○六九八九七○○○，即五之對數也。

1 指海本"正數以二自乘得四"至"法置十之對數一○○○○○○○○○"，作"正數以二自乘，以一除之得四，故對數二○○○○○○○○以一之對數一○○○○○○○○○加之，得三○○○○○○○○○"。

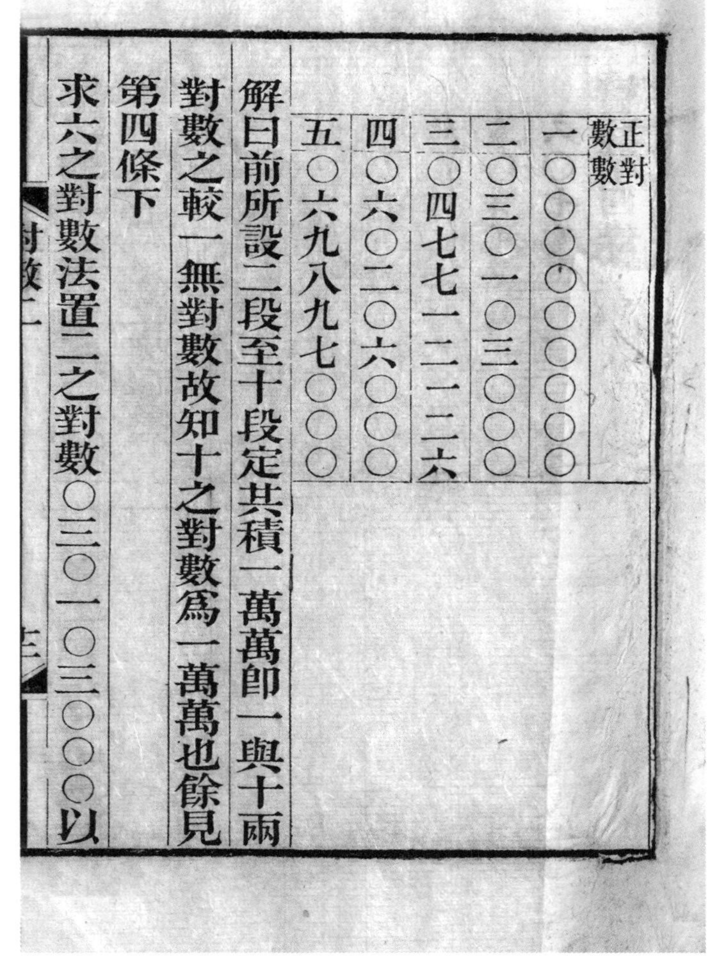

正數	對數
一	〇〇〇〇〇〇〇〇〇
二	〇三〇一〇三〇〇〇
三	〇四七七一二一二六
四	〇六〇二〇六〇〇〇
五	〇六九八九七〇〇〇

解曰：前所設二段至十段，定其積一萬萬，即一與十兩對數之較，一無對數[1]，故知十之對數爲一[2]萬萬也。餘見第四條下。

求六之對數，法置二之對數〇三〇一〇三〇〇〇，以

1 指海本無“一無對數”四字。

2 指海本“一”作“二”。

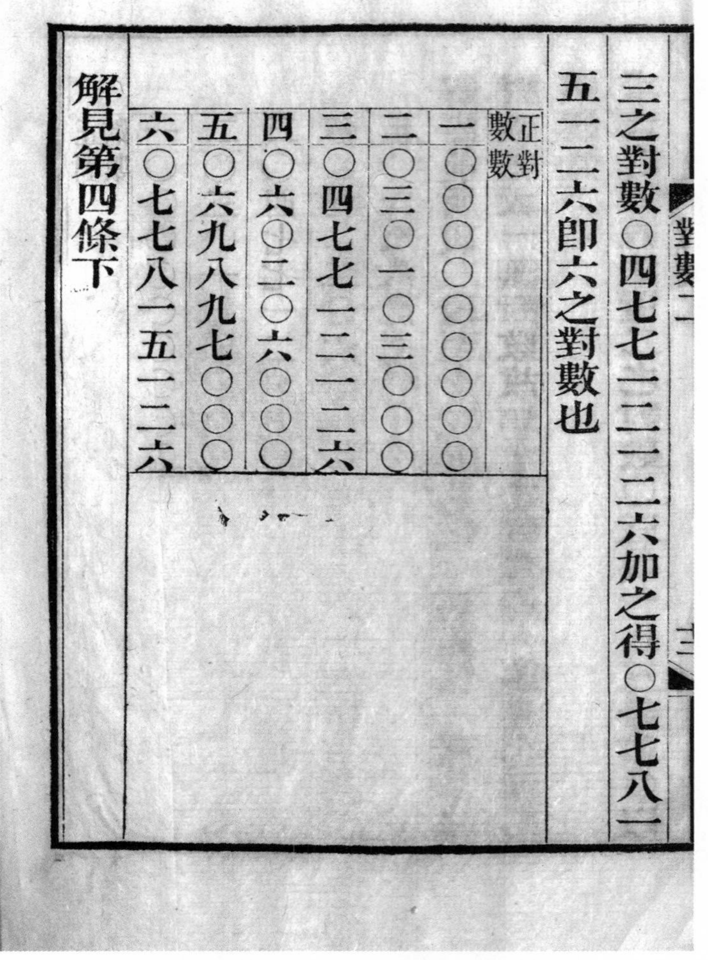
三之對數○四七七一二一二六加之得○七七八一五一二六即六之對數也

正數	對數
一	○○○○○○○○○
二	○三○一○三○○○
三	○四七七一二一二六
四	○六○二○六○○○
五	○六九八九七○○○
六	○七七八一五一二六

解見第四條下

三之對數○四七七一二一二六加之[1]，得○七七八一五一二六，即六之對數也。

正數	對數
一	○○○○○○○○○
二	○三○一○三○○○
三	○四七七一二一二六
四	○六○二○六○○○
五	○六九八九七○○○
六	○七七八一五一二六

解見第四條下。

1 指海本此後有“得二七七八一五一二六，以一之對數一○○○○○○○○減之”句。

求七之對數法以七連次自乘至七次得〇〇五七六
四八〇一大于表中七乘尖錐積便以七乘尖錐〇〇
五四二八六八一爲最下一層以七除之得〇〇〇七
七五五二五加入第十四層得〇〇六九七九七三二
又以七除之得〇〇〇九九七一〇四加入第十五層
得〇〇八二三五三四五又以七除之得〇〇一一七
六四七七加入第十六層得〇〇九八六二三六七又
以七除之得〇〇一四〇八九〇九加入第十七層得
〇一二二六六二七一又以七除之得〇〇一七五二
三二四加入第十八層得〇一六二二八八〇七又以

求七之對數，法以七連次自乘至七次，得〇〇五七六四八〇一，大于表中七乘尖錐積。便以七乘尖錐〇〇五四二八六八一爲最下一層，以七除之，得〇〇〇七七五五二五，加入第十四層，得〇〇六九七九七三二。又以七除之，得〇〇〇九九七一〇四，加入第十五層，得〇〇八二三五三四五。又以七除之，得〇〇一一七六四七七，加入第十六層，得〇〇九八六二三六七。又以七除之，得〇〇一四〇八九〇九，加入第十七層，得〇一二二六六二七一。又以七除之，得〇〇一七五二三二四，加入第十八層，得〇一六二二八八〇七。又以七除之，得〇〇二三一八四〇一，加入第十九層，得〇二四〇三三一二六。又以七除之，得〇〇三四三三三〇三，加入最上一層，得〇四六八六二七五四。又以七除之，得〇〇六六九四六七九，爲六與七兩對數之較。以加六之對數〇七七八一五一二六，得〇八四五〇九八〇五，即七之對數也。

正數	對數
一	〇〇〇〇〇〇〇〇〇
二	〇三〇一〇三〇〇〇
三	〇四七七一二一二六

四〇六〇二〇六〇〇〇
五〇六九八九七〇〇〇
六〇七七八一五一二六
七〇八四五〇九八〇五
解見第二及第三條下
求八之對數法置四之對數〇六〇二〇六〇〇〇以二之對數〇三〇一〇三〇〇〇加之得〇九〇三〇九〇〇〇卽八之對數也
正數 對數
一 〇〇〇〇〇〇〇〇〇〇
對數二 十四

四	〇六〇二〇六〇〇〇
五	〇六九八九七〇〇〇
六	〇七七八一五一二六
七	〇八四五〇九八〇五

解見第二及第三條下。

求八之對數，法置四之對數〇六〇二〇六〇〇〇，以二之對數〇三〇一〇三〇〇〇加之[1]，得〇九〇三〇九〇〇〇，即八之對數也。

正數	對數
一	〇〇〇〇〇〇〇〇〇〇

1 指海本此句後有“得二九〇三〇九〇〇〇，以一之對數一〇〇〇〇〇〇〇〇減之”句。

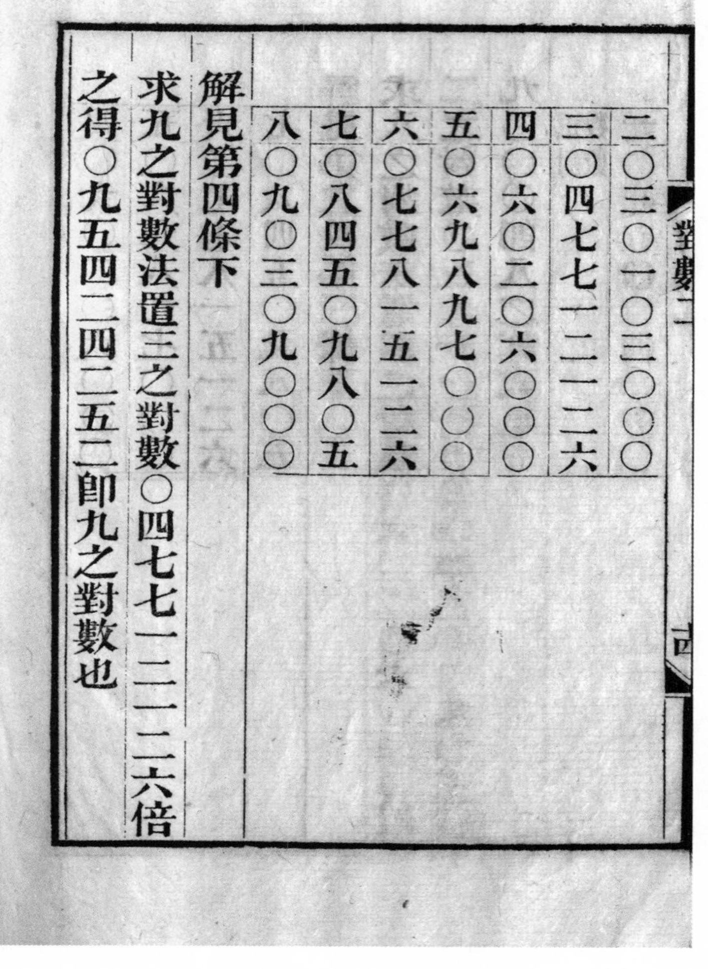

二　〇三〇一〇三〇〇〇
三　〇四七七一二一二六
四　〇六〇二〇六〇〇〇
五　〇六九八九七〇〇〇
六　〇七七八一五一二六
七　〇八四五〇九八〇五
八　〇九〇三〇九〇〇〇

解見第條四下。

求九之對數，法置三之對數〇四七七一二一二六，倍之[1]得〇九五四二四二五二，即九之對數也。

1 指海本"倍之"下有"得二九五四二四二五二，以一之對數一〇〇〇〇〇〇〇〇減之"句。

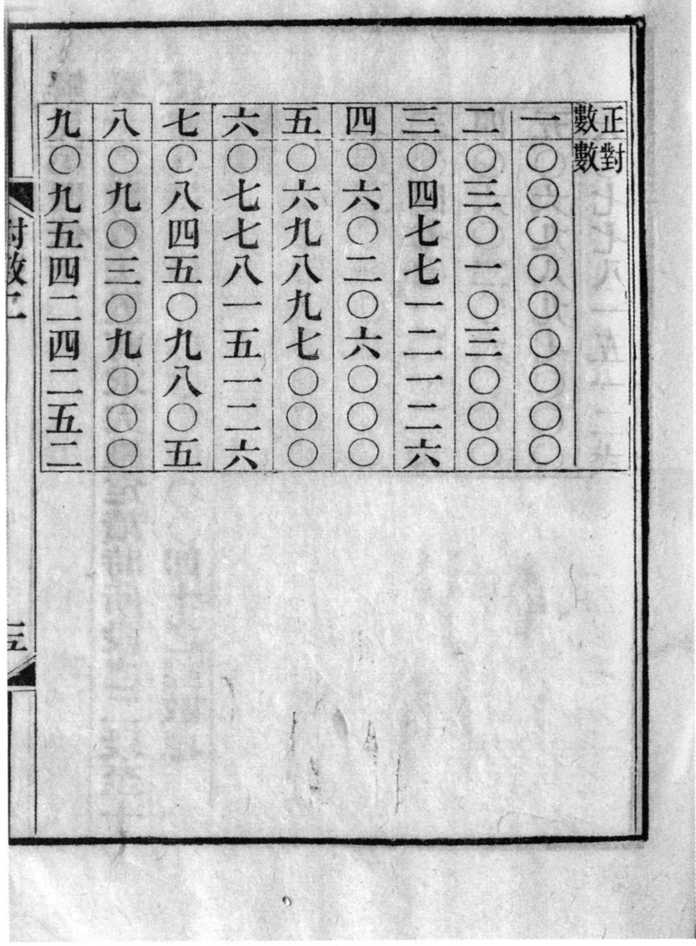

正數	對數
一	○○○○○○○○○○
二	○三○一○三○○○
三	○四七七一二一二六
四	○六○二○六○○○
五	○六九八九七○○○
六	○七七八一五一二六
七	○八四五○九八○五
八	○九○三○九○○○
九	○九五四二四二五二

對數二　三

正數	對數
一	○○○○○○○○○○
二	○三○一○三○○○
三	○四七七一二一二六
四	○六○二○六○○○
五	○六九八九七○○○
六	○七七八一五一二六
七	○八四五○九八○五
八	○九○三○九○○○
九	○九五四二四二五二

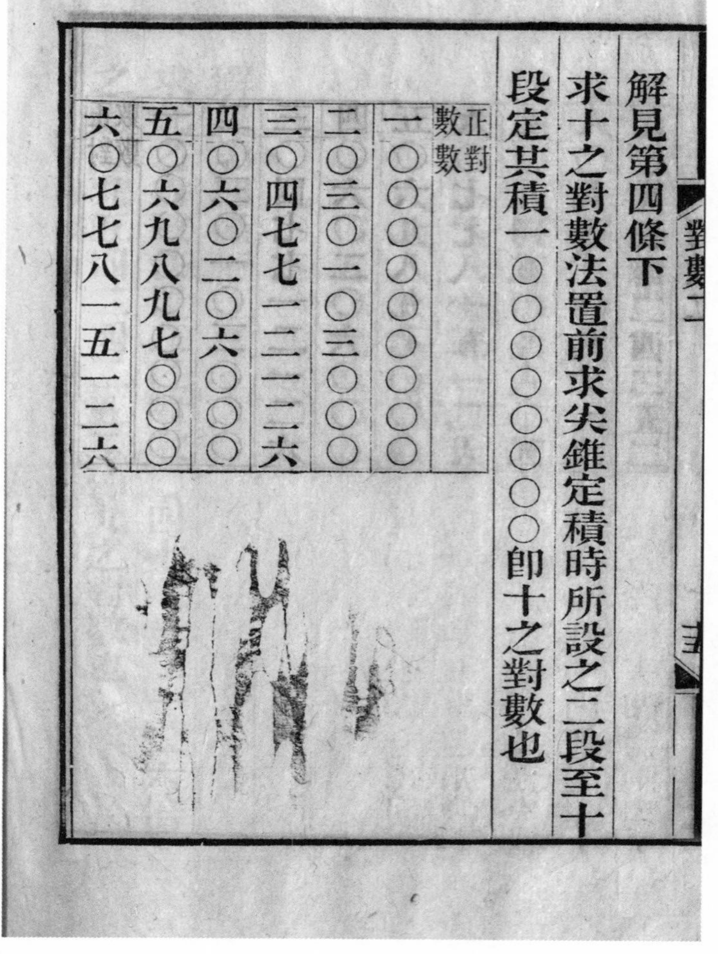

解見第條四下。

求十之對數，法置前求尖錐定積時，所設之二段至十段定共積一〇〇〇〇〇〇〇〇〇[1]，即十之對數也。

正數	對數
一	〇〇〇〇〇〇〇〇〇
二	〇三〇一〇三〇〇〇
三	〇四七七一二一二六
四	〇六〇二〇六〇〇〇
五	〇六九八九七〇〇〇
六	〇七七八一五一二六

1 指海本此後有“以一之對數一〇〇〇〇〇〇〇〇加之，得二〇〇〇〇〇〇〇〇〇”句。

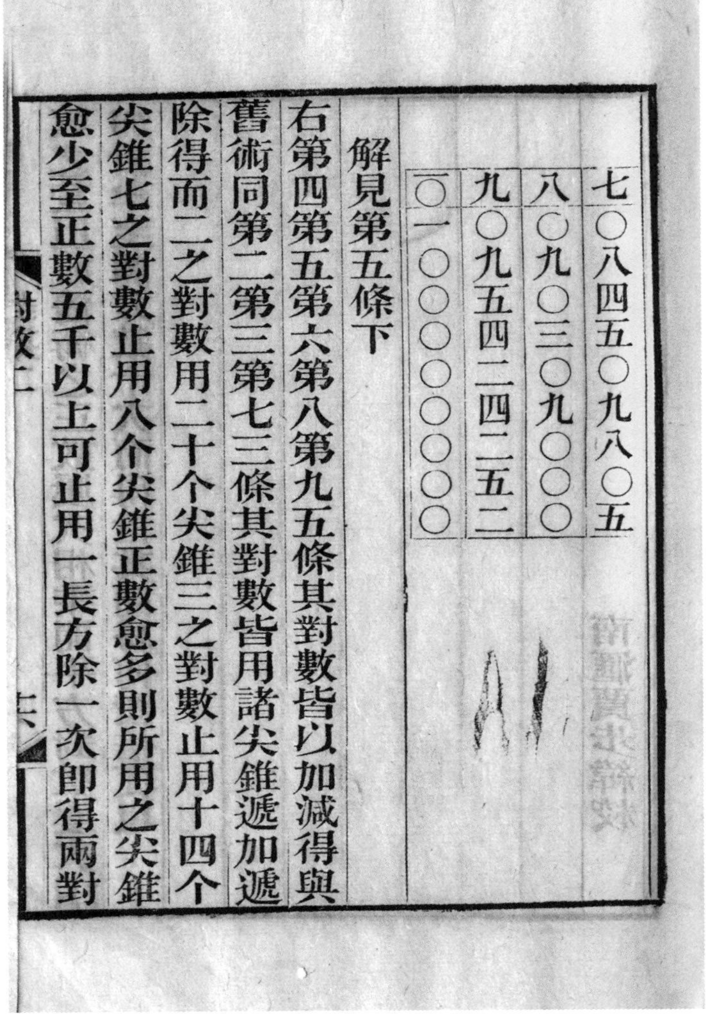

七　○八四五○九八○五
八　○九○三○九○○○
九　○九五四二四二五二
一○　一○○○○○○○○○

解見第五條下。

右第四、第五、第六、第八、第九五條，其對數皆以加減得，與舊術同。第二、第三、第七三條，其對數皆用諸尖錐遞加遞除得。而二之對數用二十個尖錐，三之對數止用十四個尖錐，七之對數止用八個尖錐。正數愈多，則所用之尖錐愈少。至正數五千以上，可止用一長方除一次，即得兩對

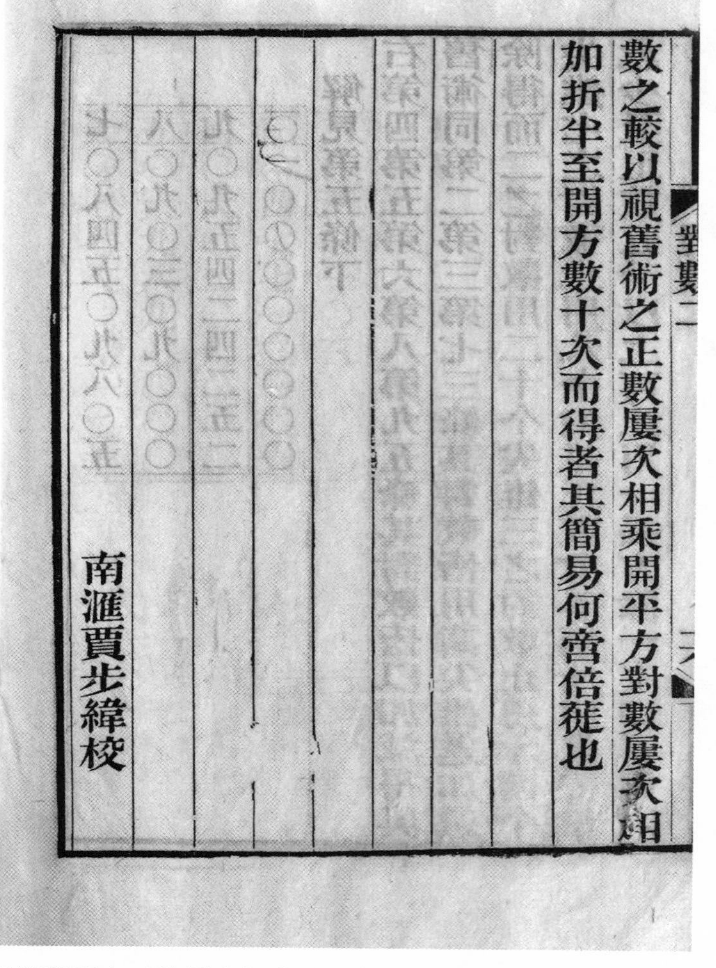

數之較。以視舊術之正數屢次相乘開平方，對數屢次相加折半，至開方數十次而得者，其簡易何啻倍蓰也。

南滙賈步緯校

垜積比類卷一　則古昔齋算學四
海甯李善蘭學
垜積爲少廣一支而元郭太史以步躔離近汪氏孝嬰以釋遞兼董氏方立以推割圜西人代數微分中所有級數大半皆是其用亦廣矣哉顧歷來算書中不恆見惟元朱氏玉鑑茭草形段如象招數果垜疊藏諸門爲垜積術然其意在發明天元一故言之不詳亦無條理汪氏董氏之書有條理矣然一但言三角垜一但言四角垜餘皆不及則亦不備今所述有表有圖有法分條別派詳細言之欲令習算家知垜

垜積比類卷一

則古昔齋算學四

海寧李善蘭學

垜積爲少廣一支，而元郭太史[1] 以步躔離，近汪氏孝嬰[2] 以釋遞兼[3]，董氏方立[4] 以推割圜[5]。西人代數微分中所有級數，大半皆是，其用亦廣矣哉。顧歷來算書中不恒見，惟元朱氏[6]《玉鑑》[7] 茭草形段、如象招數、果垜疊藏諸門爲垜積術。然其意在發明天元一，故言之不詳，亦無條理。汪氏、董氏之書有條理矣，然一但言三角垜，一但言四角垜，餘皆不及，則亦不備。今所述有表有圖有法，分條別派，詳細言之。欲令習算家知垜

1 郭太史，即郭守敬（1231—1316），字若思，元代順德邢臺（今河北邢臺）人。元初與許衡（1209—1281）、王恂（1235—1281）等人一道參與修曆，於1281年編成《授時曆》。在天文、水利等方面有傑出貢獻。

2 汪孝嬰，即汪萊（1768—1813），字孝嬰，號衡齋，安徽歙縣人。主要數學著作彙集在《衡齋算學》之中，內容包括球面三角、勾股算術、弧矢割圓和代數方程論，而以解的存在性和唯一性貫穿始終，在方程論領域的成就最爲突出。

3 即汪孝嬰《遞兼數理》，爲《衡齋算學》第四冊的後半部分。

4 董方立，即董祐誠（1791—1823），字方立，江蘇陽湖（今常州）人，首創以垜積術處理無窮級數冪級數的方法，在橢圓求周問題上也有開闢草萊之功，數學著作被人彙集於《董方立遺書》之中。

5 即董方立《割圓連比例術圖解》。

6 朱氏，指朱世傑，字漢卿，號松庭，燕山（今北京）人。著有《算學啟蒙》《四元玉鑒》。

7 即朱世傑《四元玉鑑》。

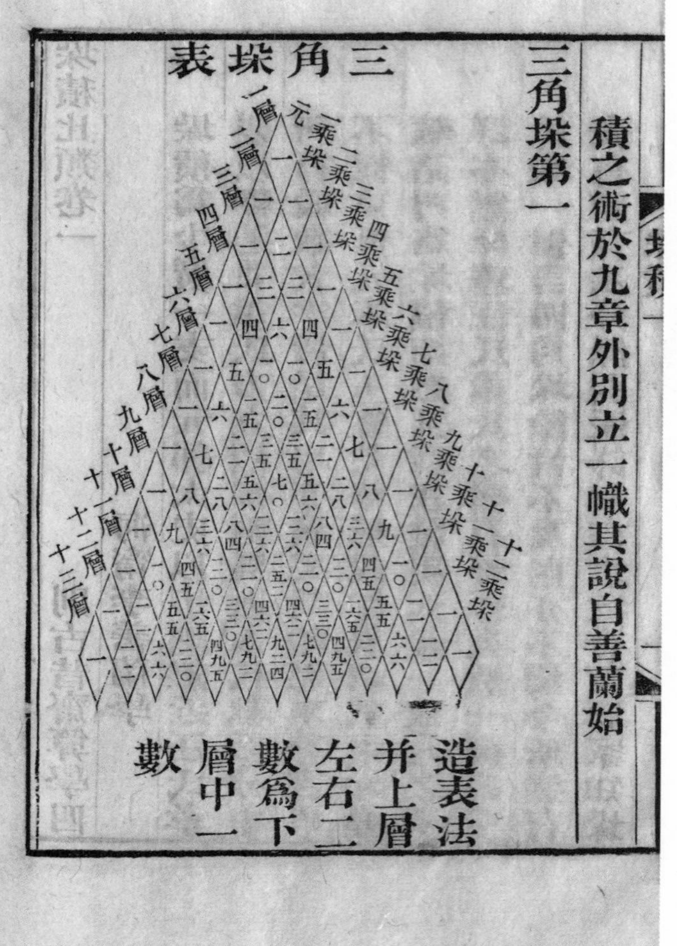

積之術，於《九章》外別立一幟，其説自善蘭始。

三角垛第一

三角垛表[1]

造表法：并上層左右二數，爲下層中一數。

1 第 p 斜行前 n 項的和稱爲 p 乘三角垛的和或簡稱爲 p 乘三角垛。［詳見：李兆華. 李善蘭垛積術與尖錐術略論，西北大學學報（自然科學版），1986 年第 4 期：125 頁；羅見今.《垛積比類》内容分析，内蒙古師範大學學報（自然科學版），1982 年第 23 期：89－105 頁］

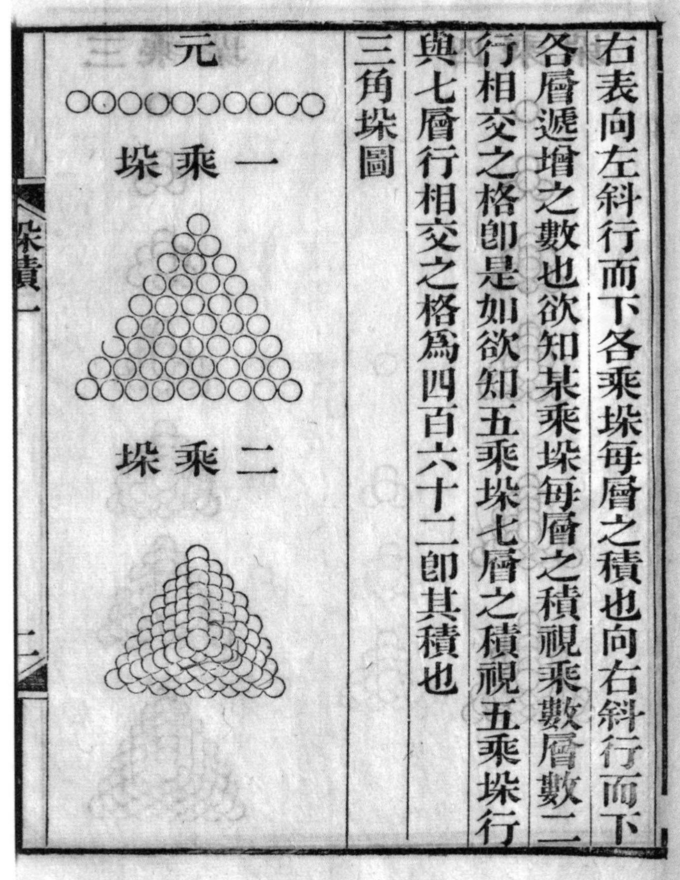

右表向左斜行而下，各乘垛每層之積也；向右斜行而下，各層遞增之數也。欲知某乘垛每層之積，視乘數、層數二行相交之格即是。如欲知五乘垛七層之積，視五乘垛行與七層行相交之格，爲四百六十二，即其積也。

三角垛圖

元　　　　一乘垛　　　　二乘垛

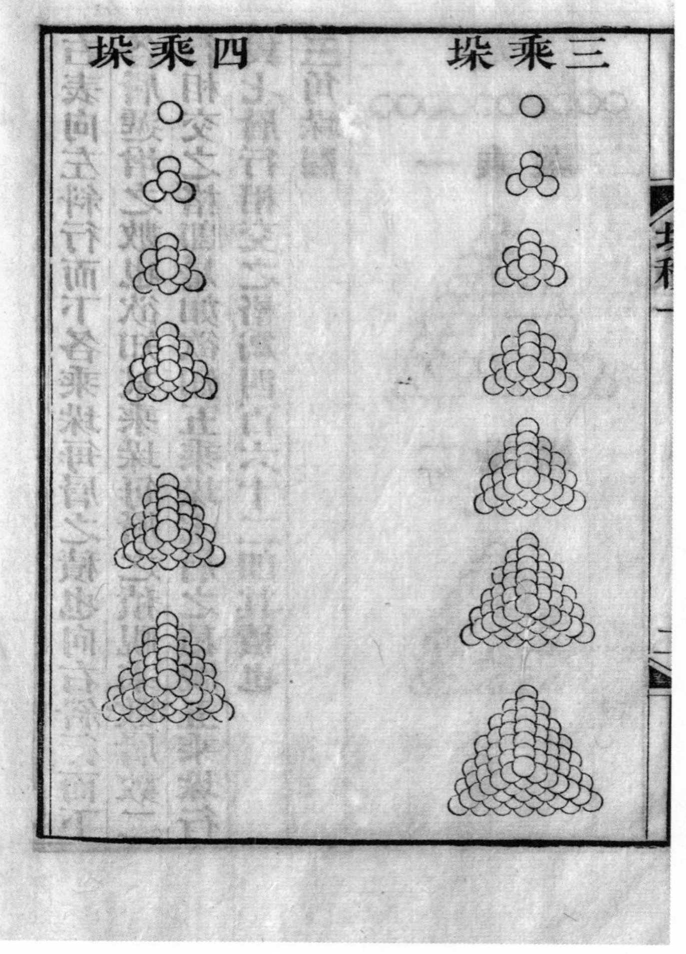

三乘垜　　四乘垜

三乘之又以高加四乘之為實二三四五連乘為法得積

四乘垛置高以高加一乘之又以高加二乘之又以高加

三乘之為實二三四連乘為法得積

三乘垛置高以高加一乘之又以高加二乘之又以高加

相乘為法得積

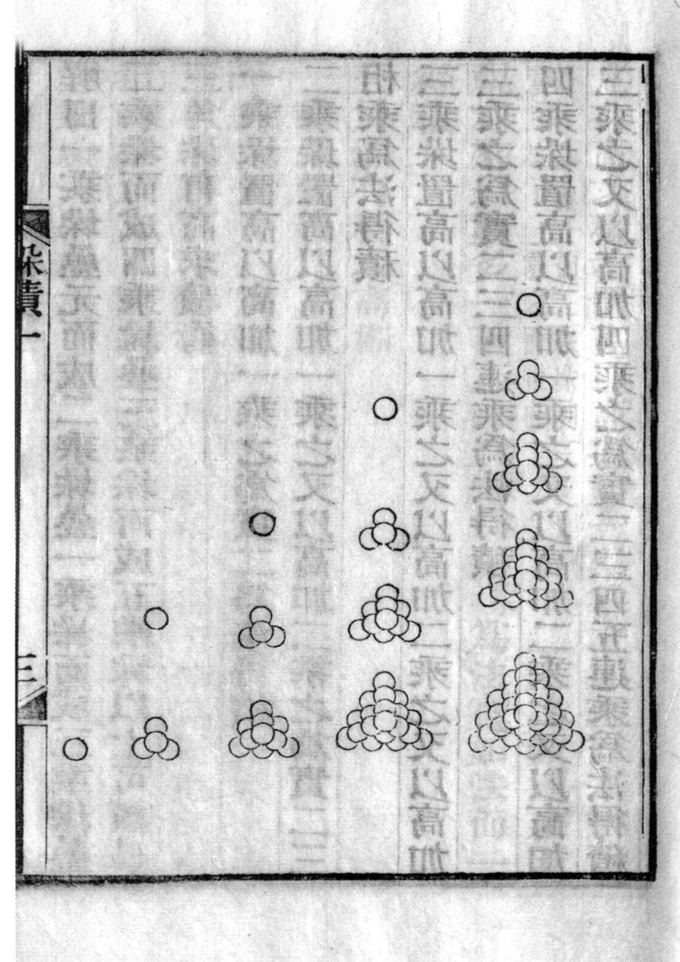

二乘垛置高以高加一乘之又以高加二乘之為實二三

一乘垛置高以高加一乘之為[illegible]

[illegible]

解曰一乘垛疊元而成二乘垛疊一乘垛而成三乘垛疊
二乘垛而成四乘垛疊三乘垛而成五乘垛以上可類推
三角垛有高求積術
一乘垛置高以高加一乘之爲實二爲法得積
二乘垛置高以高加一乘之又以高加二乘之爲實二三
相乘爲法得積
三乘垛置高以高加一乘之又以高加二乘之又以高加
三乘之爲實二三四連乘爲法得積
四乘垛置高以高加一乘之又以高加二乘之又以高加
三乘之又以高加四乘之爲實二三四五連乘爲法得積

解曰：一乘垛疊元而成，二乘垛疊一乘垛而成，三乘垛疊二乘垛而成，四乘垛疊三乘垛而成，五乘垛以上可類推。

三角垛有高求積術

一乘垛，置高，以高加一乘之爲實，二爲法，得積。

二乘垛，置高，以高加一乘之，又以高加二乘之爲實，二、三相乘爲法，得積。

三乘垛，置高，以高加一乘之，又以高加二乘之，又以高加三乘之爲實，二、三、四連乘爲法，得積。

四乘垛，置高，以高加一乘之，又以高加二乘之，又以高加三乘之，又以高加四乘之爲實，二、三、四、五連乘爲法，得積。

凡有高求積者置高以高遞加一累乘之加至如本乘垛數乘之而止加三乘垛加三乘之而止也爲實以一二三諸數連乘至視本乘垛數多一而止如四乘垛連乘至五而止也爲法實如法而一得積
三角垛有積求高術
一乘垛倍積爲正實一負方一負隅開平方得高
草曰立天元一爲高于上以一加天元得|元以乘上得〇太||爲二段積寄左乃以積倍之得下‖積爲同數與左相消得二積⊥⊥爲開方式
二乘垛六倍積爲正實二爲負方三爲負廉一負隅開立

凡有高求積者，置高，以高遞加一累乘之，加至如本乘垛數乘之而止，加三乘垛，加三乘之而止也。爲實；以一、二、三諸數連乘，至視本乘垛數多一而止，如四乘垛，連乘至五而止也。爲法。實如法而一，得積。

三角垛有積求高術

一乘垛，倍積爲正實，一負方，一負隅，開平方得高。

草曰：立天元一爲高[1]，于上。以一加天元得|元[2]，以乘上，得〇太||[3]，爲二段積。寄左。乃以積倍之，得下‖積，爲同數。與左相消，得二積⊥⊥[4]，爲開方式。

二乘垛，六倍積爲正實，二爲負方，三爲負廉，一負隅，開立

1 相當於設高爲未知數 x。

2 元表示未知數 x，即一次項，元上一層爲常數項，此式表示 $1+x$。

3 太表示常數項，太下一層爲一次項，再下一層爲二次項，以此類推。此式中，常數項爲〇，表示 $x+x^2$，即前式 $1+x$ 與天元 x 乘積。

4 設一乘垛之積爲 S，此式表示 $2S-x-x^2$。其中，$2S$ 即“倍積爲正實”，$-x$ 即“一負方”，$-x^2$ 即“一負隅”。

方得高。

草曰：立天元一爲高于上。以天元丨加一得丨丨元，又以天元丨加二得‖丨元。相乘得‖ |||元 丨，以乘上得‖元 ||| 丨。合以六二、三相乘所得。除之。不除，便以爲六段積。寄左。乃以積六之爲同數，與左相消，得丅積 ‖ ‖| 丨爲開方式。

三乘垛，二十四倍積爲正實，六爲負方，十一爲負上廉，六爲負下廉，一爲負隅，開三乘方得高。

草曰：立天元一爲高于上，以天元加一乘之得〇 丨元 丨，又以天元加二乘之得〇太 ‖ ||| 丨。又以天元加三乘之得〇太 ⊥ 一丨 丅 丨。合以二十四二、三、四連乘數。除之。不除，便以爲二十四

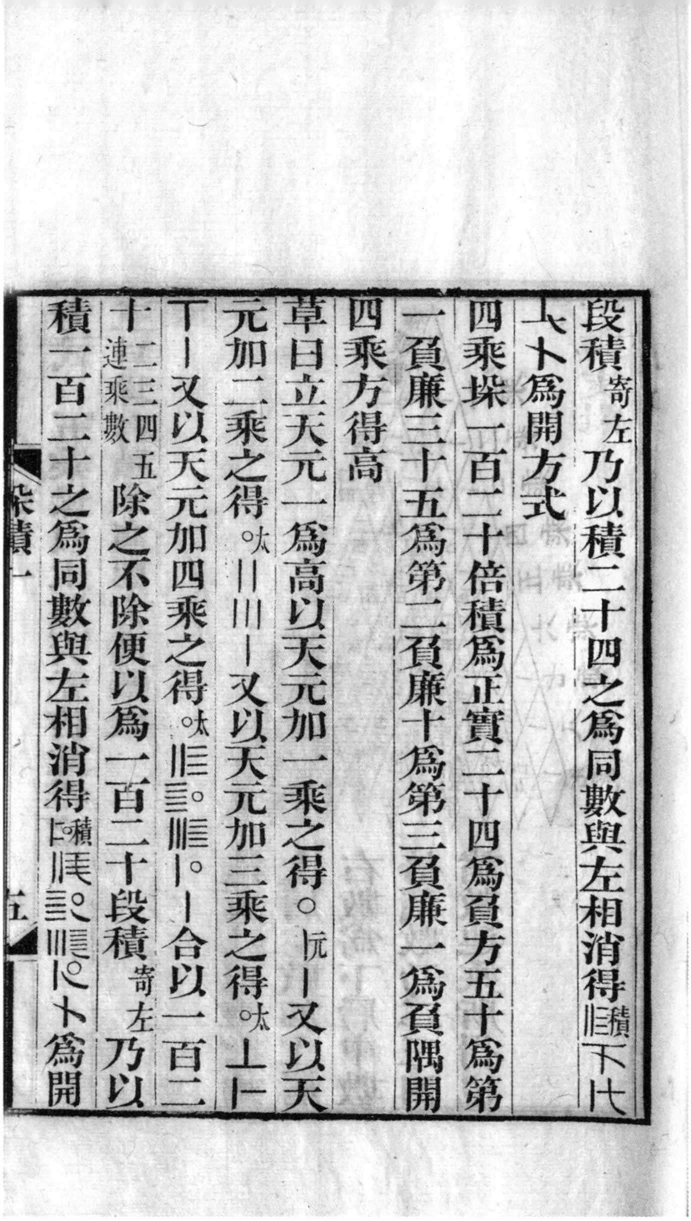

段積。寄左。乃以積二十四之爲同數，與左相消，得 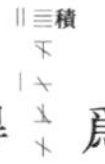 爲開方式。

四乘垜，一百二十倍積爲正實，二十四爲負方，五十爲第一負廉，三十五爲第二負廉，十爲第三負廉，一爲負隅，開四乘方得高。

草曰：立天元一爲高。以天元加一乘之，得  。又以天元加二乘之，得  ，又以天元加三乘之，得  。又以天元加四乘之，得  。合以一百二十二、三、四、五連乘數。除之。不除，便以爲一百二十段積。寄左。乃以積一百二十之爲同數，與左相消，得 爲開

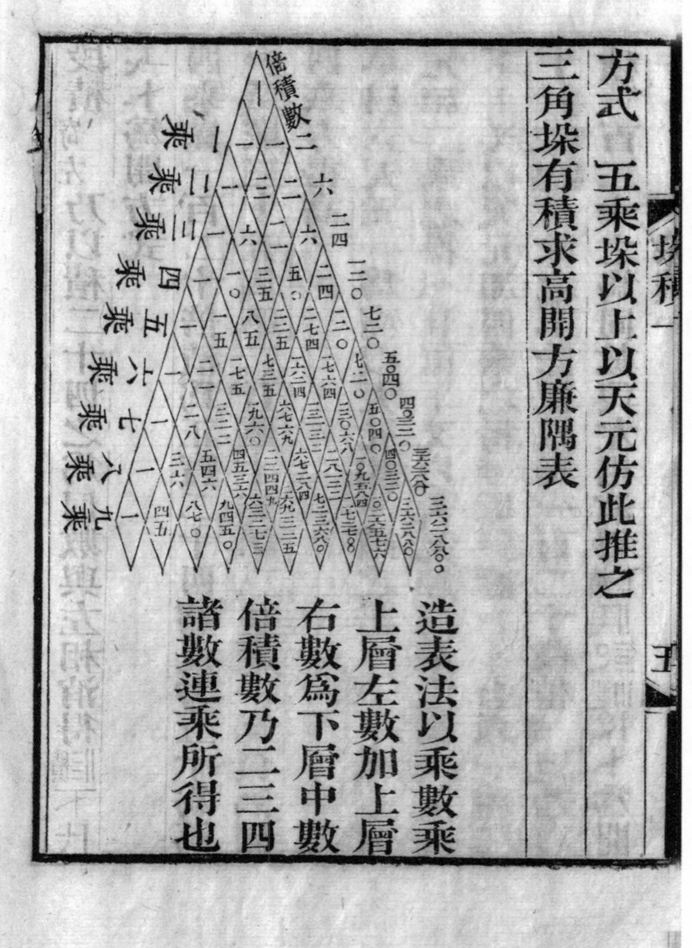

方式。五乘垛以上，以天元仿此推之。

三角垛有積求高開方廉隅表

造表法：以乘數乘上層左數，加上層右數，爲下層中數。倍積數乃二三四諸數連乘所得也。

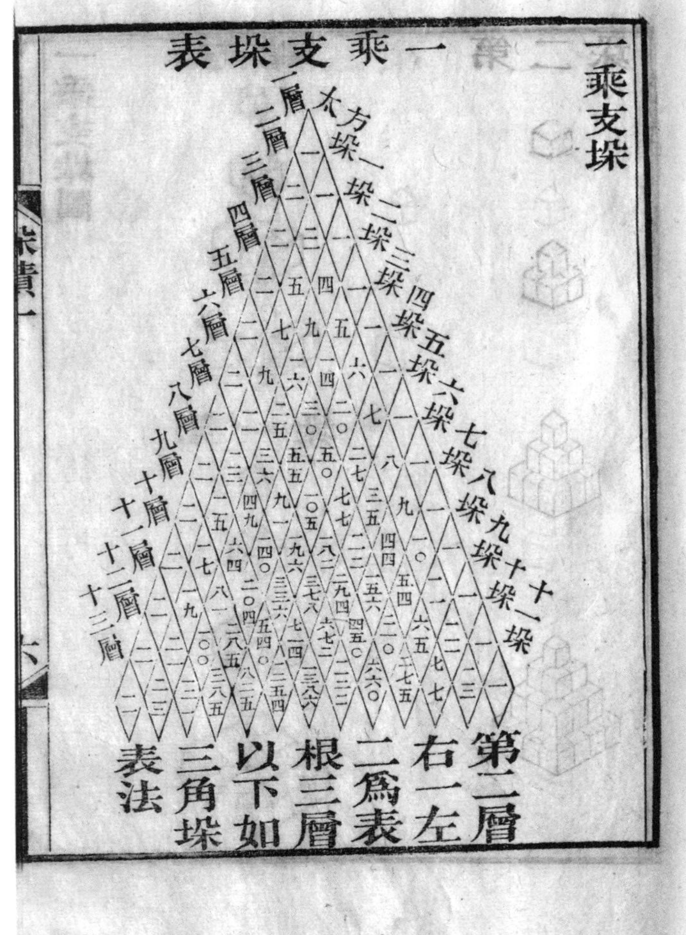

一乘支垛

一乘支垛表

第二層右一左二爲表根，三層以下如三角垛表法。

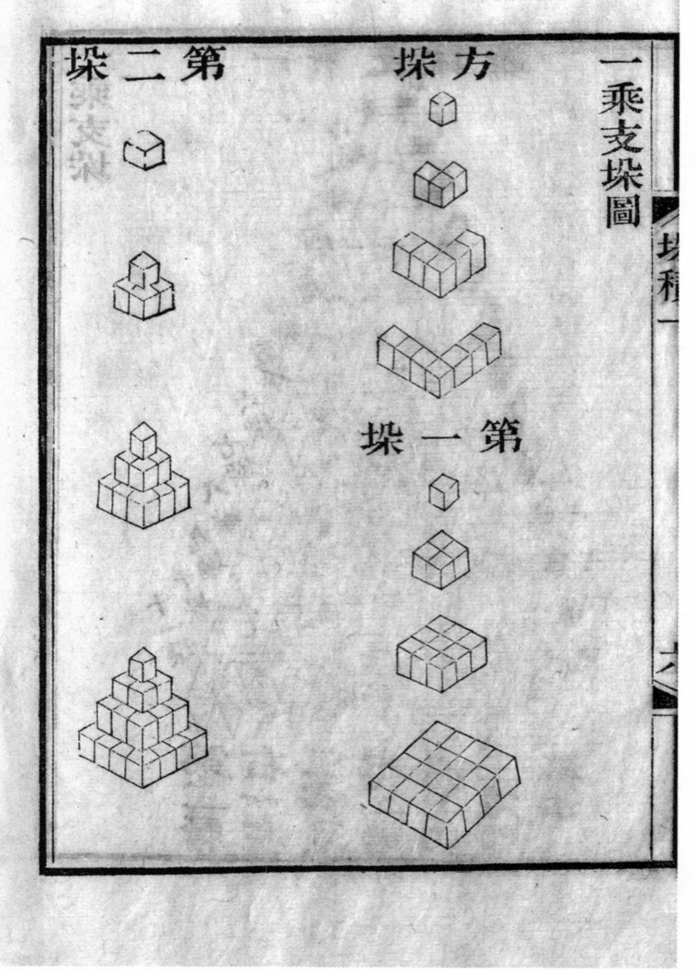

一乘支垛圖

方垛　　　　第一垛　　　　第二垛

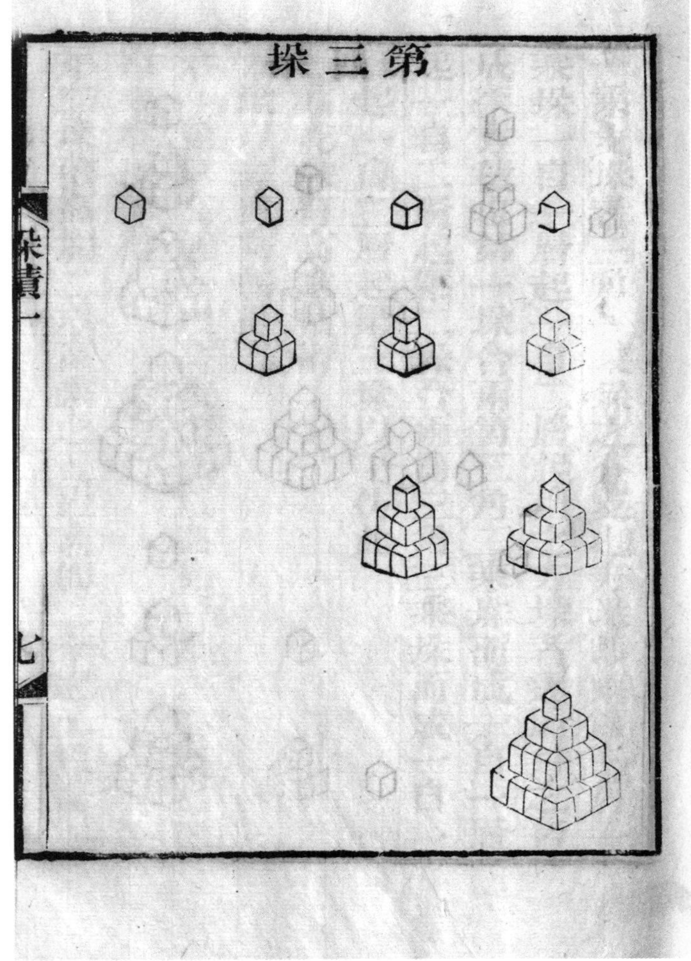

第三垛

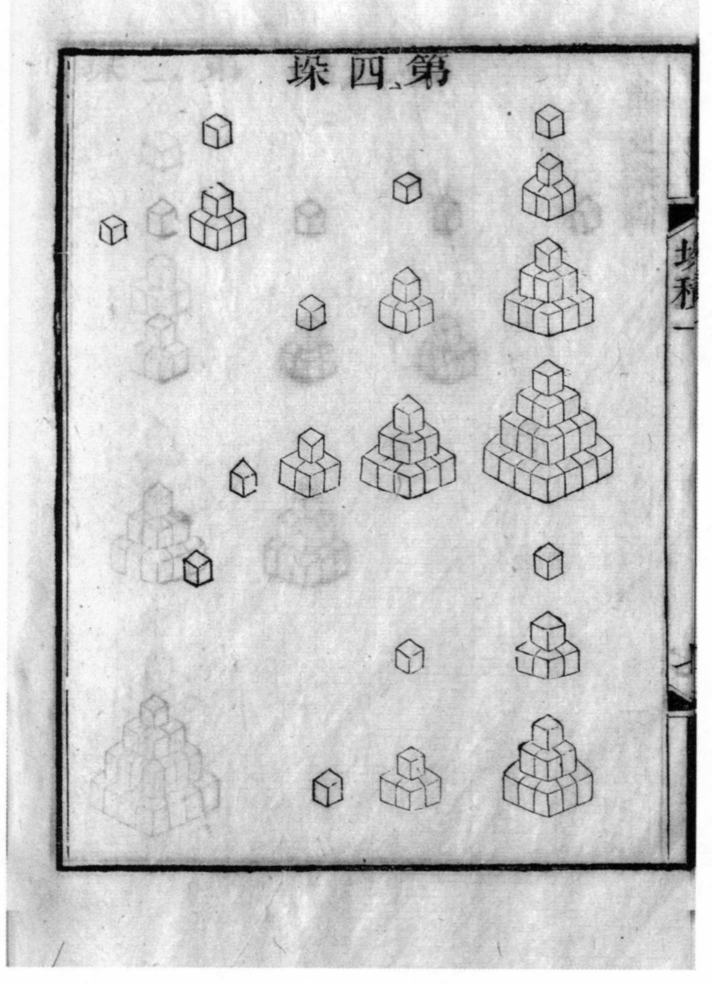

第四垜

一乘支垛者三角一乘垛之分支也方垛卽兩箇三角一乘垛一自一層起一自二層起謂之方垛者逐層幷之皆成平方積也第一垛合兩箇三角二乘垛而成一自一層起一自二層起第二垛合兩箇三角三乘垛而成一自一層起一自二層起第三垛以下仿此

一乘支垛有高求積術

方垛以高自乘卽得

第一垛倍高加一以高乘之又以高加一乘之爲實二三相乘爲法卽得

第二垛倍高加二以高乘之又以高加二乘之又以高加

一乘支垛者，三角一乘垛之分支也。方垛即兩箇三角一乘垛，一自一層起，一自二層起。謂之方垛者，逐層并之，皆成平方積也。第一垛合兩箇三角二乘垛而成，一自一層起，一自二層起。第二垛合兩箇三角三乘垛而成，一自一層起，一自二層起。第三垛以下仿此。

一乘支垛有高求積術

方垛，以高自乘即得。

第一垛，倍高加一，以高乘之，又以高加一乘之爲實，二、三相乘爲法。即得。

第二垛，倍高加二，以高乘之，又以高加二乘之，又以高加

垜積一

一乘之爲實二三四連乘爲法卽得
第三垜倍高加三以高乘之又以高加三乘之又以高加
二乘之又以高加一乘之爲實二三四五連乘爲法卽得
第四垜倍高加四以高乘之又以高加四乘之又以高加
三乘之又以高加二乘之又以高加一乘之爲實二三四
五六連乘爲法卽得
第五垜以上可類推
一乘支垜有積求高術
元垜積爲正實方空一爲負隅開平方卽得
第一垜六倍積爲正實一爲負方三爲負廉二爲負隅開

一乘之爲實，二、三、四連乘爲法，即得。

第三垜，倍高加三，以高乘之，又以高加三乘之，又以高加二乘之，又以高加一乘之爲實，二、三、四、五連乘爲法，即得。

第四垜，倍高加四，以高乘之，又以高加四乘之，又以高加三乘之，又以高加二乘之，又以高加一乘之爲實，二、三、四、五、六連乘爲法，即得。

第五垜以上可類推。

一乘支垜有積求高術

元垜，積爲正實，方空，一爲負，隅開平方即得。

第一垜，六倍積爲正實，一爲負方，三爲負廉，二爲負隅，開二乘方得高。

草曰：立天元一爲高，倍之加一，得[|/||元]。以天元乘之，得[○/|元/||]。又以天元加一乘之，得[○/|元/|||元/||]。合以法除之，不除，寄爲母，便以爲積。寄左。乃以二、三相乘得六爲法，以乘積，得[丅積]，爲同數。與左相消，得[丅積/⊥/卌/卌]，爲開方式。

第二垛，二十四倍積爲正實，四爲負方，十爲負甲廉，八爲負乙廉，二爲負隅，開三乘方得高。

草曰：立天元一爲高，倍之加二，得[||/||元]。以天元乘之，得[○/||元/||]。又以天元加一乘之，得[○/||元/||||/||]。又以天元加二乘之，得[○/||||元/|○/Ⅲ/||]。合以法除之，今寄爲母，便以爲積。寄左。

乃以二、三、四連乘得二十四爲法，以乘積，得‖≡積，爲同數。與左相消，得[‖≡積 / ≣ / 〆〇 / 丌 / 卄]，爲開方式。

第三垛，一百二十倍積爲正實，十八爲負方，四十五爲負甲廉，四十爲負乙廉，十五爲負丙廉，二爲負隅，開四乘方得高。

草曰：立天元一爲高，倍之加三，得[‖ / ‖元]。以天元乘之，得[‖元 / ‖]。又以天元加一乘之，得[‖元 / ≣ / ‖]。又以天元加二乘之，得[⊤元 / |≡ / ≛ / ‖]。又以天元加三乘之，得[|≛元 / ||||≣ / ||||〇 / |≣ / ‖]。合以法除之，寄爲母，便以爲積。寄左。乃以二、三、四、五連乘得一百二十爲法，以乘積，得|=〇積，爲同數。與左相消，得[|=〇積 / 一丌 / ||||≣ / ≣〇 / |≣ / |〆]，

爲開方式。

第四垛，七百二十倍積爲正實，九十六爲負方，二百四十八爲負甲廉，二百四十爲負乙廉，一百十爲負丙廉，二十四爲負丁廉，二負隅，開五乘方得高，

草曰：立天元一爲高，倍之加四，得。以天元乘之，得。又以天元加一乘之，得。又以天元加二乘之，得。又以天元加三乘之，得。又以天元加四乘之，得。合以法除之，寄爲母，便以爲積。寄左。乃以二、三、四、五、六連乘得七百二十爲法，以乘積，得，爲同數。與左相消，得，爲開方式。

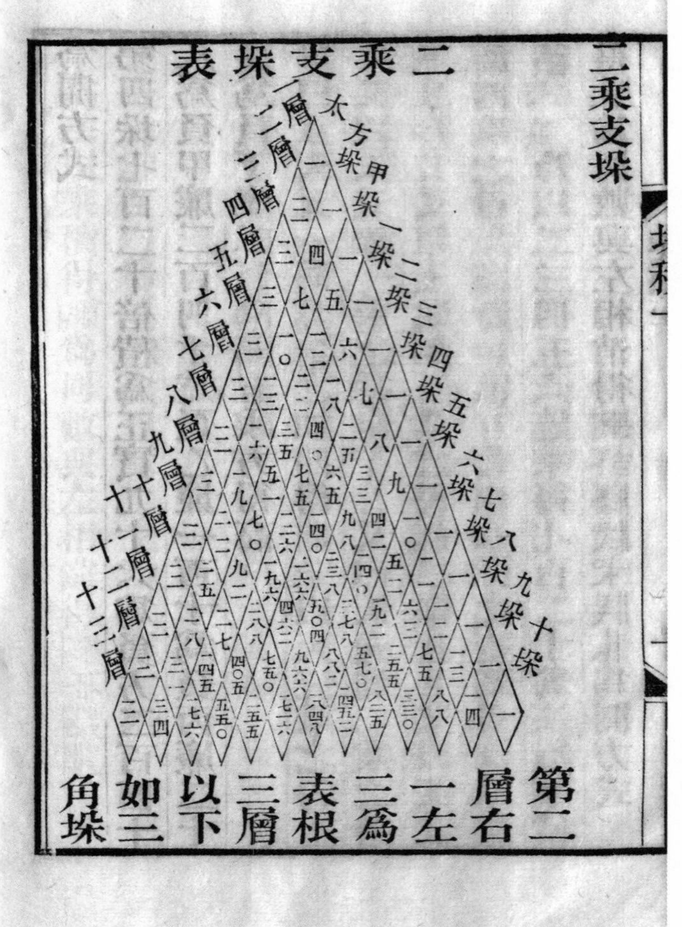

二乘支垛

二乘支垛表

第二層右一左三爲表根，三層以下如三角垛。

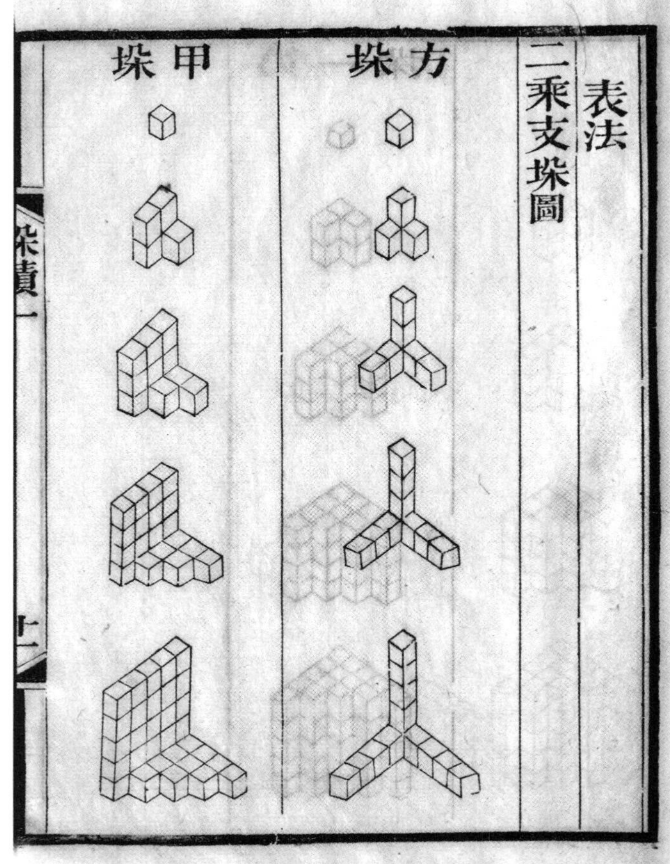

表法

二乘支垜圖

方垜　　甲垜

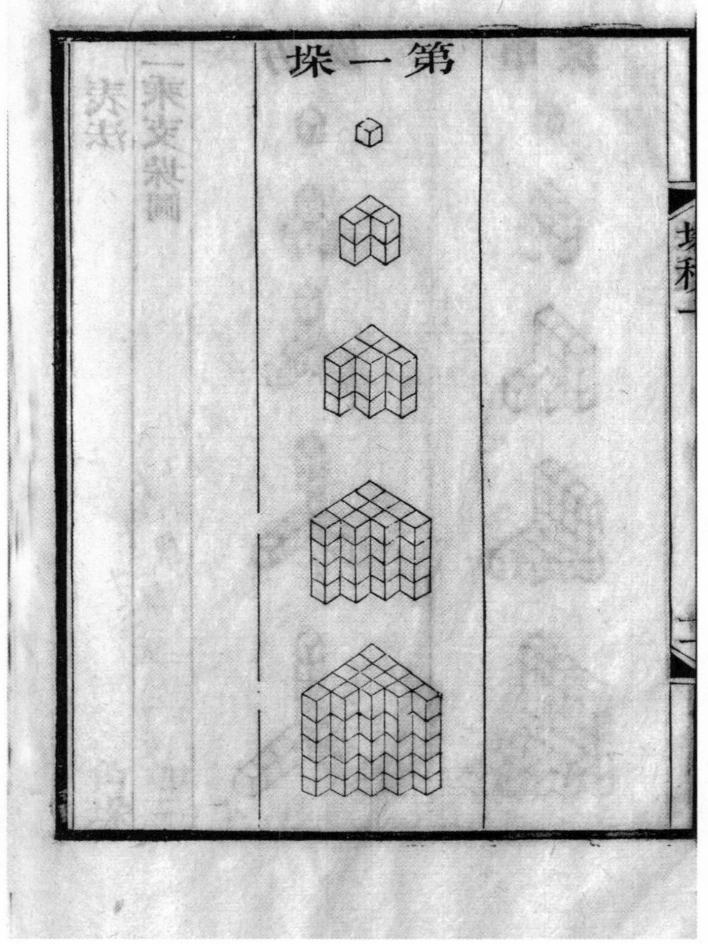

第一垛

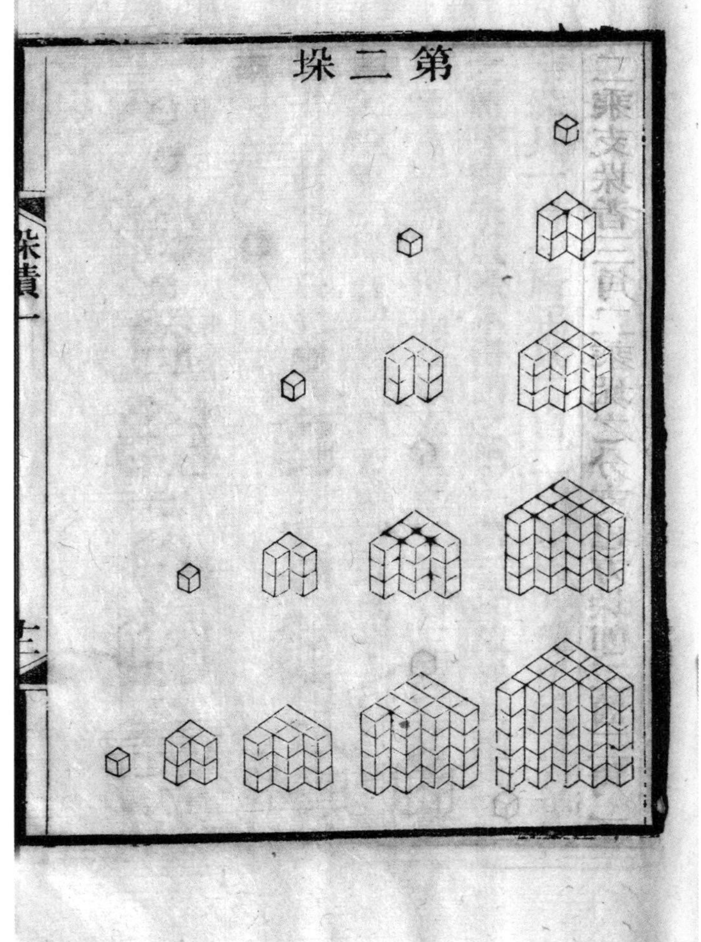

第二垛

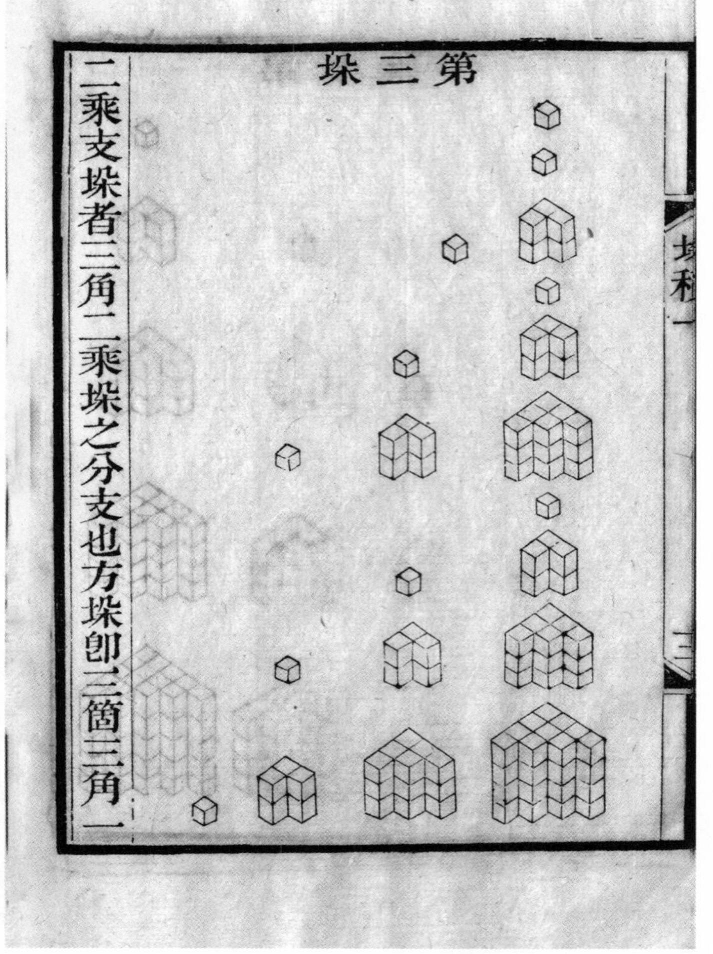

第三垛

二乘支垛者，三角二乘垛之分支也。方垛即三箇三角一乘垛，其一自一層起，其二自二層起。甲垛即三箇三角二乘垛，其一自一層起，其二自二層起。曰方垛、甲垛者，乃垛之萌芽，尚未成垛，不得謂之第一、第二垛，故異其稱也。第一垛合三箇三角三乘垛而成，第二垛合三箇三角四乘垛而成，第三垛合三箇三角五乘垛而成。皆一自一層起，二自二層起，第四垛以下可類推。三乘支垛以下，理俱同。

二乘支垛有高求積術

方垛，三倍高減一，以高乘之爲實，二爲法，得積。

甲垛，三倍高，以高乘之，又以高加一乘之爲實，二、三相乘爲法，得積。

垛積一　三

第一垛三倍高加一以高乘之又以高加一高加二連乘之爲實二三四連乘爲法得積

第二垛三倍高加二以高乘之又以高加一高加二高加三連乘之爲實二三四五連乘爲法得積

第三垛三倍高加三以高乘之又以高加一高加二高加三高加四連乘之爲實二三四五六連乘爲法得積

第四垛以下可類推

二乘支垛有積求高術

方垛倍積爲正實一爲正方三爲負隅開平方得高

草曰立天元一爲高三之減一得丅|||元以天元乘之得○

第一垛，三倍高加一，以高乘之，又以高加一、高加二連乘之爲實，二、三、四連乘爲法，得積。

第二垛，三倍高加二，以高乘之，又以高加一、高加二、高加三連乘之爲實，二、三、四、五連乘爲法，得積。

第三垛，三倍高加三，以高乘之，又以高加一、高加二、高加三、高加四連乘之爲實，二、三、四、五、六連乘爲法，得積。

第四垛以下可類推。

二乘支垛有積求高術

方垛，倍積爲正實，一爲正方，三爲負隅，開平方得高。

草曰：立天元一爲高，三之減一，得丅|||元。以天元乘之，得○丅元|||。

合以二除之，寄爲母，便以爲積。寄左。乃以積二倍之，爲同數，與左相消，得[‖積／丨／𝍣]，爲開方式。

甲垛，六倍積爲正實，方空，三爲負廉，三爲負隅，開立方得高。

草曰：立天元一爲高，三之，得[〇／|||元]。以天元乘之，得[〇／〇元／|||]；又以天元加一乘之，得[〇／〇元／|||／|||]。合以六除之，寄爲母，便以爲積。寄左。乃以積六倍之，爲同數，與左相消，得[𝍥積／〇／𝍣／𝍣]，爲開方式。

第一垛，二十四倍積爲正實，二爲負方，九爲負甲廉，十爲負乙廉，三爲負隅，開三乘方得高。

草曰：立天元一爲高，三之加一，得〔𝍠 / 𝍢元〕。以天元乘之，得〔𝍠元 / 𝍢〕；又以天元加一乘之，得〔𝍠元 / 𝍣 / 𝍢〕；又以天元加二乘之，得〔𝍡元 / 𝍨 / 𝍠〇 / 𝍢〕。合二十四除之，寄爲母，便以爲積。寄左。乃以積二十四倍之，爲同數，與左相消，得〔𝍡𝍬積 / 𝍡 / 𝍨 / 𝍠〇 / 𝍢〕，爲開方式。

第二垛，一百二十倍積爲正實，十二爲負方，四十爲負甲廉，四十五爲負乙廉，二十爲負丙廉，三爲負隅，開四乘方得高。

草曰：立天元一爲高，三之加二，得〔𝍡 / 𝍢元〕。以天元乘之，得〔〇 / 𝍡元 / 𝍢〕；又以天元加一乘之，得〔〇 / 𝍡元 / 𝍤 / 𝍢〕；又以天元加二乘之，得〔〇 / 𝍣元 / 𝍠𝍪 / 𝍠𝍩 / 𝍢〕；又以天元加三乘之，得〔〇 / 𝍠𝍪元 / 𝍬〇 / 𝍣𝍭 / 𝍡〇 / 𝍢〕。

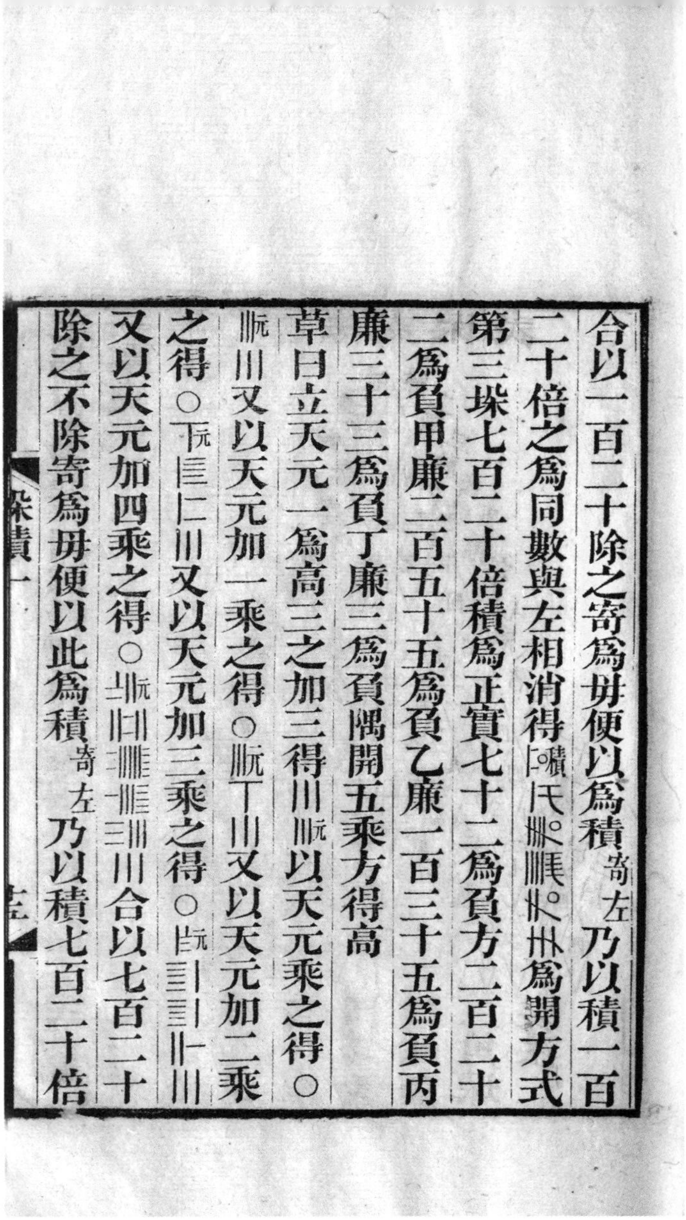

合以一百二十除之，寄爲母，便以爲積。寄左。乃以積一百二十倍之，爲同數，與左相消，得，爲開方式。

第三垛，七百二十倍積爲正實，七十二爲負方，二百二十二爲負甲廉，二百五十五爲負乙廉，一百三十五爲負丙廉，三十三爲負丁廉，三爲負隅，開五乘方得高。

草曰：立天元一爲高，三之加三，得。以天元乘之，得；又以天元加一乘之，得；又以天元加二乘之，得；又以天元加三乘之，得；又以天元加四乘之，得。合以七百二十除之，不除，寄爲母，便以此爲積。寄左。乃以積七百二十倍

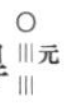

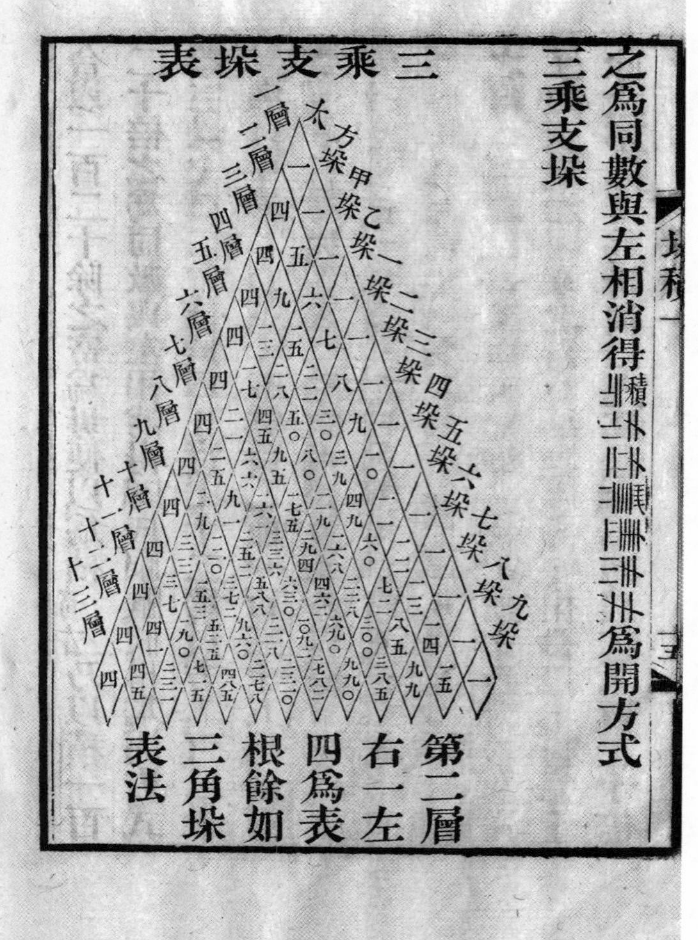

之爲同數，與左相消，得，爲開方式。

三乘支垛

三乘支垛表

第二層右一左四爲表根，餘如三角垛表法。

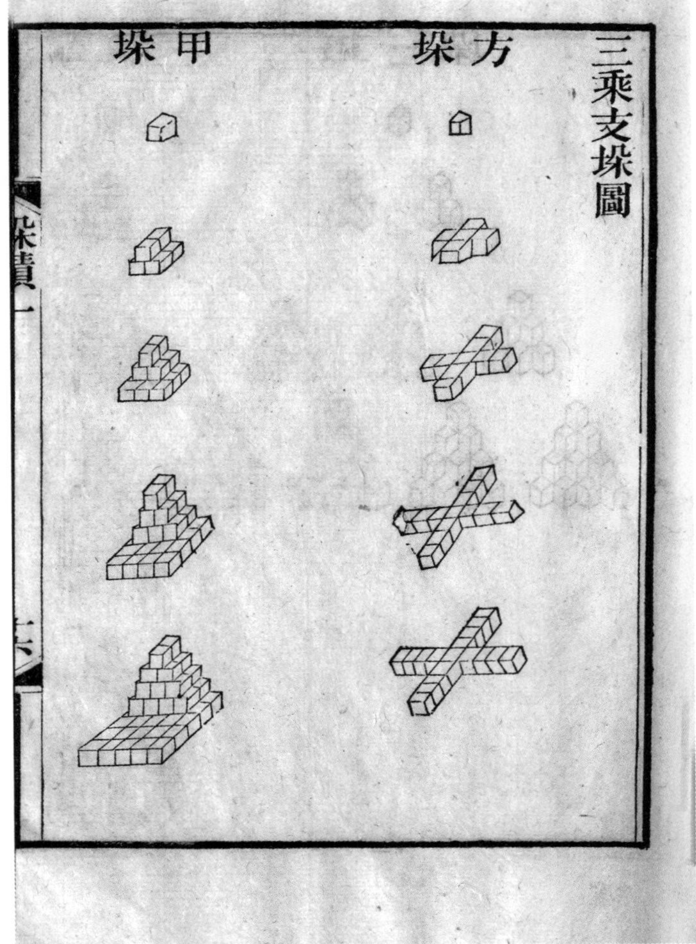

三乘支垛圖
方垛　　甲垛

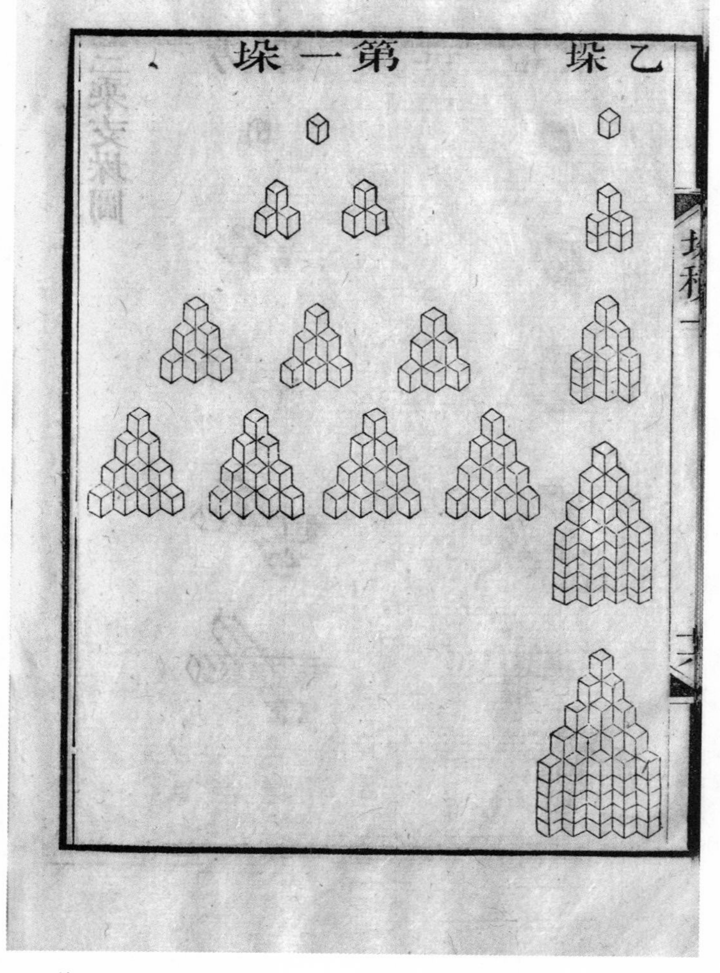

乙垛　　第一垛

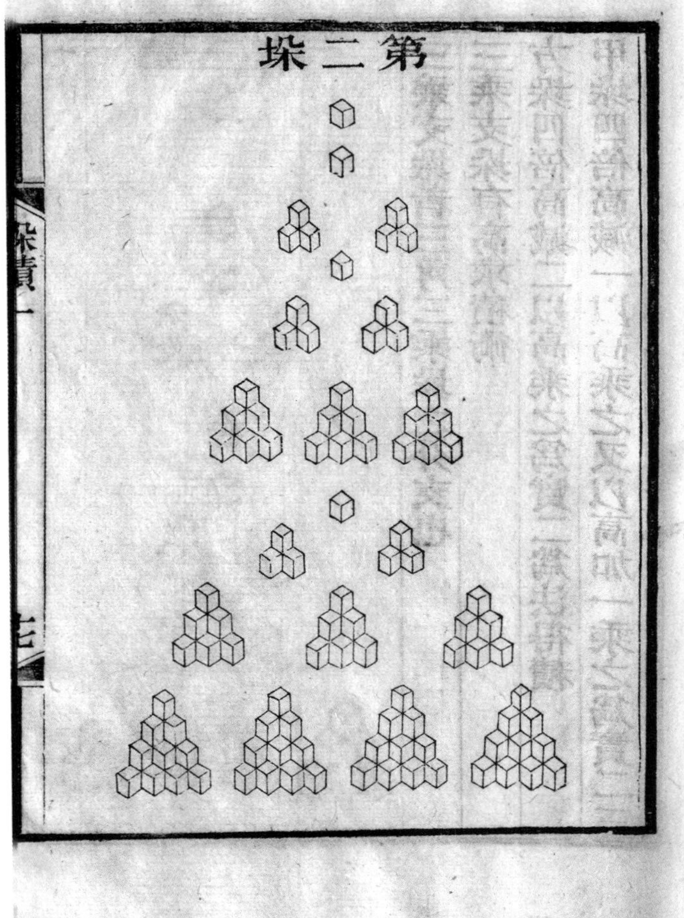

第二垛

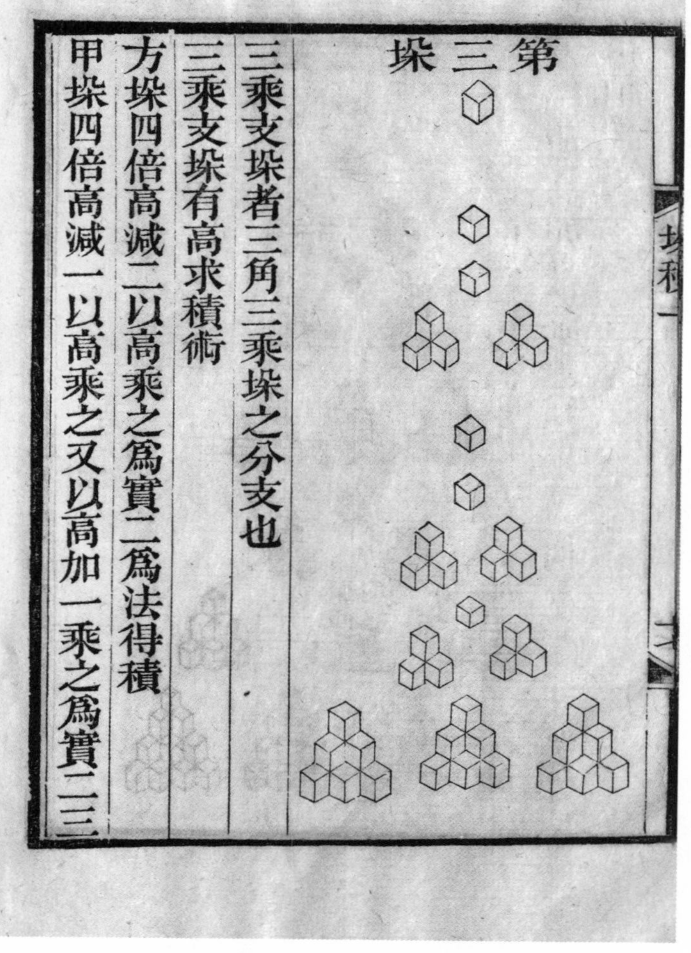

第三垛

三乘支垛者，三角三乘垛之分支也。

三乘支垛有高求積術

方垛，四倍高減二，以高乘之爲實，二爲法，得積。

甲垛，四倍高減一，以高乘之，又以高加一乘之爲實，二、三

相乘爲法得積
乙垛四倍高以高乘之又以高加一乘之又以高加二乘
之爲實二三四連乘爲法得積
第一垛四倍高加一以高乘之又以高加一高加二高加
三疊乘之爲實二三四五連乘爲法得積
第二垛四倍高加二以高乘之又以高加一高加二高加
三高加四疊乘之爲實二三四五六連乘爲法得積
第三垛四倍高加三以高乘之又以高加一高加二高加
三高加四高加五疊乘之爲實二三四五六七連乘爲法
得積

相乘爲法，得積。

乙垛，四倍高，以高乘之，又以高加一乘之，又以高加二乘之爲實，二、三、四連乘爲法，得積。

第一垛，四倍高加一，以高乘之，又以高加一、高加二、高加三疊乘之爲實，二、三、四、五連乘爲法，得積。

第二垛，四倍高加二，以高乘之，又以高加一、高加二、高加三、高加四疊乘之爲實，二、三、四、五、六連乘爲法，得積。

第三垛，四倍高加三，以高乘之，又以高加一、高加二、高加三、高加四、高加五疊乘之爲實，二、三、四、五、六、七連乘爲法，得積。

第四垛以下可類推
三乘支垛有積求高術
方垛二倍積爲正實二爲正方四爲負隅開平方得高
草曰立天元一爲高四之減二得𝍡̸/𝍣元以天元乘之得○/𝍡̸元/𝍣爲二段積寄左乃以積二之得‖積爲同數與左相消得‖積/‖/𝍣̸爲開方式
甲垛六倍積爲正實一爲正方三爲負廉四爲負隅開立方得高
草曰立天元一爲高四之減一得𝍠̸/𝍣元以天元乘之得𝍠̸元/𝍣又以天元加一乘之得𝍠̸元/𝍢/𝍣爲六段積寄左乃以積

第四垛以下可類推。

三乘支垛有積求高術

方垛，二倍積爲正實，二爲正方，四爲負隅，開平方得高。

草曰：立天元一爲高，四之減二，得𝍡̸/𝍣元。以天元乘之，得○/𝍡̸元/𝍣，爲二段積。寄左。乃以積二之，得‖積，爲同數。與左相消，得‖積/‖/𝍣̸，爲開方式。

甲垛，六倍積爲正實，一爲正方，三爲負廉，四爲負隅，開立方得高。

草曰：立天元一爲高，四之減一，得𝍠̸/𝍣元。以天元乘之，得𝍠̸元/𝍣；又以天元加一乘之，得𝍠̸元/𝍢/𝍣，爲六段積。寄左。乃以積六之爲同數，與左相消，得丅積｜𝍫𝍬，爲開方式。

乙垛，二十四倍積爲正實，方空，八爲負甲廉，十二爲負乙廉，四爲負隅，開三乘方得高。

草曰：立天元一爲高，四之得||||元。以天元乘之，得〇元||||；又以天元加一乘之，得〇元||||||||；又以天元加二乘之，得〇元𝍧|〓||||，爲二十四段積。寄左。乃以積二十四之爲同數，與左相消，得||≡積〇𝍮一𝍫𝍬，爲開方式。

第一垛，一百二十倍積爲正實，六爲負方，三十五爲負甲廉，五十爲負乙廉，二十五爲負丙廉，四爲負隅，開四乘方得高。

草曰：立天元一爲高，四之加一，得。以天元乘之，得；又以天元加一乘之，得；又以天元加二乘之，得；又以天元加三乘之，得，爲一百二十段積。寄左。乃以積一百二十之爲同數，與左相消，得，爲開方式。

第二垛，七百二十倍積爲正實，四十八爲負方，一百九十六爲負甲廉，二百七十爲負乙廉，一百六十爲負丙廉，四十二爲負丁廉，四爲負隅，開五乘方得高。

草曰：立天元一爲高，四之加二，得。以天元乘之，得；又以天元加一乘之，得；又以天元加二乘之，得

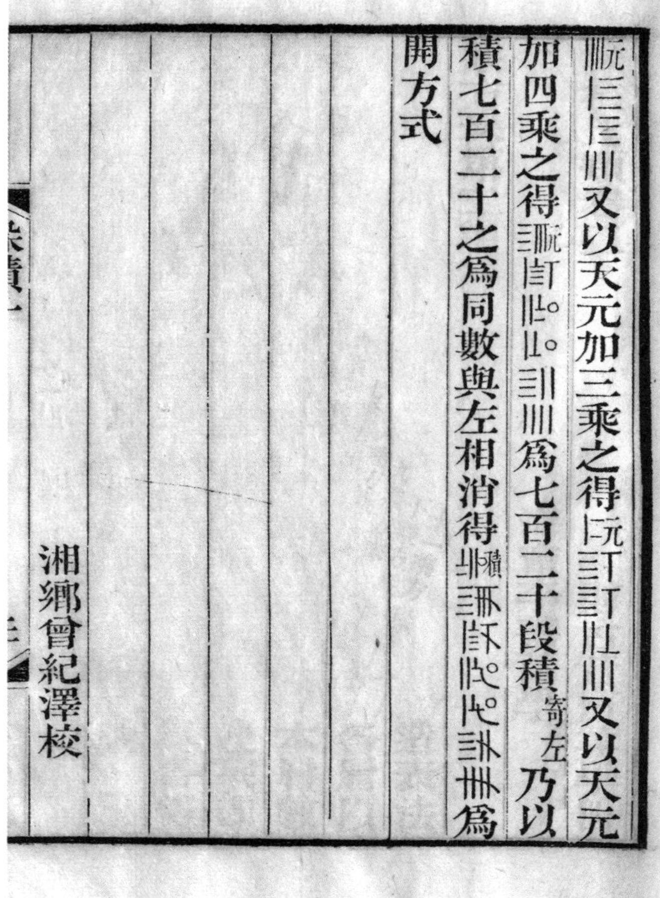

；又以天元加三乘之，得；又以天元加四乘之，得，爲七百二十段積。寄左。乃以積七百二十之爲同數，與左相消，得，爲開方式。

湘鄉曾紀澤校

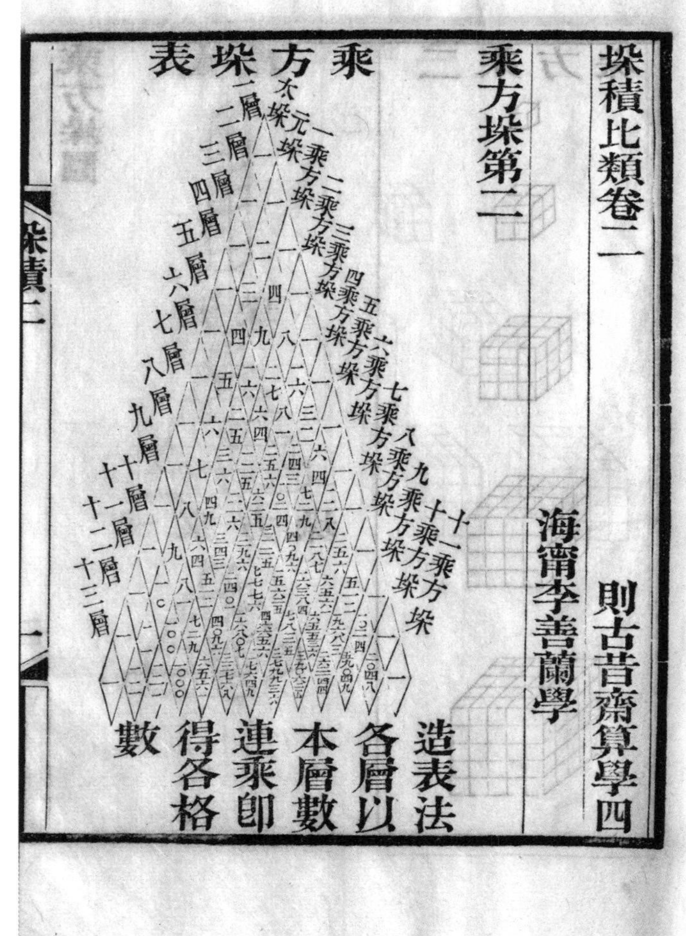

垛積比類卷二

則古昔齋算學四
海寧李善蘭學

乘方垛第二

乘方垛表[1]

造表法：各層以本層數連乘，即得各格數。

1 第 p 斜行前 n 個數的和稱爲 p 乘方垛。如下圖所示。

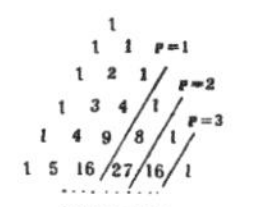

［詳見：李兆華，李善蘭垛積術與尖錐術略論，西北大學學報（自然科學版），1986 年第 4 期：109－125 頁］

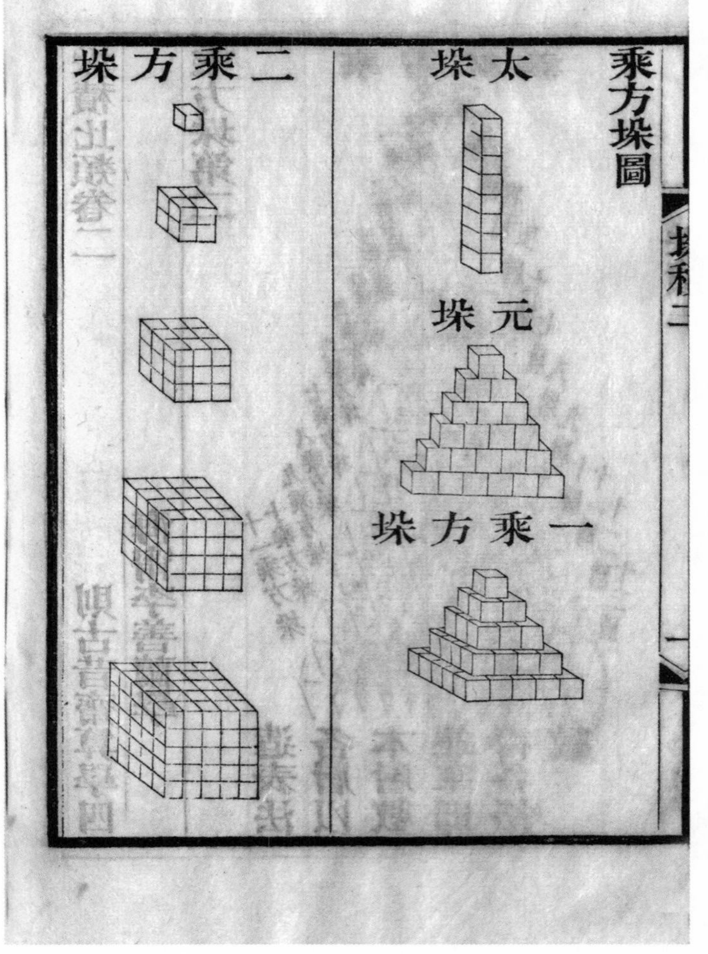

乘方垜圖

太垜　　元垜　　一乘方垜　　二乘方垜

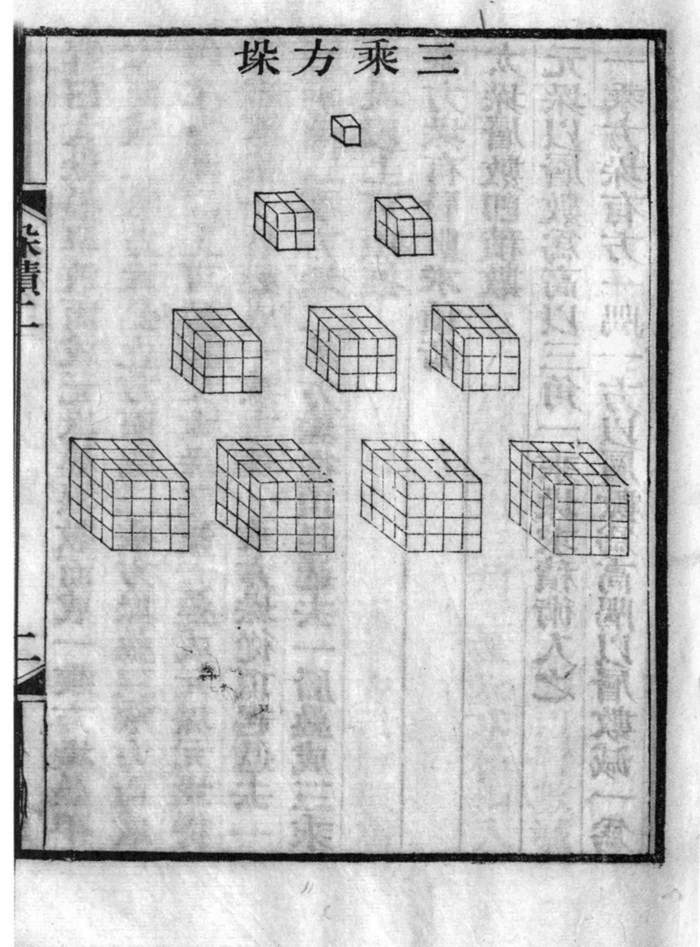

三乘方垛

解曰太垛疊單數而成元垛疊根數而成一乘方垛疊平
方而成二乘方垛疊立方而成三乘方垛疊三乘方而成
四乘方垛以上可類推又太垛遞減一疊成元垛元垛從
頂起遞去一層疊成一乘方垛一乘方垛從頂起遞去一
層疊成二乘方垛二乘方垛從頂起遞去一層疊成三乘
方垛以上可類推
乘方垛有層數求積術
太垛層數即積數
元垛以層數爲高以三角一乘垛求積術入之
一乘方垛有方一隅一方以層數爲高隅以層數減一爲

解曰：太垛疊單數而成，元垛疊根數而成，一乘方垛疊平方而成，二乘方垛疊立方而成，三乘方垛疊三乘方而成，四乘方垛以上可類推。又太垛遞減一疊成元垛，元垛從頂起遞去一層疊成一乘方垛，一乘方垛從頂起遞去一層疊成二乘方垛，二乘方垛從頂起遞去一層疊成三乘方垛，以上可類推。

乘方垛有層數求積術

太垛，層數即積數。

元垛，以層數爲高，以三角一乘垛求積術入之。

一乘方垛，有方一、隅一，方以層數爲高，隅以層數減一爲

高各以三角二乘垜求積術入之
二乘方垜有方一廉四隅一方以層數爲高廉以層數減
一爲高隅以層數減二爲高各以三角三乘垜求積術入
之
三乘坊垜有方一上廉十一下廉十一隅一方以層數爲
高上廉以層數減一爲高下廉以層數減二爲高隅以層
數減三爲高各以三角四乘垜求積術入之
四乘方垜有方一甲廉二十六乙廉六十六丙廉二十六
隅一方以層爲高甲廉以層減一爲高乙廉以層減二爲
高丙廉以層減三爲高隅以層減四爲高各以三角五乘

高，各以三角二乘垜求積術入之。

二乘方垜，有方一、廉四、隅一，方以層數爲高，廉以層數減一爲高，隅以層數減二爲高，各以三角三乘垜求積術入之。

三乘坊（方）垜，有方一、上廉十一、下廉十一、隅一，方以層數爲高，上廉以層數減一爲高，下廉以層數減二爲高，隅以層數減三爲高，各以三角四乘垜求積術入之。

四乘方垜，有方一、甲廉二十六、乙廉六十六、丙廉二十六、隅一，方以層爲高，甲廉以層減一爲高，乙廉以層減二爲高，丙廉以層減三爲高，隅以層減四爲高，各以三角五乘

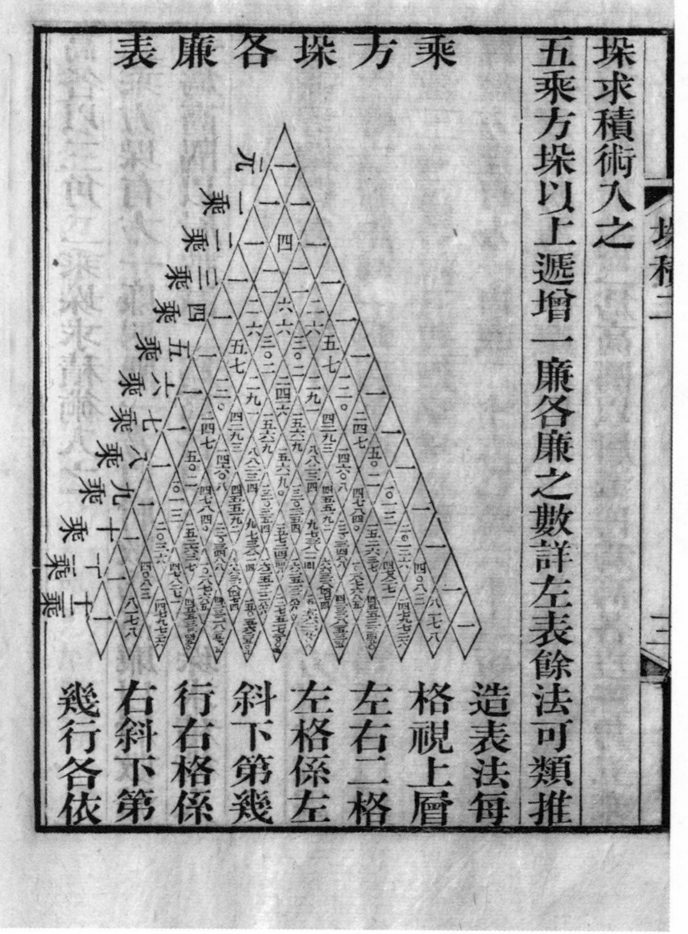

垛求積術入之。

五乘方垛以上遞增一廉，各廉之數詳左表，餘法可類推。

乘方垛各廉表

造表法：每格視上層左右二格，左格係左斜下第幾行，右格係右斜下第幾行，各依行數倍之相并，即本格數。

乘方垛有積求層數術

元垛，即三角一乘垛，術詳卷一。

一乘方垛，六倍積爲正實，一爲負方，三爲負廉，二爲負隅，開立方得層。

草曰：立天元一爲層數，以天元加一，得 |太 | [1]。以乘天元，得 〇太 | |，于上。副置天元，一加二得 ‖ |元 元，一減一得 ⊥ |元，相并得 |太 ‖。以乘上，得 〇太 | ‖| ‖，爲六段積。寄左。乃以積六之，得 ⊤積，爲同數，與左相消，得 ⊤積 ⊥ ≢ ≢，爲開方式。

二乘方垛，二十四倍積爲正實，方空，六爲負上廉，十二爲

1 “太”前邊的數字表示常數項，其後依次爲一次項係數、二次項係數……。

負下廉六爲負隅開三乘方得層
草曰立天元一爲層數加一得〡元〡以乘天元得〡元〡于
上副置天元一加二得〢元〡一加三得〣元〡相乘得丅〣元〡
爲甲數又副置天元其一加二得〢元〡其一減一得〡̸元〡
兩相乘得〢̸〡元〡四倍之得〨̸〣元〣爲乙數又副置天
元一減二得〢̸元〡一減一得〡̸元〡兩相乘得〢〣̸元〡爲丙
數并甲乙丙三數得〇丅元丅以乘上得〇〇元丅〡〢丅爲二
十四段積寄左乃置積二十四之得〢〣積爲同數與左相消
得〢〣積〇丅̸〡〢̸丅̸爲開方式
三乘方垛一百二十倍積爲正實四爲正方甲廉空四十

負下廉，六爲負隅，開三乘方得層。

草曰：立天元一爲層數，加一得〡元〡，以乘天元得〡元〡，于上。副置天元，一加二得〢元〡，一加三得〣元〡，相乘得丅〣元〡，爲甲數。又副置天元，其一加二得〢元〡，其一減一得〡̸元〡，兩相乘得〢̸〡元〡，四倍之得〨̸〣元〣，爲乙數。又副置天元，一減二得〢̸元〡，一減一得〡̸元〡，兩相乘得〢〣̸元〡，爲丙數。并甲乙丙三數，得〇丅元丅。以乘上，得〇〇元丅〡〢丅，爲二十四段積。寄左。乃置積二十四之，得〢〣積爲同數，與左相消，得〢〣積〇丅̸〡〢̸丅̸，爲開方式。

三乘方垛，一百二十倍積爲正實，四爲正方，甲廉空，四十爲負乙廉，六十爲負丙廉，二十四爲負隅，開四乘方得層。

草曰：立天元一爲層數，加一得，以天元乘之，得，于上。副置天元，一加二得，一加三得，相乘得。副置之，一以天元加四乘之，得，爲甲數；一以天元減一乘之，得，十一之得，爲乙數。又副置天元，一減一得，一減二得，相乘得。副置之，一以天元加二乘之，得，十一之得，爲丙數；一以天元減三乘之，得，爲丁數。并四數，得。以乘上，得，爲一百二十段積。寄左。乃置積，以一百二十乘之，得，爲同數，與左相消，得[illegible]，爲開方式。

四乘方垛，七百二十倍積爲正實，方空，六十爲正甲廉，乙廉空，三百爲負丙廉，三百六十爲負丁廉，一百二十爲負隅，開五乘方得層。

草曰：立天元一爲層數，加一得[illegible]，以天元乘之，得[illegible]，于上。副置天元，一加二得[illegible]，一加三得[illegible]，相乘得[illegible]，爲初數。又副置天元，一減一得[illegible]，一減二得[illegible]，相乘得[illegible]，爲末數。副置初數，以天元加四乘之，得[illegible]。副置之，一以天元加五乘之，得[illegible]，爲甲數；一以天元減一乘之，得[illegible]，二十六之得[illegible]，爲乙數。以初末二數相乘得，六十六之得，爲丙數。又置末數，以天元減三乘之，得。副置之，一以天元加二乘之，得，二十六之得，爲丁數；一以天元減四乘之，得，爲戊數。并甲、乙、丙、丁、戊五數，得，以乘上，得，爲七百二十段共積。寄左。乃置積七百二十之，得爲同數，與左相消，得，爲開方式。

五乘方垛，五千〇四十倍積爲正實，一百二十爲負方，甲廉空，八百四十爲正乙廉，丙廉空，二千五百二十爲負丁

廉二千五百二十爲負戊廉七百二十爲負隅開六乘方得層

草曰立天元一爲層數加一得[籌式]以天元乘之得[籌式]于上副置天元一加二得[籌式]一加三得[籌式]相乘得[籌式]爲初數以天元加四得[籌式]以乘初數得[籌式]爲中數以天元加五得[籌式]以乘中數得[籌式]爲末數以天元加六得[籌式]以乘末數得[籌式]爲甲數以天元減一得[籌式]以乘末數得[籌式]爲乙數置初數以天元減一乘之得[籌式]爲二中數以天元減二得[籌式]以乘二中數得[籌式]爲二末數

廉，二千五百二十爲負戊廉，七百二十爲負隅，開六乘方得層。

草曰：立天元一爲層數，加一得[籌式]，以天元乘之得[籌式]，于上。副置天元，一加二得[籌式]，一加三得[籌式]，相乘得[籌式]，爲初數。以天元加四得[籌式]，以乘初數得[籌式]，爲中數。以天元加五得[籌式]，以乘中數得[籌式]，爲末數。以天元加六得[籌式]，以乘末數得[籌式]，爲甲數。以天元減一得[籌式]，以乘末數得[籌式]，爲乙數。置初數，以天元減一乘之得[籌式]，爲二中數。以天元減二得[籌式]，以乘二中數，得[籌式]，爲二末數。

以天元加四乘之得為丙數以天元減三得以乘二末數得為丁數又副置天元一減一一減二相乘得又以天元減三乘之得為三中數以天元減四得以乘三中數得為三末數以天元加二乘之得為戊數又以天元減五得以乘三末數得為己數并乙戊二數得以五十七乘之得為前數并丙丁二數得以三百〇二乘之得為後數并前後二數又加入甲己二數得以乘上得〇

垛積二　七

以天元加四乘之得，爲丙數。以天元減三得，以乘二末數得，爲丁數。又副置天元，一減一，一減二，相乘得。又以天元減三乘之得，爲三中數。以天元減四得，以乘三中數得，爲三末數。以天元加二乘之得，爲戊數。又以天元減五得，以乘三末數得，爲己數。并乙、戊二數得，以五十七乘之得，爲前數。并丙、丁二數得，以三百〇二乘之得，爲後數。并前、後二數，又加入甲、己二數，得。以乘上得

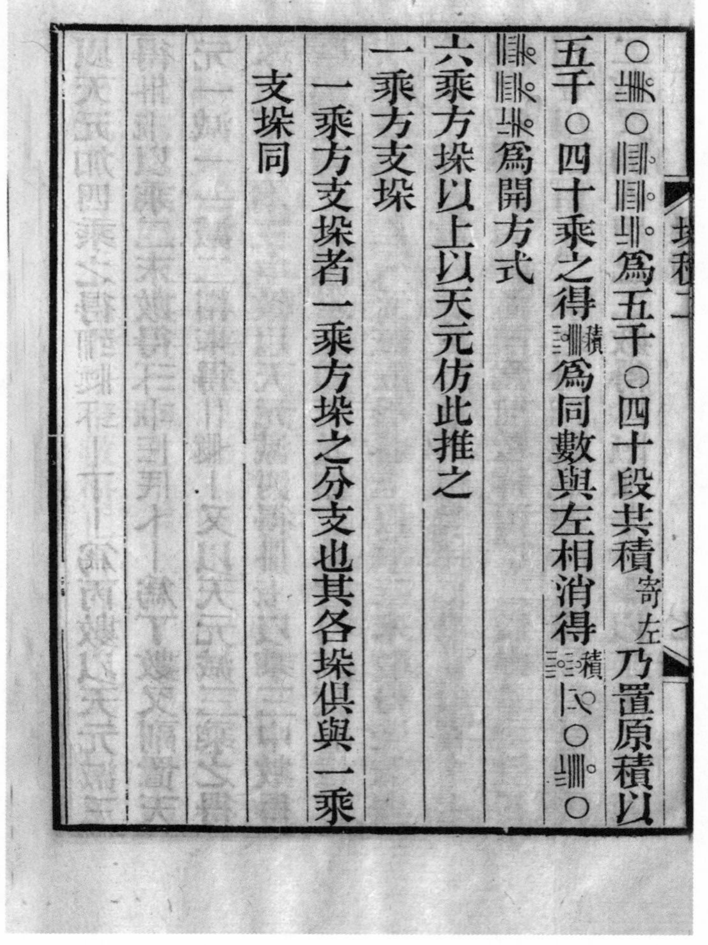

〇
𝍠𝍪〇元
〇
𝍰𝍣̸〇
〇
𝍡𝍭𝍡〇
𝍡𝍭𝍡〇
𝍮𝍡〇，爲五千〇四十段共積。寄左。乃置原積，以五千〇四十乘之得𝍭〇𝍣〇積爲同數，與左相消，得𝍭〇𝍬〇積
𝍠𝍪̸〇
〇
𝍰𝍣〇
〇
𝍡𝍭𝍡̸〇
𝍡𝍭𝍡̸〇
𝍮𝍡̸〇，爲開方式。

六乘方垛以上，以天元仿此推之。

一乘方支垛

一乘方支垛者，一乘方垛之分支也。其各垛俱與一乘支垛同。

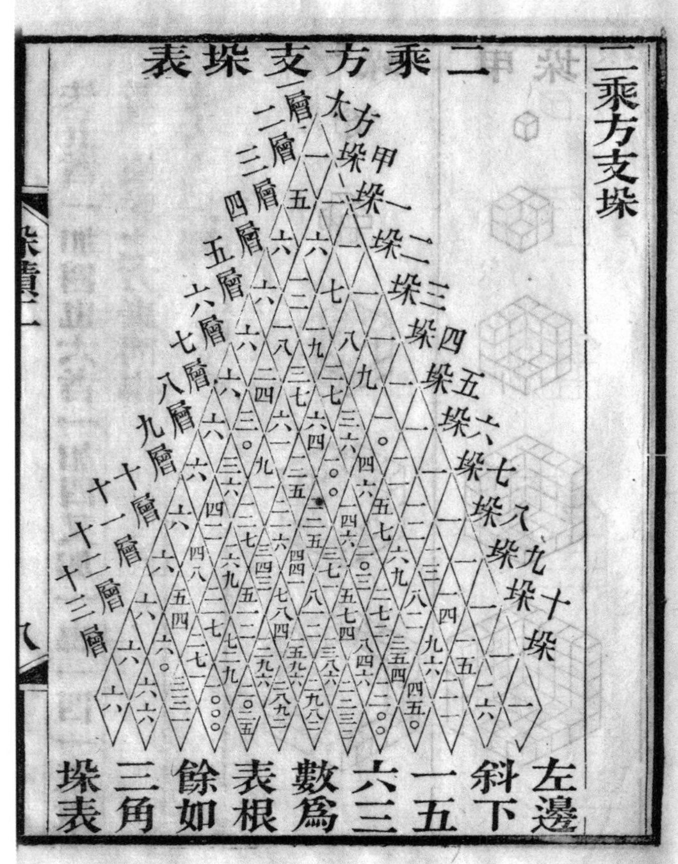

二乘方支垜

二乘方支垜表

左邊斜下一、五、六三數爲表根，餘如三角垜表。

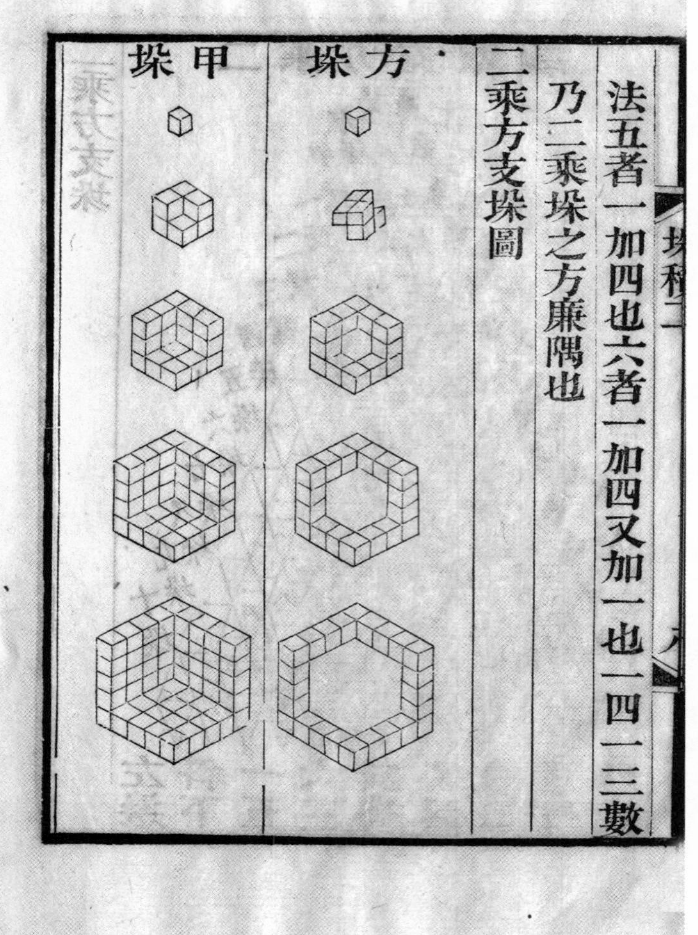

法：五者一加四也，六者一加四又加一也。一、四、一、三數乃二乘垛之方廉隅也。

二乘方支垛圖

方垛　　甲垛

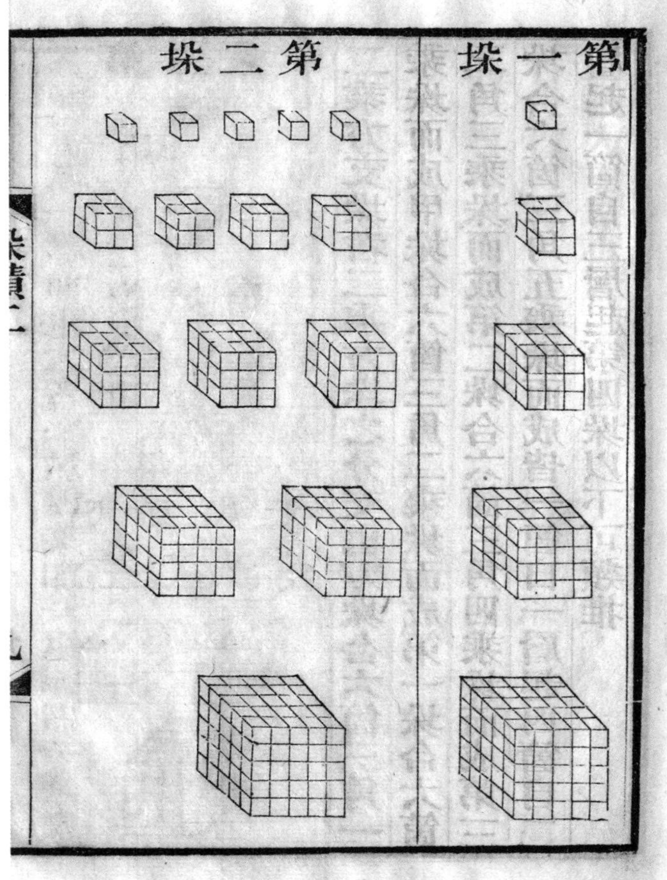

第一垛　　第二垛

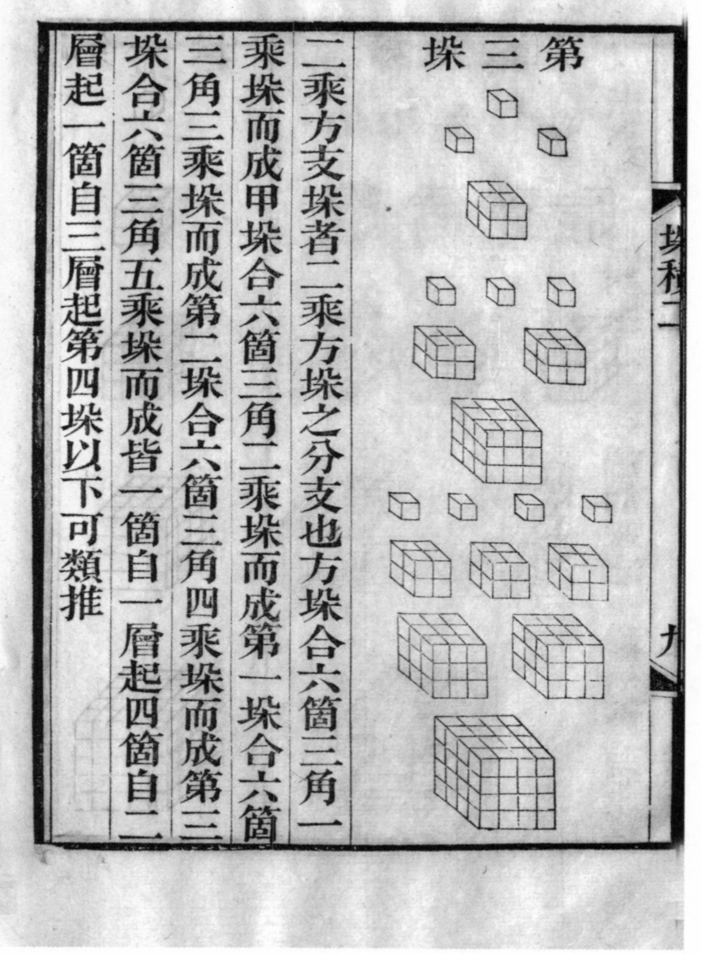

第三垜

二乘方支垜者二乘方垜之分支也方垜合六箇三角一乘垜而成甲垜合六箇三角二乘垜而成第一垜合六箇三角三乘垜而成第二垜合六箇三角四乘垜而成第三垜合六箇三角五乘垜而成皆一箇自一層起四箇自二層起一箇自三層起第四垜以下可類推

第三垜

二乘方支垜者，二乘方垜之分支也。方垜合六箇三角一乘垜而成，甲垜合六箇三角二乘垜而成，第一垜合六箇三角三乘垜而成，第二垜合六箇三角四乘垜而成，第三垜合六箇三角五乘垜而成。皆一箇自一層起，四箇自二層起，一箇自三層起。第四垜以下可類推。

二乘方支垛有層求積術

各垛皆有方一、廉四、隅一。方以層爲高，廉以層減一爲高，隅以層減二爲高。

方垛方、廉、隅俱以三角一乘垛術入之。

又法：層減一，以層乘之，三之加一得積。

甲垛方、廉、隅俱以三角二乘垛術入之。

又法：層自乘三之，以層乘之爲實，三爲法，得積。甲垛即立方，層自乘二次即得積。今三之復三爲法者，欲與諸垛通爲一例也。

第一垛方、廉、隅俱以三角三乘垛術入之。

又法：層加一，以層乘之，三之，以層乘之，又以層加一乘之

爲實十二爲法得積
第二垛方廉隅俱以三角四乘垛術入之
又法層加二以層乘之三之加一以層乘之又以層加一
層加二疊乘之爲實六十爲法得積
第三垛方廉隅俱以三角五乘垛術入之
又法層加三以層乘之三之加三以層乘之又以層加一
層加二層加三疊乘之爲實三百六十爲法得積
第四垛方廉隅俱以三角六乘垛術入之
又法層加四以層乘之三之加六以層乘之又以層加一
層加二層加三層加四疊乘之爲實二千五百二十爲法

爲實，十二爲法，得積。

第二垛方、廉、隅俱以三角四乘垛術入之。

又法：層加二，以層乘之，三之加一，以層乘之，又以層加一、層加二疊乘之爲實，六十爲法，得積。

第三垛方、廉、隅俱以三角五乘垛術入之。

又法：層加三，以層乘之，三之加三，以層乘之，又以層加一、層加二、層加三疊乘之爲實，三百六十爲法，得積。

第四垛方、廉、隅俱以三角六乘垛術入之。

又法：層加四，以層乘之，三之加六，以層乘之，又以層加一、層加二、層加三、層加四疊乘之爲實，二千五百二十爲法，得積。

第五垛方、廉、隅俱以三角七乘垛術入之。

又法：層加五，以層乘之，三之加十，以層乘之，又以層加一、層加二、層加三、層加四、層加五疊乘之爲實，二萬〇一百六十爲法，得積。

第六垛以下可類推。

二乘方支垛有積求層術

方垛，倍積減二爲正實，六爲正方，六爲負隅，開平方得層。

草曰：立天元一爲層，加一得丨丨元，以天元乘之得丨元丨，爲首數。又以一減天元得丅丨元，以天元乘之，又四之得𝍨元𝍣，爲中數。又副置天元，一減一得（𝍠̸／𝍠元），一減二得（𝍡̸／𝍠元），相乘得（𝍡／𝍢̸元／𝍠），爲末數。并首、中、末三數，得（𝍡／𝍥̸元／𝍥）。合以法除之，寄爲母，便以爲積。寄左。乃置積，以法二乘之，得（𝍡積）爲同數。與左相消，得（𝍡積𝍡̸／𝍥／𝍥̸），爲開方式。

又法：積減一爲正實，三爲正方，三爲負隅，開平方得層。

又草曰：立天元一爲層，減一得（𝍠̸／𝍠元），以天元乘而三之得（𝍢̸元／𝍢），加一得（𝍠／𝍢̸元／𝍢）爲積。寄左。乃以積爲同數，與左相消，得（積𝍠̸／𝍢／𝍢̸），爲開方式。

甲垛，六倍積爲正實，方空，廉空，六爲負隅，開立方得層。

草曰：立天元一爲層，加二得（𝍡／𝍠元），以乘前草首數，得（𝍡元／𝍢／𝍠），仍爲首數。又以天元加一得(𝍠元/𝍠)，以乘前草中數，得(𝍧元/〇/𝍣)，仍爲中數。又以天元乘前草末數，得(𝍡元/𝍬/𝍠)，仍爲末數。并三數，得(〇元/〇/𝍥)。合以法除，寄爲母，便以爲積。寄左。乃以二、三相乘爲法，以乘積得𝍥積爲同數。與左相消，得(𝍥積/〇/〇/𝍯)，爲開方式。此式本當以六約之，不約者，便與諸垜通爲一例也。

又法：三倍積爲正實，方空，廉空，三爲負隅，開立方得層。

又草曰：立天元一爲層，以天元乘之得(〇元/𝍠)，三之得(〇元/𝍢)，以天元乘之得(〇元/〇/𝍢)。合以法除之，寄爲母，便以爲積。寄左。乃以法三乘積爲同數，與左相消，得(𝍢積/〇/〇/𝍬)，爲開方式。

第一垛二十四倍積爲正實方空六爲負甲廉十二爲負乙廉六爲負隅開三乘方得層
草曰立天元一爲層加三以乘前草首數得[illegible]仍爲首數又以天元加二以乘前草中數得[illegible]仍爲中數又以天元加一以乘前草末數得[illegible]仍爲末數并三數得[illegible]爲帶母積寄左乃以二三四連乘得二十四爲母以乘積得[illegible]爲同數與左相消得[illegible]爲開方式
又法十二倍積爲正實方空三爲負甲廉六爲負乙廉三爲負隅開三乘方得層

第一垛。二十四倍積爲正實，方空，六爲負甲廉，十二爲負乙廉，六爲負隅，開三乘方得層。

草曰：立天元一爲層，加三以乘前草首數，得（丅元 丨一 丅 丨），仍爲首數。又以天元加二，以乘前草中數，得（[illegible]元 [illegible] 𝍢 𝍣），仍爲中數。又以天元加一，以乘前草末數，得（‖元 [illegible] [illegible] 丨），仍爲末數。并三數，得（〇元 丅 丨= 丅），爲帶母積。寄左。乃以二、三、四連乘得二十四爲母，以乘積，得（‖≡積）爲同數，與左相消，得（‖≡積 〇 [illegible] ‖[illegible] [illegible]），爲開方式。

又法：十二倍積爲正實，方空，三爲負甲廉，六爲負乙廉，三爲負隅，開三乘方得層。

又草曰：立天元一爲層，加一得，以天元乘之得，三之得，以天元乘之得，又以天元加一乘之得，爲帶母積。寄左。

乃以三四相乘得十二爲母，以乘積得，爲同數，與左相消，得，爲開方式。

第二垛，一百二十倍積爲正實，四爲負方，三十爲負甲廉，五十爲負乙廉，三十爲負丙廉，六爲負隅，開四乘方得層。

草曰：立天元一爲層，加四得，以乘前草首數得，仍爲首數。又以天元加三得，以乘前草中數得，仍爲中數。又以天元加二得，以乘前草末數得，仍爲末數。并三數得，爲帶母積。寄左。乃以二、三、四、五連乘，得一百二十爲母，以乘積得　爲同數，與左相消得　，爲開方式。

又法：六十倍積爲正實，二爲負方，十五爲負甲廉，二十五爲負乙廉，十五爲負丙廉，三爲負隅，開四乘方得層。

又草曰：立天元一爲層，加二得　，以天元乘之得　，三之得　，加一得　，以天元乘之得　，又以天元加一乘之得　，又以天元加二乘之得　，爲帶母積。寄左。乃以三、四、五連乘，得六十爲母，以乘積得　爲同數，與左相消得　，爲開方式。

第三垜，七百二十倍積爲正實，三十六爲負方，一百七十四爲負甲廉，二百七十爲負乙廉，一百八十爲負丙廉，五十四爲負丁廉，六爲負隅，開五乘方得層。

草曰：立天元一爲層，加五得，以乘前草首數得仍爲首數。以天元加四得，以乘前草中數得，仍爲中數。以天元加三得，以乘前草末數得，仍爲末數。并三數得，爲帶母積。寄左。乃以二、三、四、五、六連乘，得七百二十爲母，以乘積得爲同數，與左相消得，爲開方式。

又法：三百六十爲正實，十八爲負方，八十七爲負甲廉，一百三十五爲負乙廉，九十爲負丙廉，二十七爲負丁廉，三爲負隅，開五乘方得層。

又草曰：立天元一爲層，加三得〣／〡元，以天元乘之得〣元／〡，三之得𝍨元／〣，加三得〣／𝍨元／〣，以天元乘之得〣元／𝍨／〣，又以天元加一乘之得〣元／〡＝／〡＝／〣，又以天元加二乘之得⊤元／〢⊥／〣⊥／〡≐／〣，又以天元加三乘之得〡≐元／≐⊓／〡三𝍨／𝍨〇／〢⊥／〣，爲帶母積。寄左。乃以三、四、五、六連乘，得三百六十爲母，以乘積得〣⊥〇積爲同數。與左相消，得〣⊥〇積／〡≒／≐⊼／〡三𝍨／≐〇／〢≒／≢爲開方式。

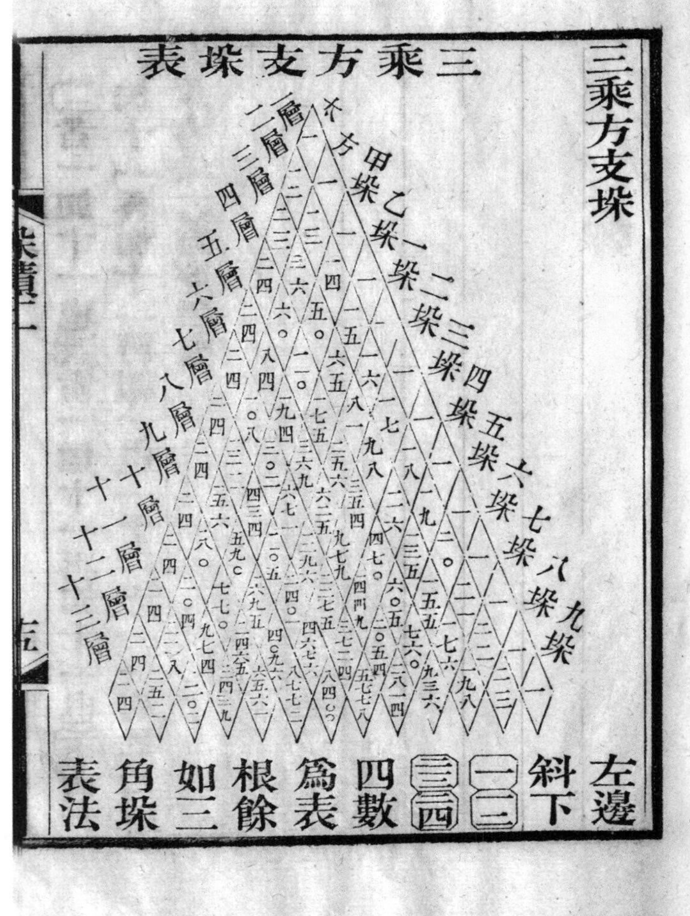

三乘方支垜

三乘方支垜表

左邊斜下[一]、[一二]、[二三]、[二四]四數爲表根，餘如三角垜表法。

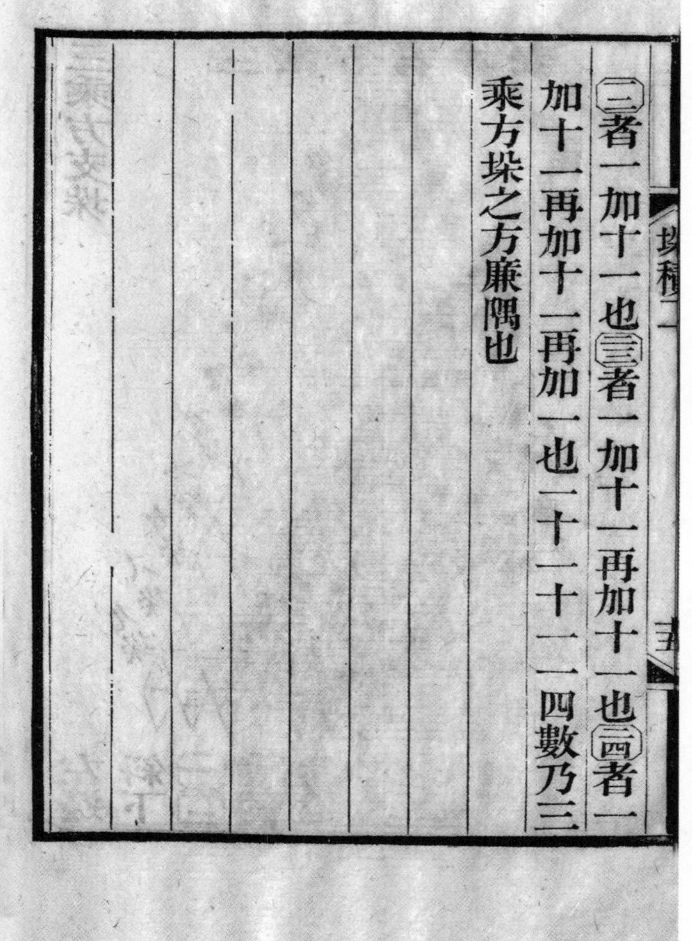
[一二]者一加十一也[二三]者一加十一再加十一也[二四]者一加十一再加十一再加一也一十一十一一四數乃三乘方垛之方廉隅也

垛積二　五

[一二]者，一加十一也。[二三]者，一加十一再加十一也。[二四]者，一加十一再加十一再加一也。一、十一、十一、一四數，乃三乘方垛之方、廉、隅也。

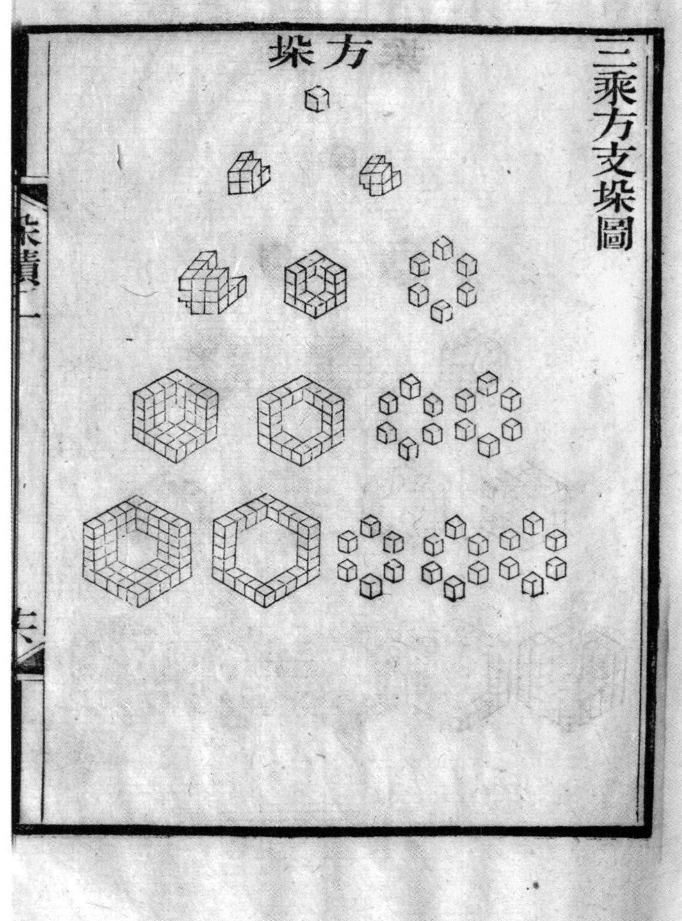

三乘方支垛圖
方垛

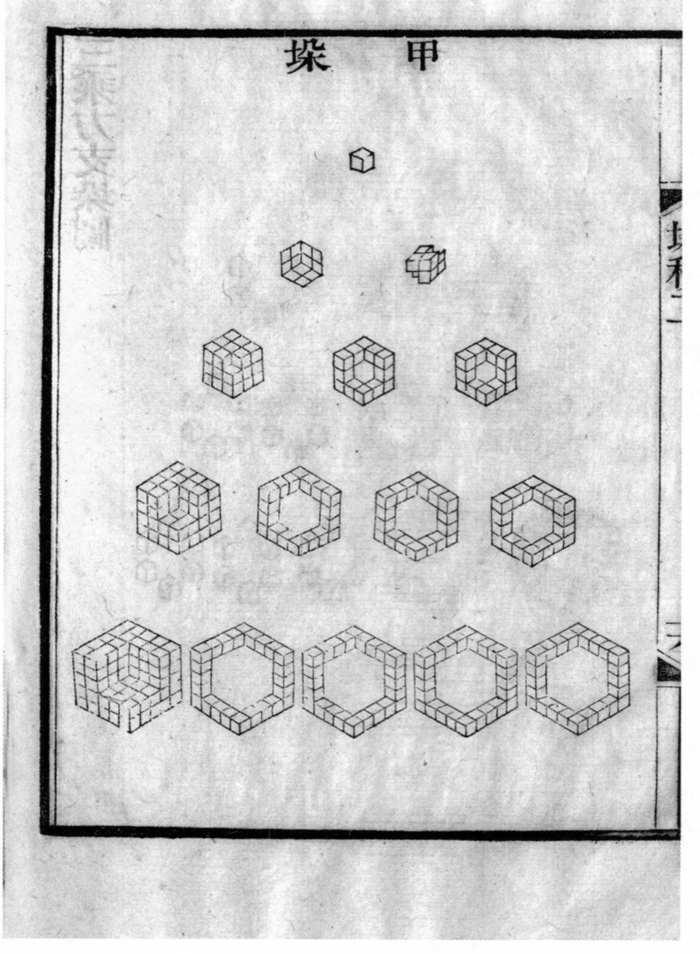

甲垜

乙垜

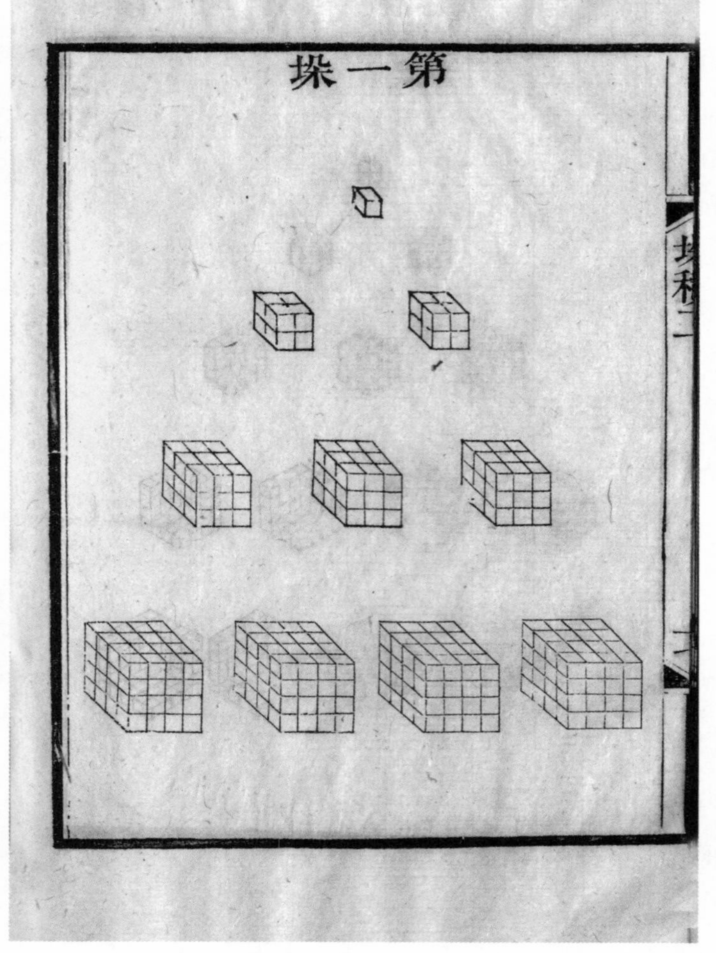

第一垛

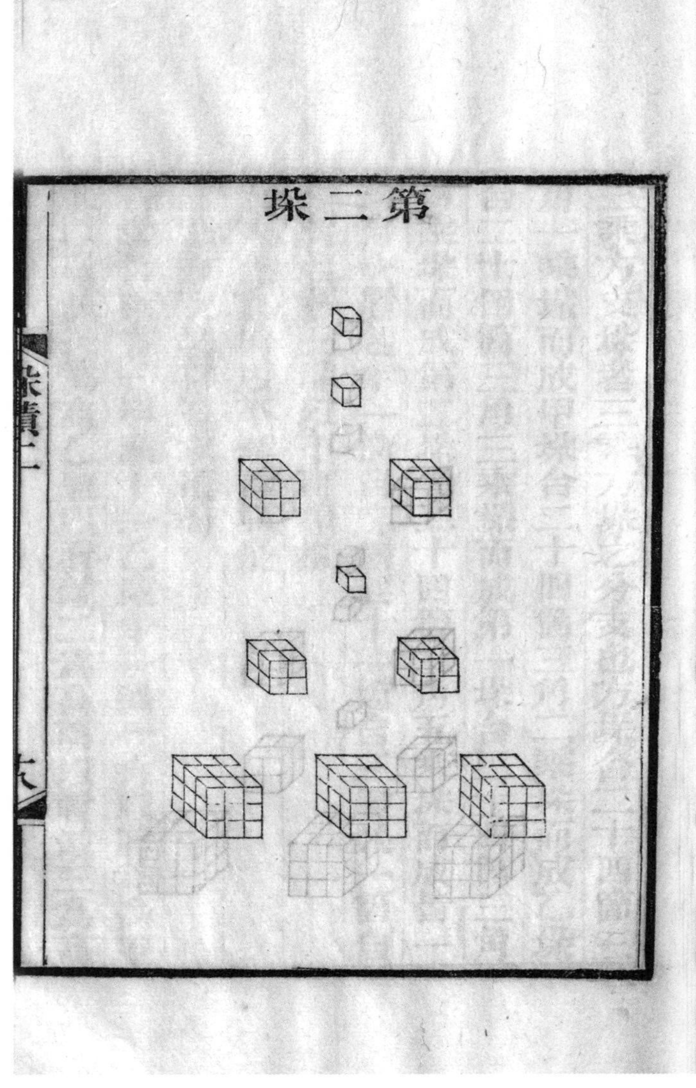

第二垛

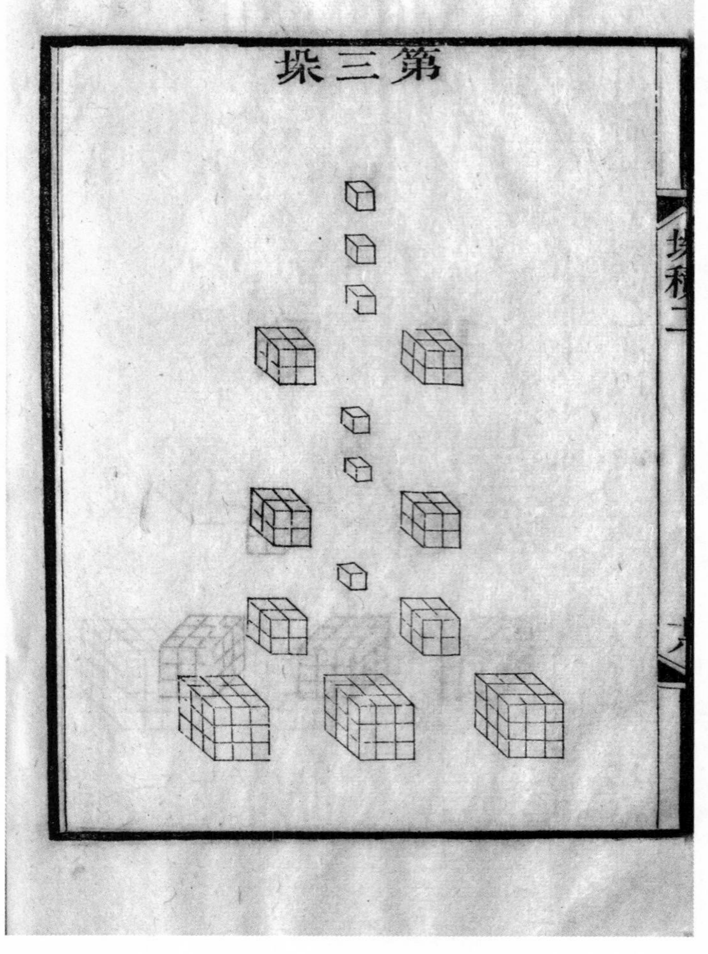

第三垜

三乘方支垜者三乘方垜之分支也方垜合二十四箇三角一乘垜而成甲垜合二十四箇三角二乘垜而成乙垜合二十四箇三角三乘垜而成第一垜合二十四箇三角四乘垜而成第二垜合二十四箇三角五乘垜而成皆一箇自一層起十一箇自二層起十一箇自三層起一箇自四層起第三垜以下可類推

四乘方支垜以下理皆如是

三乘方支垜有層求積術

各垜皆有方一甲廉十一乙廉十一隅一方以層爲高甲廉以層減一爲高乙廉以層減二爲高隅以層減三爲高

三乘方支垜者，三乘方垜之分支也。方垜合二十四箇三角一乘垜而成，甲垜合二十四箇三角二乘垜而成，乙垜合二十四箇三角三乘垜而成，第一垜合二十四箇三角四乘垜而成，第二垜合二十四箇三角五乘垜而成。皆一箇自一層起，十一箇自二層起，十一箇自三層起，一箇自四層起。第三垜以下可類推。

四乘方支垜以下，理皆如是。

三乘方支垜有層求積術

各垜皆有方一、甲廉十一、乙廉十一、隅一。方以層爲高，甲廉以層減一爲高，乙廉以層減二爲高，隅以層減三爲高。

方垛方廉隅俱以三角一乘垛術入之

又法倍層減四以層乘之六之加十四得積

甲垛方廉隅俱以三角二乘垛術入之

又法倍層減三以層乘之六之加十二以層乘之減三爲實三爲法得積

乙垛方廉隅俱以三角三乘垛術入之

又法層自乘三次得積

第一垛方廉隅俱以三角四乘垛術入之

又法倍層加三以層乘之六之加二以層乘之減二以層乘之又以層加一乘之爲實六十爲法得積

方垛方、廉、隅俱以三角一乘垛術入之。

又法：倍層減四，以層乘之，六之，加十四得積。

甲垛方、廉、隅俱以三角二乘垛術入之。

又法：倍層減三，以層乘之，六之，加十二，以層乘之，減三爲實，三爲法得積。

乙垛方、廉、隅俱以三角三乘垛術入之。

又法：層自乘三次得積。

第一垛方、廉、隅俱以三角四乘垛術入之。

又法：倍層加三，以層乘之，六之，加二以層乘之，減二，以層乘之，又以層加一乘之爲實，六十爲法得積。

第二垜方廉隅俱以三角五乘垜術入之
又法倍層加六以層乘之六之加十八兩箇三之自乘方也以層乘
之減六以層乘之又以層加一層加二疊乘之爲實三百
六十爲法得積
第三垜方廉隅俱以三角六乘垜術入之
又法倍層加九以層乘之六之加五十二箇五之自乘方也減二以
層乘之減九以層乘之又以層加一層加二層加三疊乘
之爲實二千五百二十爲法得積
第四垜方廉隅俱以三角七乘垜術入之
又法倍層加十二以層乘之六之加九十八二箇七之自乘方也減
垜積二

第二垜方、廉、隅俱以三角五乘垜術入之。

又法：倍層加六，以層乘之，六之，加十八，兩箇三之自乘方也。以層乘之，減六，以層乘之，又以層加一、層加二疊乘之爲實，三百六十爲法得積。

第三垜方、廉、隅俱以三角六乘垜術入之。

又法：倍層加九，以層乘之，六之，加五十，二箇五之自乘方也。減二，以層乘之，減九，以層乘之，又以層加一、層加二、層加三疊乘之爲實，二千五百二十爲法得積。

第四垜方、廉、隅俱以三角七乘垜術入之。

又法：倍層加十二，以層乘之，六之，加九十八，二箇七之自乘方也。減

六以層乘之減八以層乘之又以層加一層加二層加三
層加四疊乘之爲實二萬〇一百六十爲法得積
第五垛方廉隅俱以三角八乘垛術入之
又法倍層加十五以層乘之六之加一百六十二二箇九之自乘方也減十二以層乘之無加減以層乘之又以層加一層加
二層加三層加四層加五疊乘之爲實十八萬一千四百
四十爲法得積
第六垛方廉隅俱以三角九乘垛術入之
又法倍層加十八以層乘之六之加二百四十二二箇十一自乘方也減二十以層乘之加十八以層乘之又以層加一層加

六，以層乘之，減八，以層乘之，又以層加一、層加二、層加三、層加四疊乘之爲實，二萬〇一百六十爲法得積。

第五垛方、廉、隅俱以三角八乘垛術入之。

又法：倍層加十五，以層乘之，六之，加一百六十二，二箇九之自乘方也。減十二，以層乘之，無加減，以層乘之，又以層加一、層加二、層加三、層加四、層加五疊乘之爲實，十八萬一千四百四十爲法得積。

第六垛方、廉、隅俱以三角九乘垛術入之。

又法：倍層加十八，以層乘之，六之，加二百四十二，二箇十一自乘方也。減二十，以層乘之，加十八，以層乘之，又以層加一、層加

二層加三層加四層加五層加六疊乘之爲實三四五六
七八九十連乘爲法得積
第七垜以下可類推
三乘方支垜有積求層術
方垜倍積減二十八爲正實四十八爲正方二十四爲負
隅開平方得層
草曰立天元一爲層加一得以天元乘之得爲
首數以一減天元得以天元乘之得十一之得
爲次數副置天元一減一一減二相乘得十
一之得爲中數副置天元一減二一減三相乘得
垜積二

二、層加三、層加四、層加五、層加六疊乘之爲實，三、四、五、六、七、八、九、十連乘爲法得積。

第七垜以下可類推。

三乘方支垜有積求層術

方垜，倍積減二十八爲正實，四十八爲正方，二十四爲負隅，開平方得層。

草曰：立天元一爲層，加一得，以天元乘之得，爲首數。以一減天元得，以天元乘之得，十一之得，爲次數。副置天元，一減一、一減二，相乘得，十一之得，爲中數。副置天元，一減二、一減三，相乘得

〔丅/𝍧元/丨〕，爲末數。并四數，得〔‖⊥/≡𝍨元/‖≡〕。合以二除之，寄爲母，便以爲積。寄左。乃置積，以二乘之得〔‖積〕爲同數，與左相消得〔‖積‖≒/‖‖⊥/‖≒〕，爲開方式。

又法：積減十四爲正實，二十四爲正方，十二爲負隅，開平方得層。

草曰：立天元一爲層，倍之減四得〔𝍧/‖元〕，以天元乘而六之得〔‖≒元/丨=〕，加十四得〔丨≡/‖≒元/丨=〕爲積，寄左。乃以積爲同數，與左相消得〔積—𝍧/‖≡/丨≒〕，爲開方式。

甲垛。六倍積加六爲正實，二十四爲負方，三十六爲正廉，二十四爲負隅，開立方得層。

草曰：立天元一爲層，加二得‖丨元，以乘前草首數得‖元川丨，仍爲首數。以天元加一得丨元，以乘前草次數得丨⊥元〇丨一，仍爲次數。以天元乘前草中數得‖＝元≡𝍤丨一，仍爲中數。以一減天元得⊤元，以乘前草末數得⊤丨一元⊤丨，仍爲末數。并四數得⊤‖≡元≡⊤‖≡，合以二三相乘除之，寄爲母，便以爲積，寄左。乃以二、三相乘得六，以乘積得⊥積，爲同數，與左相消得⊤積⊤＝𝍤≡⊤‖𝍤，爲開方式。

又法，三倍積加三爲正實，十二爲負方，十八爲正廉，十二爲負隅，開立方得層。

草曰：立天元一爲層，倍之減三得𝍤‖元，以天元乘之得𝍤‖元，六之得，加十二得，以天元乘之，減三得，爲帶母積，寄左。乃以三爲母乘積得，爲同數，與左相消得，爲開方式。

乙垛。二十四倍積爲正實，方空，甲廉空，乙廉空，二十四爲負隅，開三乘方得層。

草曰：立天元一爲層，加三得，以乘前草首數得，仍爲首數。以天元加二得，以乘前草次數得，仍爲次數。以天元加一得，以乘前草中數得，仍爲中數。以天元乘前草末數得，仍爲末數。并四數得，合以二、三、四連乘除之，不除爲帶母積，寄左。乃以二、三、四連乘得二十四，以乘積得，爲同數，與左相消得，爲開方式。

第一垜。一百二十倍積爲正實，四爲正方，甲廉空，四十爲負乙廉，六十爲負丙廉，二十四爲負隅，開四乘方得層。

草曰：立天元一爲層，加四得，以乘前草首數得仍爲首數。以天元加三得，以乘前草次數得，仍爲次數。以天元加二得，以乘前草中數得，仍爲中數。以天元加一得，以乘前草末數得，仍爲末數。并四數得，合以二、三、四、五連乘除之，不除爲帶母積，寄左。乃以二、三

四、五連乘得一百二十，以乘積得，爲同數，與左相消得，爲開方式。

又法，六十倍積爲正實，二爲正方，甲廉空，二十爲負乙廉，三十爲負丙廉，十二爲負隅，開四乘方得層。

草曰：立天元一爲層倍之，加三，此數第二垛以下遞增三。得，以天元乘而六之得，加二，此數依二箇奇數平方遞增。得，以天元乘之得，減二得，此式并正數減負數，倍之，與三、四、五連乘積等。以天元乘之得，又以天元加一乘之得爲帶母積，寄左。乃以三、四、五連乘得六十爲母，以乘積得，爲同數，與左相消得，爲開方式。

第二垛。七百二十倍積爲正實，二十四爲正方，三十六爲負甲廉，二百四十爲負乙廉，三百爲負丙廉，一百四十四爲負丁廉，二十四爲負隅，開五乘方得層。

草曰：立天元一爲層，加五得，以乘前草首數得，仍爲首數。以天元加四得，以乘前草次數得，仍爲次數。以天元加三得，以乘前草中數得，仍爲中數。以天元加二得，以乘前草末數得，仍爲末數。并四數得，合以二、三、四、五、六連乘除之，不除，爲帶母積，寄左。乃以二、三、四、五、六連乘得七百二十，以乘積得，爲同數，與左相消得，爲開方式。

又法，三百六十倍積爲正實，十二爲正方，十八爲負甲廉，一百二十爲負乙廉，一百五十爲負丙廉，七十二爲負丁廉，十二爲負隅，開五乘方得層。

又草曰：立天元一爲層，倍之加六得，以天元乘而六之得，加十八得，以天元乘之得，減六得，此式并正數減負數，倍之，與四、五、六連乘積等。以天元乘之得，又以天元加一乘之得，又以天元加二乘之得，爲帶母積，寄左。乃以三、四、五、六連乘得三百六十爲母，以乘積得，爲同數，與左相消得，為開方式。

第三垛。五千〇四十倍積為正實，一百〇八為正方，三百七十八為負甲廉，一千五百九十六為負乙廉，一千八百九十為負丙廉，一千〇〇八為負丁廉，二百五十二為負戊廉，二十四為負隅，開六乘方得層。

草曰：立天元一為層，加六得，以乘前草首數得，仍為首數。以天元加五得，以乘前草次數得，仍為次數以天元加四得，以乘前草中數得，仍為中數。以天元加三得，以乘前草末數得，仍為末數。并四數得，合以二、三、四、五、六、七連乘爲法除之，不除，爲帶母積，寄左。乃以二、三、四、五、六、七連乘得五千〇四十以乘積得積，爲同數，與左相消得，爲開方式。

又法，二千五百二十爲正實，五十四爲正方，一百八十九爲負甲廉，七百九十八爲負乙廉，九百四十五爲負丙廉，五百〇四爲負丁廉，一百二十六爲負戊廉，十二爲負隅，開六乘方得層。

草曰：立天元一爲層，倍之加九得元，以天元乘而六之得元，加五十得元，減二，此數第四垛以下依二箇三角一乘垛遞增。得，以天元乘之得，減九得，此式并正數減負數，倍之，與五、六、七連乘積等。以天元乘之得，又以天元加一乘之得，又以天元加二乘之得，又以天元加三乘之得，爲帶母積，寄左。乃以三、四、五、六、七連乘得二千五百二十，以乘積得，爲同數，與左相消得，爲開方式。

湘鄉曾紀澤校

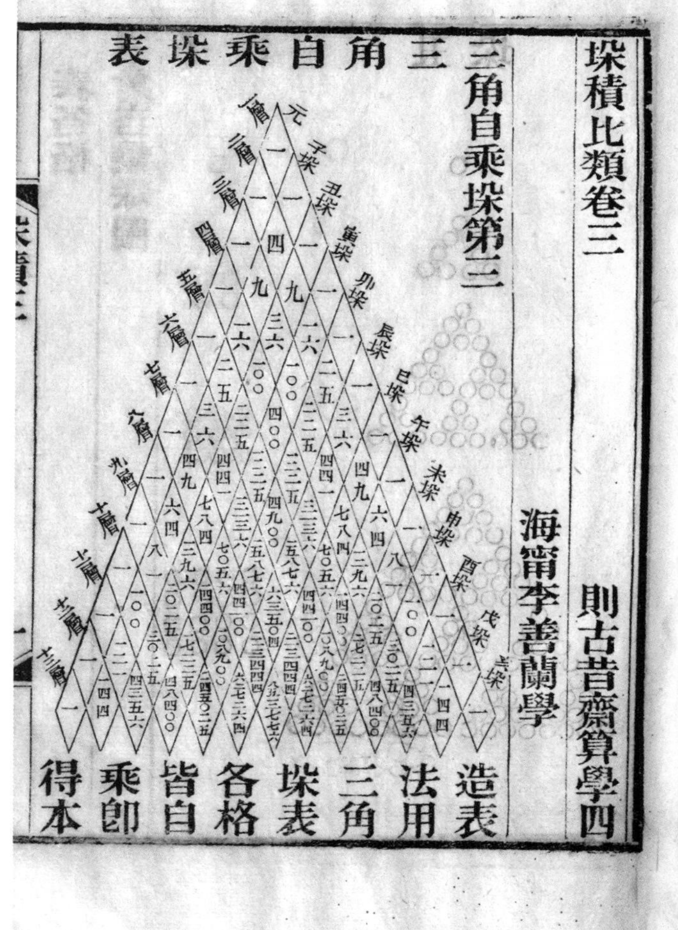

垛積比類卷三

則古昔齋算學四
海寧李善蘭學

三角自乘垛第三

三角自乘垛表

造表法：用三角垛表各格皆自乘，即得本

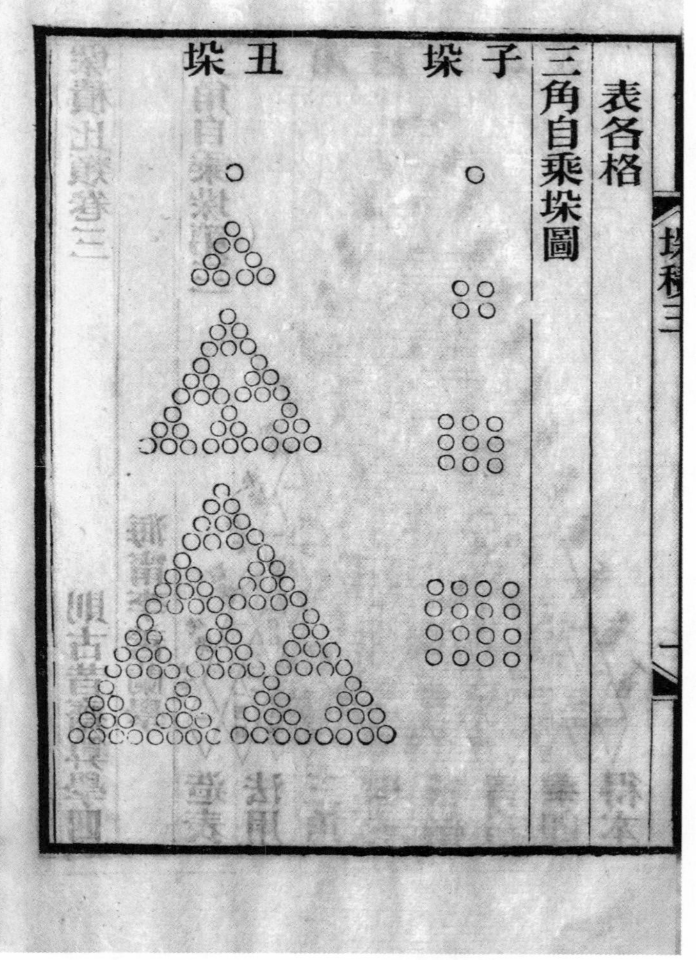

表各格。

三角自乘垛圖

子垛　　丑垛

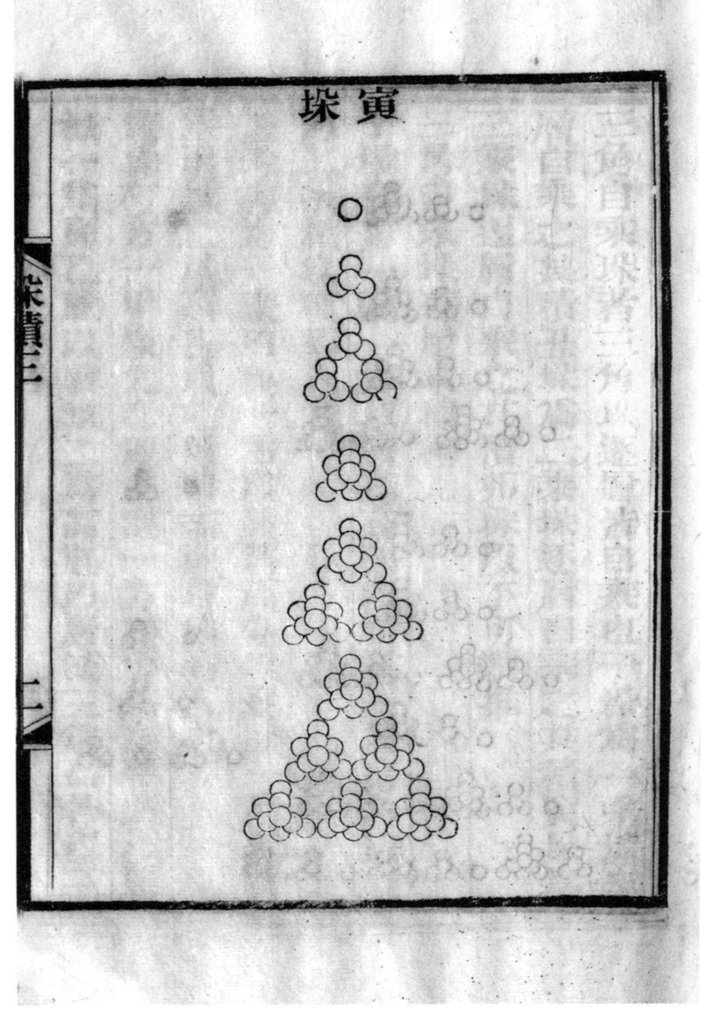

寅垛

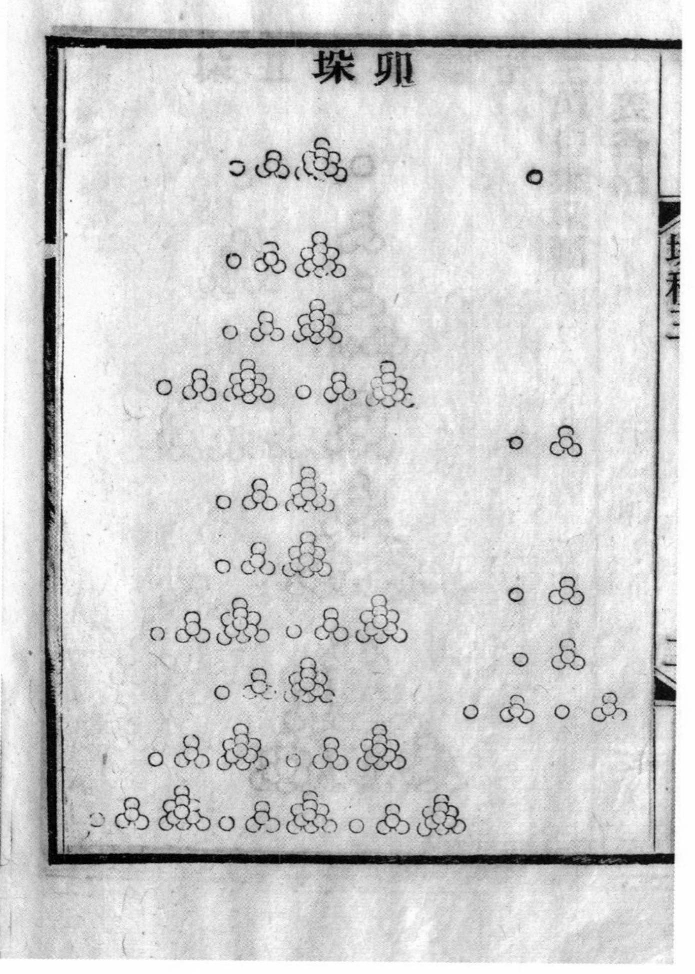

卯垛

三角自乘垛者，三角垛逐層皆自乘也。子垛爲一乘垛，逐層自乘之，共積丑垛爲二乘垛，逐層自乘之，共積寅垛爲三乘垛，逐層自乘之，共積卯垛以下可類推。

三角自乘垛有層求積術

子垛。有方一、隅一，方以層爲高，隅以層減一爲高，各以三角二乘垛求積術入之。

丑垛。有方一、廉四、隅一，方以層爲高，廉以層減一爲高，隅以層減二爲高，各以三角四乘垛求積術入之。

寅垛。有方一、甲廉九、乙廉九、隅一，方以層爲高，甲廉以層減一爲高，乙廉以層減二爲高，隅以層減三爲高，各以三角六乘垛求積術入之。

卯垛。有方一、甲廉十六、乙廉三十六、丙廉十六、隅一，方以層爲高，甲廉以層減一爲高，乙廉以層減二爲高，丙廉以層減三爲高，隅以層減四爲高，各以三角八乘垛術入之。

辰垛。以下可類推。

本表平列，諸格即各垛方廉隅諸數也。

三角自乘垛有積求層術

子垛。六倍積爲正實，一爲負方，三爲負廉，二爲負隅，開立方得層。

草曰：立天元一爲層，加一得|元，以乘天元得|元，于上以天元加二得‖|元，以乘上得‖元‖|，爲一數，以天元減

一得（⺊/〡元），以乘上得（⺊元/〇/〡），爲二數，并一二數得（〡元/〣/〢），爲六段積，寄左。

乃以積六之爲同數，與左相消得（〦積/⺊/〹/〹），爲開方式。

丑垛。一百二十倍積爲正實，四爲負方，三十爲負甲廉，五十爲負乙廉，三十爲負丙廉，六爲負隅，開四乘方得層。

草曰：立天元一爲層，加三得（〢/〡元），以乘前草一數得（〦元/〡一/〦/〡）。

又以天元加四乘之得（〢三元/〣〇/〣〣/〡〇/〡），仍爲一數，天元加二得（〢/〡元），以乘前草二數得（〹元/⺊/〢/〡）。又以天元加三乘之得（⺊元/〹/〤/〤/〡），仍爲二數，以天元減二得（〹/〡元），以乘前草二數得（〢元/⺊/〹/〡），又以天元加二乘之得（〤元/〇/〹/〇/〡）

爲三數，以二數四之得，并一三兩數以加之得，爲一百二十段積，寄左。乃以積一百二十之爲同數，與左相消得，爲開方式。

寅垛。五千〇四十倍積爲正實，三十六爲負方，六百三十爲負甲廉，一千六百十爲負乙廉，一千六百八十爲負丙廉，八百五十四爲負丁廉，二百十爲負戊廉，二十爲負隅，開六乘方得層。

草曰：立天元一爲層，加五得，副加六得，相乘得，以乘前草一數得，仍爲一數，以天元加四得，副加五得，相乘得，以乘前草二數得，仍爲二數，以天元加三得，副加四得，相乘得，以乘前草三數得，仍爲三數，以天元減三得，副加三得，相乘得，以乘前草三數得，爲四數，并二三兩數，而九之得，加入一四兩數得，爲五千〇四十段，共積，寄左。乃置積以乘之，得，爲同數，與左相消得，爲開方式。

　　卯垜。三十六萬二千八百八十倍積爲正實，五百七十六爲負方，二萬五千二百爲負甲廉，八萬三千七百二十爲負乙廉，十一萬七千一百八十爲負丙廉，八萬七千六百五十四爲負丁廉，三萬七千八百爲負戊廉，九千四百二十爲負己廉，一千二百六十爲負庚廉，七十爲負隅，開八乘方得層。

草曰：立天元一爲層，加七得〔丌 / |元〕，副加八得〔Ⅲ / |元〕，相乘得〔≣丅 / |≣元 / |〕，以乘前草一數得〔≣〇≡‖〇元 / |〇≟||||≟|||| / |一Ⅲ一‖≡ / ⊥丌=Ⅲ≡ / =‖≡||||≟ / ||||≣Ⅲ⊥ / ≣||||⊥ / ≡丅 / |〕，仍爲一數，以天元加六得〔丅 / |元〕，副加七得〔丌 / |元〕，相乘得〔≣‖ / |≡元 / |〕，以乘前草二數得〔≣〇≟〇元 / ≟〇‖≟ / 丅≟ / 丅≡丅≡ / ≣Ⅲ〇≟ / |⊥Ⅲ≟ / ‖≟|||| / ‖⊥ / |〕，仍爲二數，以天元加五得〔||||| / |元〕，副加六得〔丅 / |元〕，相乘得〔Ⅲ〇 / |一元 / |〕，以乘前草三數得〔|≣||||〇元 / |≡丅≟ / |≡‖≟ / |⊥Ⅲ≟ / ‖≡⊥ / ‖≣‖ / 一|≡ / |≟ / |〕，仍爲三數，以天元加四得〔|||| / |元〕，

副加五得，相乘得，以乘前草四數得，仍爲四數，以天元減四得，副加四得，相乘得，以乘前草四數得爲五數，置三數三十六之得，于上并二四兩數，而十六之得，以加上，又併入一五兩數得爲三十六萬二千八百八十段，共積，寄左。乃置積以乘之，得積爲同數，與左相消得，爲開方式。

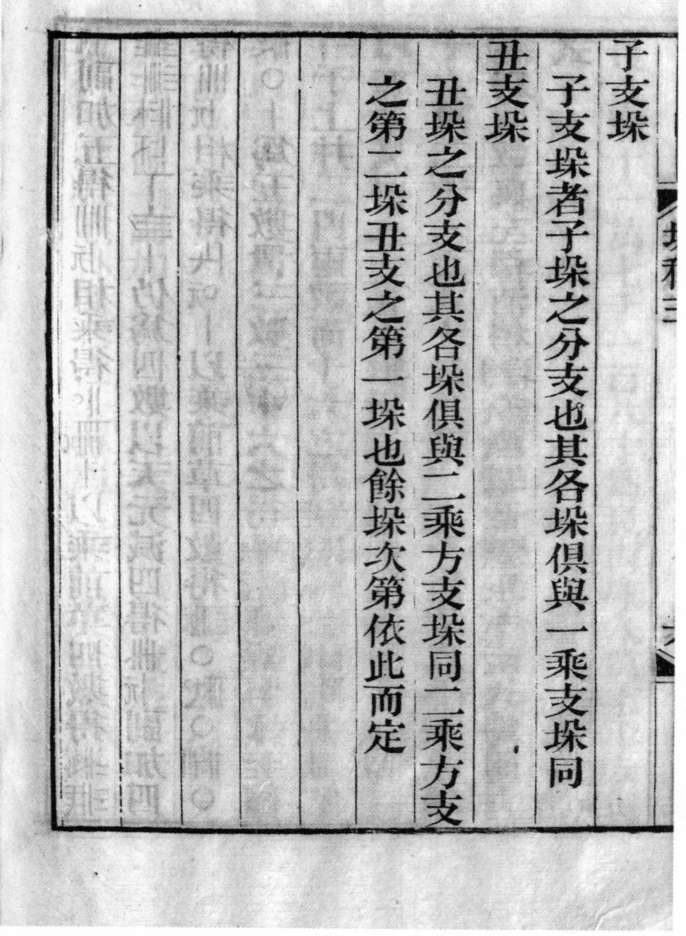

子支垜。子支垜者，子垜之分支也，其各垜俱與一乘支垜同。

丑支垜。丑垜之分支也，其各垜俱與二乘方支垜同，二乘方支之第二垜，丑支之第一垜也，餘垜次第依此而定。

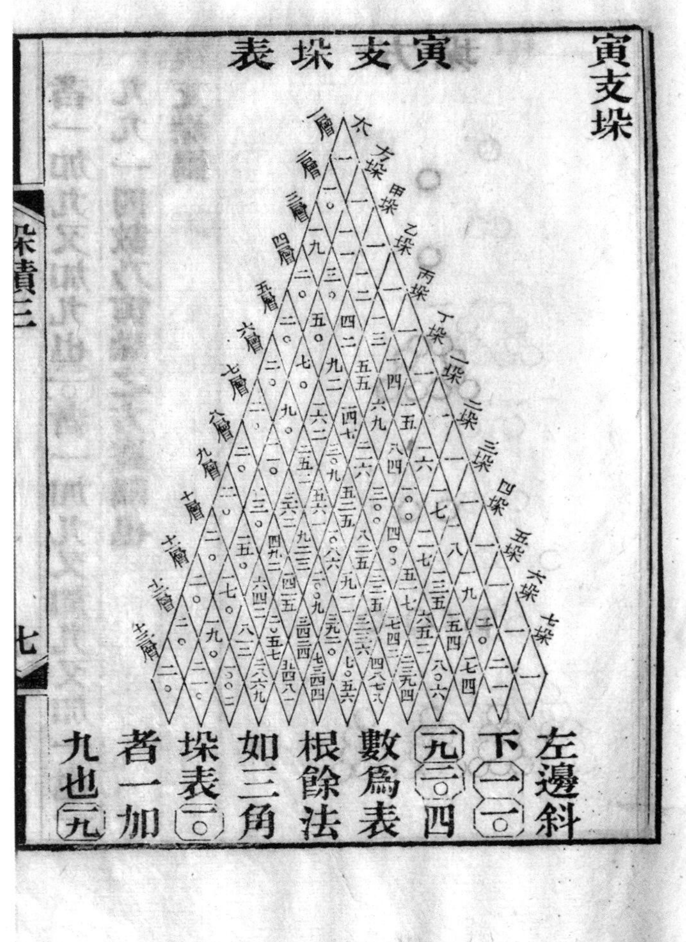

寅支垛

寅支垛表

左邊斜下一、一〇、一九、二〇四數爲表根，餘法如三角垛表，一〇者一加九也，一九

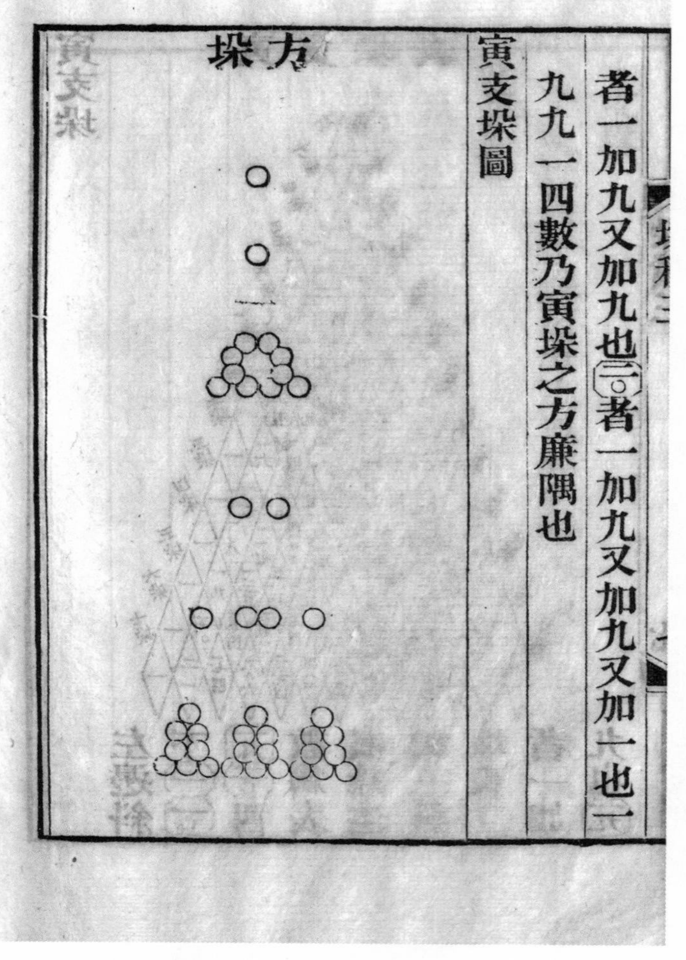

者一加九又加九也，二〇者一加九又加九又加一也，一九九一四數乃寅垛之方廉隅也。

寅支垛圖

方垛

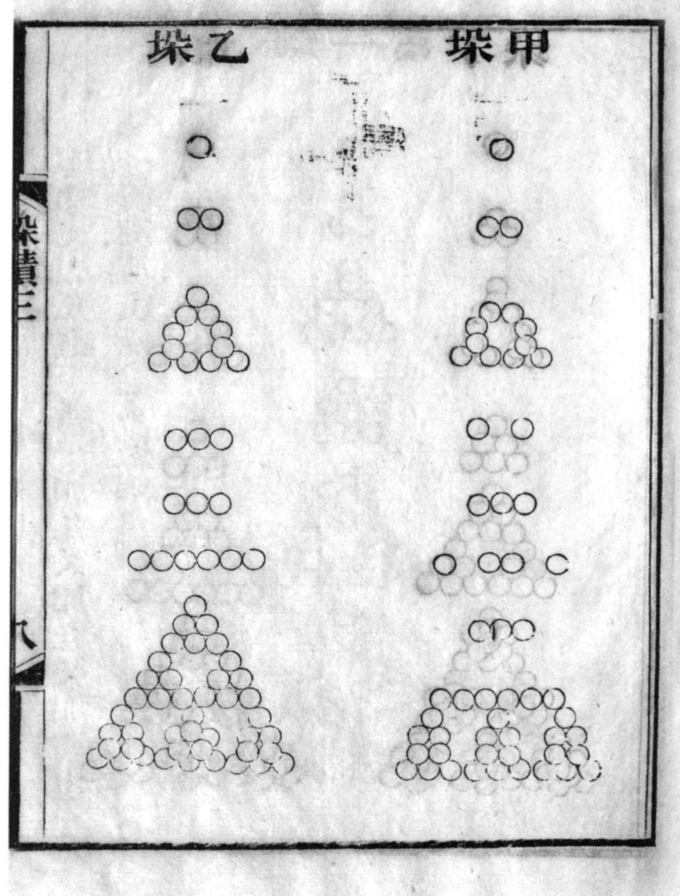

甲垛
乙垛

丙垛
丁垛

第一垛

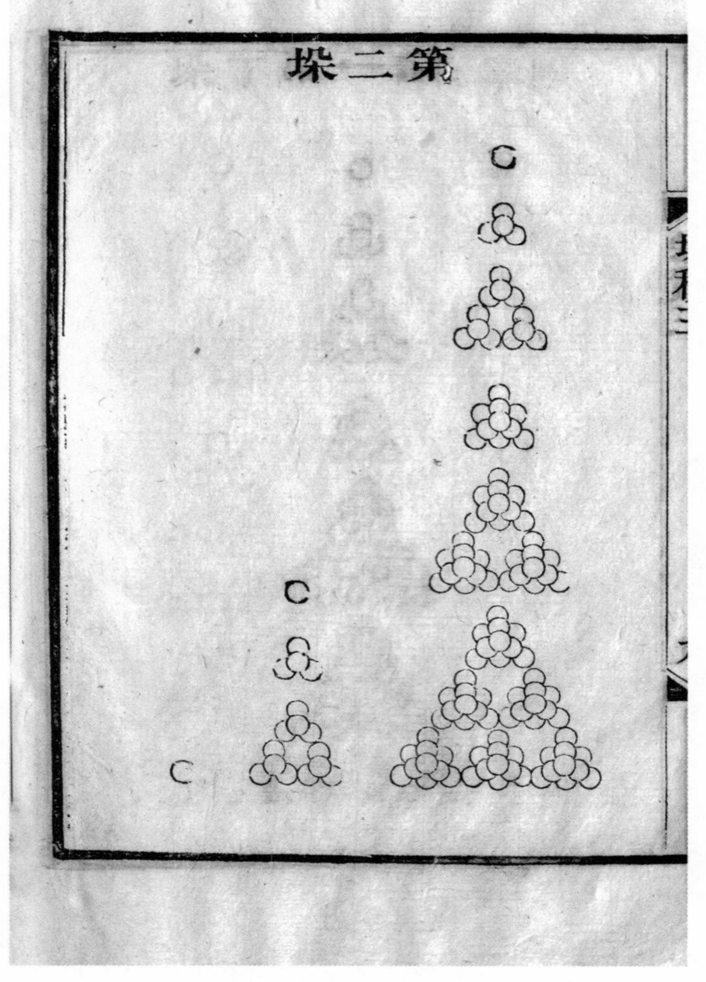

第二垛

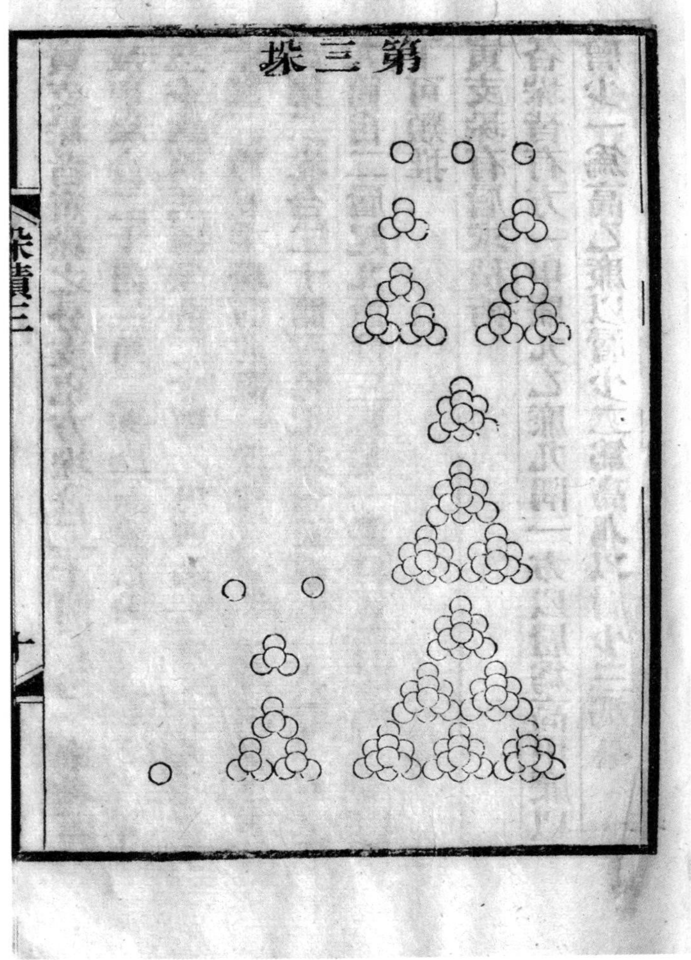

第三垛

寅支垛者寅垛之分支也方垛合二十箇三角一乘垛而成甲垛合二十箇三角二乘垛而成乙垛合二十箇三角三乘垛而成丙垛合二十箇三角四乘垛而成丁垛合二十箇三角五乘垛而成第一垛合二十箇三角六乘垛而成第二垛合二十箇三角七乘垛而成皆一箇自一層起九箇自二層起九箇自三層起一箇自四層起第三垛以下可類推

寅支垛有層求積術

各垛皆有方一甲廉九乙廉九隅一方以層爲高甲廉以層少一爲高乙廉以層少二爲高隅以層少三爲高

寅支垛者，寅垛之分支也。方垛，合二十箇三角一乘垛而成。甲垛，合二十箇三角二乘垛而成。乙垛，合二十箇三角三乘垛而成。丙垛，合二十箇三角四乘垛而成。丁垛，合二十箇三角五乘垛而成。第一垛，合二十箇三角六乘垛而成。第二垛，合二十箇三角七乘垛而成。皆一箇自一層起，九箇自二層起，九箇自三層起，一箇自四層起。第三垛以下可類推。

寅支垛有層求積術

各垛皆有方一、甲廉九、乙廉九、隅一，方以層爲高，甲廉以層少一爲高，乙廉以層少二爲高，隅以層少三爲高。

方垛方廉隅俱以三角一乘垛術入之
又法層減二以層乘之十之加十二得積
甲垛方廉隅俱以三角二乘垛術入之
又法層減一箇半以層乘之十之加十一以層乘之減三
爲實三爲法得積
乙垛方廉隅俱以三角三乘垛術入之
又法層自乘十之加二以層乘之又以層乘之爲實三四
相乘爲法得積
丙垛方廉隅俱以三角四乘垛術入之
又法倍層加一以層加一乘之五之以層乘之又以層層

方垛，方、廉、隅俱以三角一乘垛術入之。

又法，層減二，以層乘之，十之，加十二得積。

甲垛，方、廉、隅俱以三角二乘垛術入之。

又法，層減一箇半，以層乘之，十之，加十一以層乘之，減三爲實，三爲法得積。

乙垛，方、廉、隅俱以三角三乘垛術入之。

又法，層自乘十之，加二，以層乘之，又以層乘之爲實，三、四相乘爲法得積。

丙垛，方、廉、隅俱以三角四乘垛術入之。

又法，倍層加一，以層加一乘之，五之，以層乘之，又以層層

加一疊乘之爲實三四五連乘爲法得積
丁垛方廉隅俱以三角五乘垛術入之
又法倍層加四以層加一乘之五之以層乘之又以層層
加一層加二疊乘之爲實三四五六連乘爲法得積
第一垛方廉隅俱以三角六乘垛術入之
又法倍層加七以層加一乘之五之加十二以層乘之加
三以層層加一層加二層加三疊乘之爲實三四五六七
連乘爲法得積
第二垛方廉隅俱以三角七乘垛術入之
又法倍層加十以層加一乘之五之加三十六以層乘之

加一疊乘之爲實，三、四、五連乘爲法得積。

丁垛，方、廉、隅俱以三角五乘垛術入之。

又法，倍層加四，以層加一乘之，五之，以層乘之，又以層層加一、層加二、疊乘之爲實，三、四、五、六連乘爲法得積。

第一垛，方、廉、隅俱以三角六乘垛術入之。

又法，倍層加七，以層加一乘之，五之，加十二，以層乘之，加三，以層層加一、層加二、層加三、疊乘之爲實，三、四、五、六、七連乘爲法得積。

第二垛，方、廉、隅俱以三角七乘垛術入之。

又法，倍層加十，以層加一乘之，五之，加三十六以層乘之，加十二，以層層加一、層加二、層加三、層加四、疊乘之爲實，三、四、五、六、七、八連乘爲法得積。

第三垛，方、廉、隅俱以三角八乘垛術入之。

又法，倍層加十三，以層加一乘之，五之，加七十二，以層乘之加三十，以層層加一、層加二、層加三、層加四、層加五、疊乘之爲實，三、四、五、六、七、八、九連乘爲法得積。

第四垛以下可類推。

寅支垛有積求層術

方垛。倍積減二十四爲正實，四十爲正方，二十爲負隅，開平方得層，若倍積恰得二十四則減盡，四十爲實二十爲法，法除實得層。

草曰：立天元一爲層，加一得 | |元，以天元乘之得 |元 | 爲一數。置天元，減一得 ⊥ |元，以天元乘而九之得 𝍧元 𝍢 爲二數，副置天元上減一下減二相乘得 || 𝍤元 |，九之得 |≟ ||≒元 𝍣 爲三數，又副置天元上減二下減三相乘得 ⊤ 𝍧元 | 爲四數，各數并之得 ||≡ ≒○元 ||○ 爲二段積，寄左。乃以積倍之得 ||積，爲同數，與左相消得 ||積||≒ ≡○ ⊁○，爲開方式。

又法，積減十二爲正實，二十爲正方，十爲負隅，開平方得層。

草曰：立天元一爲層，減二得 ⊁ |元，以天元乘而十之得 ⊁○元 |○，加十二得 |= ⊁○元 |○ 爲一段積，寄左。乃以積爲同數，與左

相消得[積〡≠/〢〇/⊥〇]，爲開方式。

甲垛。六倍積加六爲正實，二十二爲負方，三十爲正廉，二十爲負隅，開立方得層。

草曰：立天元一爲層，加二得[〢/〡元]，以乘前草一數得[〢元/〢/〡]，仍爲一數，天元加一得[〡/〡元]，以乘前草二數得[〣元/〇/〣]，仍爲二數，以天元乘前草三數得[〡≡元/〢≠/〣]仍爲三數，天元減一得[⊥/〡元]，以乘前草四數得[〥/〡—元/〥/〡]，仍爲四數，并各數得[〥/〢=元/≢〇/〢〇]，爲六段積，寄左。乃以積六之爲同數，與左相消得[〦積〦/〢≠/〣〇/≢〇]，爲開方式。

又法，三倍積加三爲正實，十一爲負方，十五爲正廉，十爲負隅，開立方得層。

草曰：立天元一爲層，減一箇半得，以天元乘而十之得，加十一得，以天元乘之得，減三得，爲三段積，寄左。乃以積三之爲同數，與左相消得，爲開方式。

乙垜。二十四倍積爲正實，方空，四爲負甲廉，乙廉空，二十爲負隅，開三乘方得層。

草曰：立天元一爲層，加三得，以乘前草一數得，仍爲一數，天元加二得，以乘前草二數得，仍爲二數，天元加一得，以乘前草三數得，仍爲三數，以天元乘前草四數得[下元 / 丨一 / 下 / 丨]，仍爲四數，并諸數得[〇元 / 𝍣 / 〇 / 𝍡〇]，爲二十四段積，寄左。乃以積二十四之爲同數，與左相消得[𝍡𝍫積 / 〇 / 𝍧 / 〇 / 𝍧〇]，爲開方式。

又法，十二倍積爲正實，方空，二爲負甲廉，乙廉空，十爲負隅，開三乘方得層。

草曰：立天元一爲層，自乘，十之得[〇元 / 丨〇]，加二得[𝍡 / 〇元 / 丨〇]，以天元乘之得[〇 / 𝍡元 / 〇 / 丨〇]，再以天元乘之得[〇元 / 𝍡 / 〇 / 丨〇]，爲十二段積，寄左。乃以積十二之爲同數，與左相消得[丨＝積 / 〇 / 𝍡 / 〇 / 𝍠〇]，爲開方式。

丙垛。一百二十倍積爲正實，方空，十爲負甲廉，四十爲負

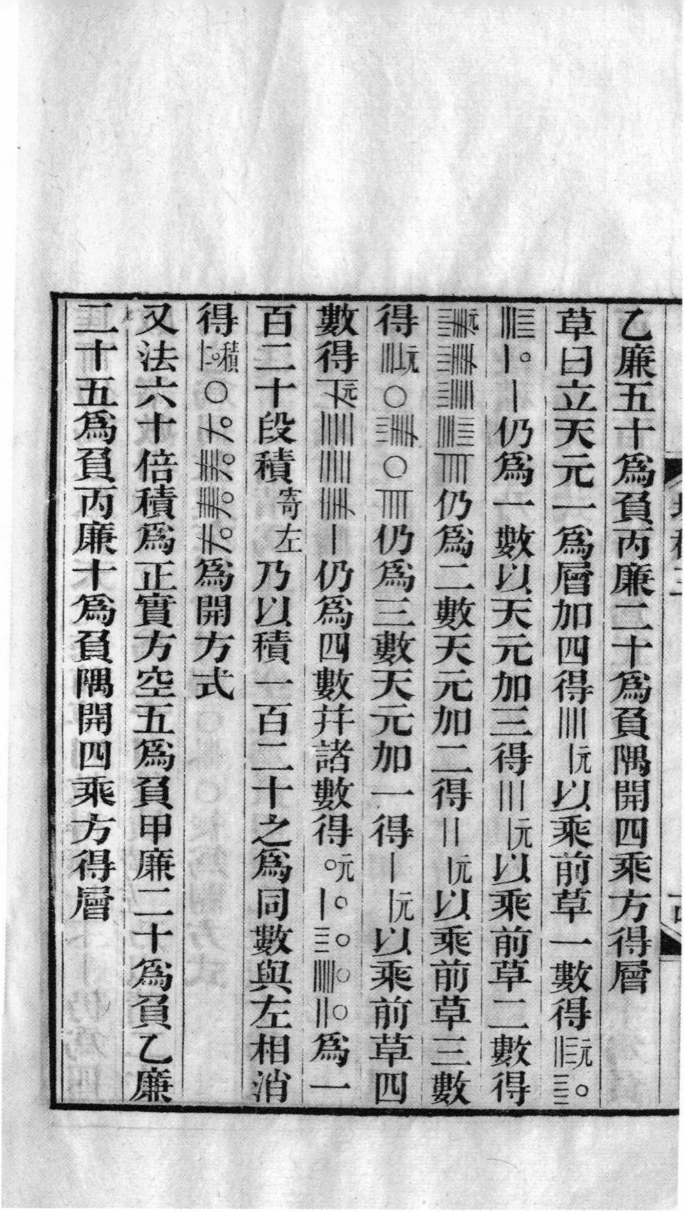

乙廉，五十爲負丙廉，二十爲負隅，開四乘方得層。

草曰：立天元一爲層，加四得〔||||／|元〕，以乘前草一數得〔‖≡元／≣〇／|||≣／|〇／|〕，仍爲一數，以天元加三得〔|||／|元〕，以乘前草二數得〔≣𝍮元／≡𝍮／≡||||／||||≣／𝍣〕，仍爲二數，天元加二得〔‖／|元〕，以乘前草三數得〔|||⊥元／〇／≡𝍮／〇／𝍣〕，仍爲三數，天元加一得〔|／|元〕，以乘前草四數得〔𝍮元／||||／||||／𝍮／|〕，仍爲四數，并諸數得〔〇元／|〇／≡〇／||||〇／‖〇〕，爲一百二十段積，寄左。乃以積一百二十之爲同數，與左相消得〔|=〇積／〇／𝍮〇／𝍮〇／𝍮〇／𝍮〇〕，爲開方式。

又法，六十倍積爲正實，方空，五爲負甲廉，二十爲負乙廉，二十五爲負丙廉，十爲負隅，開四乘方得層。

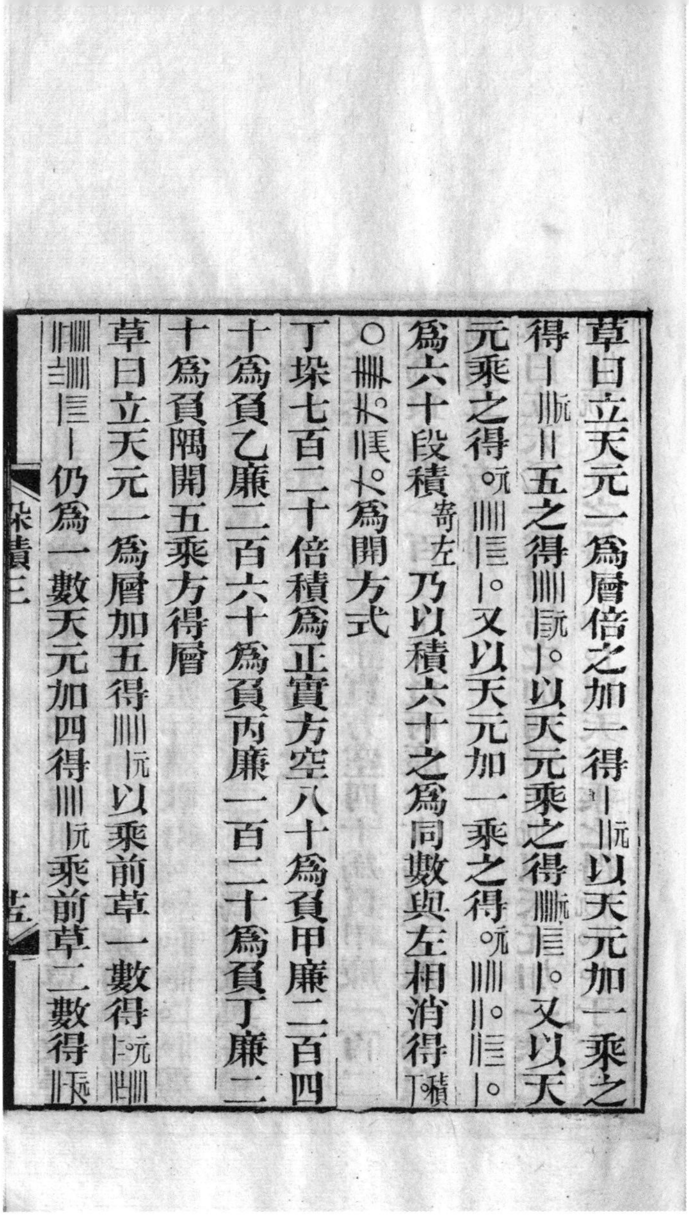

草曰：立天元一爲層，倍之加一得，以天元加一乘之得，五之得，以天元乘之得，又以天元乘之得，又以天元加一乘之得，爲六十段積，寄左。乃以積六十之爲同數，與左相消得，爲開方式。

丁垛。七百二十倍積爲正實，方空，八十爲負甲廉，二百四十爲負乙廉，二百六十爲負丙廉，一百二十爲負丁廉，二十爲負隅，開五乘方得層。

草曰：立天元一爲層，加五得，以乘前草一數得，仍爲一數，天元加四得，乘前草二數得，仍爲二數，天元加三得，乘前草三數得，仍爲三數，天元加二得，乘前草四數得，仍爲四數，并諸數得，爲七百二十段積，寄左。乃以積七百二十之爲同數，與左相消得，爲開方式。

又法，三百六十倍積爲正實，方空，四十爲負甲廉，一百二十爲負乙廉，一百三十爲負丙廉，六十爲負丁廉，十爲負隅，開五乘方得層。

草曰：立天元一爲層，倍之，加四得，以天元加一乘之得，五之得，以天元乘之得，于上以

天元加一乘天元得，又以天元加二乘之得，以乘上得

爲三百六十段積，寄左。乃以積三百六十之爲同數，與左相消得，爲開方式。

第一垛。五千〇四十倍積爲正實，三十六爲負方，六百三十爲負甲廉，一千六百十爲負乙廉，一千六百八十爲負丙廉，八百五十四爲負丁廉，二百十爲負戊廉，二十爲負隅，開六乘方得層。

草曰：立天元一爲層，加六得，以乘前草一數得，

仍爲一數，天元加五得，乘前草二數得，

仍爲二數，天元加四得[illegible]，乘前草三數得[illegible]，仍爲三數，天元加三得[illegible]，乘前草四數得[illegible]，仍爲四數，并諸數得[illegible]爲五千〇四十段積，寄左。乃以積五千〇四十之爲同數，與左相消得[illegible]，爲開方式。

又法，二千五百二十倍積爲正實，十八爲負方，三百十五爲負甲廉，八百〇五爲負乙廉，八百四十爲負丙廉，四百二十七爲負丁廉，一百〇五爲負戊廉，十爲負隅，開六乘方得層。

草曰：立天元一爲層，倍之，加七得[illegible]，以天元加一乘之得，五之得，加十二得，以天元乘之得，加三得，于上。乃置天元，以天元加一乘之得，又以天元加二乘之得，又以天元加三乘之得，以乘上得爲二千五百二十段積，寄左。乃以積二千五百二十之爲同數，與左相消得，爲開方式。

第二垜。四萬〇三百二十倍積爲正實，五百七十六爲負方，五千三百二十八爲負甲廉，一萬二千三百二十爲負乙廉，一萬二千七百四十爲負丙廉，六千九百四十四爲負丁廉，二千〇七十二爲負戊廉，三百二十爲負己廉，二十爲負隅，開七乘方得層。

草曰：立天元一爲層，加七得，乘前草一數得，仍爲一數，天元加六得，乘前草二數得，仍爲二數，天元加五得，乘前草三數得，仍爲三數，天元加四得，乘前草四數得，仍爲四數，并諸數得，爲四萬〇三百二十段積，寄左。乃置積以乘之爲同數，與左相消得，爲開方式。

又法，二萬〇一百六十倍積爲正實，二百八十八爲負方，二千六百六十四爲負甲廉，六千一百六十爲負乙廉，六千三百七十爲負丙廉，三千四百七十二爲負丁廉，一千〇三十六爲負戊廉，一百六十爲負己廉，十爲負隅，開七乘方得層。

草曰：立天元一爲層，倍之，加十得 |○ / ‖元，以天元加一乘之得 |○ / |=元 / ‖，五之得 ≡○ / T○元 / |○，加三十六得 ⊥T / T○元 / |○，以天元乘之得 ⊥T元 / T○ / |○，加十二得 |= / ⊥T元 / T○ / |○，于上。置天元，以天元加一乘之得 |元 / |，又以天元加二乘之得 ‖元 / ||| / |，又以天元加三乘之得 T元 / |— / T / |，又以天元加四乘之得 ‖≡元 / ≣○ / ||||| / |○ / |，以乘上得 ‖⊥̄Ⅲ元 / ‖⊥T≣ / T—T○ / T≡Π○ / |||≣Π= / |○≡T / |⊥○ / |○，爲二萬〇一百六十段

積，寄左。乃置積以‖○丨丄○乘之爲同數，與左相消得

‖○丨丄○積
‖𝍤‖
‖丄丅𝍬
丅一𝍰○
丅≡𝍰○
‖≡𝍧𝍬
丨○≡𝍰
丨𝍭○
𝍬○

，爲開方式。

第三垛。三十六萬二千八百八十爲正實，七千二百爲負方，四萬九千三百二十爲負甲廉，十萬〇六千五百七十六爲負乙廉，十一萬〇二百五十爲負丙廉，六萬三千四百二十爲負丁廉，二萬一千四百二十爲負戊廉，四千二百二十四爲負己廉，四百五十爲負庚廉，二十爲負隅，開八乘方得層。

≡○‖=○元
丨○𝍤𝍣𝍤𝍣
丨一𝍧一‖≡
丄𝍦=𝍧≡
=‖≡𝍣𝍤
𝍣≡‖丄
≡𝍣丄
≡丅
丨

草曰：立天元一爲層，加八得𝍧丨元，乘前草一數得（見上式），仍爲一數，天元加七得𝍦丨元，乘前草二數

得，仍爲二數，天元加六得，乘前草三數得，仍爲三數，天元加五得，乘前草四數得，仍爲四數，并諸數得，爲三十六萬二千八百八十段積，寄左。乃以乘積得爲同數，與左相消得，爲開方式。

又法，十八萬一千四百四十爲正實，三千六百爲負方，二萬四千六百六十爲負甲廉，五萬三千二百八十八爲負乙廉，五萬五千一百二十五爲負丙廉，三萬一千七百十爲負丁廉，一萬〇七百十爲負戊廉，二千一百十二爲負

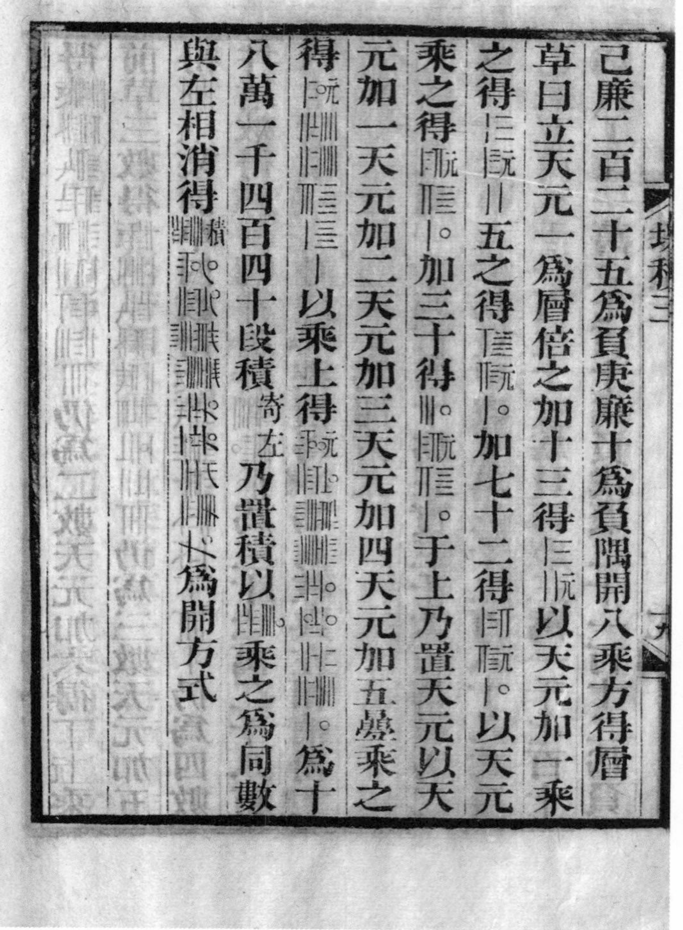

己廉，二百二十五爲負庚廉，十爲負隅，開八乘方得層。

草曰：立天元一爲層，倍之加十三得，以天元加一乘之得，五之得，加七十二得，以天元乘之得，加三十得，于上乃置天元，以天元加一，天元加二，天元加三，天元加四，天元加五疊乘之得，以乘上得，爲十八萬一千四百四十段積，寄左。乃置積以乘之爲同數，與左相消得，爲開方式。

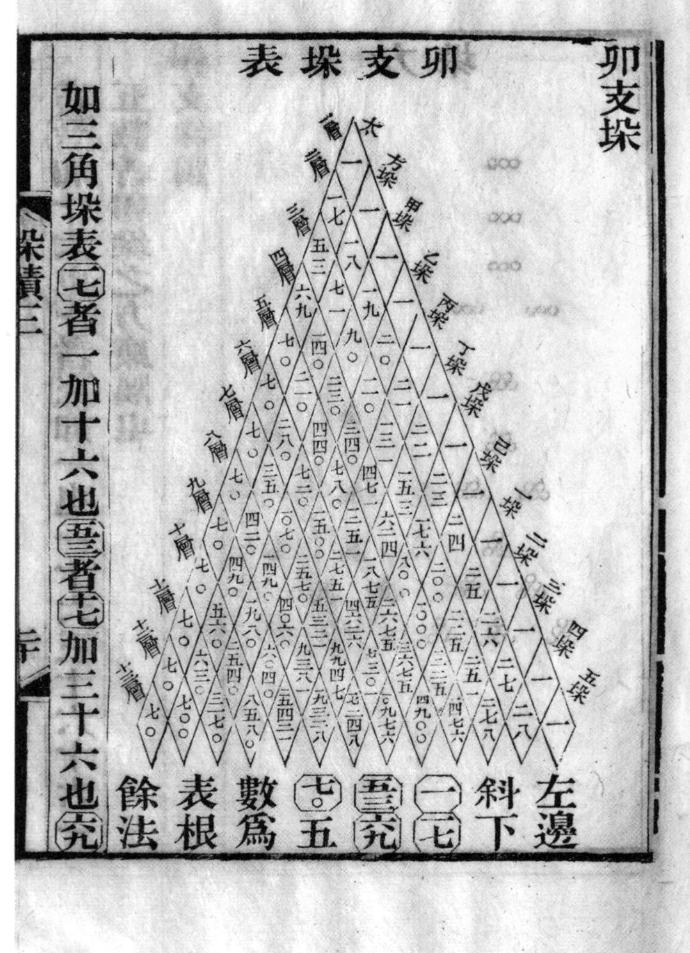

卯支垛

卯支垛表

左邊斜下一、一七、五三、六九、七〇，五數爲表根。

餘法如三角垛表，一七者一加十六也，五三者，十七加三十六也，六九

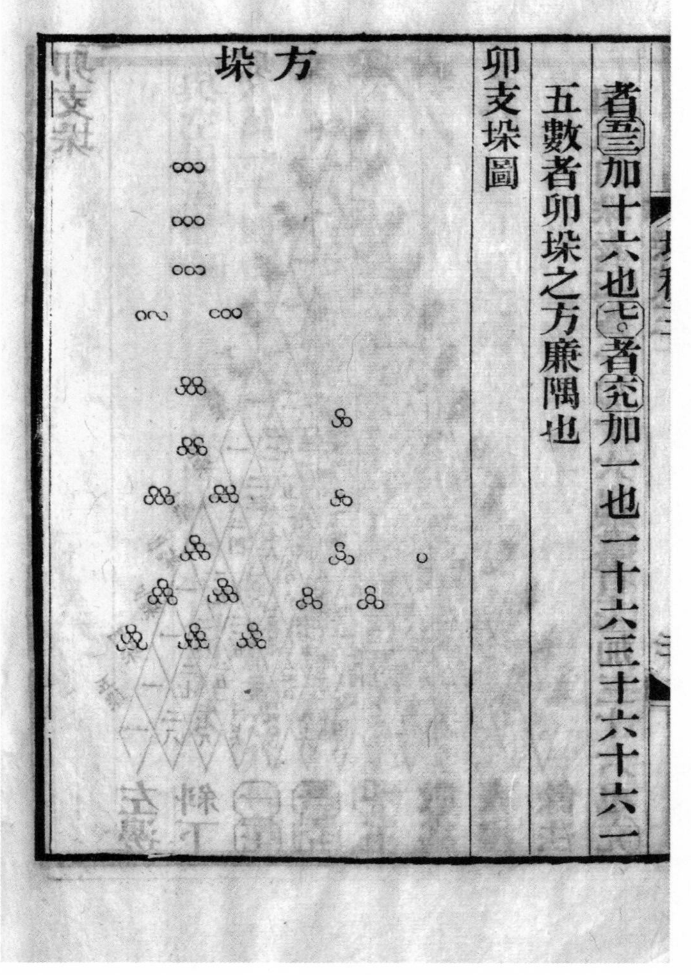

者，五三加十六也，七〇者，六九加一也，一、十六、三十六、十六、一，五數者卯垛之方廉隅也。

卯支垛圖

方垛

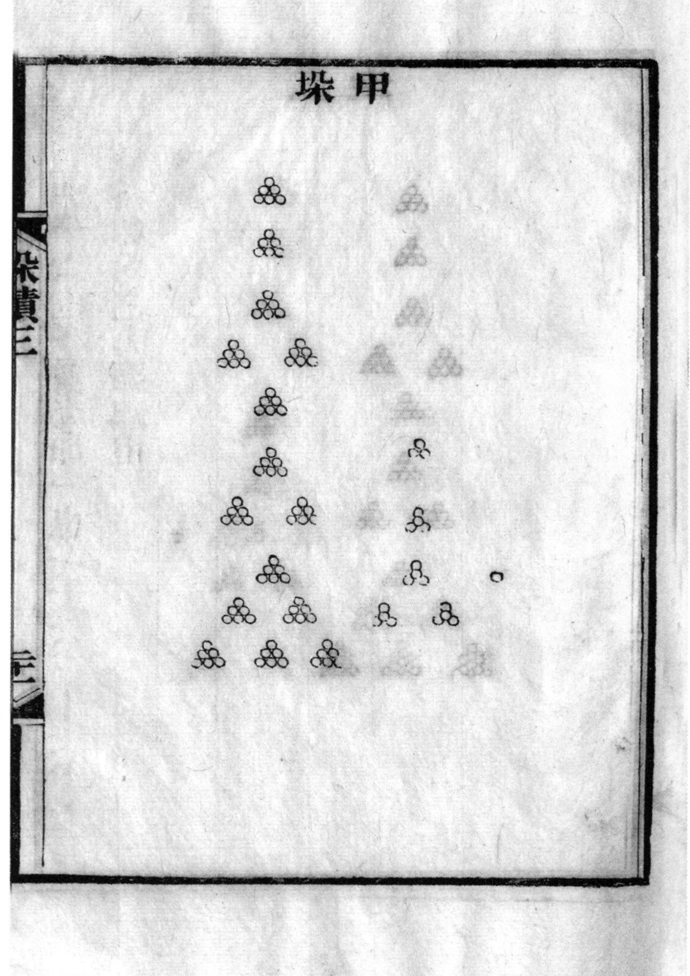

甲垛

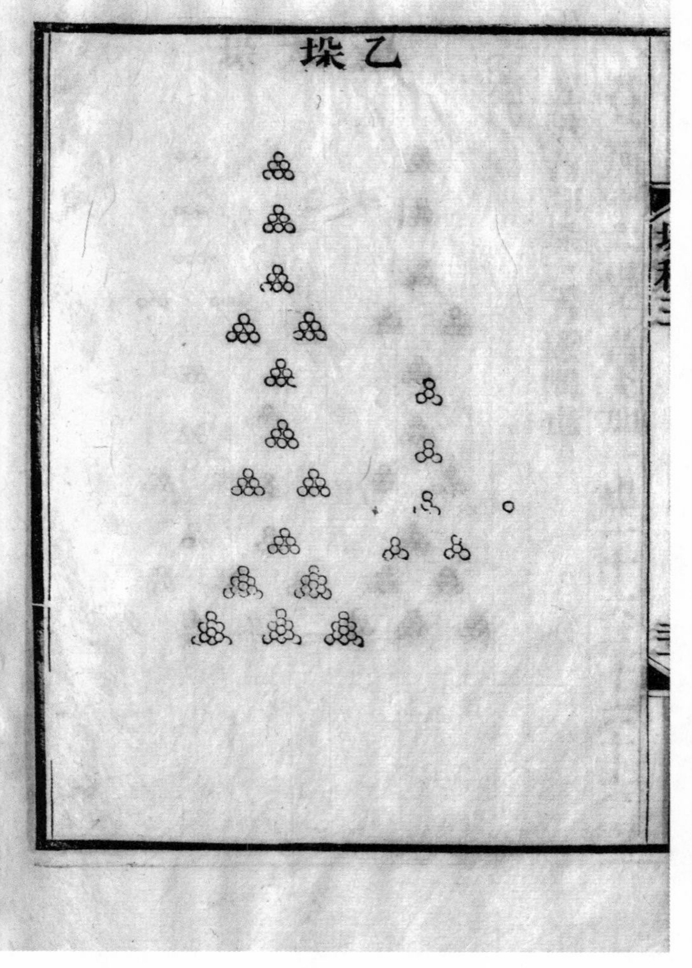

乙垜

丙垛

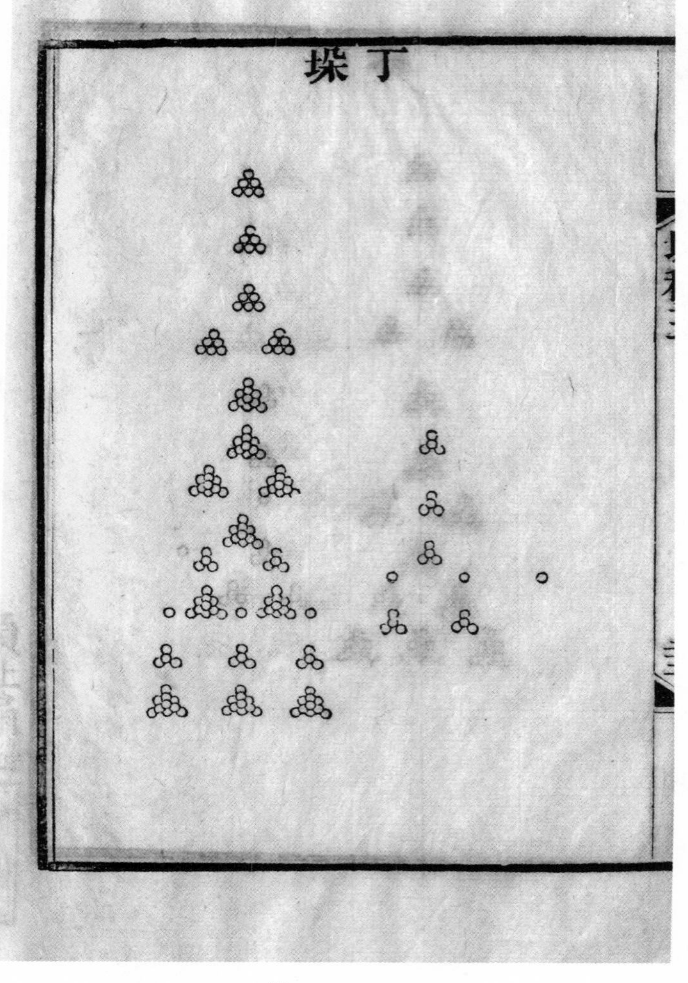

丁垛

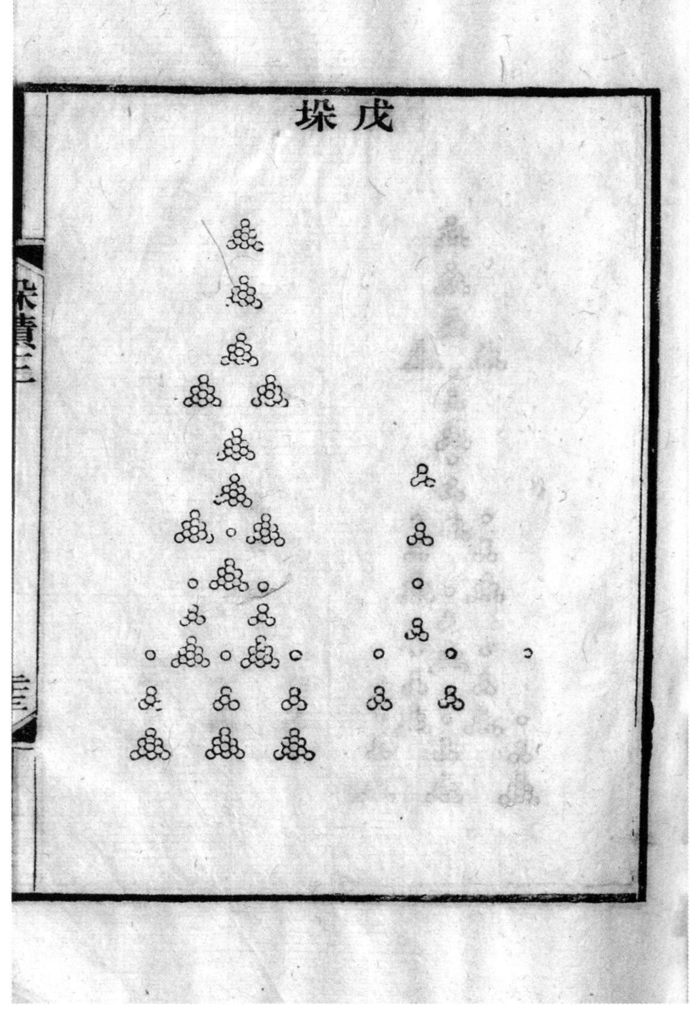

戊垛

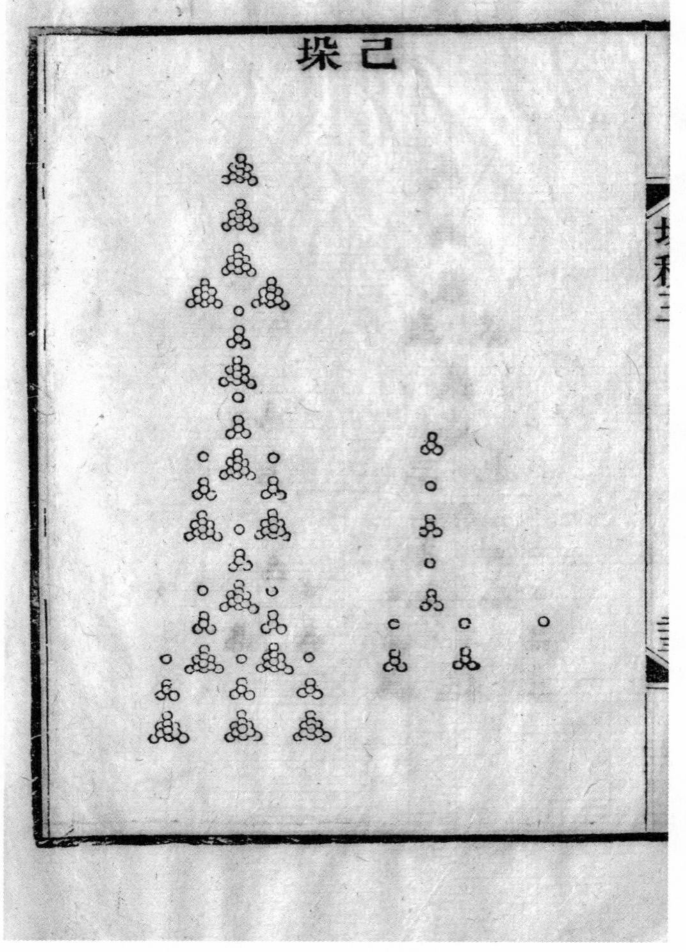

己垜

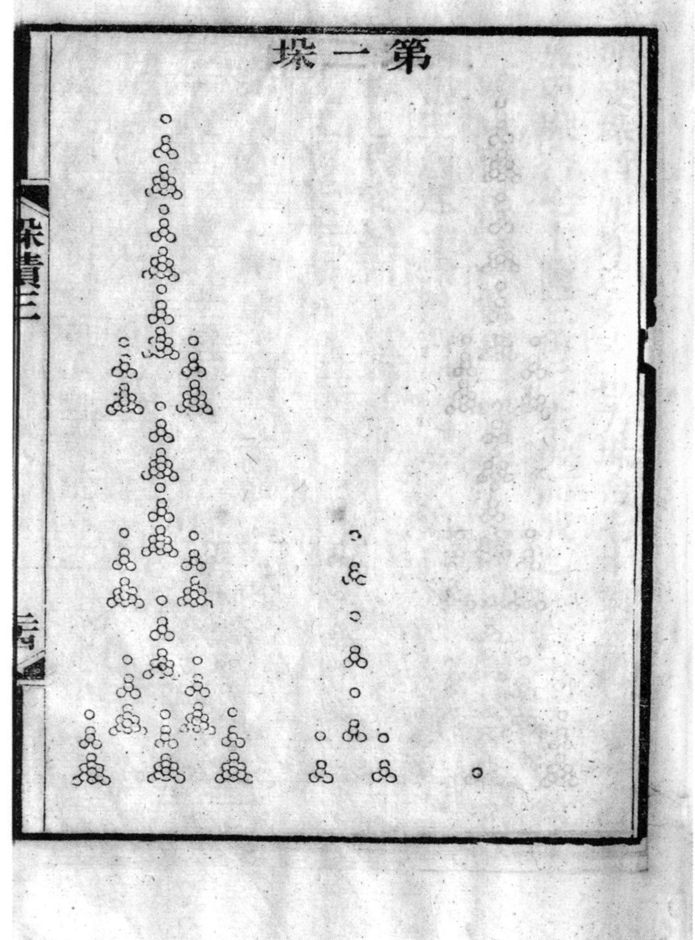

第一垛

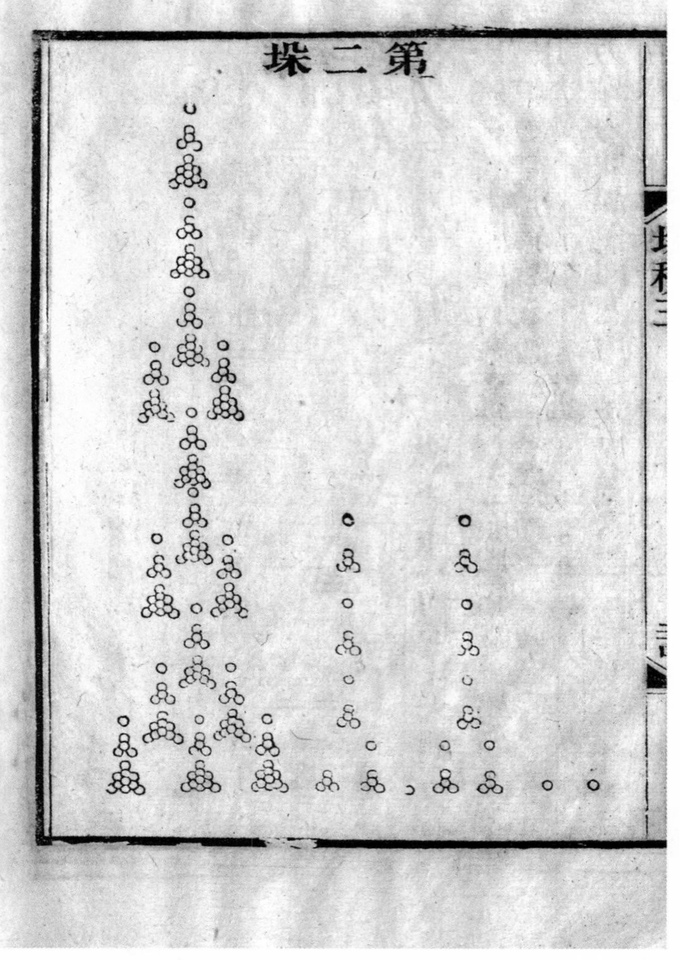

第二垛

卯支垛者卯垛之分支也方垛合七十箇三角一乘垛而
成甲垛合七十箇三角二乘垛而成乙垛合七十箇三角
三乘垛而成皆一箇自一層起十六箇自二層起三十六
箇自三層起十六箇自四層起一箇自五層起丙垛以下
類推○辰支垛以下理皆如是
卯支垛有層求積術
各垛皆有方一甲廉十六乙廉三十六丙廉十六隅一方
以層爲高甲廉以層減一爲高乙廉以層減二爲高丙廉
以層減三爲高隅以層減四爲高
方垛方廉隅俱以三角一乘垛術入之

卯支垛者，卯垛之分支也。

方垛，合七十箇三角一乘垛而成。甲垛，合七十箇三角二乘垛而成。乙垛，合七十箇三角三乘垛而成。一箇自一層起，十六箇自二層起，三十六箇自三層起，十六箇自四層起，一箇自五層起，丙垛以下類推。辰支垛以下理皆如是。

卯支垛有層求積術

各垛皆有方一、甲廉十六、乙廉三十六、丙廉十六、隅一，方以層爲高，甲廉以層減一爲高，乙廉以層減二爲高，丙廉以層減三爲高，隅以層減四爲高。

方垛方、廉、隅俱以三角一乘垛術入之。

又法層減二以層減一乘之七之加四五倍之得積
甲垛方廉隅俱以三角二乘垛術入之
又法層減二以層減一乘之七之加十二以層乘之減十
二五之爲實三爲法得積
乙垛方廉隅俱以三角三乘垛術入之
又法層減一自乘七之加十以層乘之減十以層乘之五
之加十二爲實三四相乘爲法得積
丙垛方廉隅俱以三角四乘垛術入之
又法層自乘七之加五以層連乘三次五之爲實三四五
連乘爲法得積

又法，層減二以層減一乘之，七之，加四，五倍之得積。

甲垛方、廉、隅俱以三角二乘垛術入之。

又法，層減二以層減一乘之，七之，加十二，以層乘之，減十二，五之爲實，三爲法得積。

乙垛方、廉、隅俱以三角三乘垛術入之。

又法，層減一自乘，七之，加十，以層乘之減十，以層乘之，五之，加十二爲實，三、四相乘爲法得積。

丙垛方、廉、隅俱以三角四乘垛術入之。

又法，層自乘，七之，加五，以層連乘三次，五之爲實，三、四、五連乘爲法得積。

丁垛方廉隅俱以三角五乘垛術入之
又法層加一自乘七之加四以層乘之加四五之以層乘
之又以層層加一曡乘之爲實三四五六連乘爲法得積
戊垛方廉隅俱以三角六乘垛術入之
又法層加二自乘七之加七以層乘之加十四五之以層
乘之又以層層加一層加二曡乘之爲實三四五六七連
乘爲法得積
己垛方廉隅俱以三角七乘垛術入之
又法層加三自乘七之加十四以層乘之加四十二五之
以層乘之又以層層加一層加二層加三曡乘之爲實三

丁垛方、廉、隅俱以三角五乘垛術入之。

又法，層加一自乘，七之，加四，以層乘之，加四，五之，以層乘之，又以層層加一疊乘之爲實，三、四、五、六連乘爲法得積。

戊垛方、廉、隅俱以三角六乘垛術入之。

又法，層加二自乘，七之，加七，以層乘之，加十四，五之，以層乘之，又以層層加一、層加二、疊乘之爲實，三、四、五、六、七連乘爲法得積。

己垛方、廉、隅俱以三角七乘垛術入之。

又法，層加三自乘，七之，加十四，以層乘之，加四十二，五之，以層乘之，又以層層加一、層加二、層加三、疊乘之爲實，三、

四五六七八連乘爲法得積
第一垛方廉隅俱以三角八乘垛入之
又法層加四自乘七之加二十五以層乘之加一百五之以層乘之加十二以層層加一層加二層加三層加四曡乘之爲實三四五六七八九連乘爲法得積
第二垛方廉隅俱以三角九乘垛術入之
又法層加五自乘七之加四十以層乘之加二百五之以層乘之加六十以層層加一層加二層加三層加四層加五曡乘之爲實三四五六七八九十連乘爲法得積
第三垛以下可類推

四、五、六、七、八連乘爲法得積。

第一垛方、廉、隅俱以三角八乘垛入之。

又法，層加四自乘，七之，加二十五，以層乘之，加一百，五之，以層乘之，加十二，以層層加一、層加二、層加三、層加四、曡乘之爲實，三、四、五、六、七、八、九連乘爲法得積。

第二垛方、廉、隅俱以三角九乘垛術入之。

又法，層加五自乘，七之，加四十，以層乘之，加二百，五之，以層乘之，加六十，以層層加一、層加二、層加三、層加四、層加五、曡乘之爲實，三、四、五、六、七、八、九、十連乘爲法得積。

第三垛以下可類推。

卯支垜有積求層術
方垜倍積減一百八十爲正實二百十爲正方七十爲負隅開平方得層若倍積恰得一百八十減盡則二百十爲實七十爲法法除實得層若倍積小于一百八十必一層或二層不必推也
草曰立天元一爲層加一得丨丨元以天元乘之得丨元丨爲一數置天元減一得丨元以天元乘之得丨元十六之得丨元丄爲二數置天元減二得丨元以天元減一乘之得丨元三十六之得丨元三數置天元減三得丨元以天元減二乘之得丨元十六之得丨元爲四數置天元減四得丨元以天元減三乘之得丨元爲五數幷諸

卯支垜有積求層術

方垜，倍積減一百八十爲正實，二百十爲正方，七十爲負隅，開平方得層，若倍積恰得一百八十減盡則二百十爲實，七十爲法，法除實得層，若倍積小于一百八十，必一層或二層不必推也。

草曰：立天元一爲層，加一得 丨丨元，以天元乘之得 丨元丨，爲一數。置天元，減一得 ‖丨元，以天元乘之得 ‖丨元，十六之得 丨丄元丄，爲二數，置天元減二得 ‖丨元，以天元減一乘之得 ‖丨元丨，三十六之得 丨〇丅元 ☰丅，爲三數，置天元減三得 ‖丨元，以天元減二乘之得 丅‖元丨，十六之得 ☰丅〇元丄，爲四數，置天元減四得 ‖丨元，以天元減三乘之得 丨=丅元丨，爲五數，并諸

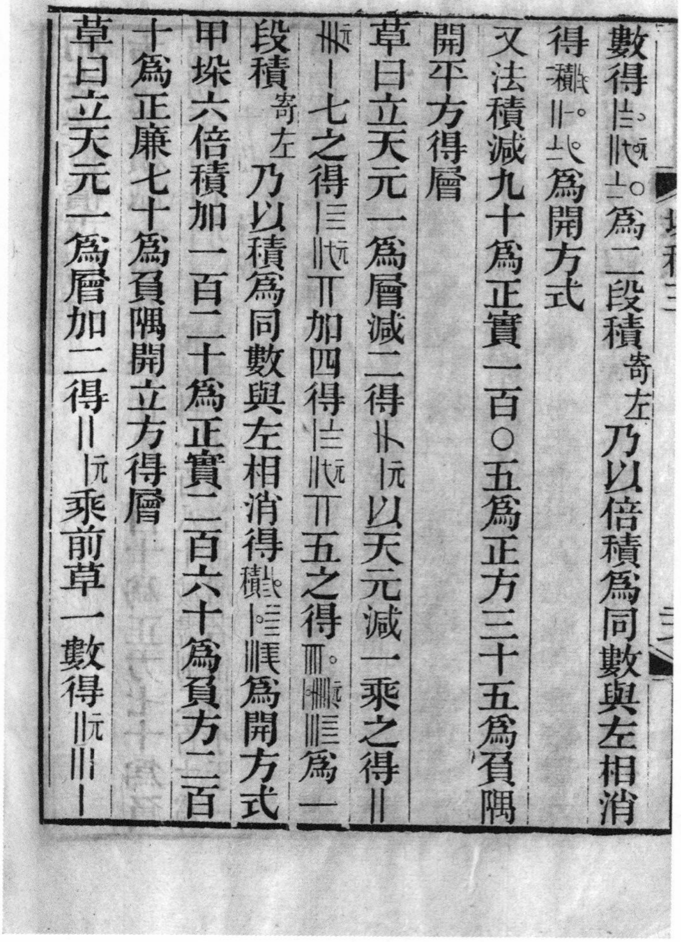

數得〔丨≐〇／‖〸〇元／⊥〇〕，爲二段積，寄左。乃以倍積爲同數，與左相消得〔〓積丨≚〇／‖一〇／≚〇〕，爲開方式。

又法，積減九十爲正實，一百〇五爲正方，三十五爲負隅，開平方得層。

草曰：立天元一爲層，減二得〔〸元／丨〕，以天元減一乘之得〔‖／〸元／丨〕，七之得〔丨≡／‖〸元／Ⅱ〕，加四得〔丨≐／‖〸元／Ⅱ〕，五之得〔Ⅲ〇／丨〇〸元／Ⅲ≣〕，爲一段積，寄左。乃以積爲同數，與左相消得〔積≐〇／丨〇≣／Ⅲ≚〕，爲開方式。

甲垛，六倍積加一百二十爲正實，二百六十爲負方，二百十爲正廉，七十爲負隅，開立方得層。

草曰：立天元一爲層，加二得〔‖／丨元〕，乘前草一數得〔‖元／Ⅲ／丨〕

二七三

仍爲一數，天元加一得［丨／丨元］，乘前草二數得［丨乂元／〇／丨丄］，仍爲二數，以天元乘前草三數得［丌=元／丨〇≒／≡丅］，仍爲三數，天元減一得［乂／丨元］，乘前草四數得［≐丅／丨≐丅元／≐丅／丨丄］，仍爲四數，天元減二得［乂乂／丨元］，乘前草五數得［‖≒／‖丄元／𝍧／丨］，仍爲五數，并諸數得［丨≒〇／‖丄〇元／=乂〇／≐〇］，爲六段積，寄左。乃以積六之爲同數，與左相消得［丅積丨=〇／‖乂〇／=丨〇／乂〇］，爲開方式。

又法，三倍積加六十爲正實，一百三十爲負方，一百〇五爲正廉，三十五爲負隅，開立方得層。

草曰：立天元一爲層，減二得［乂乂／丨元］，以天元減一乘之得［‖／乂乂元／丨］，七之得［丨≡／‖乂元／丌］，加十二得［‖丄／‖乂元／丌］，以天元乘之得［‖丄元／‖乂／丌］，減十二得，五之得，爲三段積，寄左。乃以積三之爲同數，與左相消得，爲開方式。

乙垛，二十四倍積減二十四爲正實，一百爲正方，一百七十爲負甲廉，一百四十爲正乙廉，七十爲負隅，開三乘方得層。

草曰：立天元一爲層，加三得，乘前草一數得，仍爲一數，天元加二得，乘前草二數得，仍爲二數，天元加一得，乘前草三數得，仍爲三數，天元乘前草四數得，仍爲四數，天元減一得，乘前草五數得，仍爲五數，并諸數得，爲二十四段積，寄左。乃以積二十四倍之爲同數，與左相消得，爲開方式。

又法，十二倍積減十二爲正實，五十爲正方，八十五爲負甲廉，七十爲正乙廉，三十五爲負隅，開三乘方得層。

草曰：立天元一爲層，減一得，自乘得，七之得，加十得，以天元乘之得，減十得，五之得，以天元乘之得，加十二得，爲十二段積，寄左。乃以積十二之爲同數，與左相消得，爲開方式。

丙垛，一百二十倍積爲正實，方空，甲廉空，五十爲負乙廉，

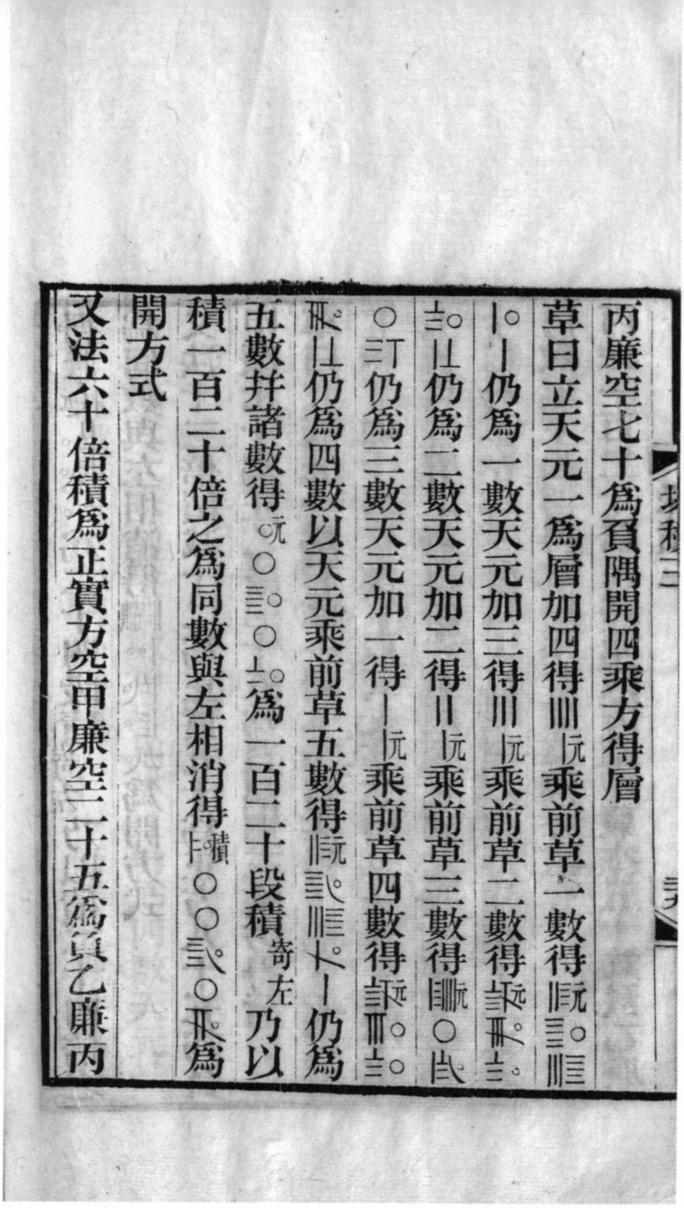

丙廉空，七十爲負隅，開四乘方得層。

草曰：立天元一爲層，加四得，乘前草一數得，仍爲一數，天元加三得，乘前草二數得，仍爲二數，天元加二得，乘前草三數得，仍爲三數，天元加一得，乘前草四數得，仍爲四數，以天元乘前草五數得，仍爲五數，并諸數得，爲一百二十段積，寄左。乃以積一百二十倍之爲同數，與左相消得，爲開方式。

又法，六十倍積爲正實，方空，甲廉空，二十五爲負乙廉，丙廉空，三十五爲負隅，開四乘方得層。

草曰：立天元一爲層，自之得[〇元 / 𝍠]，七之得[〇元 / 𝍦]，加五得[𝍤 / 〇元 / 𝍦]，以天元連乘三次得[〇元 / 〇 / 𝍤 / 〇 / 𝍦]，五之得[〇元 / 〇 / 𝍡𝍫 / 〇 / 𝍪𝍤]，爲六十段積，寄左。乃以積六十之爲同數，與左相消得[𝍥〇積 / 〇 / 〇 / 𝍡𝍫 / 〇 / 𝍪𝍤]，爲開方式。

丁垛，七百二十倍積爲正實，方空，四十爲負甲廉，一百五十爲負乙廉，二百五十爲負丙廉，二百十爲負丁廉，七十爲負隅，開五乘方得層。

草曰：立天元一爲層，加五得[𝍤 / 𝍠元]，乘前草一數得[𝍠𝍩〇元 / 𝍡𝍮𝍣 / 𝍡𝍩𝍤 / 𝍦𝍫 / 𝍠𝍫 / 𝍠]，仍爲一數，天元加四得[𝍣 / 𝍠元]，乘前草二數得[𝍪𝍧𝍫元 / 𝍫𝍠𝍮 / 𝍡𝍫〇 / 𝍫〇〇 / 𝍠𝍫𝍣 / 𝍠𝍮]，

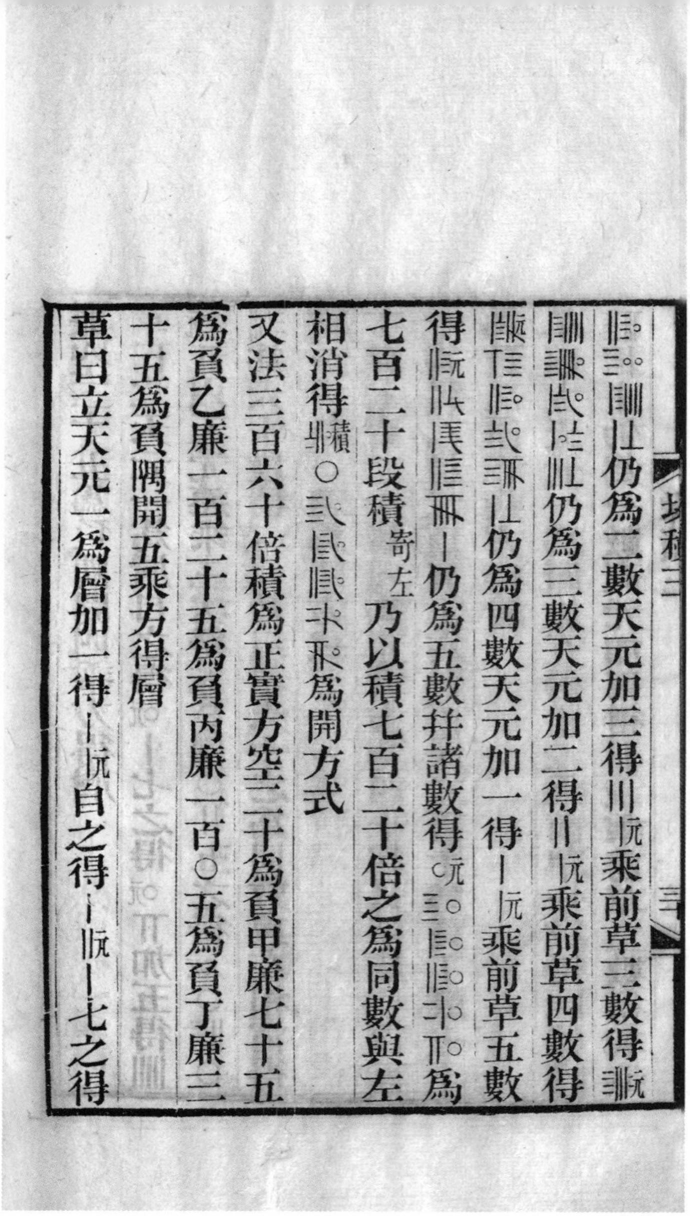

仍爲二數，天元加三得，乘前草三數得，仍爲三數，天元加二得，乘前草四數得，仍爲四數，天元加一得，乘前草五數得，仍爲五數，并諸數得爲七百二十段積，寄左。乃以積七百二十倍之爲同數，與左相消得，爲開方式。

又法，三百六十倍積爲正實，方空，二十爲負甲廉，七十五爲負乙廉，一百二十五爲負丙廉，一百〇五爲負丁廉，三十五爲負隅，開五乘方得層。

草曰：立天元一爲層，加一得，自之得，七之得，加四得，以天元乘之得，加四得，五之得，以天元乘之得，于上。以天元加一得，乘天元得，以乘上得爲三百六十段積，寄左。乃以積三百六十倍之爲同數，與左相消得，爲開方式。

戊垛，五千〇四十倍積爲正實，方空，二百八十爲負甲廉，一千一百二十爲負乙廉，一千七百五十爲負丙廉，一千三百三十爲負丁廉，四百九十爲負戊廉，七十爲負隅，開六乘方得層。

草曰：立天元一爲層，加六得，乘前草一數得，仍爲一數，天元加五得，乘前草二數得，仍爲二數，天元加四得，乘前草三數得，仍爲三數，天元加三得，乘前草四數得，仍爲四數，天元加二得，乘前草五數得，仍爲五數，并諸數得，爲五千〇四十段積，寄左。乃以積五千〇四十倍之爲同數，與左相消得，爲開方式。

又法，二千五百二十倍積爲正實，方空，一百四十爲負甲廉，五百六十爲負乙廉，八百七十五爲負丙廉，六百六十

五爲負丁廉二百四十五爲負戊廉三十五爲負隅開六乘方得層

草曰立天元一爲層加二得自之得七之得加七得以天元乘之得加十四得以天元乘之得五之得于上置天元以天元加一乘之得又以天元加二乘之得以乘上得爲二千五百二十段積寄左乃以積二千五百二十倍之爲同數與左相消得爲開方式

己垜四萬〇三百二十倍積爲正實方空二千五百二十

五爲負丁廉，二百四十五爲負戊廉，三十五爲負隅，開六乘方得層。

草曰：立天元一爲層，加二得，自之得，七之得，加七得，以天元乘之得，加十四得，以天元乘之得，五之得，于上置天元，以天元加一乘之得，又以天元加二乘之得，以乘上得，爲二千五百二十段積，寄左。乃以積二千五百二十倍之爲同數，與左相消得，爲開方式。

己垜，四萬〇三百二十倍積爲正實，方空，二千五百二十爲負甲廉九千二百四十爲負乙廉一萬三千五百十爲負丙廉一萬〇〇八十爲負丁廉四千〇六十爲負戊廉八百四十爲負己廉七十爲負隅開七乘方得層

草曰立天元一爲層加七得乘前草一數得仍爲一數天元加六得乘前草二數得仍爲二數天元加五得乘前草三數得仍爲三數天元加四得乘前草四數得仍爲四數天元加三得乘前草五數得仍爲五數幷諸數得爲四萬〇三百二十倍積寄

爲負甲廉，九千二百四十爲負乙廉，一萬三千五百十爲負丙廉，一萬〇〇八十爲負丁廉，四千〇六十爲負戊廉，八百四十爲負己廉，七十爲負隅，開七乘方得層。

草曰：立天元一爲層，加七得，乘前草一數得，仍爲一數，天元加六得，乘前草二數得，仍爲二數，天元加五得，乘前草三數得，仍爲三數，天元加四得，乘前草四數得，仍爲四數，天元加三得，乘前草五數得，仍爲五數，并諸數得，爲四萬〇三百二十倍積，寄左。乃以積四萬〇三百二十倍之爲同數，與左相消得，爲開方式。

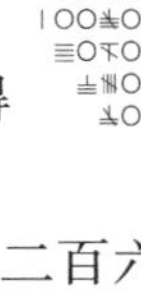

又法，二萬〇一百六十倍積爲正實，方空，一千二百六十爲負甲廉，四千六百二十爲負乙廉，六千七百五十五爲負丙廉，五千〇四十爲負丁廉，二千〇三十爲負戊廉，四百二十爲負己廉，三十五爲負隅，開七乘方得層。

草曰：立天元一爲層，加三得，自之得，七之得，加十四得，以天元乘之得，加四十二得，以天元乘而五之得，于上乃置天元，以天元加一乘之得，又以天元加二乘之得，

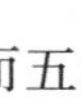

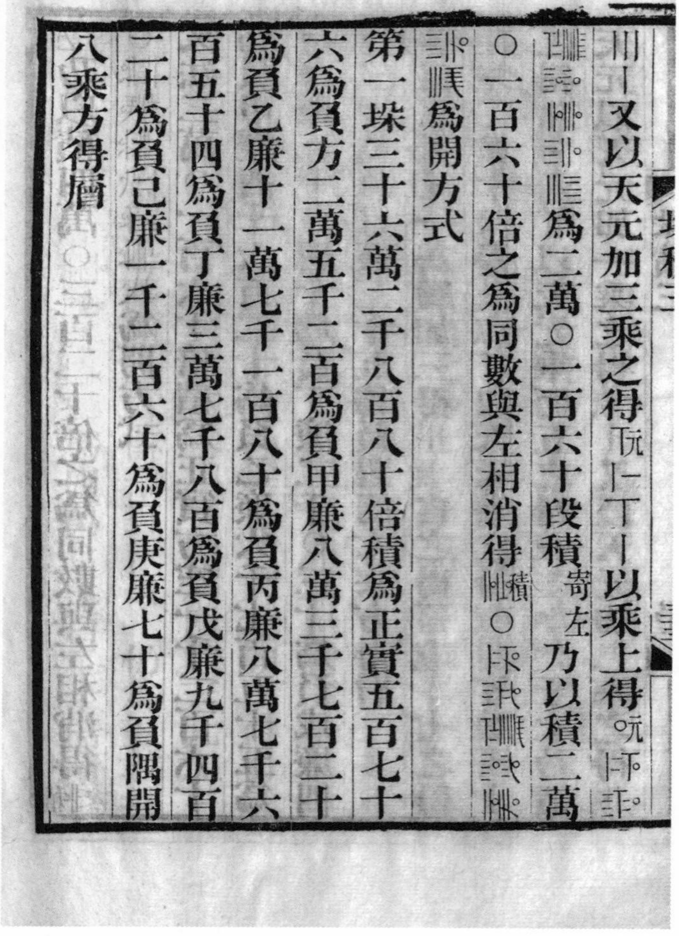

又以天元加三乘之得，以乘上得，爲二萬〇一百六十段積，寄左。乃以積二萬〇一百六十倍之爲同數，與左相消得，爲開方式。

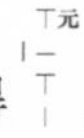

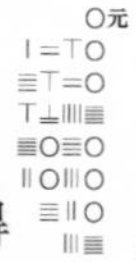

第一垛，三十六萬二千八百八十倍積爲正實，五百七十六爲負方，二萬五千二百爲負甲廉，八萬三千七百二十爲負乙廉，十一萬七千一百八十爲負丙廉，八萬七千六百五十四爲負丁廉，三萬七千八百爲負戊廉，九千四百二十爲負己廉，一千二百六十爲負庚廉，七十爲負隅，開八乘方得層。

草曰：立天元一爲層，加八得，乘前草一數得，仍爲一數，天元加七得，乘前草二數得，仍爲二數，天元加六得，乘前草三數得，仍爲三數，天元加五得，乘前草四數得，仍爲四數，天元加四得，乘前草五數得，仍爲五數，并諸數得爲三十六萬二千八百八十段積，寄左。乃以乘積爲同數，與左相消得，爲開方式。

又法，十八萬一千四百四十爲正實，二百八十八爲負方，一萬二千六百爲負甲廉，四萬一千八百六十爲負乙廉，五萬八千五百九十爲負丙廉，四萬三千八百二十七爲負丁廉，一萬八千九百爲負戊廉，四千七百一十爲負己廉，六百三十爲負庚廉，三十五爲負隅，開八乘方得層。

草曰：立天元一爲層，加四得，自之得，七之得，加二十五得，以天元乘之得，加一百得，以天元乘而五之得，加十二得，于上乃置天元，以天元加一乘之得，又以天元加二乘之得，又以天元加三乘之得，又以天元加四乘之得，以乘上得，爲十八萬一千四百四十段積，寄左。乃以積十八萬一千四百四十倍之爲同數，與左相消得［算籌式］，爲開方式。

第二垛，三百六十二萬八千八百倍積爲正實，一萬四千四百爲負方，二十七萬二千八百八十爲負甲廉，八十三萬三千爲負乙廉，一百十三萬三千三百爲負丙廉，八十五萬五千七百五十爲負丁廉，三十八萬九千五百五十爲負戊廉，十萬〇九千五百爲負己廉，一萬八千六百爲負庚廉，一千七百五十爲負辛廉，七十爲負隅，開九乘方得層。

草曰：立天元一爲層，加九得，乘前草一數得，仍爲一數，天元加八得，乘前草二數得，仍爲二數，天元加七得，乘前草三數得，仍爲三數，天元加六得，乘前草四數得，仍爲四數，天元加五得，乘前草五數得，仍爲五數，并諸數得，爲三百六十二萬八千八百段積，寄左。乃以乘積爲同數，與左相消得，爲開方式。

又法，一百八十一萬四千四百倍積爲正實，七千二百爲負方，十三萬六千四百四十爲負甲廉，四十一萬六千五百爲負乙廉，五十六萬六千六百五十爲負丙廉，四十二萬七千八百七十五爲負丁廉，十九萬四千七百七十五爲負戊廉，五萬四千七百五十爲負己廉，九千三百爲負庚廉，八百七十五爲負辛廉，三十五爲負隅，開九乘方得層。

草曰：立天元一爲層，加五得𝍤
𝍠元，自之得𝍪𝍤
𝍩〇元
𝍠，七之得𝍠𝍯𝍤
𝍯〇元
𝍦，加四十得𝍡𝍩𝍤
𝍯〇元
𝍦，以天元乘之得𝍡𝍩𝍤元
𝍯〇
𝍦，加二百得𝍡〇〇
𝍡𝍩𝍤元
𝍯〇
𝍦，五之得𝍩〇〇〇
𝍩〇𝍯𝍤元
𝍢𝍭〇
𝍫𝍤，以天元乘之得𝍩〇〇〇元
𝍩〇𝍯𝍤
𝍢𝍭〇
𝍫𝍤，加六十得𝍮〇
𝍩〇〇〇元
𝍩〇𝍯𝍤
𝍢𝍭〇
𝍫𝍤，于上置天元，以天元加一乘之得

𝍠元
𝍠，又以天元加二乘之得𝍡元
𝍢
𝍠，又以天元加三乘之得𝍥元
𝍠𝍩
𝍥
𝍠，又以天元加四乘之得𝍡𝍬元
𝍭〇
𝍢𝍭
𝍠〇
𝍠，又以天元加五乘之得𝍠𝍪〇元
𝍡𝍯𝍣
𝍡𝍪𝍤
𝍧𝍭
𝍠𝍭
𝍠，以乘上得𝍮𝍡〇〇元
𝍠𝍫𝍥𝍫𝍣〇
𝍫𝍠𝍮𝍤〇〇
𝍬𝍥𝍮𝍥𝍬〇
𝍣𝍩𝍦𝍯𝍦𝍬
𝍠𝍰𝍣𝍯𝍦𝍫
𝍬𝍣𝍯𝍤
𝍰𝍢〇〇
𝍧𝍮𝍤
𝍢𝍬，爲一百八十一萬四千四百段積。寄左。乃置積，以一百八十一萬四千四百乘之爲同數，與左相消，得𝍠𝍮𝍠𝍫𝍣〇〇積
𝍯𝍡̸〇〇
𝍠𝍫𝍥𝍫𝍣̸〇
𝍫𝍠𝍮𝍤̸〇〇
𝍬𝍥𝍮𝍥𝍬̸〇
𝍫𝍡𝍯𝍦𝍮𝍤̸
𝍠𝍰𝍣𝍯𝍦𝍬̸
𝍤𝍫𝍦𝍬̸〇
𝍰𝍢̸〇〇
𝍰𝍦𝍬̸
𝍢𝍬̸，爲開方式。

湘鄉曾紀澤校

垜積比類卷四

則古昔齋算學四

海寧李善蘭學

三角變垜[1]

三角變垜表

造表法：用三角垜表，各格以本層數乘之，

1 如下圖所示，

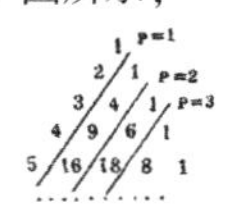

第 p 斜行上前 n 個數的和稱爲三角一變垜第 p 垜（詳見後圖），此圖由卷一三角垜表中各數乘以它在斜行上的項數得到。［詳見：李兆華．李善蘭垜積術與尖錐術略論，西北大學學報（自然科學版），1986 年第 04 期：109 – 125 頁．羅見今．《垜積比類》內容分析，內蒙古師範大學學報（自然科學版），1982 年第 23 期：89 – 105 頁］

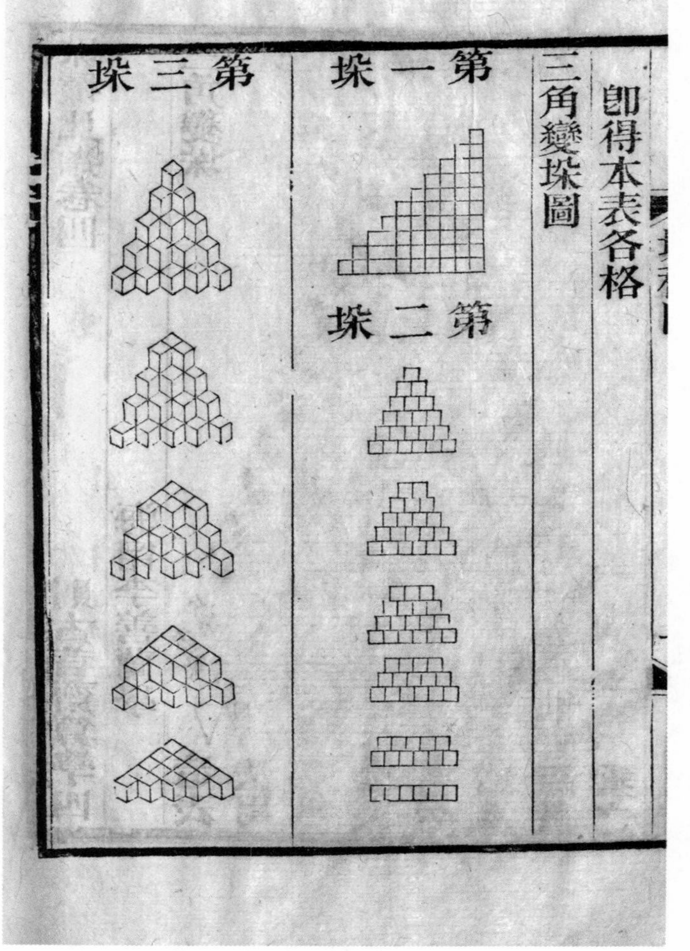

即得本表各格。

三角變垜圖

第一垜

第二垜

第三垜

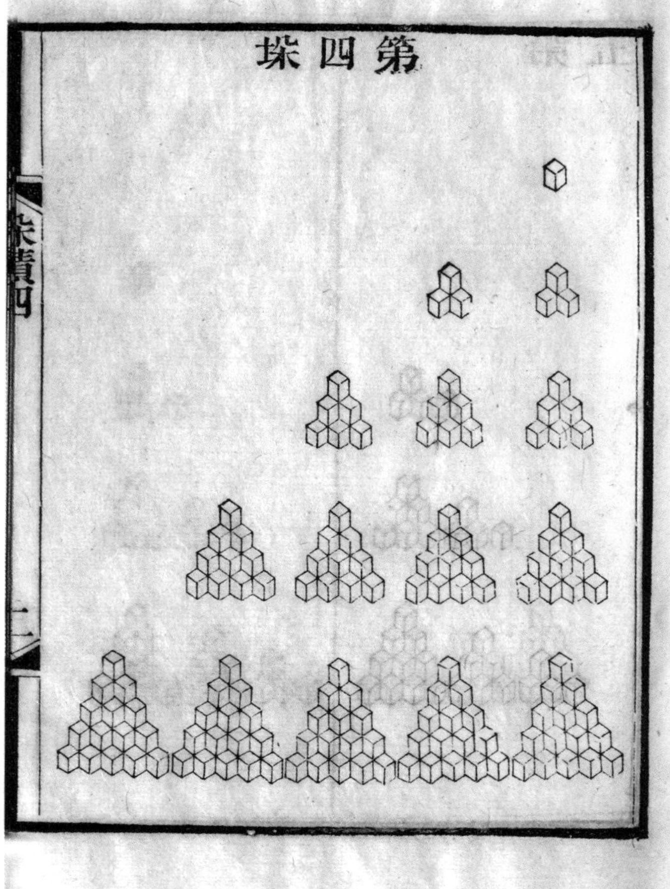

第四垛

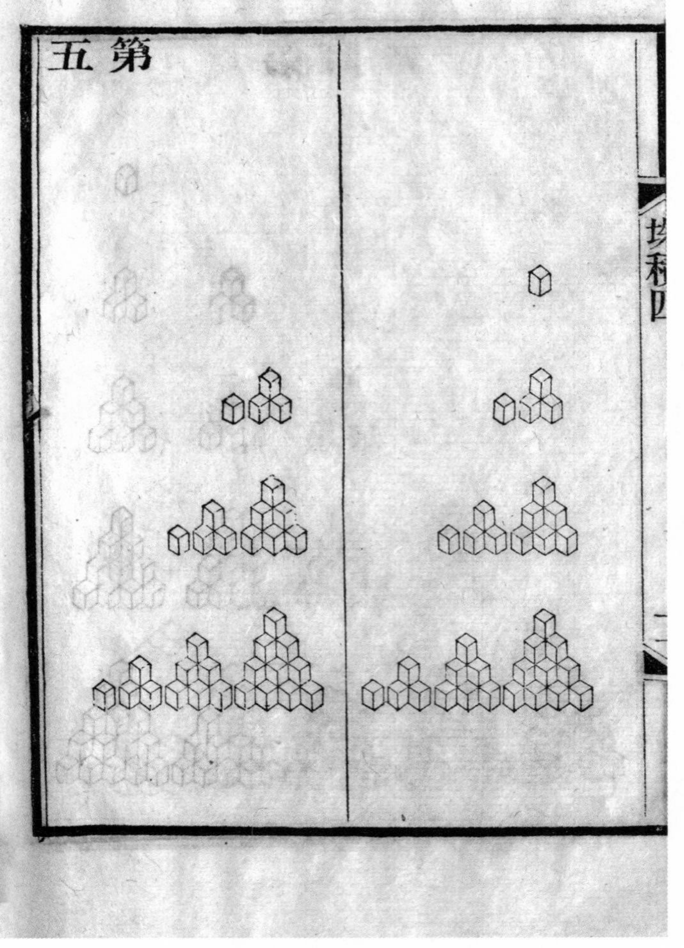

第五垛

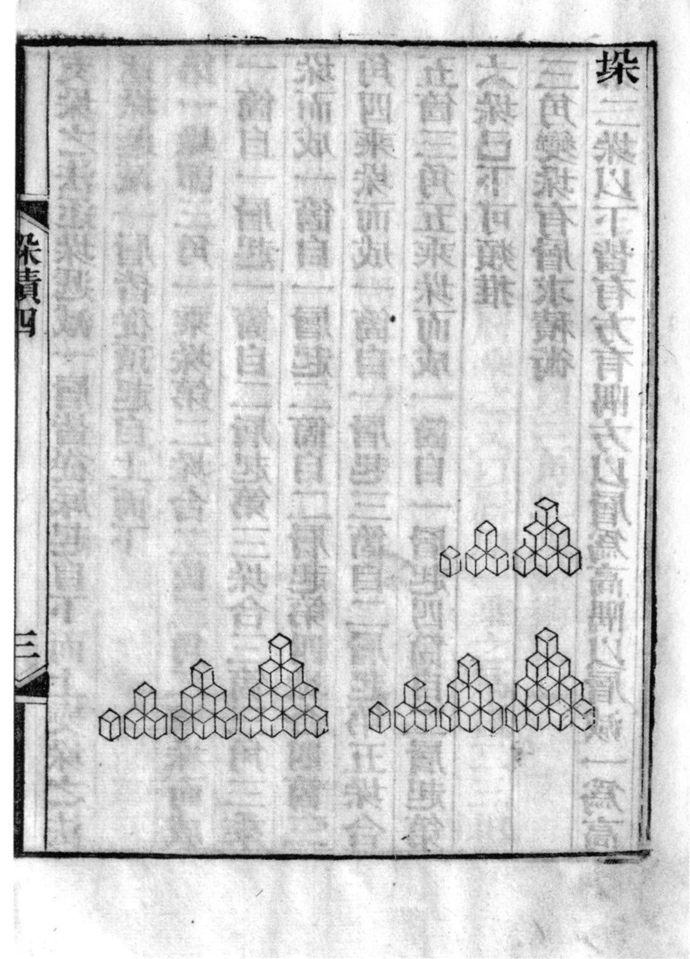

垛二三垛以下皆有方有隅方以層爲積隅以層減一爲高

三角變垛有層求積術

六垛已下可類推

垛積四　三

第五垛

支垛之法逐垛遞減一層皆從底起自下而上變垛之法
逐垛遞減一層皆從頂起自上而下
第一垛卽三角一乘垛第二垛合二箇三角二乘垛而成
一箇自一層起一箇自二層起第三垛合三箇三角三乘
垛而成一箇自一層起二箇自二層起第四垛合四箇三
角四乘垛而成一箇自一層起三箇自二層起第五垛合
五箇三角五乘垛而成一箇自一層起四箇自二層起第
六垛已下可類推
三角變垛有層求積術
第二垛以下皆有方有隅方以層爲高隅以層減一爲高

支垛之法，逐垛遞減一層，皆從底起，自下而上。

變垛之法，逐垛遞減一層，皆從頂起，自上而下。

第一垛，即三角一乘垛。第二垛，合二箇三角二乘垛而成。一箇自一層起，一箇自二層起。第三垛，合三箇三角三乘垛而成。一箇自一層起，二箇自二層起。第四垛，合四箇三角四乘垛而成。一箇自一層起，三箇自二層起。第五垛，合五箇三角五乘垛而成。一箇自一層起，四箇自二層起。第六垛已下可類推。

三角變垛有層求積術

第二垛以下皆有方有隅，方以層爲高，隅以層減一爲高，

第一垛以三角一乘垛術入之
第二垛有方一隅一皆以三角二乘垛術入之
又法倍層加一以層乘之又以層加一乘之爲實二三相
乘爲法得積
第三垛有方一隅二皆以三角三乘垛術入之
又法三倍層加一以層乘之又以層加一層加二壘乘之
爲實二三四連乘爲法得積
第四垛有方一隅三皆以三角四乘垛術入之
又法四倍層加一以層乘之又以層加一層加二層加三
壘乘之爲實二三四五連乘爲法得積

第一垛以三角一乘垛術入之。

第二垛有方一隅一，皆以三角二乘垛術入之。

又法，倍層加一，以層乘之，又以層加一乘之爲實，二三相乘爲法得積。

第三垛有方一隅二，皆以三角三乘垛術入之。

又法，三倍層加一，以層乘之，又以層加一層加二疊乘之爲實，二、三、四連乘爲法得積。

第四垛有方一隅三，皆以三角四乘垛術入之。

又法，四倍層加一，以層乘之，又以層加一層加二層加三疊乘之爲實，二、三、四、五連乘爲法得積。

第五垜有方一隅四皆以三角五乘垜術入之
又法五倍層加一以層乘之又以層加一層加二層加三
層加四壘乘之爲實二三四五六連乘爲法得積
第六垜以下可類推
三角變垜有積求層術
第一垜卽三角一乘垜術詳卷一
第二垜六倍積爲正實一爲負方三爲負廉二爲負隅開
立方得層
草曰立天元一爲層加二得以天元加一乘之得
又以天元乘之得爲上數置天元加一得

第五垜有方一隅四，皆以三角五乘垜術入之。

又法，五倍層加一，以層乘之，又以層加一層加二層加三層加四壘乘之爲實，二、三、四、五、六連乘爲法得積。

第六垜以下可類推。

三角變垜有積求層術

第一垜，即三角一乘垜術。詳卷一。

第二垜，六倍積爲正實，一爲負方，三爲負廉，二爲負隅，開立方得層。

草曰：立天元一爲層，加二得$\begin{matrix}\text{||}\\ \text{|元}\end{matrix}$，以天元加一乘之得$\begin{matrix}\text{||}\\ \text{|||元}\\ \text{|}\end{matrix}$，又以天元乘之得$\begin{matrix}\text{||元}\\ \text{|||}\\ \text{|}\end{matrix}$爲上數，置天元加一得$\begin{matrix}\text{|}\\ \text{|元}\end{matrix}$，

以天元乘之得〡元〡，又以天元減一乘之得𝍬元〇〡爲下數，并二數得〡元〢〢，爲六段積，寄左。乃以積六之得𝍮積，爲同數，與左相消得𝍮積𝍬𝍫𝍫，爲開方式。

又草曰：立天元一爲層，倍之，加一得〡〢元，以天元乘之得〡元〢，又以天元加一乘之得〡元〣〢，爲六段積，寄左。乃以積六之，與左相消得式亦同。

第三垛，二十四倍積爲正實，二爲負方，九爲負甲廉，十爲負乙廉，三爲負隅，開三乘方得層。

草曰：立天元一爲層，加三得〣〡元，乘前草上數得𝍮元〡一𝍮〡，仍爲上數，天元加二得〢〡元，乘前草下數得𝍫元𝍬〢〡，仍爲下數，倍之得，并入上數得，爲二十四段積，寄左。乃以積二十四之爲同數，與左相消得，爲開方式。

又草曰：立天元一爲層，三之加一得，以天元乘之得，又以天元加一乘之得，又以天元加二乘之得，爲二十四段積，寄左。乃以積二十四之爲同數，與左相消得式亦同。

第四垛，一百二十倍積爲正實，六爲負方，三十五爲負甲廉，五十爲負乙廉，二十五爲負丙廉，四爲負隅，開四乘方得層。

草曰：立天元一爲層，加四得，乘前草上數得，仍爲上數，天元加三得，乘前草下數得，仍爲下數，三之得，并入上數得爲一百二十段積，寄左。乃以積一百二十之爲同數，與左相消得，爲開方式。

又草曰：立天元一爲層，四之，加一得，以天元乘之得，又以天元加一乘之得，又以天元加二乘之得，又以天元加三乘之得，爲一百二十段積，寄左。乃以一百二十倍積，與左相消得式亦同。

第五垛，七百二十倍積爲正實，二十四爲負方，一百七十爲負甲廉，二百八十五爲負乙廉，一百八十五爲負丙廉，五十一爲負丁廉，五爲負隅，開五乘方得層。

草曰：立天元一爲層，加五得，乘前草上數得，仍爲上數，天元加四得，乘前草下數得，仍爲下數，四之得，并入上數得，爲七百二十段積，寄左。乃以積七百二十之爲同數，與左相消得，爲開方式。

又草曰：立天元一爲層，五之，加一得，以天元乘之得，又以天元加一乘之得，又以天元加二乘之得，又以天元加三乘之得，又以天元加四乘之得，爲七百二十段積，寄左。乃如數倍積與左相消得式亦同。

第六垛，五千〇四十倍積爲正實，一百二十爲負方，九百九十四爲負甲廉，一千八百六十九爲負乙廉，一千四百三十五爲負丙廉，五百二十五爲負丁廉，九十一爲負戊廉，六爲負隅，開六乘方得層。

草曰：立天元一爲層，加六得，乘前草上數得，仍爲上數，天元加五得，乘前草下數得仍爲下數，五之得，并入上數得，爲五千〇四十段積，寄左。乃以積五千〇四十之爲同數，與左相消得 爲開方式。

又草曰：立天元一爲層，六之，加一得，以天元乘之得，又以天元加一乘之得，又以天元加二乘之得，又以天元加三乘之得，又以天元加四乘之得，又以天元加五乘之得，爲五千〇四十段積，寄左。乃如數倍積與左相消得式亦同。

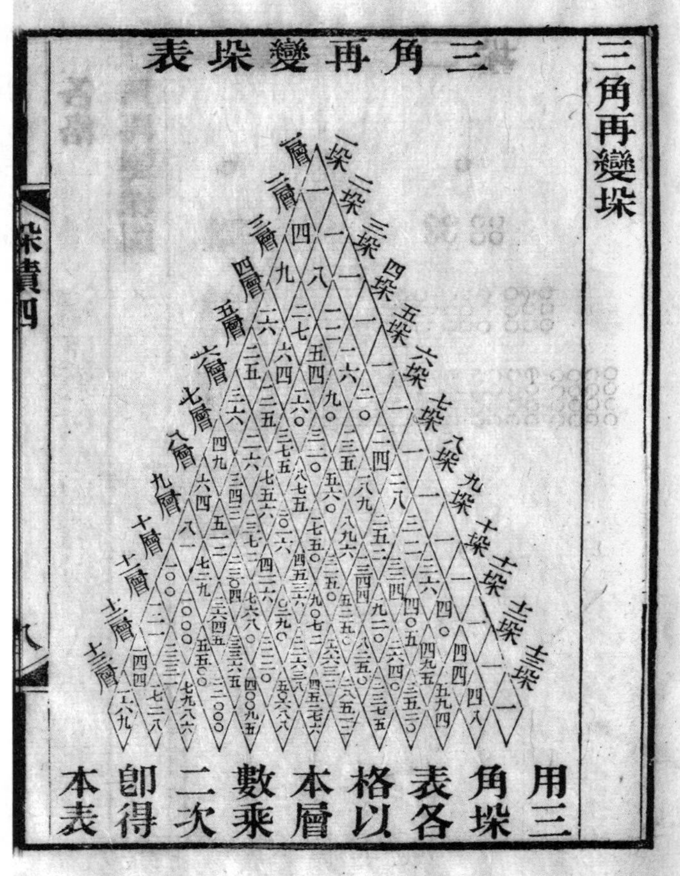

三角再變垛[1]

三角再變垛表

用三角垛表，各格以本層數乘二次即得本表

1 第 p 斜行前 n 個數的和稱爲三角再變垛第 p 垛。此圖由卷一三角垛表中各數乘以它在斜行上的項數的平方得到。如下圖所示。

［詳見：李兆華. 李善蘭垛積術與尖錐術略論，西北大學學報（自然科學版），1986 年第 04 期：109 - 125 頁. 羅見今.《垛積比類》內容分析，內蒙古師範大學學報（自然科學版），1982 年第 23 期：89 - 105 頁］

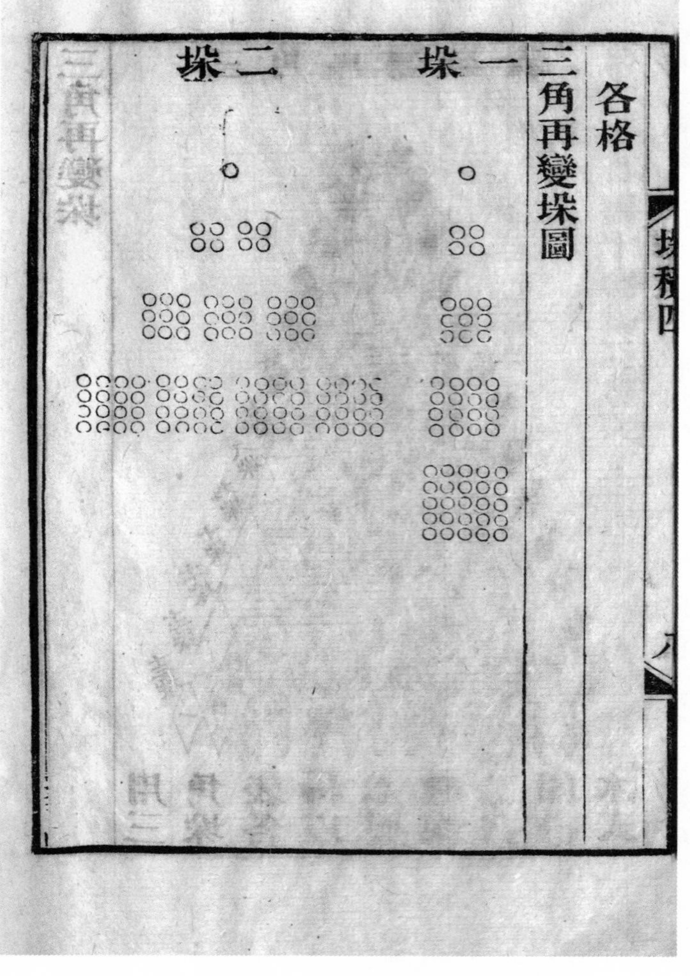

各格。

三角再變垛圖

一垛

二垛

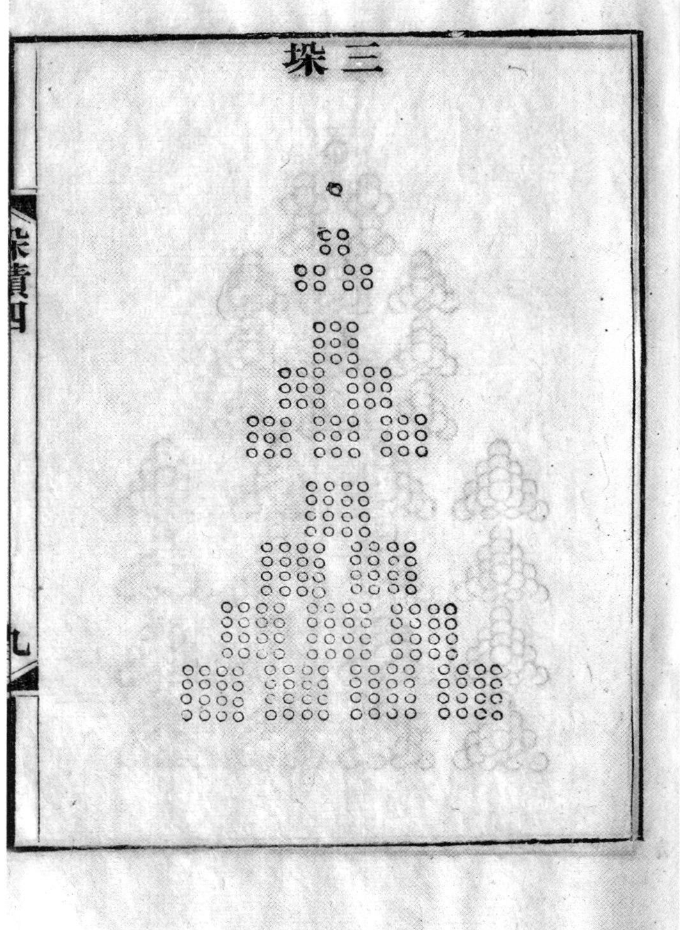

三垛

四垛

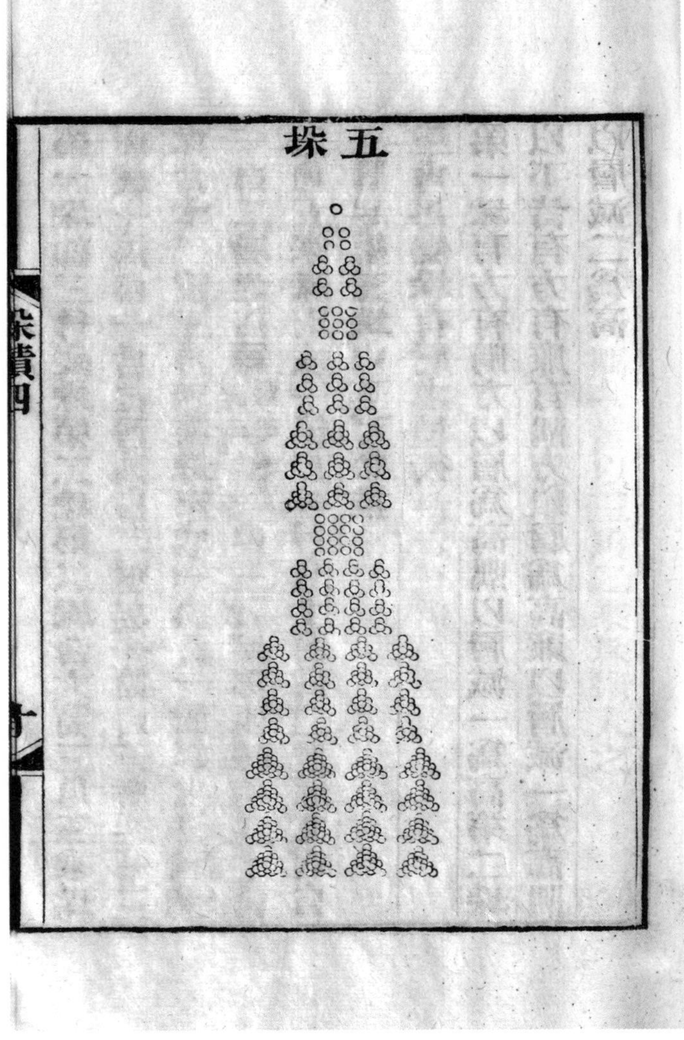

五垛

第一垛，即三角變垛。

第二垛，合六箇三角三乘垛而成。一箇自一層起，四箇自二層起，一箇自三層起。

第三垛，合十二箇三角四乘垛而成。一箇自一層起，七箇此數遞增三。自二層起，四箇此依平方數遞增。自三層起。

第四垛，合二十箇三角五乘垛而成。一箇自一層起，十箇自二層起，九箇自三層起。

第五垛以下可類推。

三角再變垛有層求積術

第一垛有方有隅，方以層爲高，隅以層減一爲高。

第二垛以下皆有方有廉有隅，方以層爲高，廉以層減一爲高，隅以層減二爲高。

第一垜有方一隅一皆以三角二乘垜術入之
又法倍層加三以層乘之加一此數遞減一以層乘之爲實二
三相乘爲法得積
第二垜有方一廉四隅一皆以三角三乘垜術入之
又法三倍層加三倍層乘之無加減以層乘之又以層加
一乘之爲實二三四連乘爲法得積
第三垜有方一廉七隅四皆以三角四乘垜術入之
又法四倍層加三三倍層乘之減一以層乘之又以層加
一層加二疊乘之爲實二三四五連乘爲法得積
第四垜有方一廉十隅九皆以三角五乘垜術入之

第一垜有方一隅一皆以三角二乘垜術入之。

又法，倍層加三，以層乘之加一此數遞減一，以層乘之爲實，二、三相乘爲法得積。

第二垜有方一、廉四、隅一，皆以三角三乘垜術入之。

又法，三倍層加三，倍層乘之，無加減以層乘之，又以層加一乘之爲實，二、三、四連乘爲法得積。

第三垜有方一、廉七、隅四，皆以三角四乘垜術入之。

又法，四倍層加三，三倍層乘之，減一，以層乘之，又以層加一層加二疊乘之爲實，二、三、四、五連乘爲法得積。

第四垜有方一、廉十、隅九，皆以三角五乘垜術入之。

又法五倍層加三四倍層乘之減二以層乘之又以層加一層加二層加三壘乘之爲實二三四五六連乘爲法得積

第五垜有方一廉十三隅十六皆以三角六乘垜術入之

又法六倍層加三五倍層乘之減三以層乘之又以層加一層加二層加三層加四壘乘之爲實二三四五六七連乘爲法得積

第六垜以下可類推

三角再變垜有積求層術

第一垜六倍積爲正實一爲負方三爲負廉二爲負隅開

又法，五倍層加三，四倍層乘之，減二，以層乘之，又以層加一層加二層加三疊乘之爲實，二、三、四、五、六連乘爲法得積。

第五垜有方一、廉十三、隅十六，皆以三角六乘垜術入之。

又法，六倍層加三，五倍層乘之，減三，以層乘之，又以層加一層加二層加三層加四疊乘之爲實，二、三、四、五、六、七連乘爲法得積。

第六垜以下可類推。

三角再變垜有積求層術

第一垜六倍積爲正實，一爲負方，三爲負廉，二爲負隅，開立方得層。

草曰：立天元一爲層，加一得，以天元乘之得，又以天元加二乘之得，爲上數，天元減一得，以天元乘之得，又以天元加一乘之得，爲下數，并二數得，爲六段積，寄左。乃以積六之與左相消得，爲開方式。

又草曰：立天元一爲層，倍之得，加三得，以天元乘之得，加一得，以天元乘之得，爲六段積，寄左。乃六倍積相消得式亦同。

第二垛，二十四倍積爲正實，方空，六爲負上廉，十二爲負下廉，六爲負隅，開三乘方得層。

草曰：立天元一爲層，加三得，乘前草上數得，仍爲上數，天元加二得，乘前草下數得，爲中數，天元減二得，乘前草下數得，仍爲下數，四倍中數得，併入上下數得爲二十四段積，寄左。乃以積二十四之爲同數，與左相消得，爲開方式。

又草曰：立天元一爲層，三之得，加三得，倍天元乘之得，以天元乘之得，又以天元加一乘之得，爲二十四段積，寄左。乃如數倍積相消得式亦同。

第三垛，一百二十倍積爲正實，二爲正方，十五爲負甲廉，五十爲負乙廉，四十五爲負丙廉，十二爲負隅，開四乘方得層。

草曰：立天元一爲層，加四得，乘前草上數得，仍爲上數，天元加三得，乘前草中數得，仍爲中數，天元加二得，乘前草下數得，仍爲下數，七倍中數得，四倍下數，相并得，加上數得爲一百二十段積，寄左。乃以積一百二十之爲同數，與左相消

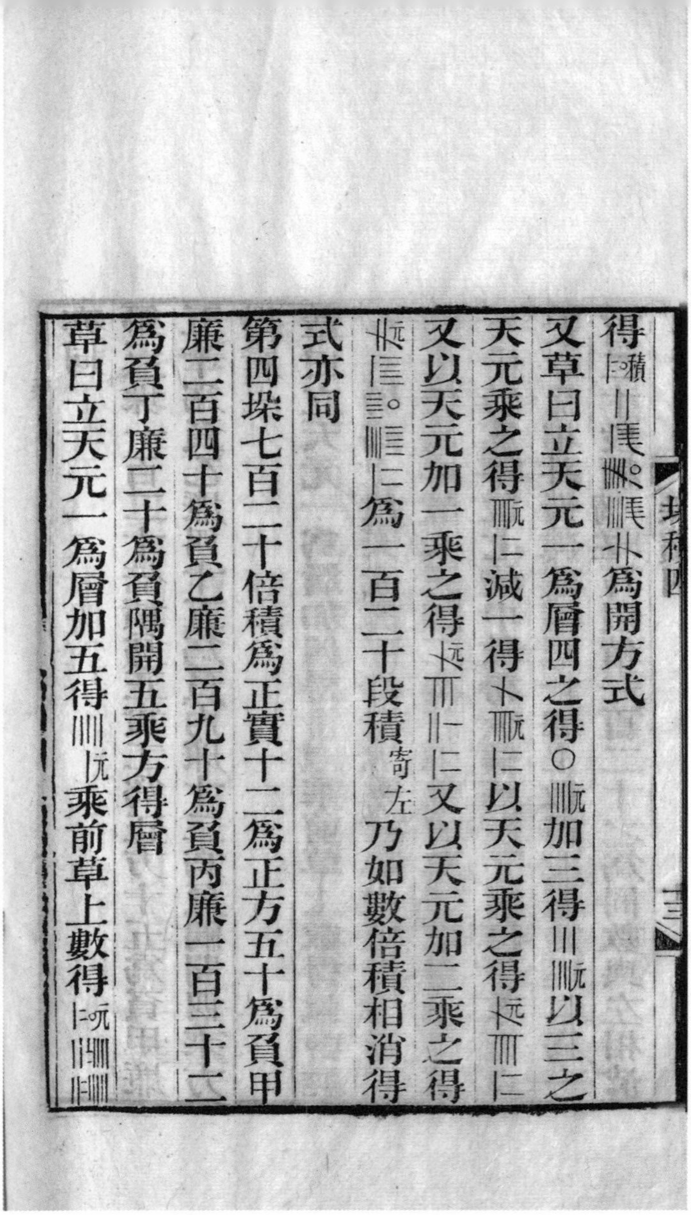

得，爲開方式。

又草曰：立天元一爲層，四之得，加三得，以三之天元乘之得，減一得，以天元乘之得，又以天元加一乘之得，又以天元加二乘之得，爲一百二十段積，寄左。乃如數倍積相消得式亦同。

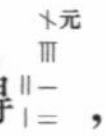

第四垛，七百二十倍積爲正實，十二爲正方，五十爲負甲廉，二百四十爲負乙廉，二百九十爲負丙廉，一百三十二爲負丁廉，二十爲負隅，開五乘方得層。

草曰：立天元一爲層，加五得，乘前草上數得，

仍爲上數，天元加四得，乘前草中數得，仍爲中數，天元加三得，乘前草下數得，仍爲下數，乃十倍中數得，九倍下數得，相并，又加入上數得，爲七百二十段積，寄左。乃以積七百二十之爲同數，與左相消得，爲開方式。

又草曰：立天元一爲層，五之得，加三得，以四之，天元乘之得，減二得，以天元乘之得，又以天元加一乘之得，又以天元加二乘之得，又以天元加三乘之得，爲七百二十段積，寄左。乃如數倍積相消得式亦同。

第五垛，五千〇四十倍積爲正實，七十二爲正方，二百十爲負甲廉，一千三百六十五爲負乙廉，一千九百九十五爲負丙廉，一千一百九十七爲負丁廉，三百十五爲負戊廉，三十爲負隅，開六乘方得層。

草曰：立天元一爲層，加六得 ⊤
|元，乘前草上數得 ⊥‖〇元
|⊥⊤≡
|⊥‖≡
⊥|||≣
—Π≣
‖—
|，仍爲上數，天元加五得 ||||
|元，乘前草中數得 |≠〇元
|≣|||
≡Ⅲ
|≡〇
Π〇
|≡
|，仍爲中數，天元加四得 ||||
|元，乘前草下數得 ≣Ⅲ元
‖≟
≣⊤
|||≣
Π
⊥
|，仍爲下數，中數十三之得 |≣⊤〇元
‖〇〇⊥
⊤≡Π
|≟‖〇
≟|〇
|≟‖
|≡，下數十六之得 ⊥⊤≟元
≡||||≟
≟Ⅲ⊥
≣⊤〇
|—‖
|—‖
|⊥，相并，又加入上

數得，爲五千〇四十段積寄左乃以積五千〇四十之爲同數與左相消得爲開方式
又草曰立天元一爲層六之得〇加三得以五箇天元乘之得減三得以天元乘之得又以天元加一乘之得又以天元加二乘之得又以天元加三乘之得又以天元加四乘之得爲五千〇四十段積寄左乃如數倍積相消得式亦同

數得，爲五千〇四十段積，寄左。乃以積五千〇四十之爲同數，與左相消得，爲開方式。

又草曰：立天元一爲層六之得，加三得，以五箇天元乘之得，減三得，以天元乘之得，又以天元加一乘之得，又以天元加二乘之得，又以天元加三乘之得，又以天元加四乘之得，爲五千〇四十段積，寄左。乃如數倍積相消得式亦同。

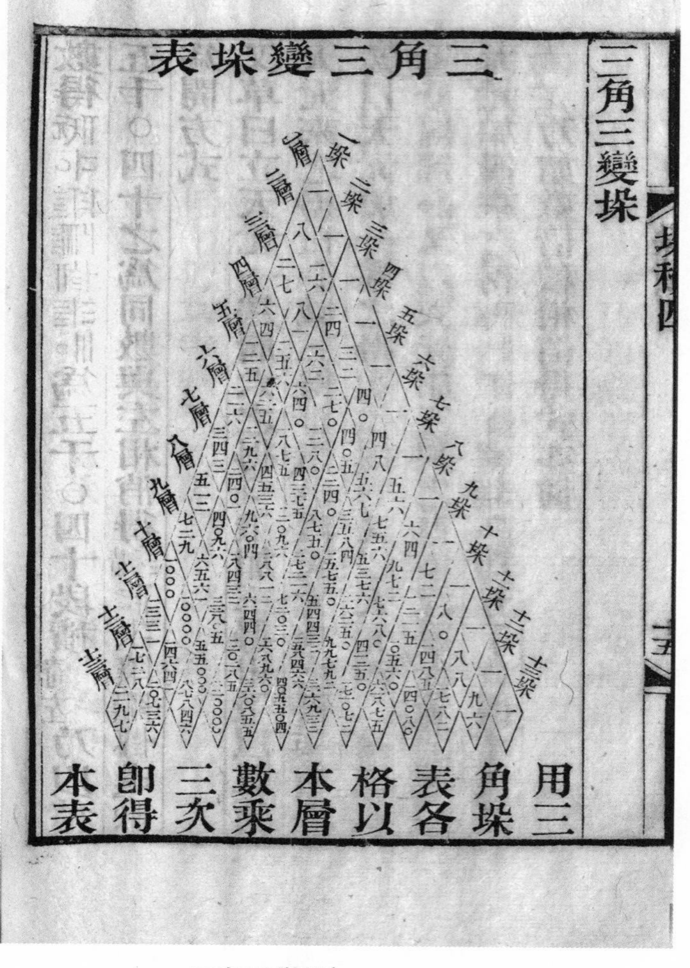

三角三變垛[1]

三角三變垛表

用三角垛表各格，以本層數乘三次即得本表

1 第 p 斜行前 n 個數的和稱爲三角三變垛第 p 垛。此圖由卷一三角垛表中各數乘以它在斜行上的項數的立方得到。如下圖所示。

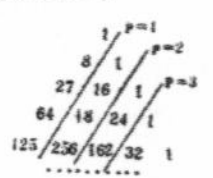

［詳見：李兆華．李善蘭垛積術與尖錐術略論，西北大學學報（自然科學版），1986 年第 04 期：109—125 頁．羅見今．《垛積比類》内容分析，内蒙古師範大學學報（自然科學版），1982 年第 23 期：89—105 頁］

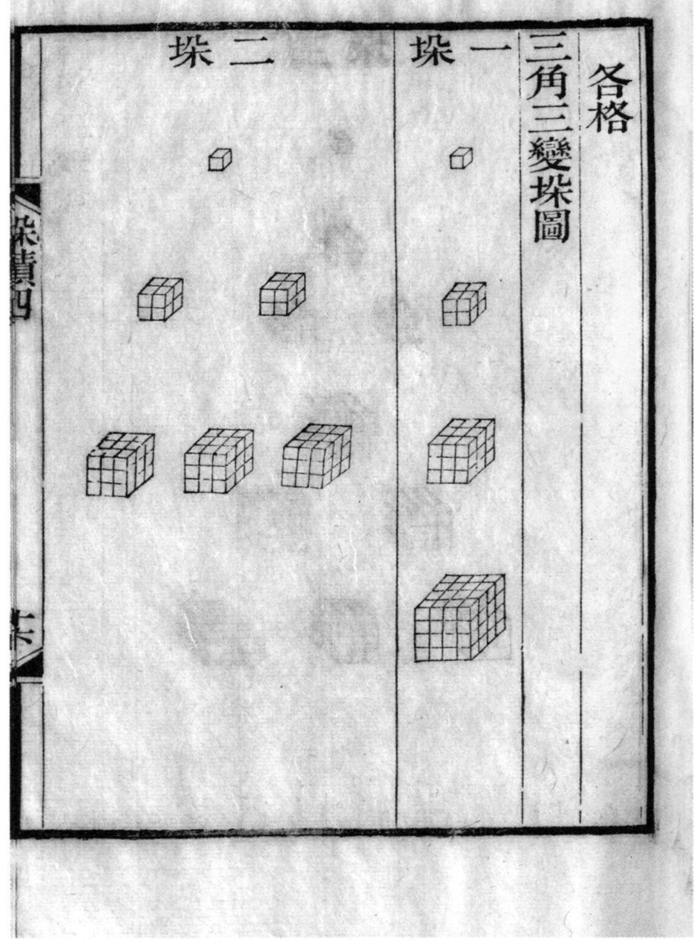

各格。

三角三變垛圖

一垛

二垛

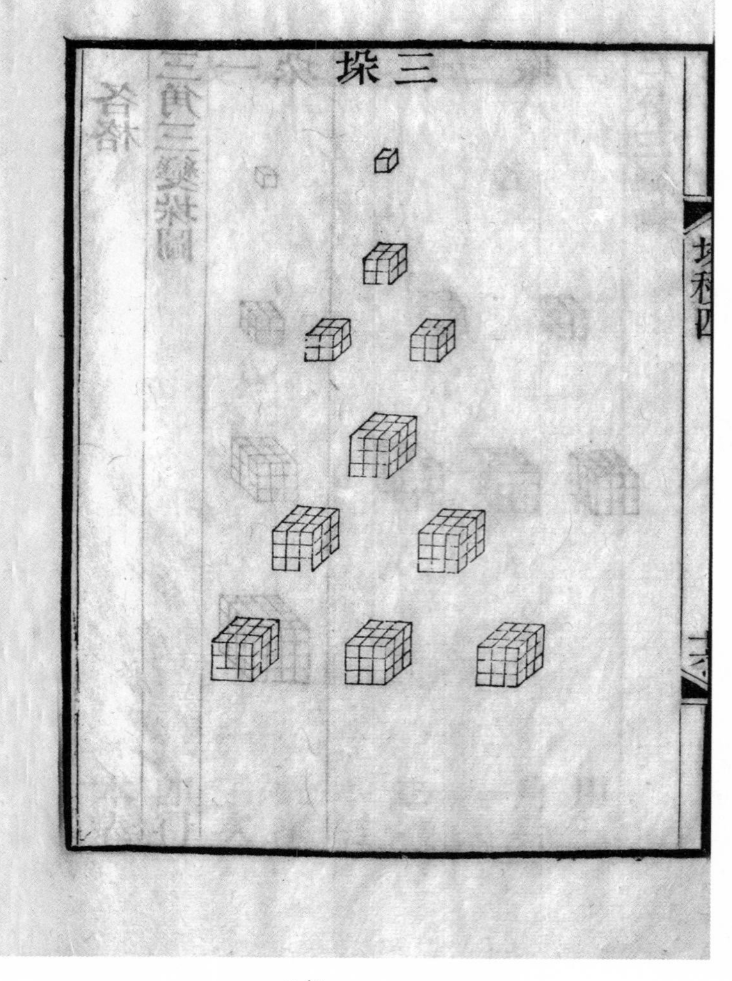

三垛

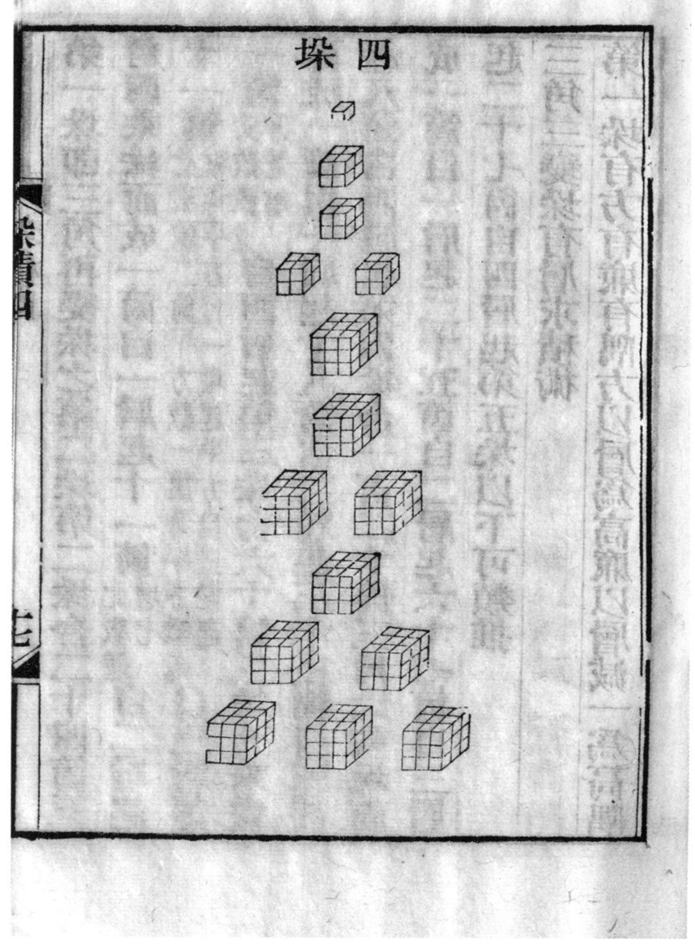

四垛

第一垛，即三角再變垛之第二垛。

第二垛，合二十四箇三角四乘垛而成。一箇自一層起，十一箇此數遞增七。自二層起，十一箇此數依二箇平方數、一箇奇平方數遞增，奇平方自一垛起，平方自二垛起。自三層起，一箇此數依立方遞增。自四層起。

第三垛，合六十箇三角五乘垛而成。一箇自一層起，十八箇自二層起，三十三箇自三層起，八箇自四層起。

第四垛，合一百二十箇三角六乘垛而成。一箇自一層起，二十五箇自二層起，六十七箇自三層起，二十七箇自四層起。

第五垛以下可類推。

三角三變垛有層求積術

第一垛有方有廉有隅，方以層爲高，廉以層減一爲高，隅

以層減二爲高第二垛以下皆有方有甲廉有乙廉有隅
方以層爲高甲廉以層減一爲高乙廉以層減二爲高隅
以層減三爲高
第一垛有方一廉四隅一皆以三角三乘垛術入之
又法六倍層倍數依三角二乘垛數遞增加十二此數依三角一乘垛遞增以層乘
之加六此數第二垛以下依三角奇層一乘垛遞減以層乘之無加減以層乘
之爲實二三四連乘爲法得積
第二垛有方一甲廉十一乙廉十一隅一皆以三角四乘
垛術入之
又法二十四倍層加三十六以層乘之加四以層乘之減

以層減二爲高。

第二垛以下皆有方有甲廉有乙廉有隅，方以層爲高，甲廉以層減一爲高，乙廉以層減二爲高，隅以層減三爲高。

第一垛有方一、廉四、隅一，皆以三角三乘垛術入之。

又法，六倍層倍數依三角二乘垛數遞增，加十二此數依三角一乘垛遞增，以層乘之，加六此數第二垛以下依三角奇層一乘垛遞減，以層乘之，無加減，以層乘之爲實，二、三、四連乘爲法得積。

第二垛有方一、甲廉十一、乙廉十一、隅一，皆以三角四乘垛術入之。

又法，二十四倍層，加三十六，以層乘之，加四，以層乘之，減

四此數解詳有積求層術以層乘之又以層加一乘之爲實二三四
五連乘爲法得積
第三垛有方一甲廉十八乙廉三十三隅八皆以三角五
乘垛術入之
又法六十倍層加七十二以層乘之減六以層乘之減六
以層乘之又以層加一層加二疊乘之爲實二三四五六
連乘爲法得積
第四垛有方一甲廉二十五乙廉六十七隅二十七皆以
三角六乘垛術入之
又法一百二十倍層加一百二十以層乘之減二十四以

四此數解詳有積求層術，以層乘之，又以層加一乘之爲實，二、三、四、五連乘爲法得積。

第三垛有方一、甲廉十八、乙廉三十三、隅八，皆以三角五乘垛術入之。

又法，六十倍層，加七十二，以層乘之，減六，以層乘之，減六，以層乘之，又以層加一層加二疊乘之爲實，二、三、四、五、六連乘爲法得積。

第四垛有方一、甲廉二十五、乙廉六十七、隅二十七，皆以三角六乘垛術入之。

又法，一百二十倍層，加一百二十，以層乘之，減二十四，以層乘之，減六，以層乘之，又以層加一層加二層加三疊乘之爲實，二、三、四、五、六、七連乘爲法得積。

第五垛有方一、甲廉三十二、乙廉一百十三、隅六十四，皆以三角七乘垛術入之。

又法，二百十倍層，加一百八十，以層乘之，減五十，以層乘之，減四，以層乘之，又以層加一層加二層加三層加四疊乘之爲實，二、三、四、五、六、七、八連乘爲法得積。

第六垛以下可類推。

三角三變垛有積求層術

第一垛，二十四倍積爲正實，方空，六爲負甲廉，十二爲負

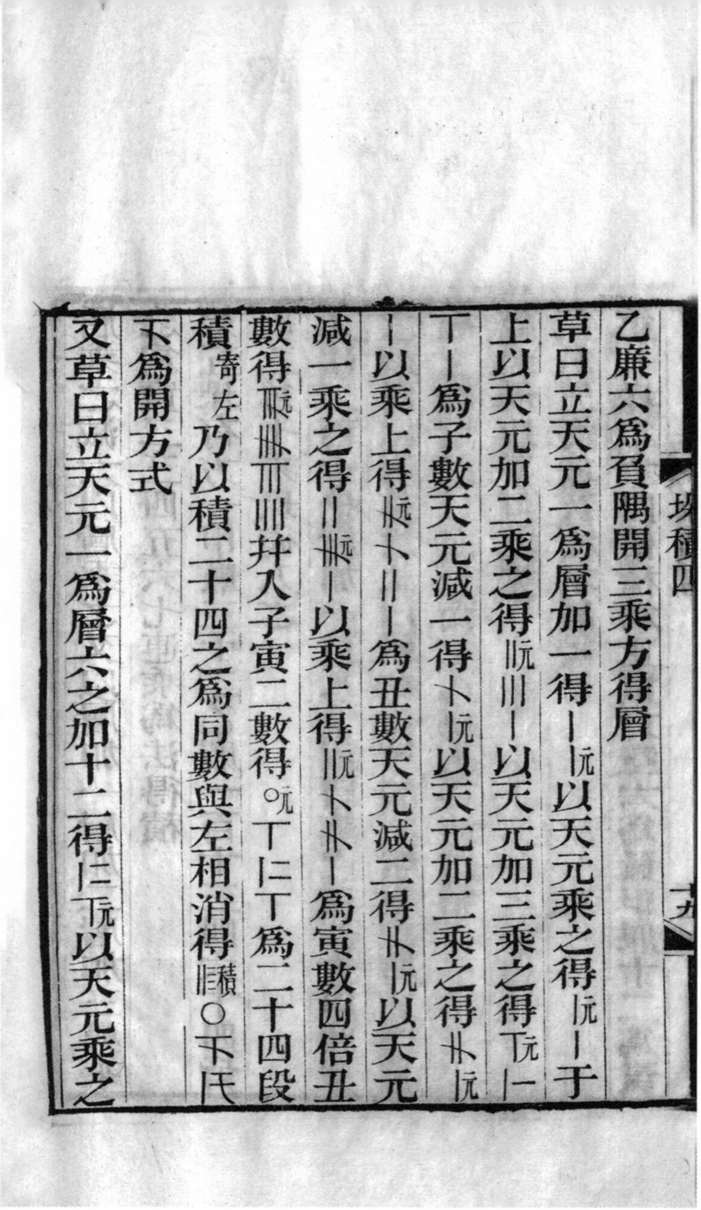

乙廉，六爲負隅，開三乘方得層。

草曰：立天元一爲層，加一得，以天元乘之得，于上，以天元加二乘之得，以天元加三乘之得爲子數，天元減一得，以天元加二乘之得，以乘上得爲丑數，天元減二得，以天元減一乘之得，以乘上得爲寅數，四倍丑數得，并入子寅二數得，爲二十四段積，寄左。乃以積二十四之爲同數，與左相消得，爲開方式。

又草曰：立天元一爲層，六之，加十二得，以天元乘之得[算籌式]，加六得[算籌式]，以天元乘之得[算籌式]，無加減三層并之得[算籌式]，與第二垛隅數等，故無加減，以天元乘之得[算籌式]，爲二十四段積，寄左。乃如數倍積，與左相消得式亦同。

第二垛，一百二十倍積爲正實，四爲正方，甲廉空，四十爲負乙廉，六十爲負丙廉，二十四爲負隅，開四乘方得層。

草曰：立天元一爲層，加四得[算籌式]，乘前草子數得[算籌式]，仍爲子數，天元加三得[算籌式]，乘前草丑數得[算籌式]，仍爲丑數，天元加二得[算籌式]，乘前草寅數得[算籌式]，仍爲寅數，天元減三得[算籌式]，乘前草寅數得[算籌式]，爲卯數，以十一乘丑數得[算籌式]，以十一乘寅

數得（≡||||元／〇／≡𝍭／〇／|−），并二乘得數，又加入子卯二數得（𝍮元／〇／≡〇／T〇／‖≡），爲一百二十段積，寄左。乃以積一百二十之爲同數，與左相消得（|=〇積／||||／〇／≡〇／T〇／=𝍮）爲開方式。

又草曰：立天元一爲層，二十四之，加三十六得（|||⊥／‖≡元），以天元乘之得（|||⊥元／‖≡），加四得（||||／|||⊥元／‖≡），以天元乘之得（||||元／|||⊥／‖≡），減四三層并之，得T≡，較第三垜隅數多四，故減四。得（𝍮／||||元／|||⊥／‖≡），以天元乘之得（𝍮元／||||／|||⊥／‖≡），又以天元加一乘之得（𝍮元／〇／≡〇／T〇／‖≡），爲一百二十段積，寄左。乃如數倍積，與左相消得式亦同。

第三垜，七百二十倍積爲正實，十二爲正方，三十爲正甲廉，一百二十爲負乙廉，三百三十爲負丙廉，二百五十二爲負丁廉，六十爲負隅，開五乘方得層。

草曰：立天元一爲層，加五得，乘前草子數得，仍爲子數，天元加四得，乘前草丑數得，仍爲丑數，天元加三得，乘前草寅數得，仍爲寅數，天元加二得，乘前草卯數得，仍爲卯數，以十八乘丑數（得），以三十三乘寅數得，以八乘卯數得，并三乘得數，加入子數得，爲七百二十段積，寄左。乃以積七百二十之爲同數，與左相消得，爲開方式。

又草曰：立天元一爲層，六十之，加七十二得⊥‖ / ⊤○元，以天元乘之得⊥‖元 / ⊤○，減六得⊤̸ / ⊥‖元 / ⊤○，以天元乘之得⊤̸元 / Π= / ⊤○，減六三層并，正數減負數，較第四垜隅數尚多六，故減六後俱仿此。得⊤̸ / ⊤̸元 / Π= / ⊤○，以天元乘之得⊤̸元 / ⊤̸ / Π= / ⊤○，又以天元加一乘之得⊤̸元 / |≚ / ⊤⊥ / |≡‖ / ⊤○，又以天元加二乘之得|≚元 / ⫲○ / |=○ / ≡|||○ / ‖≣‖ / ⊤○，爲七百二十段積，寄左。乃如數倍積，與左相消得式亦同。

第四垜，五千〇四十倍積爲正實，三十六爲正方，二百十爲正甲廉，四百二十爲負乙廉，一千八百九十爲負丙廉，二千〇十六爲負丁廉，八百四十爲負戊廉，一百二十爲負隅，開六乘方得層。

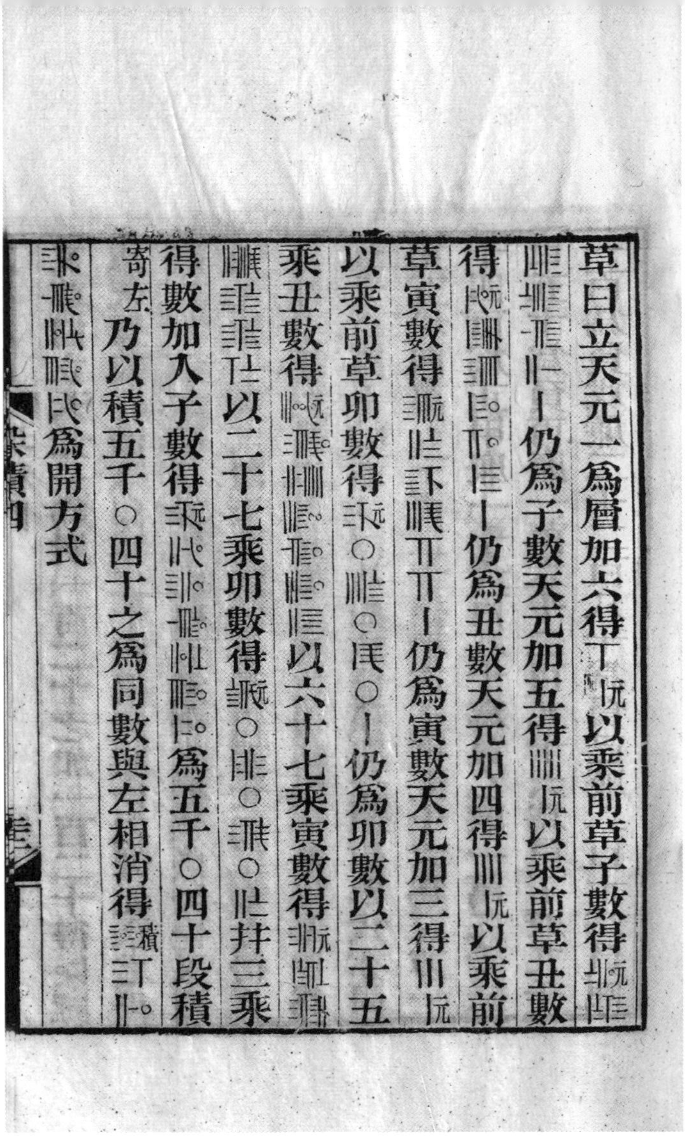

草曰：立天元一爲層，加六得，以乘前草子數得，仍爲子數，天元加五得，以乘前草丑數得，仍爲丑數，天元加四得，以乘前草寅數得，仍爲寅數，天元加三得，以乘前草卯數得，仍爲卯數，以二十五乘丑數得，以六十七乘寅數得，以二十七乘卯數得，并三乘得數加入子數得，爲五千〇四十段積，寄左。乃以積五千〇四十之爲同數，與左相消得，爲開方式。

又草曰立天元一爲層一百二十之加一百二十得以天元乘之得減二十四得以天元乘之得減六得以天元乘之得又以天元加一乘之得又以天元加二乘之得又以天元加三乘之得爲五千〇四十段積寄左乃如數倍積與左相消得式亦同
第五垛四萬〇三百二十倍積爲正實九十六爲正方一千四百爲正甲廉一千六百八十爲負乙廉一萬二千二百五十爲負丙廉一萬六千二百九十六爲負丁廉九千一百爲負戊廉二千二百八十爲負己廉二百十爲負隅

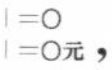

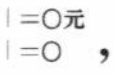

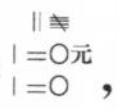

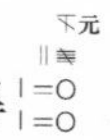

又草曰：立天元一爲層，一百二十之，加一百二十得，以天元乘之得，減二十四得，以天元乘之得，減六得，以天元乘之得，又以天元加一乘之得，又以天元加二乘之得，又以天元加三乘之得，爲五千〇四十段積，寄左。乃如數倍積，與左相消得式亦同。

第五垛，四萬〇三百二十倍積爲正實，九十六爲正方，一千四百爲正甲廉，一千六百八十爲負乙廉，一萬二千二百五十爲負丙廉，一萬六千二百九十六爲負丁廉，九千一百爲負戊廉，二千二百八十爲負己廉，二百十爲負隅，開七乘方得層。

草曰：立天元一爲層，加七得[算籌]，乘前草子數得[算籌]，仍爲子數，天元加六得[算籌]，乘前草丑數得[算籌]，仍爲丑數，天元加五得[算籌]，乘前草寅數得[算籌]，仍爲寅數，天元加四得[算籌]，乘前草卯數得[算籌]，仍爲卯數，以三十二乘丑數得[算籌]，以一百十三乘寅數得[算籌]，以六十四乘卯數得[算籌]，并三乘得數加入子數得[算籌]，爲四萬〇三百二十段積，寄左。乃以積四萬〇三百二十倍之爲同數，與左相消得，爲開方式。

又草曰：立天元一爲層，二百一十之，加一百八十得，以天元乘之得，減五十得，以天元乘之得，減四得，以天元乘之得，以天元加一乘之得，以天元加二乘之得，以天元加三乘之得，以天元加四乘之得爲四萬〇三百二十段積，寄左。乃如數倍積，與左相消得式亦同。

四變以下諸垛，今不復演，學者自能隅反也。

變垛皆有支垛，一變諸支垛借作三角支垛，已附見一

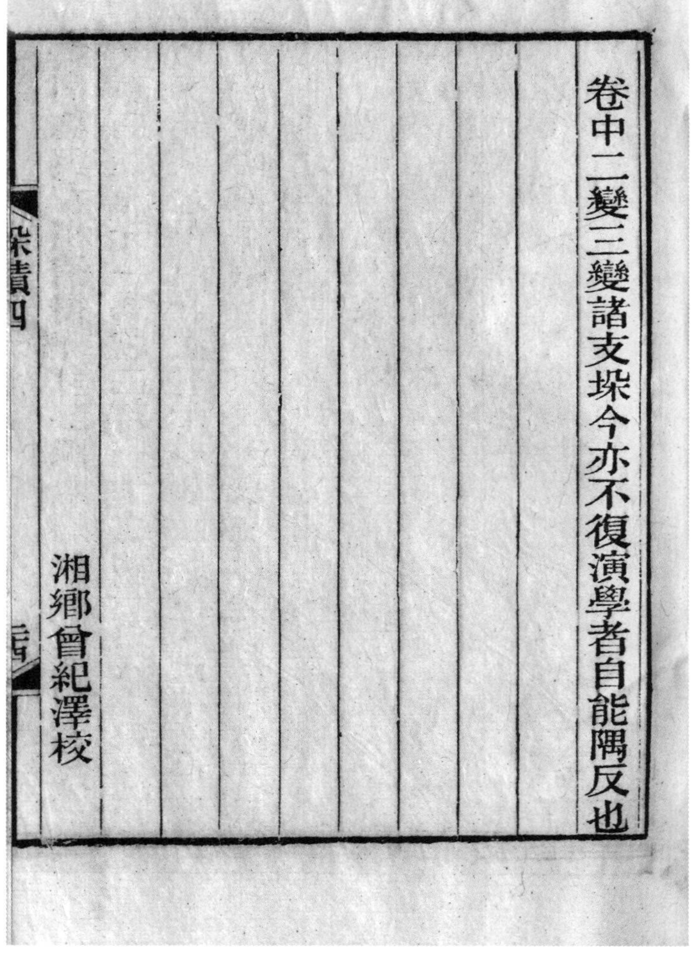

卷中二變三變諸支垜，今亦不復演，學者自能隅反也。

湘鄉曾紀澤校

四元解卷一

則古昔齋算學五

海甯李善蘭學

汪君謝城以手抄元朱世傑四元玉鑑三卷見示天元之外又有地元人元物元書中每題僅列實方廉隅諸數無細草讀之茫然深思七晝夜盡通其法乃解明之先釋列位及加減乘除相消諸法復以天物相乘人地相乘諸數無可位置爲改定算格取首四問各布一細草且明開方之法恐初學仍不能通復取細草逐節繪圖詳釋之術雖深讀此可豁然矣

玉鑑首四問

四元解卷一

則古昔齋算學五

海寧李善蘭學

汪君謝城以手抄元朱世傑《四元玉鑑》三卷見示，天元之外，又有地元、人元、物元。書中每題僅列實、方、廉、隅諸數，無細草，讀之茫然。深思七晝夜，盡通其法，乃解明之。先釋列位，及加、減、乘、除相消諸法，復以天物相乘、人地相乘諸數，無可位置，爲改定算格。取首四問，各布一細草，且明開方之法。恐初學仍不能通，復取細草，逐節繪圖詳釋之。術雖深，讀此可豁然矣。

《玉鑑》首四問

今有黃方乘直積得二十四步只云股弦和九步問句幾何　答曰三步
草曰立天元一爲句如積求之得一百六十二箇黃方乘直積式　以一百六十二乘原積相消得開方式　四乘方開之得句三步
今有股冪減弦較較與股乘句等只云句冪加弦較和與句乘弦同問股幾何　答曰四步
草曰立天元一爲股地元一爲句天地配合求之得今式　求到云式　互隱通分消之內二行得太　外二行得太　內外相消得開方式

今有黃方乘直積得二十四步，只云股弦和九步，問句幾何？

答曰：三步。

草曰：立天元一爲句，如積求之，得一百六十二箇黃方乘直積式　。以一百六十二乘原積，相消，得開方式　。四乘方開之，得句三步[1]。

今有股冪減弦較較與股乘句等，只云句冪加弦較和與句乘弦同[2]，問股幾何？

答曰：四步。

草曰：立天元一爲股，地元一爲句［弦和］[3]。天、地配合求之，得今式　，求到云式　[4]。互隱通分消之，內二行得　，外二行得　[5]。內外相消，得開方式

1 設句股弦分別爲 a、b、c，直積即句股乘積 ab，黃方指兩條直角邊之和與斜邊的差，即弦和較 $b+a-c$。此題係已知（$b+a-c$）$ab=24$，股弦和 $c+b=9$，求句。立天元一爲句，即設句爲未知數 x，則 $c-b=\frac{a^2}{c+b}=\frac{x^2}{9}$，$b=\frac{(c+b)-(c-b)}{2}=\frac{18-x^2}{18}$，帶入（$b+a-c$）$ab$，得：$\frac{x^5-9x^4-81x^3+729x^2}{162}$，與原積 24 相消，得開方式：$x^5-9x^4-81x^3+729x^2-3888=0$，開得 $x=3$，即句 $a=3$。

2 弦較較，即弦與句股差之差 $c-(b-a)$。弦較和，即弦與句股較之和 $c+(b-a)$。此題已知：
$$\begin{cases}b^2-[c-(b-a)]=ab①\\a^2+[c+(b-a)]=ac②\end{cases}$$

3 底本脱“弦和”二字，據羅士琳《四元玉鑑細草》補。

4 設股 $b=x$，句弦和 $c+a=y$，代入前①式，得今式 $x^3+2x^2y-xy^2+2xy-2y^2=0$。代入前②式，得云式 $x^3+2xy-xy^2+2y^2=0$。

5 內二行表示：$4x^2+8x$，外二行表示：$2x^2+x^3$。

[1]。平方開之，得股四步。

今有股弦較除弦和和與直積等，只云句弦較除弦較和與句同[2]，問弦幾何？

答曰：五步。

草曰：立天元一爲句，地元一爲股，人元一爲弦，三才相配求之。求得今式[3]，求得云式，求得三元之式[4]。以此三式剔而削之，前得式，後得式。二式皆易人爲天，互隱通分相消，左得，右得，內二行得，外二行得，內外相消，得[5]。三乘方開之，得弦五步。

1 內外二行相消，得：$x^3-2x^2-8x=0$，化成開方式，得：$x^2-2x-8=0$。

2 此題已知：

$\frac{(a+b)+c}{c-b}=ab$ ①

$\frac{c+(b-a)}{c-a}=a$ ②

3 設句 $a=x$，股 $b=y$，弦 $c=z$，代入前①式，得今式爲：$-x-y-z+xyz-xy^2=0$。代入前②式，得云式爲：$x-y-z+xz-x^2=0$。

4 三元之式即：$x^2+y^2-z^2=0$，由句股定理求得。

5 此三乘方式表示爲：$-4z^4+10z^3+42z^2+32z+40=0$。

今有股乘五較與弦冪加句乘弦等只云句除五和與股冪減句弦較同問黃方帶三事共幾何　答曰十四步
草曰立天元一爲句地元一爲股人元一爲弦物元一爲開數四象和會求之得今式求得云式求得三元之式求得物元之式四式和會消而剔之皆物易天位前得後得便爲左行以左行消前式得便爲右行內二行得外二行得內外相消三約之得平方開之得一十四步
全書二百八十八問惟此首四問有算式然亦無中間

今有股乘五較與弦冪加句乘弦等，只云句除五和與股冪減句弦較同[1]，問黃方帶三事共幾何？

答曰：十四步。

草曰：立天元一爲句，地元一爲股，人元一爲弦，物元一爲開數。四象和會求之，得今式 ○‖太○⊤ ○○⊤○，求得云式 ○≡太≡2 ⊤○‖｜ ○○⊤○，求得三元之式 ｜○太○⊤ ○○○○○ ○○｜○○，求得物元之式 ○⊤○3 ‖太○ ○‖○。四式和會，消而剔之，皆物易天位，前得 ‖ ⫪ ‖≟ 太 ○ ⊤ ⊤ ⫪ ○ ○ ○ ⊤，後得 ⫪ 太 ○ ‖，便爲左行。以左行消前式，得 ○ ‖≟Ⅲ ⫪ Ⅲ ○ ≟，便爲右行。內二行得 ○太 ○ ｜⊥，外二行得 ‖○≡⫪ ‖⊤元 ‖≟，內外相消，三約之，得 ⊤≟⊤ ⫪。平方開之，得一十四步。

全書二百八十八問，惟此首四問有算式。然亦無中間

1 五較之和爲：$A=(b-a)+(c-a)+(c-b)+[c-(b-a)]+[(a+b)-c]=2c$。五和之和爲：$B=(a+b)+(a+c)+(b+c)+[c+(a+b)]+[c+(b-a)]=2a+4b+4c$。此題已知：

$$\begin{cases} bA=c^2+ac & ① \\ \dfrac{B}{a}=b^2-(c-a) & ② \end{cases}$$

2 設句 $a=x$，股 $b=y$，弦 $c=z$，開數即所求數 $[(a+b)-c]+(a+b+c)=2a+2b=u$。將天地人三元 x、y、z 代入前式①，得今式：$-x+2y-z=0$。代入前式②，得云式：$-x^2+2x-xy^2+4y+xz+4z$。

3 據前文，設開數 $2a+2b=u$，將 $a=x$、$b=y$ 代入，得物元式爲：$2x+2y-u=0$。

曲折相求及諸相消法今一一解之如左
算例
凡算式皆自左而右步而左爲十百千萬步而右爲分釐
毫絲其右方作○者則末位爲十作○○者則末位爲百凡
末位升幾位則作幾○其不作○者則末位爲步若左方
作○者則首位爲分作○○者則首位爲釐凡首位降幾位
則作幾○若步下帶分釐者則分位下注一分字
凡算有正負以有∖者爲負無者爲正
凡算格以眞數爲太極居於中格虛數爲四元居上下左
右格太下一格爲天元再下一格爲天元自乘數再下一

曲折相求及諸相消法，今一一解之如左。

算例

凡算式皆自左而右，步而左爲十百千萬，步而右爲分釐毫絲。其右方作○者，則末位爲十；作○○者，則末位爲百。凡末位升幾位，則作幾○。其不作○者，則末位爲步。若左方作○者，則首位爲分；作○○者，則首位爲釐。凡首位降幾位，則作幾○。若步下帶分釐者，則分位下注一分字。

凡算有正負，以有“∖”者爲負，無者爲正。

凡算格，以真數爲太極，居於中格。虛數爲四元，居上下左右格。太下一格爲天元，再下一格爲天元自乘數，再下一

格爲天元再乘數凡多一格則多一乘太左一格爲地元
再左一格爲地元自乘數凡多一格則多一乘亦如之太
右一格爲人元再右一格爲人元自乘數太上一格爲物
元再上一格爲物元自乘數凡多一格則多一乘亦如之
天元左一格爲地元乘天元數再左一格爲地元再乘天
元數其右一格爲人元乘天元數再右一格爲人元再乘
天元數凡多一格則多一乘亦如之天元下一格之左爲
地元乘天元羃數其右爲人元乘天元羃數凡多一格則
多一乘亦如之天元再下諸格亦如之物元左一格爲地
元乘物元數其右一格爲人元乘物元數凡多一格則多

格爲天元再乘數。凡多一格，則多一乘。太左一格爲地元，再左一格爲地元自乘數。凡多一格，則多一乘，亦如之。太右一格爲人元，再右一格爲人元自乘數。太上一格爲物元，再上一格爲物元自乘數。凡多一格，則多一乘，亦如之。天元左一格，爲地元乘天元數；再左一格，爲地元再乘天元數。其右一格，爲人元乘天元數；再右一格，爲人元再乘天元數。凡多一格，則多一乘，亦如之。天元下一格之左，爲地元乘天元冪數，其右爲人元乘天元冪數。凡多一格，則多一乘，亦如之。天元再下諸格亦如之。物元左一格，爲地元乘物元數；其右一格，爲人元乘物元數。凡多一格，則多一乘亦如之物元上諸格亦如之若天元與物元相乘地元與人元相乘則作○以誌之按未經剔而消之前無零位故作○不混若偶遇有零位則作△以別之其天元乘物元則作於算式之下物元乘天元則作於算式之上地人相乘則作於算式之左右乘幾次則作幾○　作○所以濟算格之窮然最易譌亂今爲改定算格詳易萬倍具見後算格圖說

凡加法以太加太以某元加某元各齊其位同名相加異名相減相加者正者正之負者負之相減者本數大則本數正者正之負者負之加數大則加數正者正之負者負之無對者則正者正之負者負之

一乘，亦如之。物元上諸格，亦如之。若天元與物元相乘，地元與人元相乘，則作○以誌之。按未經剔而消之前，無零位，故作○不混。若偶遇有零位，則作△以別之。其天元乘物元，則作於算式之下。物元乘天元，則作於算式之上。地、人相乘，則作於算式之左右，乘幾次則作幾○。作○所以濟算格之窮，然最易譌亂，今爲改定算格，詳易萬倍。具見後算格圖説。

凡加法，以太加太，以某元加某元，各齊其位。同名相加，異名相減。相加者，正者正之，負者負之。相減者，本數大則本數正者正之，負者負之；加數大則加數正者正之，負者負之。無對者，則正者正之，負者負之。

凡減法亦齊其位同名相減異名相加相減者本數大則正者正之負者負之減數大則正者負之負者正之相加者本數正者正之負者負之無對者本數正者正之負者負之減數正者負之負者正之

凡相消得今云諸式後加減不必齊其位可以太加減元亦可以元加減太且可以諸乘數與太元相加減但其格式次序則不可亂如以此行第一格加減彼行第二格則此行第二格當加減彼行第三格也

凡得今云諸式後可以同名相加減亦可以異名相加減其異名相加一如減法相減一如加法

凡減法，亦齊其位。同名相減，異名相加。相減者，本數大則正者正之，負者負之；減數大則正者負之，負者正之。相加者，本數正者正之，負者負之。無對者，本數正者正之，負者負之；減數正者負之，負者正之。

凡相消得今云諸式後，加減不必齊其位。可以太加減元，亦可以元加減太，且可以諸乘數，與太元相加減。但其格式次序，則不可亂。如以此行第一格，加減彼行第二格，則此行第二格，當加減彼行第三格也。

凡得今云諸式後，可以同名相加減，亦可以異名相加減。其異名相加，一如減法；相減，一如加法。

凡乘法亦齊其位列爲左右兩式以左式太起自上而下
徧乘右式右邊第一行復徧乘第二行以次至右式左邊
末一行止爲乘第一次又以左式太下一格徧乘右式爲
乘第二次以次至太下末一格乘畢復以太左一行自上
而下以次徧乘右式如此至太左末一行乘畢復以太右
諸行如法徧乘右式用物元者則又以太上諸格及太上
左右諸格乘凡左式有若干格則乘若干次同名相乘所
得爲正異名相乘所得爲負乘畢同名相加異名相減各
依其位併之如天元乘太則爲天元天元乘天元則爲天
元自乘數天元乘地元則爲天地元相乘數各以所乘定

凡乘法，亦齊其位，列爲左右兩式。以左式太起，自上而下，徧乘右式右邊第一行，復徧乘第二行，以次至右式左邊末一行止，爲乘第一次。又以左式太下一格，徧乘右式，爲乘第二次，以次至太下末一格。乘畢，復以太左一行，自上而下，以次徧乘右式，如此至太左末一行。乘畢，復以太右諸行，如法徧乘右式。用物元者，則又以太上諸格及太上左右諸格乘。凡左式有若干格，則乘若干次。同名相乘，所得爲正；異名相乘，所得爲負。乘畢，同名相加，異名相減，各依其位併之。如天元乘太，則爲天元；天元乘天元，則爲天元自乘數；天元乘地元，則爲天地元相乘數。各以所乘定

其位也
凡除法有四元者皆不受除寄爲母若僅有天元或僅有三元者則可以天元除以除天元一層得太一層以除太一層得太上一層凡除幾次則上幾層若僅有二元者則幷可以地元除以除地元一行得太一行以除太一行得太右一行凡除幾次則右幾行若除法中帶有他數者則亦不受除寄爲母　用四元則不可除用三元則僅可以天元除者拘於算格也今改定算格則皆可除矣詳後圖說
凡相消法卽同減法

其位也。

凡除法有四元者，皆不受除，寄爲母。若僅有天元，或僅有三元者，則可以天元除。以除天元一層，得太一層；以除太一層，得太上一層。凡除幾次，則上幾層。若僅有二元者，則并可以地元除。以除地元一行，得太一行；以除太一行，得太右一行。凡除幾次，則右幾行。若除法中帶有他數者，則亦不受除，寄爲母。用四元則不可除，用三元則僅可以天元除者，拘於算格也。今改定算格，則皆可除矣。詳後圖説。

凡相消法，即同減法。

凡互隱通分相消法列爲左右兩式以左式左行依乘法
徧乘右式亦以右式左行徧乘左式乘畢依減法相減以
其減餘復爲左式又以左式右行徧乘右式亦以右式右
行徧乘左式乘畢相減以其減餘復爲右式以減餘兩式
仍如前相乘相減如此累次消之消至左右各剩二行乃
以左式右行右式左行爲內二行相乘爲內二行得數以
左式左行右式右行爲外二行相乘爲外二行得數兩得
數相消得爲開方數也若左右兩式行數不等者則以其
左行相乘減復得左式後不必更以右行相乘減便以原
兩式中行數少者復爲右式也若與後得之左式行數仍

凡互隱通分相消法，列爲左右兩式，以左式左行依乘法徧乘右式，亦以右式左行徧乘左式。乘畢，依減法相減，以其減餘復爲左式。又以左式右行徧乘右式，亦以右式右行徧乘左式。乘畢相減，以其減餘復爲右式。以減餘兩式，仍如前相乘相減，如此累次消之，消至左右各剩二行。乃以左式右行、右式左行爲內二行，相乘爲內二行得數；以左式左行、右式右行爲外二行，相乘爲外二行得數。兩得數相消，得爲開方數也。若左右兩式行數不等者，則以其左行相乘減，復得左式後，不必更以右行相乘減，便以原兩式中行數少者復爲右式也。若與後得之左式行數仍

不等則第二次相消仍不必更求右式便以此復爲右式也凡消至左右各兩行時當各於最上一層記太字然後內外相乘也

凡剔而相消法無一定其常法則用三元者以三式列爲中左右以中式上一層徧乘左式亦以左式上一層徧乘中式乘訖相減得數復爲左式次以中式下一層徧乘左式亦以左式下一層徧乘中式乘訖相減得數爲中左式復以中左式與減得之左式如前相乘相減復以減得之數一爲中左式一爲左式仍如前相乘相減如此遞減至止剩一層而止乃移人元及諸乘數皆書於天元諸位其

不等，則第二次相消仍不必更求右式，便以此復爲右式也。凡消至左右各兩行時，當各於最上一層記“太”字，然後内外相乘也。

凡剔而相消，法無一定，其常法則用三元者。以三式列爲中左右，以中式上一層徧乘左式，亦以左式上一層徧乘中式，乘訖相減得數，復爲左式。次以中式下一層徧乘左式，亦以左式下一層徧乘中式，乘訖相減得數，爲中左式。復以中左式與減得之左式，如前相乘相減，復以減得之數，一爲中左式，一爲左式，仍如前相乘相減。如此遞減至止剩一層而止。乃移人元及諸乘數，皆書於天元諸位。其

中式與右式相消亦如之用四元者以四式列爲左中左
中右右先以左式與中左式如三元相消法以下一層相
乘相減復以中左中右兩式以下一層相乘相減復以中
右右兩式以下一層相乘相減以減得之三式復列爲中
左右以左與中以中與右以右與左復如前以下一層相
乘相減如此遞減至消盡天元乃止復各以其右一行如
前相乘相減亦遞減至消盡人元乃止乃移物元及諸乘
數皆書於天元諸格此正法也然依此相消則前得後得
兩式行數必多互隱通分相消時布算必繁而所得開方
式層數又必極多開方時布算又必更繁矣故常用變法

中式與右式相消，亦如之。用四元者，以四式列爲左、中左、中右、右。先以左式與中左式，如三元相消法以下一層相乘相減；復以中左、中右兩式，以下一層相乘相減；復以中右、右兩式，以下一層相乘相減。以減得之三式，復列爲中、左、右。以左與中、以中與右、以右與左，復如前以下一層相乘相減。如此遞減，至消盡天元乃止。復各以其右一行，如前相乘相減，亦遞減至消盡人元乃止。乃移物元及諸乘數，皆書於天元諸格。此正法也。然依此相消，則前得、後得兩式，行數必多。互隱通分相消時，布算必繁。而所得開方式層數，又必極多。開方時布算，又必更繁矣。故常用變法。

或此兩式欲相乘相減先以彼式與此兩式相加減或相乘相減得一式後不復更求一式而以所得之式與他一式相乘減錯綜變化惟意所命總要求得前後兩式行數不多爲貴其法詳見後細草中

凡有四元者剔而相消時地元物元諸乘數中又有天人元乘之者皆當以法剔分之令先消去　此亦古算格則然若今改定算格則不須爾也

改定算格圖說

一元圖

太
天
天^{二}
天^{三}
天^{四}

天^{二}者二天元相乘也天^{三}者三天元相連乘也餘倣此

或此兩式欲相乘相減，先以彼式與此兩式相加減；或相乘相減得一式後，不復更求一式，而以所得之式與他一式相乘減。錯綜變化，惟意所命。總要求得前後兩式行數不多爲貴，其法詳見後細草中。

凡有四元者，剔而相消時，地元、物元諸乘數中又有天人元乘之者，皆當以法剔分之。令先消去。此亦古算格則然，若今改定算格，則不須爾也。

改定算格圖說

一元圖

太
天
天^{二}
天^{三}
天^{四}

天^{二}者，二天元相乘也。天^{三}者，三天元相連乘也。餘仿此。

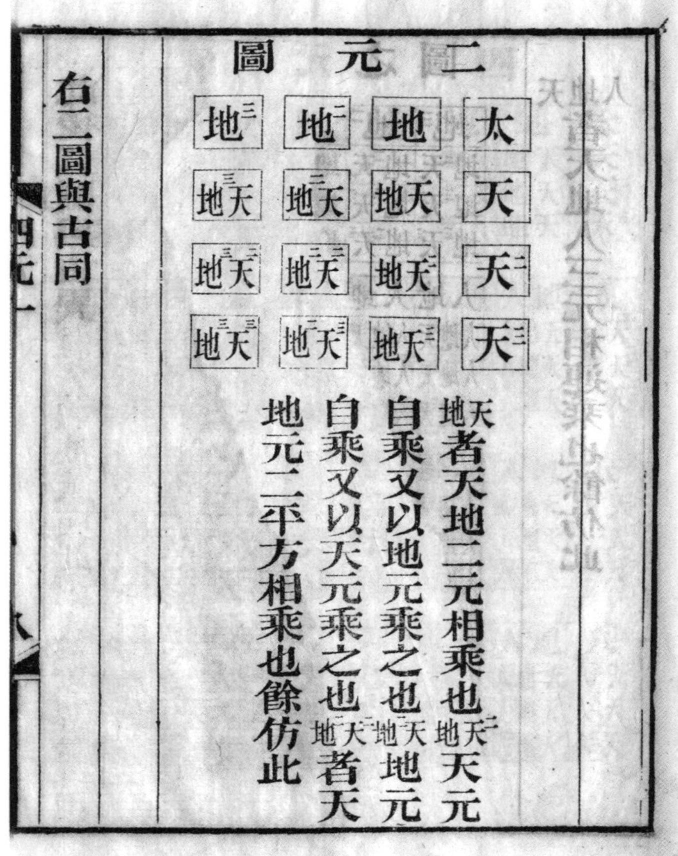

二元圖

地^{三}	地^{二}	地	太
地^{三}天	地^{二}天	地天	天
地^{三}天^{三}	地^{二}天^{二}	地天^{二}	天^{二}
地^{三}天^{三}	地^{二}天^{三}	地天^{三}	天^{三}

地天者，天地二元相乘也。地天^{二}，天元自乘又以地元乘之也。地^{二}天，地元自乘又以天元乘之也。地^{二}天^{二}者，天、地元二平方相乘也。餘仿此。

右二圖與古同。

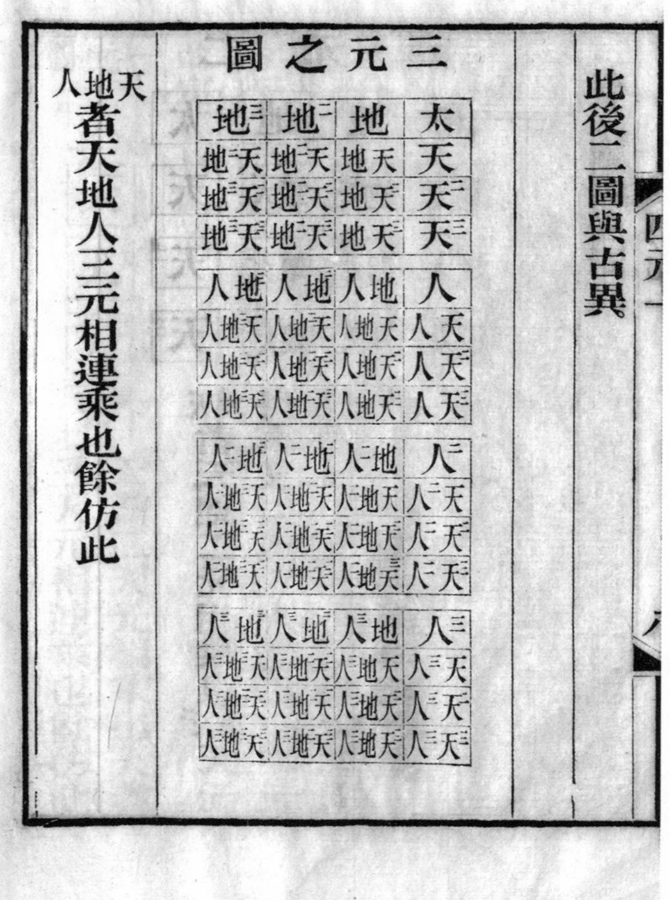

此後二圖與古異。

三元之圖

地^{三}	地^{二}	地	太
地^{三}天	地^{二}天	地天	天
地^{三}天^{二}	地^{二}天^{二}	地天^{二}	天^{二}
地^{三}天^{三}	地^{二}天^{三}	地天^{三}	天^{三}

人地^{三}	人地^{二}	人地	人
人地^{三}天	人地^{二}天	人地天	人天
人地^{三}天^{二}	人地^{二}天^{二}	人地天^{二}	人天^{二}
人地^{三}天^{三}	人地^{二}天^{三}	人地天^{三}	人天^{三}

人^{二}地^{三}	人^{二}地^{二}	人^{二}地	人^{二}
人^{二}地^{三}天	人^{二}地^{二}天	人^{二}地天	人^{二}天
人^{二}地^{三}天^{二}	人^{二}地^{二}天^{二}	人^{二}地天^{二}	人^{二}天^{二}
人^{二}地^{三}天^{三}	人^{二}地^{二}天^{三}	人^{二}地天^{三}	人^{二}天^{三}

人^{三}地^{三}	人^{三}地^{二}	人^{三}地	人^{三}
人^{三}地^{三}天	人^{三}地^{二}天	人^{三}地天	人^{三}天
人^{三}地^{三}天^{二}	人^{三}地^{二}天^{二}	人^{三}地天^{二}	人^{三}天^{二}
人^{三}地^{三}天^{三}	人^{三}地^{二}天^{三}	人^{三}地天^{三}	人^{三}天^{三}

人地天者，天地人三元相連乘也。餘仿此。

四元

四元之圖

物地^{三}	物地^{二}	物地	物	地^{三}	地^{二}	地	太
物地^{三}天	物地^{二}天	物地天	物天	地^{三}天	地^{二}天	地天	天
物地^{三}天^{二}	物地^{二}天^{二}	物地天^{二}	物天^{二}	地^{三}天^{二}	地^{二}天^{二}	地天^{二}	天^{二}
物地^{三}天^{三}	物地^{二}天^{三}	物地天^{三}	物天^{三}	地^{三}天^{三}	地^{二}天^{三}	地天^{三}	天^{三}

物人地^{三}	物人地^{二}	物人地	物人	人地^{三}	人地^{二}	人地	人
物人地^{三}天	物人地^{二}天	物人地天	物人天	人地^{三}天	人地^{二}天	人地天	人天
物人地^{三}天^{二}	物人地^{二}天^{二}	物人地天^{二}	物人天^{二}	人地^{三}天^{二}	人地^{二}天^{二}	人地天^{二}	人天^{二}
物人地^{三}天^{三}	物人地^{二}天^{三}	物人地天^{三}	物人天^{三}	人地^{三}天^{三}	人地^{二}天^{三}	人地天^{三}	人天^{三}

物人^{二}地^{三}	物人^{二}地^{二}	物人^{二}地	物人^{二}	人^{二}地^{三}	人^{二}地^{二}	人^{二}地	人^{二}
物人^{二}地^{三}天	物人^{二}地^{二}天	物人^{二}地天	物人^{二}天	人^{二}地^{三}天	人^{二}地^{二}天	人^{二}地天	人^{二}天
物人^{二}地^{三}天^{二}	物人^{二}地^{二}天^{二}	物人^{二}地天^{二}	物人^{二}天^{二}	人^{二}地^{三}天^{二}	人^{二}地^{二}天^{二}	人^{二}地天^{二}	人^{二}天^{二}
物人^{二}地^{三}天^{三}	物人^{二}地^{二}天^{三}	物人^{二}地天^{三}	物人^{二}天^{三}	人^{二}地^{三}天^{三}	人^{二}地^{二}天^{三}	人^{二}地天^{三}	人^{二}天^{三}

物人^{三}地^{三}	物人^{三}地^{二}	物人^{三}地	物人^{三}	人^{三}地^{三}	人^{三}地^{二}	人^{三}地	人^{三}
物人^{三}地^{三}天	物人^{三}地^{二}天	物人^{三}地天	物人^{三}天	人^{三}地^{三}天	人^{三}地^{二}天	人^{三}地天	人^{三}天
物人^{三}地^{三}天^{二}	物人^{三}地^{二}天^{二}	物人^{三}地天^{二}	物人^{三}天^{二}	人^{三}地^{三}天^{二}	人^{三}地^{二}天^{二}	人^{三}地天^{二}	人^{三}天^{二}
物人^{三}地^{三}天^{三}	物人^{三}地^{二}天^{三}	物人^{三}地天^{三}	物人^{三}天^{三}	人^{三}地^{三}天^{三}	人^{三}地^{二}天^{三}	人^{三}地天^{三}	人^{三}天^{三}

四元之圖

物^{三}地^{三}	物^{三}地^{二}	物^{三}地	物^{三}	物^{二}地^{三}	物^{二}地^{二}	物^{二}地	物^{二}
物^{三}地^{三}天	物^{三}地^{二}天	物^{三}地天	物^{三}天	物^{二}地^{三}天	物^{二}地^{二}天	物^{二}地天	物^{二}天
物^{三}地^{三}天^{二}	物^{三}地^{二}天^{二}	物^{三}地天^{二}	物^{三}天^{二}	物^{二}地^{三}天^{二}	物^{二}地^{二}天^{二}	物^{二}地天^{二}	物^{二}天^{二}
物^{三}地^{三}天^{三}	物^{三}地^{二}天^{三}	物^{三}地天^{三}	物^{三}天^{三}	物^{二}地^{三}天^{三}	物^{二}地^{二}天^{三}	物^{二}地天^{三}	物^{二}天^{三}

物^{三}人地^{三}	物^{三}人地^{二}	物^{三}人地	物^{三}人	物^{二}人地^{三}	物^{二}人地^{二}	物^{二}人地	物^{二}人
物^{三}人地^{三}天	物^{三}人地^{二}天	物^{三}人地天	物^{三}人天	物^{二}人地^{三}天	物^{二}人地^{二}天	物^{二}人地天	物^{二}人天
物^{三}人地^{三}天^{二}	物^{三}人地^{二}天^{二}	物^{三}人地天^{二}	物^{三}人天^{二}	物^{二}人地^{三}天^{二}	物^{二}人地^{二}天^{二}	物^{二}人地天^{二}	物^{二}人天^{二}
物^{三}人地^{三}天^{三}	物^{三}人地^{二}天^{三}	物^{三}人地天^{三}	物^{三}人天^{三}	物^{二}人地^{三}天^{三}	物^{二}人地^{二}天^{三}	物^{二}人地天^{三}	物^{二}人天^{三}

物^{三}人^{二}地^{三}	物^{三}人^{二}地^{二}	物^{三}人^{二}地	物^{三}人^{二}	物^{二}人^{二}地^{三}	物^{二}人^{二}地^{二}	物^{二}人^{二}地	物^{二}人^{二}
物^{三}人^{二}地^{三}天	物^{三}人^{二}地^{二}天	物^{三}人^{二}地天	物^{三}人^{二}天	物^{二}人^{二}地^{三}天	物^{二}人^{二}地^{二}天	物^{二}人^{二}地天	物^{二}人^{二}天
物^{三}人^{二}地^{三}天^{二}	物^{三}人^{二}地^{二}天^{二}	物^{三}人^{二}地天^{二}	物^{三}人^{二}天^{二}	物^{二}人^{二}地^{三}天^{二}	物^{二}人^{二}地^{二}天^{二}	物^{二}人^{二}地天^{二}	物^{二}人^{二}天^{二}
物^{三}人^{二}地^{三}天^{三}	物^{三}人^{二}地^{二}天^{三}	物^{三}人^{二}地天^{三}	物^{三}人^{二}天^{三}	物^{二}人^{二}地^{三}天^{三}	物^{二}人^{二}地^{二}天^{三}	物^{二}人^{二}地天^{三}	物^{二}人^{二}天^{三}

物^{三}人^{三}地^{三}	物^{三}人^{三}地^{二}	物^{三}人^{三}地	物^{三}人^{三}	物^{二}人^{三}地^{三}	物^{二}人^{三}地^{二}	物^{二}人^{三}地	物^{二}人^{三}
物^{三}人^{三}地^{三}天	物^{三}人^{三}地^{二}天	物^{三}人^{三}地天	物^{三}人^{三}天	物^{二}人^{三}地^{三}天	物^{二}人^{三}地^{二}天	物^{二}人^{三}地天	物^{二}人^{三}天
物^{三}人^{三}地^{三}天^{二}	物^{三}人^{三}地^{二}天^{二}	物^{三}人^{三}地天^{二}	物^{三}人^{三}天^{二}	物^{二}人^{三}地^{三}天^{二}	物^{二}人^{三}地^{二}天^{二}	物^{二}人^{三}地天^{二}	物^{二}人^{三}天^{二}
物^{三}人^{三}地^{三}天^{三}	物^{三}人^{三}地^{二}天^{三}	物^{三}人^{三}地天^{三}	物^{三}人^{三}天^{三}	物^{二}人^{三}地^{三}天^{三}	物^{二}人^{三}地^{二}天^{三}	物^{二}人^{三}地天^{三}	物^{二}人^{三}天^{三}

一元之圖線理也二元之圖平方理也三元之圖立方
理也四元之圖三乘方理也故太居上止一格天元從
下乘之則二格再乘之則三格引而長之之道也非線
何天元諸數止一行以地元乘之則二行再乘之則三
行線乘線爲面之道也非平方何天地元相乘止一方
以人元乘之則二方再乘之則三方線乘面爲體之道
也非立方何三元相乘止一體以物元乘之則二體再
乘之則三體線乘體爲長體之道也非三乘方何由是
推之太者單數也點也元者太之行也線也元自乘者
行之比也面也元再乘者面之疊也體也是一元中本

一元之圖，線理也；二元之圖，平方理也；三元之圖，立方理也；四元之圖，三乘方理也。故太居上止一格，天元從下乘之則二格，再乘之則三格。引而長之之道也，非線何？天元諸數止一行，以地元乘之則二行，再乘之則三行。線乘線爲面之道也，非平方何？天地元相乘止一方，以人元乘之則二方，再乘之則三方。線乘面爲體之道也，非立方何？三元相乘止一體，以物元乘之則二體，再乘之則三體。線乘體爲長體之道也，非三乘方何？由是推之，太者，單數也，點也。元者，太之行也，線也。元自乘者，行之比也，面也。元再乘者，面之疊也，體也。是一元中本具線面體用諸元而線面體之外又有線面體焉且此元與彼元乘而爲長方形長方形亦面也此元與彼元之冪乘而爲或高或扁立方或高或扁立方亦體也是諸元各具線面體諸元相乘而線面體之中又生線面體焉其理之妙如此則古人上下左右之格不得不改爲立方三乘方之格矣且改其格非徒明理也亦且便於法故格改而天人地物相乘諸數皆有位不必寄位而作圈格改而諸元爲法皆可除不必寄分而爲母以天元除者皆得上一層以地元除者皆得右一行以人元除者皆得上一方以物元除者皆得右一方至於相乘相消之繁簡加減之難易其相去又有不待言者

具線、面、體。用諸元，而線、面、體之外又有線、面、體焉。且此元與彼元乘，而爲長方形，長方形亦面也。此元與彼元之冪乘，而爲或高或扁立方。或高或扁立方，亦體也。是諸元各具線、面、體。諸元相乘，而線、面、體之中又生線、面、體焉。其理之妙如此，則古人上下左右之格，不得不改爲立方、三乘方之格矣。且改其格，非徒明理也，亦且便於法。故格改而天、人、地、物相乘諸數皆有位，不必寄位而作圈；格改而諸元爲法皆可除，不必寄分而爲母。以天元除者，皆得上一層；以地元除者，皆得右一行；以人元除者，皆得上一方；以物元除者，皆得右一方。至於相乘相消之繁簡、加減之難易，其相去又有不待言者矣。曰：審如是，則三元當疊而爲立體，四元當疊而爲三乘體，今何以皆分爲諸面也？曰：立體、三乘體者，其理也。不得不分爲諸面者，其勢也。有盈尺之書於此，子能不逐張展之而能通其義乎？故書必逐張展之，而後可讀；三元、四元之體，必逐層分之，而後可算。

細草

今有黄方乘直積得二十四步。只云股弦和九步，問句幾何？

答曰：三步。

草曰：立天元一爲句，自之得〇元|。合以股弦和除之，不除，寄爲母，便以此爲股弦較也。置股弦和自之，得𝍧|太，爲

帶母股弦和。以帶母股弦較減之，得$\begin{array}{c}\text{≐|}\\ \text{○元}\\ \text{⊤}\end{array}$，爲兩箇帶母股。以天元乘之，得$\begin{array}{c}\text{○太}\\ \text{≐|}\\ \text{○}\\ \text{⊤}\end{array}$，爲二之帶母直積於上。置二之天元，以股弦和乘之，得$\begin{array}{c}\text{○太}\\ \text{|≐}\end{array}$，爲二之帶母句。以二之帶母股加之，得$\begin{array}{c}\text{≐|}\\ \text{|≐元}\\ \text{⊤}\end{array}$，爲二之帶母句股和。以帶母股弦和與帶母股弦較併之，得$\begin{array}{c}\text{≐|}\\ \text{○元}\\ \text{|}\end{array}$，爲二之弦。以減二之句股和，得$\begin{array}{c}\text{○太}\\ \text{|≐}\\ \text{⊤}\end{array}$，爲二之帶母黄方。半之，以乘上直積，得$\begin{array}{c}\text{○太}\\ \text{○}\\ \text{Ⅱ=Ⅲ}\\ \text{≐⊤}\\ \text{≡}\\ \text{|}\end{array}$，爲二段黄方乘直積。内帶股弦和冪分母。寄左。然後置黄方乘直積二十四步，以股弦和冪分母通之，又二之，得$\begin{array}{c}\text{≡Ⅲ≐Ⅲ}\\ \text{○元}\end{array}$，爲同數。與左相消，得$\begin{array}{c}\text{≡Ⅲ≐Ⅲ}\\ \text{○}\\ \text{Ⅱ=Ⅲ}\\ \text{Ⅲ—}\\ \text{Ⅲ}\\ \text{⊤}\end{array}$。四乘方開之，得三步，即句也[2]。合問。

1 此題已知：

$$\begin{cases}(a+b-c)\cdot ab=24 & ①\\ c+b=9 & ②\end{cases}$$

求句 a。設 $a=x$，由於 $\frac{a^2}{c+b}=c-b$，得：

$(c+b)(c-b)=a^2=x^2$　③

以股弦和 $c+b$ 爲母，x^2 即帶母股弦較。股弦和自乘，得：

$(c+b)(c+b)=81$　④

爲帶母股弦和。③④兩式相減，得：

$2b\ (c+b)=81-x^2$　⑤

爲兩個帶母股。⑤式乘句，得：

$2ab\ (c+b)=81x-x^3$　⑥

爲兩個帶母直積。又求得兩個帶母句爲：

$2a(c+b)=18x$　⑦

⑤⑦兩式相加，得兩個帶母句股和：

$2(a+b)(c+b)=81+18x-x^2$　⑧

③④兩式相加，得兩個帶母弦：

$2c(c+b)=81+x^2$　⑨

⑧⑨兩式相減，得兩個帶母黄方：

$2(a+b-c)(c+b)=18x-2x^2$　⑩

⑩式折半，與⑥式相乘，得：

$2(a+b-c)\cdot ab\cdot(c+b)^2=729x^2-81x^3-9x^4+x^5$　⑪

爲兩段黄方乘直積，内帶股弦和冪。將①②兩式代入⑪等式左側，整理得：

$3888-729x^2+81x^3+9x^4-x^5=0$ 開四乘方，開得句 $a=x=3$。

今有股冪減弦較較與股乘句等，只云句冪加弦較和與句乘弦同，問股幾何？

答曰：四步。

草曰：立天元一爲股，自之得$\begin{matrix}\text{太}\\ \bigcirc\\ |\end{matrix}$。立地元一爲句弦和，以除之得$\begin{matrix}\text{太} & \bigcirc\\ \bigcirc & \bigcirc\\ \bigcirc & |\end{matrix}$，爲句弦較。以減句弦和，得$\begin{matrix}| & \text{太} & \bigcirc\\ \bigcirc & \bigcirc & \bigcirc\\ \bigcirc & \bigcirc & \nmid\end{matrix}$，爲二之句。以天元股乘之，得$\begin{matrix}\bigcirc & \text{太} & \bigcirc\\ | & \bigcirc & \bigcirc\\ \bigcirc & \bigcirc & \bigcirc\\ \bigcirc & \bigcirc & |\end{matrix}$，爲二之直積。寄左。然後置地元，以天元減之，得$\begin{matrix}| & \text{太}\\ \bigcirc & \nmid\end{matrix}$，爲弦較較。以減天元冪，得$\begin{matrix}\nmid & \text{太}\\ \bigcirc & |\\ \bigcirc & |\end{matrix}$，又二之得$\begin{matrix}\nparallel & \text{太}\\ \bigcirc & \|\\ \bigcirc & \|\end{matrix}$，爲同數。與左相消，得$\begin{matrix}\nparallel & \bigcirc & \bigcirc\\ \nmid & \| & \bigcirc\\ \bigcirc & \| & \bigcirc\\ \bigcirc & \bigcirc & |\end{matrix}$，爲今式。次置二之句，自之得$\begin{matrix}| & \bigcirc & \text{太} & \bigcirc & \bigcirc\\ \bigcirc & \bigcirc & \bigcirc & \bigcirc & \bigcirc\\ \bigcirc & \bigcirc & \nparallel & \bigcirc & \bigcirc\\ \bigcirc & \bigcirc & \bigcirc & \bigcirc & \bigcirc\\ \bigcirc & \bigcirc & \bigcirc & \bigcirc & |\end{matrix}$，爲四之句冪。置天元，以地元加之，得$\begin{matrix}| & \text{太}\\ \bigcirc & |\end{matrix}$，爲弦和和，以二

之句減之，得，爲弦較和，四之得。以加四之句冪，得，爲四段句冪加弦較和。寄左。然後置句弦較，以地元加之，得，爲二之弦，以倍句乘之，得，爲同數。與左相消，得，半之得，爲云式。乃以互隱通分法消之。置今、云兩式，其右行同爲，不須乘，便以右式直減左式，得，半之得，以爲右行。復與今式相

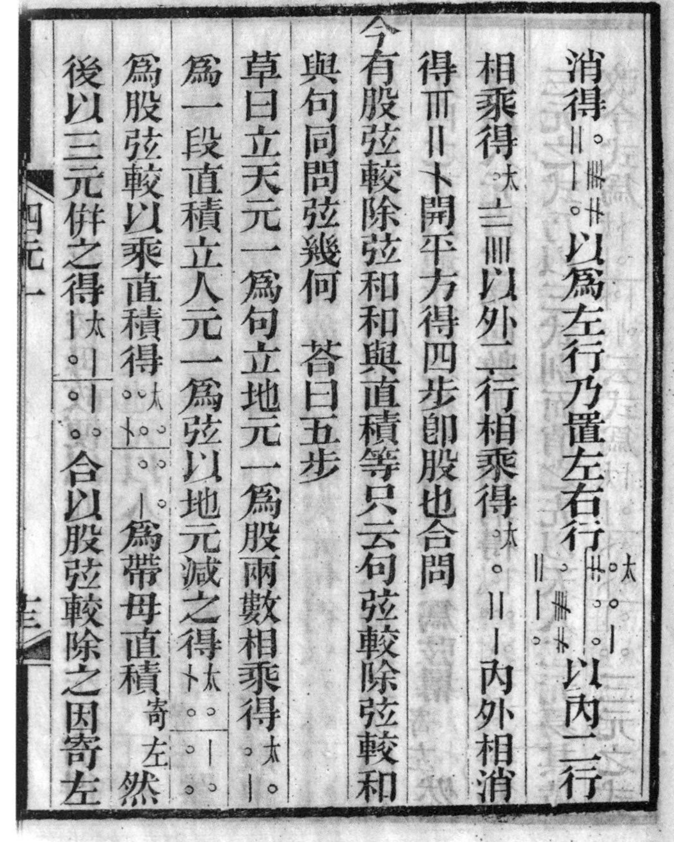

消，得，以爲左行。乃置左右行，以内二行相乘得，以外二行相乘得，内外相消，得。開平方，得四步，即股也[1]。合問。

今有股弦較除弦和和與直積等，只云句弦較除弦較和與句同，問弦幾何？

答曰：五步。

草曰：立天元一爲句，立地元一爲股。兩數相乘，得，爲一段直積。立人元一爲弦，以地元減之，得，爲股弦較。以乘直積，得，爲帶母直積。寄左。然後以三元併之，得。合以股弦較除之，因寄左

1 此題已知：

$$\begin{cases} b^2-[c-(b-a)]=ab & ① \\ a^2+[c+(b-a)]=ac & ② \end{cases}$$

求股。設股 $b=x$③，句弦和 $c+a=y$④，求得句弦較：

$$c-a=\frac{b^2}{c+a}=\frac{x^2}{y} \quad ⑤$$

④⑤兩式相並，得二倍句：

$$2a=(c+a)-(c-a)=y-\frac{x^2}{y} \quad ⑥$$

③⑥兩式相乘，得二倍直積：

$$2ab=xy-\frac{x^3}{y} \quad ⑦$$

③④兩式相加減，得弦較較：

$$c-(b-a)=y-x \quad ⑧$$

③式自乘，與⑧式相減，加倍得：

$$2\{b^2-[c-(b-a)]\}=2x^2+2x-2y \quad ⑨$$

據①式，⑦⑨兩式相等，相消得今式：

$$x^3+2x^2y+2xy-xy^2-2y^2=0 \quad ⑩$$

⑥式自乘，得四倍句冪：

$$4a^2=-2x^2+\frac{x^4}{y^2}+y^2 \quad ⑪$$

③④兩式相並，得弦和和。與⑥式相減，得弦較和：

$$c+(b-a)=x+\frac{x^2}{y} \quad ⑫$$

以4乘⑫式，與⑪式相並，得四段句冪加弦較和：

$$4\{a^2+[c+(b-a)]\}=-2x^2+4x+\frac{x^4}{y^2}+\frac{4x^2}{y}+y^2 \quad ⑬$$

④⑤兩式相並，得二倍弦：

$$2c=\frac{x^2}{y}+y \quad ⑭$$

⑭⑥兩式相乘，得四倍句弦積：

$$4ac=-\frac{x^4}{y^2}+y^2 \quad ⑮$$

據②式，⑮⑬兩式相等，相消，折半得云式：

$$x^3+2xy-xy^2+2y^2=0 \quad ⑯$$

⑩⑯兩式直減相消，折半得：

$$x^2-2y=0 \quad ⑰$$

以爲右行。以天元 x 乘⑰式，與⑩式相消，得：

$$-2x^2-4x+xy+2y=0 \quad ⑱$$

以爲左行。⑰⑱兩式互乘相消，得：

$-x^2+2x+8=0$ 開平方，得股 $b=x=4$。

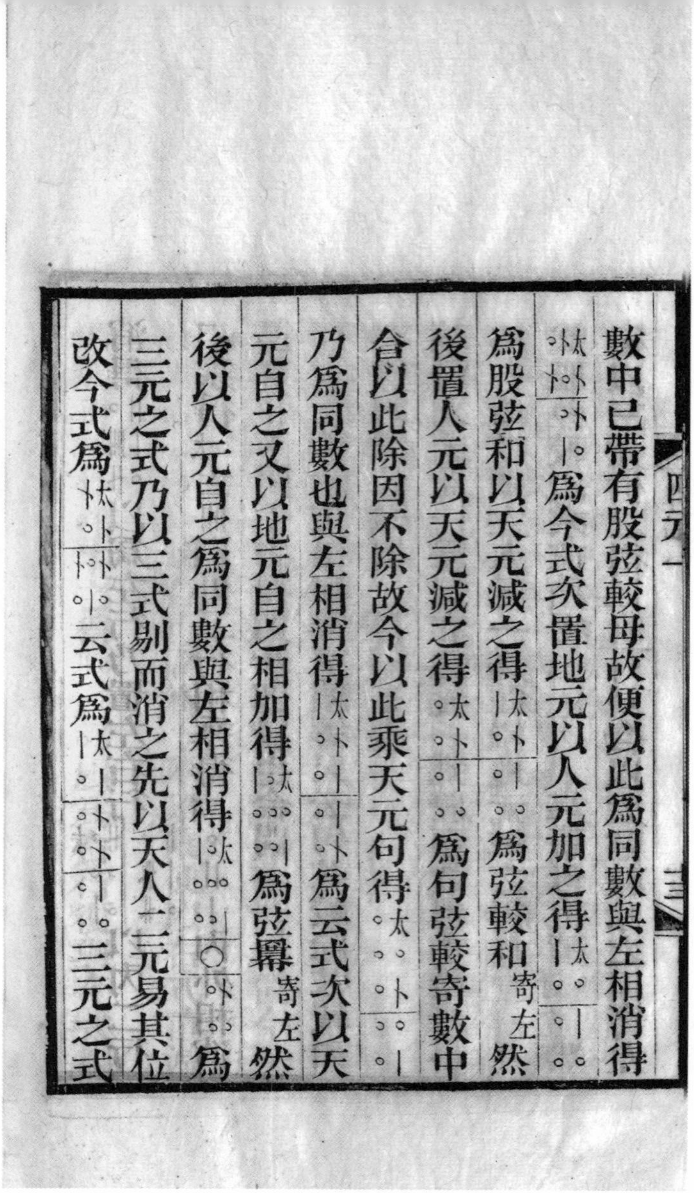

數中已帶有股弦較母，故便以此爲同數。與左相消，得$\begin{array}{ccc}\bigcirc & \nmid & 太 \\ \nmid & \bigcirc & \nmid \\ \hline & \bigcirc & \nmid \\ & | & \bigcirc\end{array}$，爲今式。次置地元，以人元加之，得$\begin{array}{cc}| & 太 \\ \bigcirc & \bigcirc \\ \hline \bigcirc & | \\ \bigcirc & \bigcirc\end{array}$，爲股弦和。以天元減之，得$\begin{array}{cc}| & 太 \\ \bigcirc & \nmid \\ \hline \bigcirc & | \\ \bigcirc & \bigcirc\end{array}$，爲弦較和。寄左。然後置人元，以天元減之，得$\begin{array}{cc}\bigcirc & 太 \\ \bigcirc & \nmid \\ \hline \bigcirc & | \\ \bigcirc & \bigcirc\end{array}$，爲句弦較。寄數中合以此除，因不除，故今以此乘天元句，得$\begin{array}{cc}\bigcirc & 太 \\ \bigcirc & \bigcirc \\ \bigcirc & \nmid \\ \hline \bigcirc & \bigcirc \\ \bigcirc & |\end{array}$，乃爲同數也。與左相消，得$\begin{array}{cc}| & 太 \\ \bigcirc & \nmid \\ \bigcirc & | \\ \hline \bigcirc & | \\ \bigcirc & \nmid\end{array}$，爲云式。次以天元自之，又以地元自之相加，得$\begin{array}{ccc}| & \bigcirc & 太 \\ \bigcirc & \bigcirc & \bigcirc \\ \bigcirc & \bigcirc & |\end{array}$，爲弦冪。寄左。然後以人元自之爲同數，與左相消，得$\begin{array}{ccc}| & \bigcirc & 太 \\ \bigcirc & \bigcirc & \bigcirc \\ \bigcirc & \bigcirc & | \\ \hline & \bigcirc & \\ \hline & \bigcirc & \nmid \\ & \bigcirc & \bigcirc\end{array}$，爲三元之式。乃以三式剔而消之，先以天人二元易其位，改今式爲$\begin{array}{ccc}\nmid & & 太 \\ & \bigcirc & \nmid \\ \hline \nmid & \bigcirc & \nmid \\ \bigcirc & | & \bigcirc\end{array}$，云式爲$\begin{array}{cc}| & 太 \\ \bigcirc & | \\ \hline \bigcirc & \nmid \\ \bigcirc & \nmid \\ \hline \bigcirc & | \\ \bigcirc & \bigcirc\end{array}$，三元之式

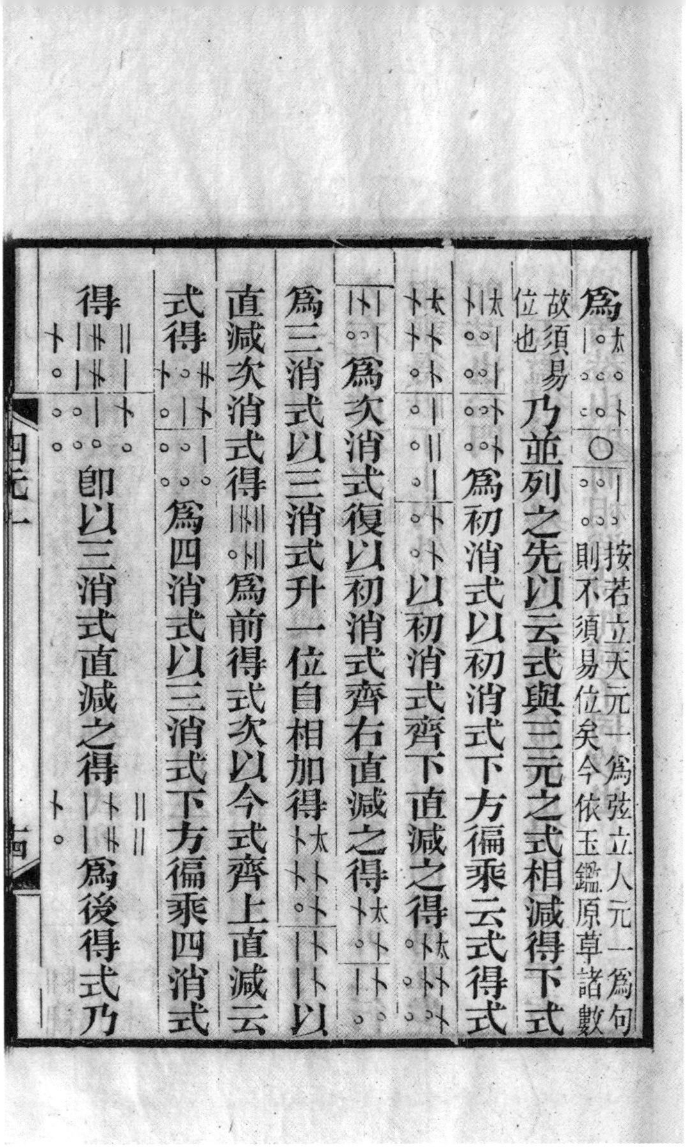

爲。按若立天元一爲弦，立人元一爲句，則不須易位矣。今依《玉鑑》原草諸數，故須易位也。乃並列之，先以云式與三元之式相減，得下式，爲初消式。以初消式下方偏乘云式，得式。以初消式齊下直減之，得，爲次消式。復以初消式齊右直減之，得，爲三消式。以三消式升一位自相加，得。以直減次消式，得，爲前得式。次以今式齊上直減云式，得，爲四消式。以三消式下方偏乘四消式，得。即以三消式直減之，得，爲後得式。乃以前後兩式齊右直減，得。與前式列爲左右，以右式右行偏乘左式，得；以左式右行偏乘右式，得。左右相減，得，爲左行。其左右式之左一行同爲一，不須乘，便直相減，得，爲右行。乃以左右行，並列之。內二行相乘，得；外二行相乘，得。內外相消，得。平方開之，得五步，即弦也。合問。

《玉鑑》得五層算式，開三乘方，而此止得三層開平方者，葢由剔而相消時，加減不同故也。

今有股乘五較與弦冪加句乘弦等，只云句除五和與股冪減句弦較同，問黄方帶三事共幾何？

答曰：一十四步。

草曰：立天元一爲句，立地元一爲股，句減股得$\begin{array}{cc}丨&太\\○&⺊\end{array}$，爲句股較。立人元一爲弦，副置之，上減天元，得$\begin{array}{cc}○&太\\○&⺊\\\hline○&丨\\○&○\end{array}$，爲句弦較；下減地元，得$\begin{array}{cc}⺊&太\\○&○\\\hline○&丨\\○&○\end{array}$，爲股弦較。以天地二元併之，内減一人元，得$\begin{array}{cc}丨&太\\○&丨\\\hline○&⺊\\○&○\end{array}$，爲弦和較。以天人二元併之，内減一地元，得$\begin{array}{cc}⺊&太\\○&丨\\\hline○&丨\\○&○\end{array}$，爲弦較較。以此五較併之，得$\begin{array}{cc}○&太\\○&丨\\\hline○&‖\\○&○\end{array}$。以地元乘之得$\begin{array}{cc}○&太\\○&○\\\hline‖&○\\○&○\end{array}$，爲一段股乘五較積。寄左。然後以天人二元併之，得$\begin{array}{cc}○&太\\○&丨\\\hline○&丨\\○&○\end{array}$，仍

以人元乘之，得，爲同數。與左相消，得式，爲今式。次以天地二元併之，得，爲句股和。以天人二元併之，得，爲句弦和。以地人二元併之，得，爲股弦和。三元併之，得，爲弦和和。以地人二元併之，内減一天元，得，爲弦較和。以此五和併之，得。以天元除之，得式，爲句除五和數。寄左。然後以地元自之，得，爲股冪於上。天元減人元，得，爲句弦較。以減上，得，爲同數。與左相消，得，爲云式。次以天地元各自之相加，得，爲弦冪。

寄左。然後以人元自之爲同數，與左相消，得，爲三元式。次以天地二元相加，得，爲句股和。以人元減之，得，爲黄方於上。以三元併之，得，爲三事和。以加上，得，爲黄方帶三事和。寄左。然後立物元一爲同數，與左相消，得，爲物元之式。乃以四式剔而消之。先以今式與三元之式齊下位相減，得，爲初消式。以初消式下方偏乘今式，得。以初消式減之，得，爲次消式。以云式下方偏乘今式，得。與云式相減，得式，爲三消式。以三消式二之，得，以次消式齊下減之，得，爲四消式。以物元之式倍之，得式。以次消式減之，得。移物元居天元位，得，便爲左行也。以四消式上層偏乘物元式，得。以物元式上層偏乘四消式，得。兩得數相消，得下式。移物元諸數各居天元諸位，得，爲後式。以左行消後式。先以左行倍之，得。以減後式右行，得。以此減餘式之左一行，偏乘左行，得。復以左行之左一行，偏乘減餘式，得。以此兩式齊左相減，得，爲右行也。與左行相列 ，内二行相乘，得 ；外二行相乘，得 。内外相消，得 。開平方，得一十四步，即黄方帶三事和也。合問。

開方法

天元一及二三四元所求得開方式，其法多《少廣章》所未備。而顧氏《海鏡釋術》所演諸法，又大與古異。元和李氏所較《海鏡》，亦附有“開方術”一條，其法已至簡矣，然尚非古法。惟江都焦氏所引秦道古《數學九章》中“投胎”、“换骨”二法，謂一本於古九章，斯爲得之。其法極精簡詳明，實與天元、四元相輔而行，迥非後來諸家所及。今詳演於左方。

≡Ⅲ≟Ⅲ
○
Ⅱ=𝍬
Ⅲ—
𝍫
〆

第一問所得算式，開四乘方，得三步。法曰：初商三步，以初商乘隅得〥，爲從三乘廉。與益三乘廉相減，得⊤。以初商乘之，得—Ⅲ。以加益立廉，得≟Ⅲ。以初商乘之，得Ⅱ≟Ⅱ，爲益平廉。以減從平廉，得Ⅲ≡〆。以初商乘之，得Ⅰ=Ⅲ〤，爲從方。以初商乘之，得Ⅲ≟Ⅲ≈。以減實，恰盡。無次商。

布算式

Ⅲ		
≡Ⅲ≟Ⅲ	Ⅲ≟Ⅲ≈	
○	Ⅰ=Ⅲ〤	
Ⅱ=𝍬	Ⅱ≟Ⅱ	Ⅲ≡〆
Ⅲ—	Ⅰ≟	≟Ⅲ
𝍫	〥	⊥
〆		

凡商與下一層乘得數，皆列於上一層之右。同名相加，異名相減，得數復列於右。相加

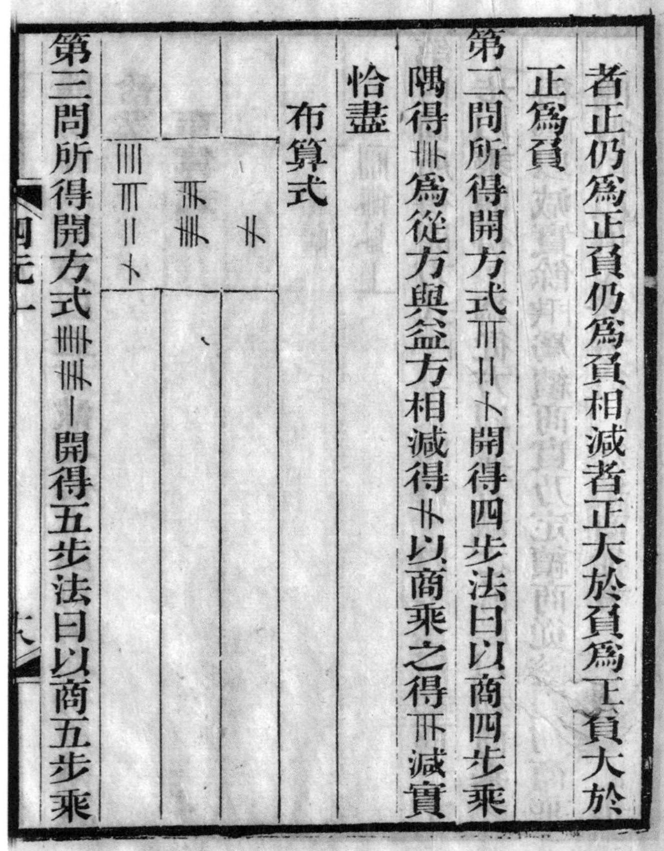

者，正仍爲正，負仍爲負。相減者，正大於負爲正，負大於正爲負。

第二問所得開方式，開得四步。法曰：以商四步乘隅，得，爲從方。與益方相減，得。以商乘之，得。減實，恰盡。

布算式

第三問所得開方式，開得五步。法曰：以商五步乘

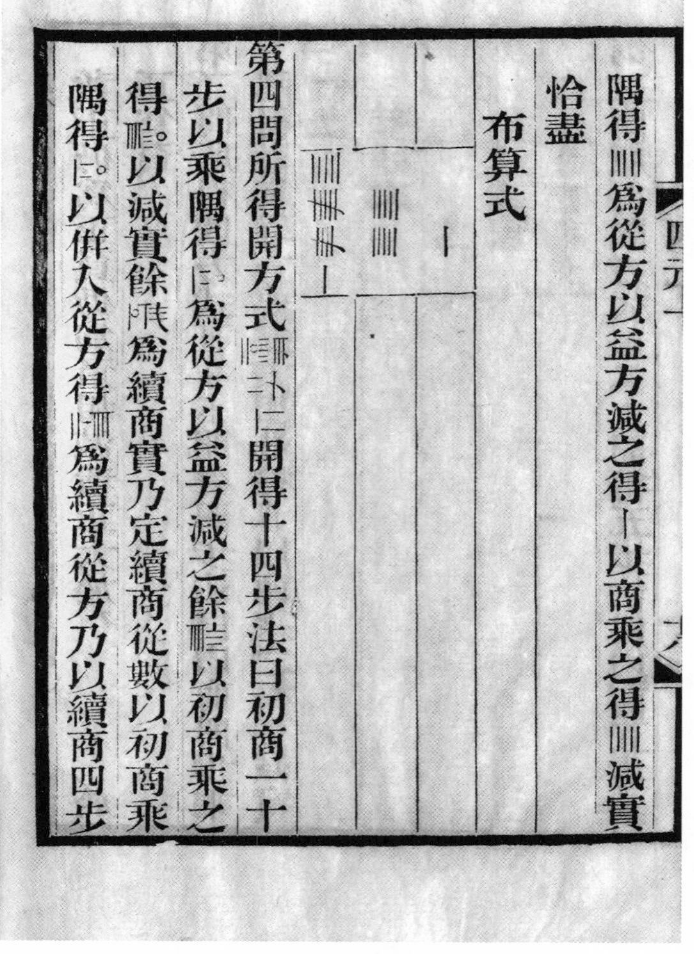

隅，得，爲從方。以益方減之，得，以商乘之，得。減實，恰盡。

布算式

第四問所得開方式，開得十四步。法曰：初商一十步，以乘隅，得，爲從方。以益方減之，餘。以初商乘之，得。以減實，餘，爲續商實。乃定續商從數。以初商乘隅，得。以併入從方，得，爲續商從方。乃以續商四步

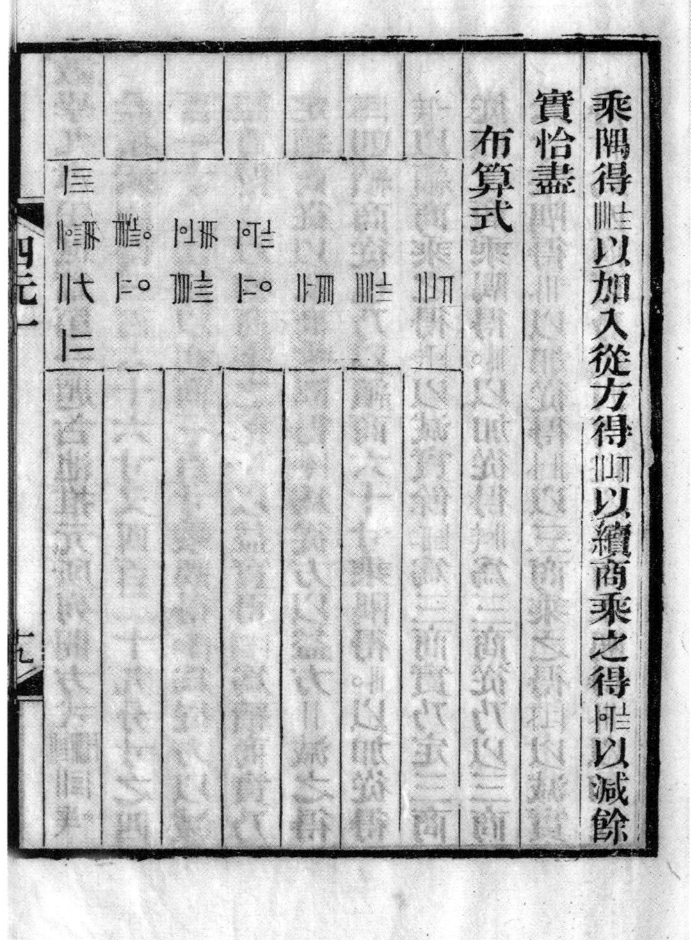

乘隅，得𝍣𝍯。以加入從方，得𝍡𝍮𝍦。以續商乘之，得𝍠〇𝍥𝍯。以減餘實，恰盡。

布算式

　𝍠𝍫

𝍡〇𝍫𝍧　𝍨𝍯〇　𝍠〇𝍮𝍧　𝍠〇𝍥𝍯

　𝍡ㄨ　𝍠𝍪〇　　𝍨𝍯　　𝍠𝍪〇　𝍡𝍩𝍨　𝍣𝍯　𝍡𝍮𝍦

　𝍠𝍪

《數學九章·田域篇》第一題“古池推元”所列開方式，益積法開得三百六十六寸又四百二十九分寸之四百一十二。法曰：以初商三百寸乘隅，得，爲從方。以減益方得，以初商乘之得，以益實得，爲續商實。乃定續商從，以初商乘隅得，爲從方，以益方減之得，即續商從也。乃以續商六十寸乘隅得，以加從得，以續商乘之得，以減實餘，爲三商實。乃定三商從，以次商乘隅得，以加從得，爲三商從。乃以三商六寸乘隅得，以加從得，以三商乘之得，以減實得，爲四商實。乃定四商從，以三商乘隅得。以加從

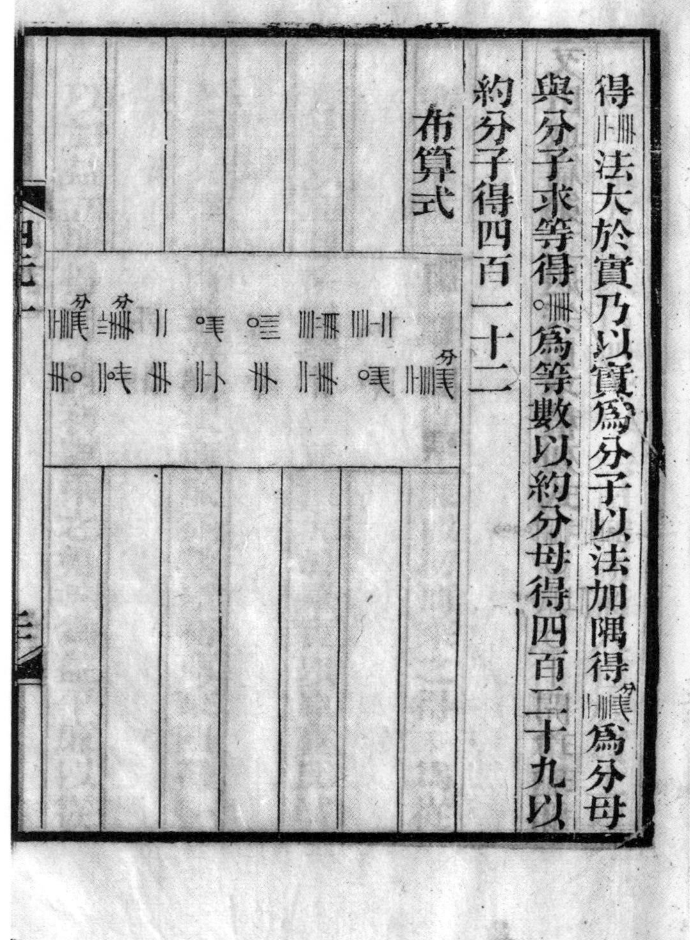
得〢〡〣法大於實乃以實爲分子以法加隅得〢〡〣爲分母與分子求等得〇〣爲等數以約分母得四百二十九以約分子得四百一十二

布算式

得〢—𝍫，法大於實。乃以實爲分子，以法加隅，得〢—〣〤分，爲分母。與分子求等得〇𝍫，爲等數。以約分母，得四百二十九。以約分子，得四百一十二。

布算式

〣⊥T

〡—〣≣〢　T〇〇　〡=〡≣〢　〡〇⊥𝍫〇　〡≣Π=　〡=T𝍷　〢〇T　〢—〣〤分　≟𝍫分　〢　〇〤　〇≣　〣=𝍫　〣—〢

〡≣〢　〡〤〇　〢　〡〤〇　〡≣𝍫　𝍫〇　〡⊥𝍫　𝍫〇　〢〇〤　𝍫　〢—𝍷　𝍫　〢—𝍫　〇〤　〢—〣〤分

〇〤

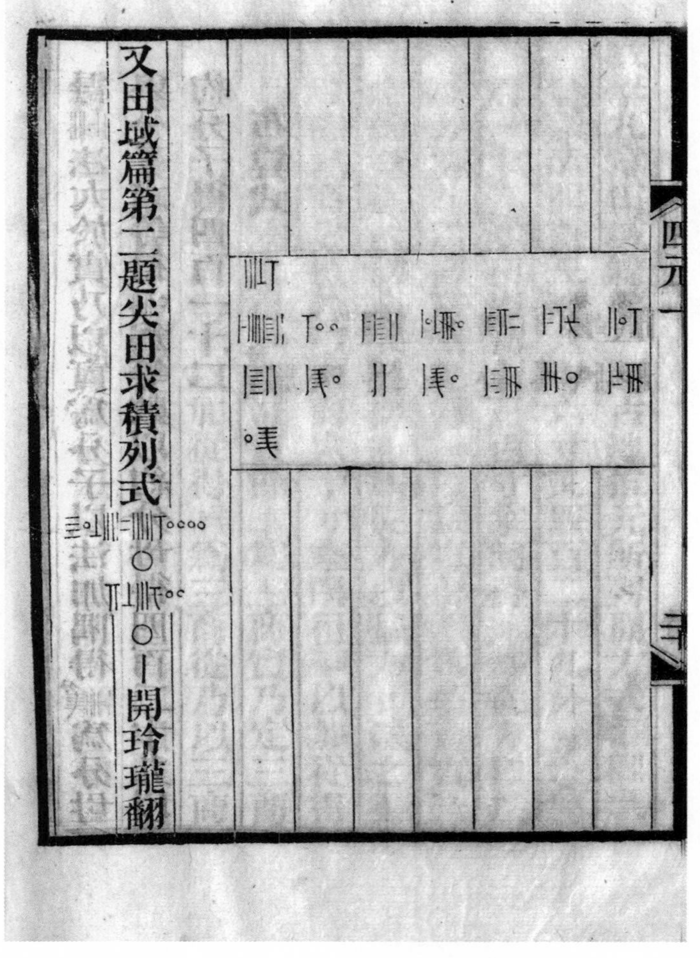

又《田域篇》第二題"尖田求積"列式 ≡○⊥||||=|||||T○○○○
○
ㅠ⊥|||≠○○
○
|，開玲瓏翻

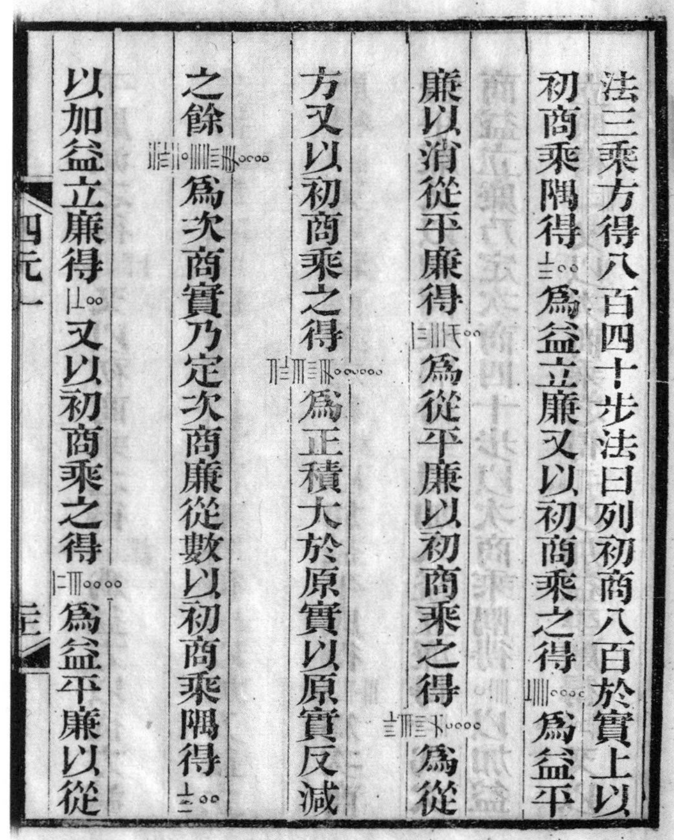

法三乘方，得八百四十步。法曰：列初商八百於實上，以初商乘隅得𝍰〇〇，爲益立廉。又以初商乘之得𝍮𝍣〇〇〇〇，爲益平廉。以消從平廉得𝍠𝍪𝍢𝍫〇〇，爲從平廉。以初商乘之得𝍱𝍧𝍫𝍥〇〇〇〇，爲從方。又以初商乘之得𝍦𝍰𝍧𝍫𝍧〇〇〇〇〇〇，爲正積，大於原實，以原實反減之，餘𝍣𝍰𝍡〇𝍣𝍫𝍣〇〇〇〇，爲次商實。乃定次商廉從數，以初商乘隅得𝍰〇〇，以加益立廉得𝍠𝍮〇〇，又以初商乘之得𝍠𝍪𝍧〇〇〇〇，爲益平廉。以從平廉減之得𝍠𝍩𝍣𝍮𝍧〇〇，又以初商乘之得𝍯𝍡𝍬𝍣𝍫〇〇〇〇，爲益方。以從方減之得𝍯𝍡𝍮𝍧𝍯〇〇〇〇，爲次商益方。又以初商乘隅得𝍯〇〇，以加入益立廉，得𝍡𝍫〇〇。又以初商乘之，得𝍠𝍯𝍡〇〇〇〇。以加益平廉，得𝍢〇𝍦𝍮𝍧〇〇，爲次商益平廉。又以初商乘隅，得𝍯〇〇。以加入益立廉，得𝍢𝍪〇〇，爲次商益立廉。乃定次商四十步。以次商乘隅，得𝍣〇。以加益立廉，得𝍢𝍪𝍣。又以次商乘之，得𝍠𝍪𝍧𝍮〇〇。以加益平廉，得𝍢𝍪〇𝍥𝍫〇〇。又以

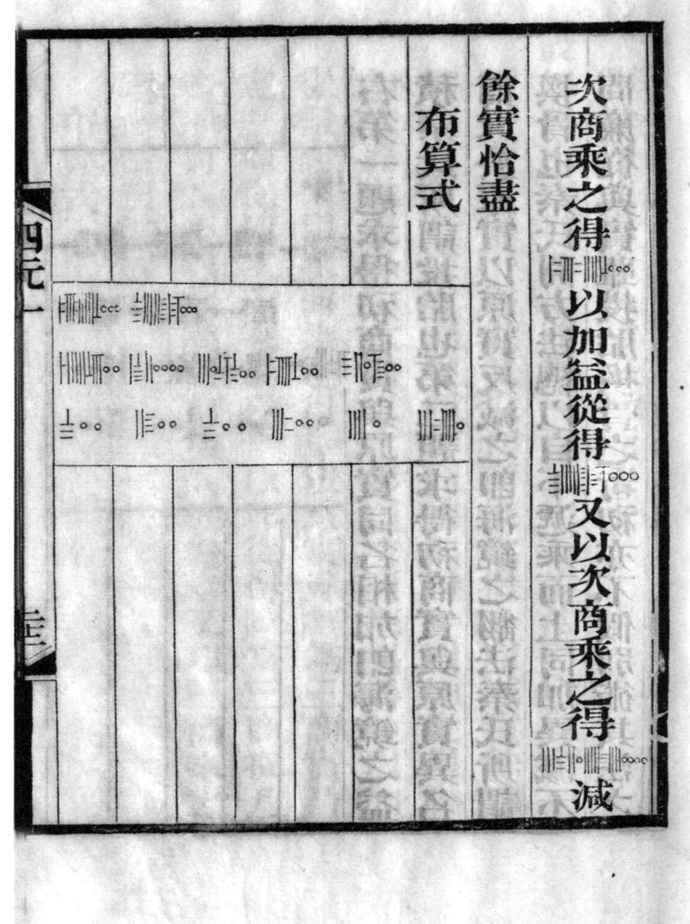

次商乘之，得𝍠𝍪𝍧𝍪𝍤𝍮〇〇〇。以加益從，得𝍰𝍤𝍬𝍠𝍫𝍥〇〇〇。又以次商乘之，得𝍢𝍯𝍡〇𝍣𝍫𝍣〇〇〇〇。減餘實，恰盡。

布算式

𝍯𝍣〇

𝍫〇𝍥𝍫𝍡𝍬𝍥〇〇〇〇　𝍮𝍧𝍯𝍣𝍰〇〇〇〇〇〇　𝍢𝍯𝍠〇𝍬𝍣𝍰〇〇〇〇　𝍢𝍯𝍡〇𝍬𝍣𝍫〇〇〇〇

〇　𝍰𝍧𝍫𝍥〇〇〇〇　𝍣𝍪𝍢𝍫𝍣〇〇〇〇　𝍯𝍡𝍮𝍧𝍯〇〇〇〇　𝍠𝍪𝍧𝍪𝍤𝍮〇〇〇　𝍰𝍤𝍬𝍠𝍫𝍥〇〇〇

𝍦𝍮𝍢𝍰〇〇　𝍮𝍣〇〇〇〇　𝍠𝍪𝍢𝍰〇〇　𝍠𝍪𝍧〇〇〇〇　𝍠𝍩𝍤𝍮𝍧〇〇　𝍠𝍯𝍡〇〇〇〇　𝍢〇𝍮𝍥𝍯〇〇　𝍠𝍪𝍧𝍮〇〇　𝍫𝍡〇𝍥𝍫〇〇

〇　𝍮〇〇　𝍯〇〇　𝍠𝍮〇〇　𝍯〇〇　𝍡𝍫〇〇　𝍯〇〇　𝍢𝍩〇〇　𝍣〇　𝍢𝍩𝍣〇

𝍠

右第一題求得初商實與原實同名相加卽海鏡之益積秦氏所謂投胎也第二題求得初商實與原實異名而大於原實以原實反減之卽海鏡之翻法秦氏所謂換骨也秦氏開方法總以自下遞乘而上同加異減不問廉從與實雖投胎換骨之奇初亦不假別術其法之

右第一題，求得初商實，與原實同名相加，即《海鏡》之益積，秦氏所謂“投胎”也。第二題，求得初商實與原實異名，而大於原實，以原實反減之，即《海鏡》之翻法，秦氏所謂“换骨”也。秦氏開方法，總以自下遞乘而上，同加異減，不問廉從與實。雖“投胎”“换骨”之奇，初亦不假別術，其法之

簡妙如此豈後來諸家所能及乎
設如開方式≣T=𝍤〇|開得一百二十五步法曰以初商一
百步乘隅得|〇〇爲從又以初商乘之得|〇〇〇〇以減實餘≣T=𝍤
爲次商實乃定次商從以初商乘隅得|〇〇以加從得‖〇〇
即次商從也乃約次商二十步以次商乘隅得‖〇以加
從得‖=〇又以次商乘之得||||≡〇〇以減實餘|=‖𝍤爲三商實乃
定三商從以次商乘隅得‖〇以加從得‖≡〇爲三商從乃
約三商五步以乘隅得𝍤加入從得‖≡𝍤又以三商乘之
得|=‖≣減實減盡
布算式

簡妙如此，豈後來諸家所能及乎！

設如開方式 |≣T=𝍤 〇 |，開得一百二十五步。法曰：以初商一百步乘隅，得|〇〇，爲從。又以初商乘之，得‖〇〇〇〇。以減實，餘≣T=𝍤，爲次商實。乃定次商從，以初商乘隅，得|〇〇。以加從，得‖〇〇，即次商從也。乃約次商二十步以次商乘隅，得‖〇。以加從，得‖=〇。又以次商乘之得||||≡〇〇，以減實，餘|=‖𝍤，爲三商實。乃定三商從，以次商乘隅，得‖〇。以加從，得‖≡〇，爲三商從。乃約三商五步以乘隅，得𝍤。加入從，得‖≡𝍤。又以三商乘之，得|=‖≣。減實，減盡。

布算式

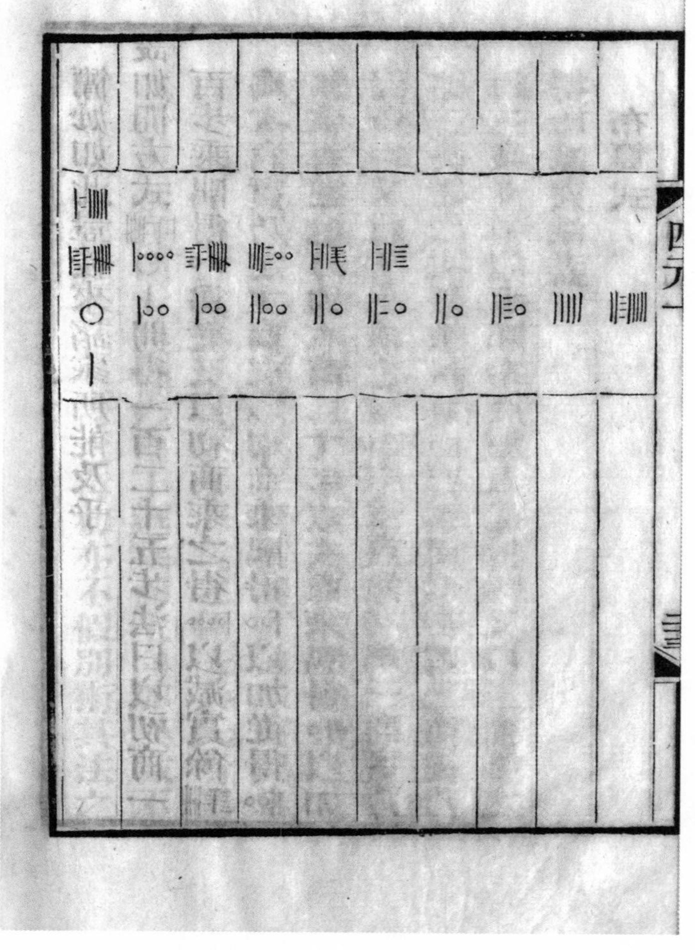

|=||||

|≣T=||||̸　|OOOO　≣T=||||̸　||||≣OO　|=||≣̸　|=||≣

O　|OO　|OO　||OO　||O　||=O　||O　||≣O　||||　||≣||||

|

設如開方式𝍢𝍱𝍢〇𝍫〇〇 〇 〇 𝍩，開得三百四十步。法曰：初商得三百步，以初商乘隅，得𝍢〇〇爲廉。又以初商乘之，得𝍨〇〇〇〇爲從。又以初商乘之，得𝍡𝍦〇〇〇〇〇〇。以減實，餘𝍠𝍪𝍢〇𝍫〇〇〇爲次商實。乃定次商廉從，以初商乘隅得𝍢〇〇，以加廉得𝍥〇〇，又以初商乘之得𝍠𝍰〇〇〇〇，以加從得𝍪𝍦〇〇〇〇，爲次商從。又以初商乘隅，得𝍢〇〇。以加廉，得𝍨〇〇，爲次商廉。乃約次商四十步以乘隅，得𝍣〇。以加廉，得𝍱𝍣〇。又以次商乘之，得𝍢𝍯𝍥〇〇。以加從，得𝍢〇𝍯𝍥〇〇。又以次商乘之，得𝍠𝍪𝍢〇𝍣〇〇〇。減實，恰盡。

布算式

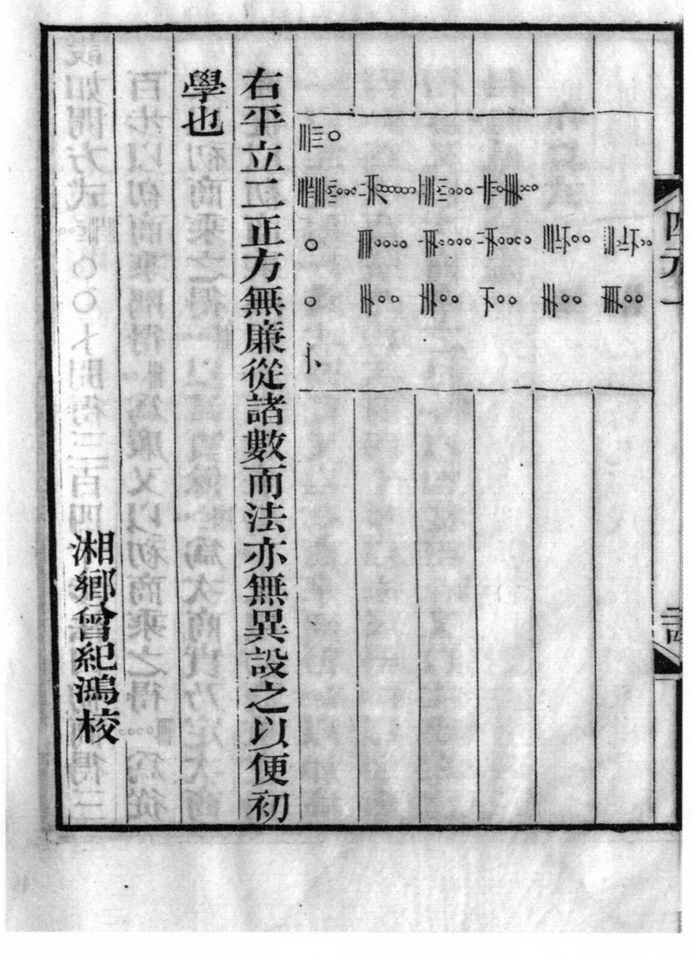

|||≡〇
|||╧|||〇≡〇〇〇　=〒〇〇〇〇〇〇　|=|||〇≡〇〇〇　—||≡〇卌〇〇〇
〇　卌〇〇〇〇　—卌〇〇〇〇　=〒〇〇〇〇　|||⊥〒〇〇　|||〇⊥〒〇〇
〇　卌〇〇　卌〇〇　〒〇〇　卌〇〇　卌〇〇　卌〇　╧卌〇
乄

右平、立二正方，無廉從諸數，而法亦無異，設之以便初學也。

湘鄉曾紀鴻校

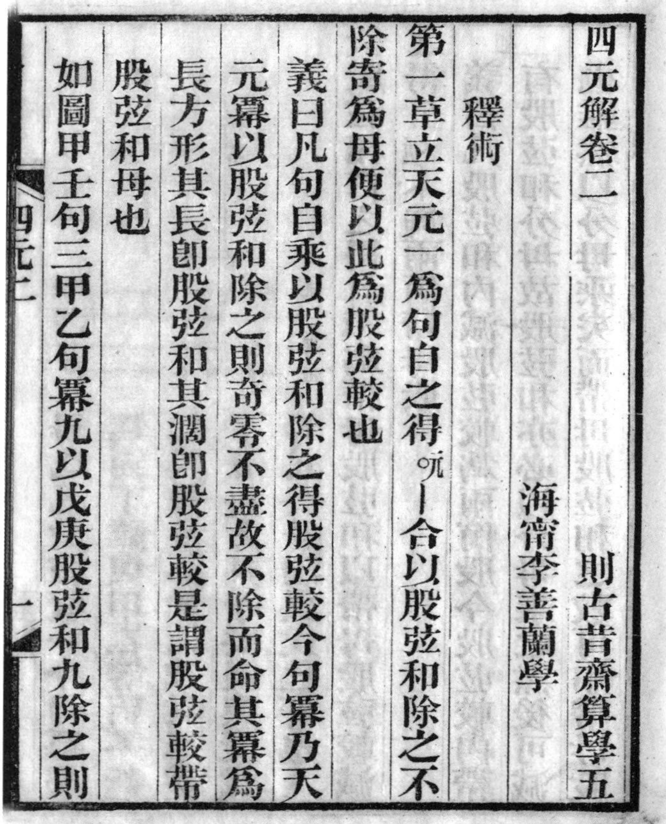

四元解卷二　則古昔齋算學五
海甯李善蘭學
釋術
第一草立天元一爲句自之得○元丨合以股弦和除之不除寄爲母便以此爲股弦較也
義曰凡句自乘以股弦和除之得股弦較今句冪乃天元冪以股弦和除之則奇零不盡故不除而命其冪爲長方形其長卽股弦和其濶卽股弦較是謂股弦較帶股弦和母也
如圖甲壬句三甲乙句冪九以戊庚股弦和九除之則

四元解卷二

則古昔齋算學五

海寧李善蘭學

釋術

第一草：立天元一爲句，自之得○元丨，合以股弦和除之。不除，寄爲母，便以此爲股弦較也。

義曰：凡句自乘，以股弦和除之，得股弦較。今句冪乃天元冪，以股弦和除之，則奇零不盡。故不除，而命其冪爲長方形。其長即股弦和，其濶即股弦較，是謂股弦較帶股弦和母也。

如圖，甲壬句三，甲乙句冪九，以戊庚股弦和九除之，則

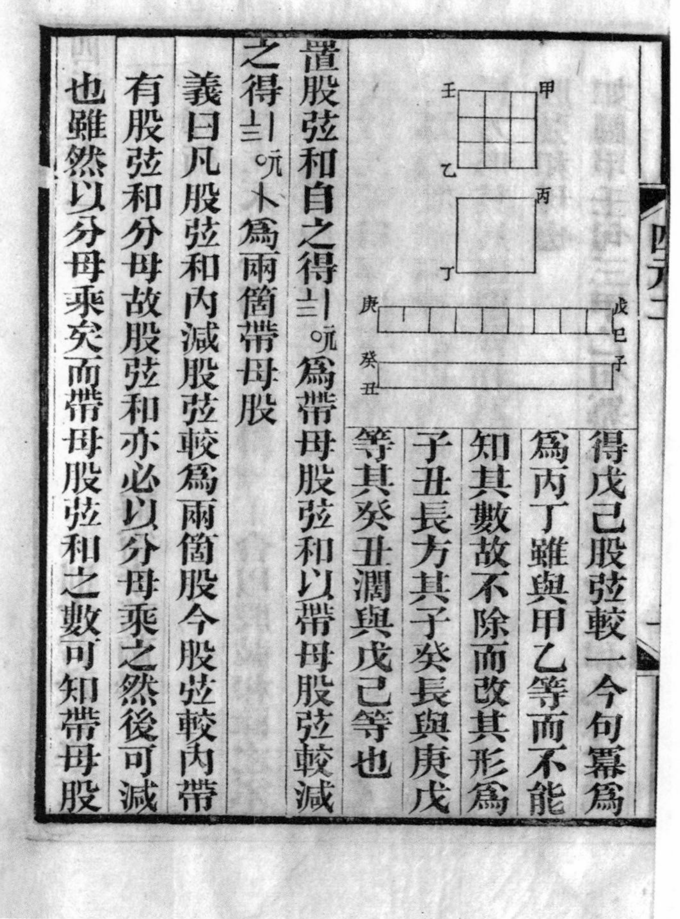

得戊己股弦較一今句冪爲爲丙丁雖與甲乙等而不能知其數故不除而改其形爲子丑長方其子癸長與庚戊等其癸丑濶與戊己等也

置股弦和自之得$\begin{array}{c}\text{≐|}\\ \text{○元}\end{array}$爲帶母股弦和以帶母股弦較減之得$\begin{array}{c}\text{≐|}\\ \text{○元}\\ \text{⊥}\end{array}$爲兩箇帶母股

義曰凡股弦和內減股弦較爲兩箇股今股弦較內帶有股弦和分母故股弦和亦必以分母乘之然後可減也雖然以分母乘矣而帶母股弦和之數可知帶母股

得戊己股弦較一。今句冪爲丙丁，雖與甲乙等而不能知其數，故不除，而改其形爲子丑長方，其子癸長與庚戊等，其癸丑濶與戊己等也。

置股弦和自之，得$\begin{array}{c}\text{≐|}\\ \text{○元}\end{array}$，爲帶母股弦和。以帶母股弦較減之，得$\begin{array}{c}\text{≐|}\\ \text{○元}\\ \text{⊥}\end{array}$，爲兩箇帶母股[1]。

義曰：凡股弦和内減股弦較，爲兩箇股。今股弦較内帶有股弦和分母，故股弦和亦必以分母乘之，然後可減也。雖然以分母乘矣，而帶母股弦和之數可知，帶母股

1 設句股弦分别爲 a、b、c，帶母股弦和爲（$c+b$）（$c+b$），帶母股弦較爲（$c-b$）（$c+b$），二者相減，得兩個帶母股，即 $2b$（$c+b$）。

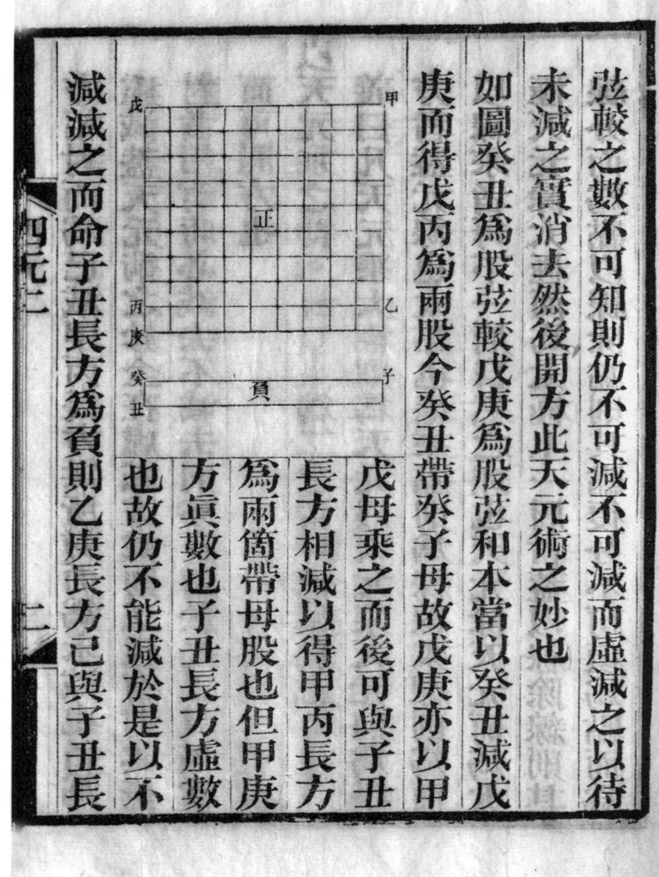

弦較之數不可知，則仍不可減。不可減而虛減之，以待未減之實消去，然後開方，此天元術之妙也。

如圖，癸丑爲股弦較，戊庚爲股弦和，本當以癸丑減戊庚而得戊丙爲兩股。今癸丑帶癸子母，故戊庚亦以甲戊母乘之，而後可與子丑長方相減，以得甲丙長方，爲兩箇帶母股也。但甲庚方真數也，子丑長方虛數也，故仍不能減。於是以不減減之，而命子丑長方爲負。則乙庚長方已與子丑長方相對，而爲已減；甲丙長方無所對，而爲未減也，名爲虛減。蓋天元術之妙，全在虛減，虛減則正負有對。其無對者，相消時必減去，不減去則亦有對。於是正負相當，而可開方也。

以天元乘之，得 ○太
𝍰丨
○
〤 **，爲二之帶母直積於上**[1]**。**

義曰：凡天元乘太極，則爲天元；以天元乘天元，則爲平方者。蓋元，線也；太，點也。線乘點則爲線，線乘線則爲面。以線乘者，每下一層，自然之理也。天元除天元而爲太極。天元除太極而爲太極上一層者，蓋以線除線，則其線分而爲點；以線除點，則其點復分，不可復爲點，而爲

1 直積即句股乘積 ab，二倍帶母直積，即 $2ab(c+b)$。

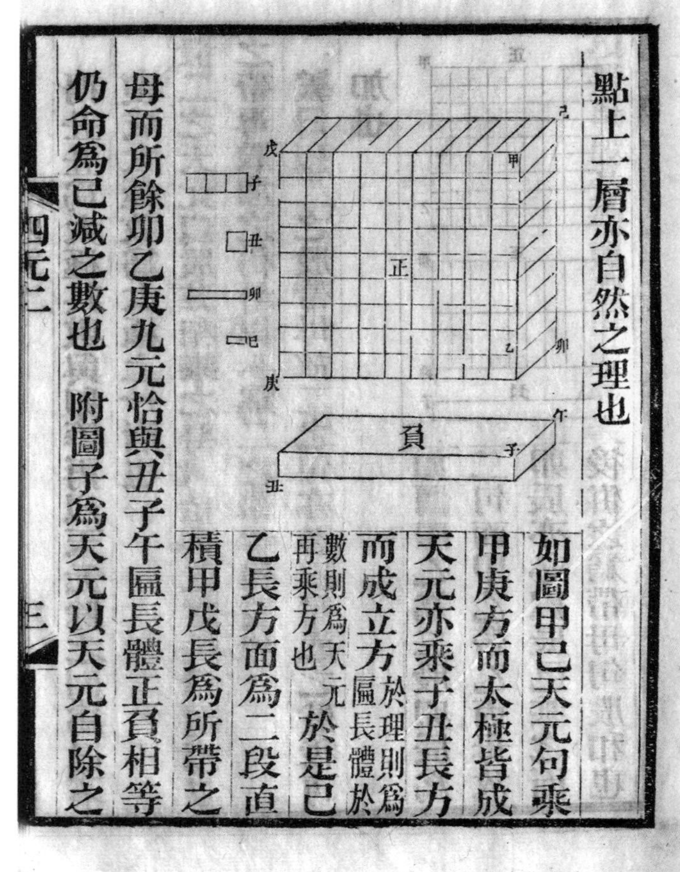

點上一層，亦自然之理也。

如圖，甲己天元句乘甲庚方，而太極皆成天元；亦乘子丑長方而成立方。於理則爲匾長體，於數則爲天元再乘方也。於是己乙長方面爲二段直積，甲戊長爲所帶之母，而所餘卯乙庚九元，恰與丑子午匾長體正負相等，仍命爲已減之數也。附圖子爲天元，以天元自除之，

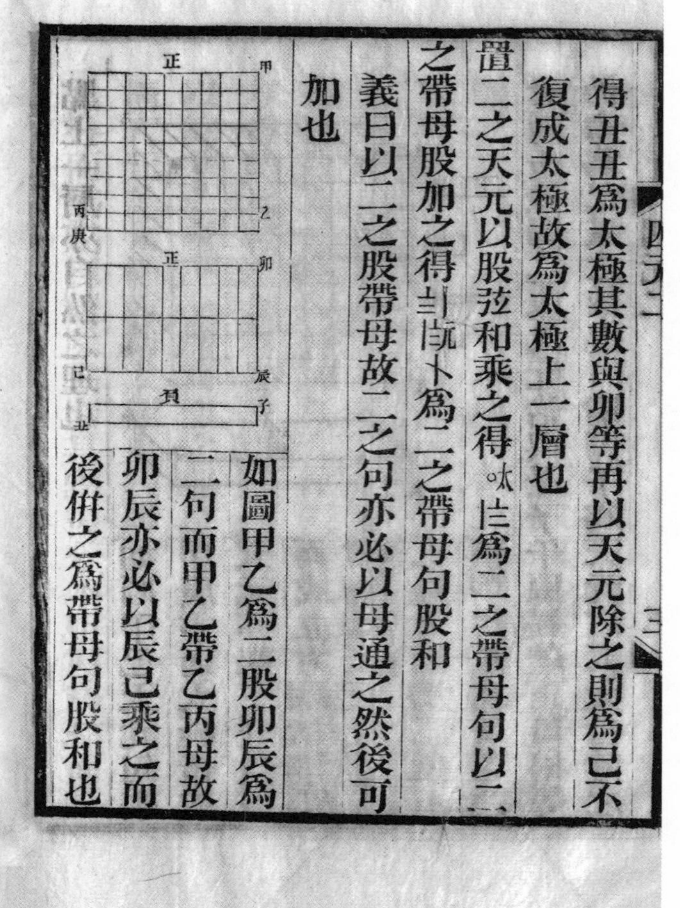

得丑。丑爲太極，其數與卯等。再以天元除之，則爲己，不復成太極，故爲太極上一層也。

置二之天元，以股弦和乘之，得〇太
〡〣**，爲二之帶母句。以二之帶母股加之，得**〣〡
〡〣元
〤**，爲二之帶母句股和。**

義曰：以二之股帶母，故二之句亦必以母通之，然後可加也。

如圖，甲乙爲二股，卯辰爲二句。而甲乙帶乙丙母，故卯辰亦必以辰己乘之，而後併之，爲帶母句股和也。

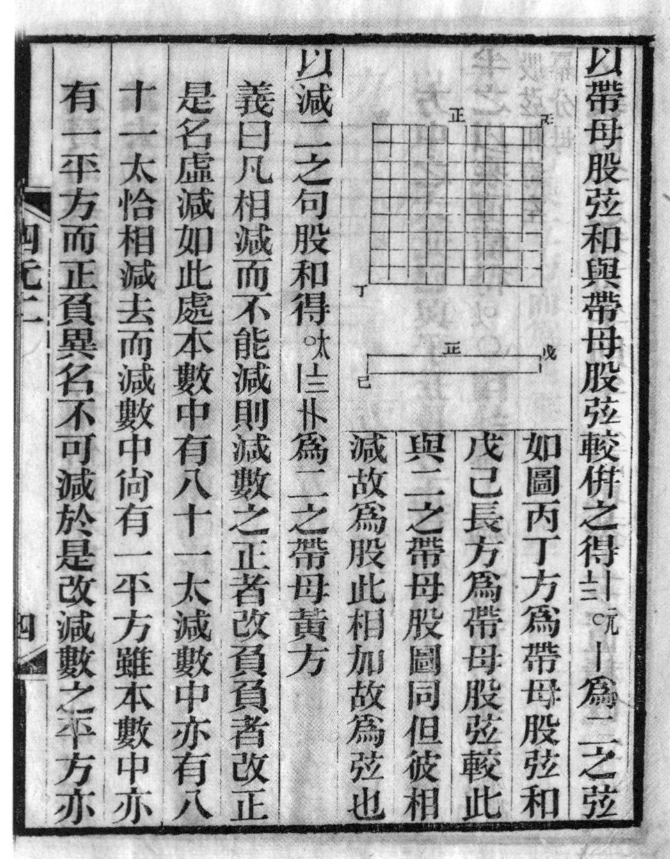

以帶母股弦和與帶母股弦較併之，得<table><tr><td>𝍰</td><td>𝍠</td></tr><tr><td></td><td>〇元</td></tr><tr><td></td><td>𝍠</td></tr></table>**，爲二之弦。**

如圖，丙丁方爲帶母股弦和，戊己長方爲帶母股弦較。此與二之帶母股圖同，但彼相減故爲股，此相加故爲弦也。

以減二之句股和，得<table><tr><td></td><td>〇太</td></tr><tr><td>𝍠</td><td>𝍰</td></tr><tr><td></td><td>𝍠̸</td></tr></table>**，爲二之帶母黃方**[1]**。**

義曰：凡相減而不能減，則減數之正者改負，負者改正，是名虛減。如此處本數中有八十一太，減數中亦有八十一太，恰相減去。而減數中尚有一平方，雖本數中亦有一平方，而正負異名，不可減。於是改減數之平方亦

1 黃方即弦和較 $a+b-c$。

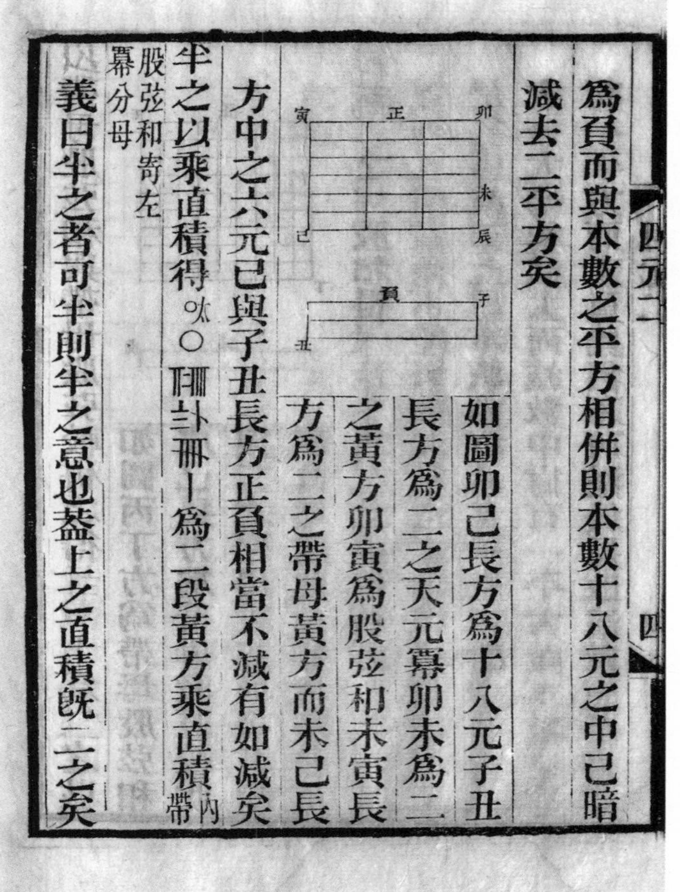

爲負而與本數之平方相併則本數十八元之中已暗減去二平方矣

如圖卯己長方爲十八元子丑長方爲二之天元冪卯未爲二之黃方卯寅爲股弦和未寅長方爲二之帶母黃方而未己長方中之六元已與子丑長方正負相當不減有如減矣

半之以乘直積得 爲二段黃方乘直積內帶股弦和冪分母寄左

義曰半之者可半則半之意也葢上之直積既二之矣

爲負，而與本數之平方相併，則本數十八元之中已暗減去二平方矣。

如圖，卯己長方爲十八元，子丑長方爲二之天元冪，卯未爲二之黃方，卯寅爲股弦和，未寅長方爲二之帶母黃方。而未己長方中之六元，已與子丑長方正負相當，不減有如減矣。

半之，以乘直積，得[1]**，爲二段黃方乘直積。**內帶股弦和冪分母，寄左。

義曰：半之者，可半則半之意也，葢上之直積既二之矣。

1 此式表示：$729x^2-81x^3-9x^4+x^5$。

故此黄方用其一使數不繁也平方乘平方而爲三乘方平方乘立方而爲四乘方者葢平方者是元之中帶有元母也立方者是平方之中又帶元母也凡帶母者以本數乘則其母亦乘故平方乘是以元乘二次也立方乘是以元乘三次也三乘方以上可類推矣兩數本各帶股弦和爲母相乘而帶股弦和冪爲母者葢兩數相乘兩母亦相乘也與平方相乘之理同也三乘方即平方帶一平方母也負乘正而爲負負乘負而爲正以正消負之盈也

此自然之妙理也

如圖左行爲帶母黄方右行爲帶母二直積以右行八

故此黄方用其一，使數不繁也。平方乘平方而爲三乘方，平方乘立方而爲四乘方者，葢平方者是元之中帶有元母也，立方者是平方之中又帶元母也。凡帶母者，以本數乘，則其母亦乘。故平方乘，是以元乘二次也；立方乘，是以元乘三次也；三乘方以上，可類推矣。兩數本各帶股弦和爲母，相乘而帶股弦和冪爲母者，葢兩數相乘，兩母亦相乘也，與平方相乘之理同也。三乘方，即平方帶一平方母也。負乘正而爲負，負乘負而爲正，以正消負之盈也。此自然之妙理也。

如圖，左行爲帶母黄方，右行爲帶母二直積。以右行八

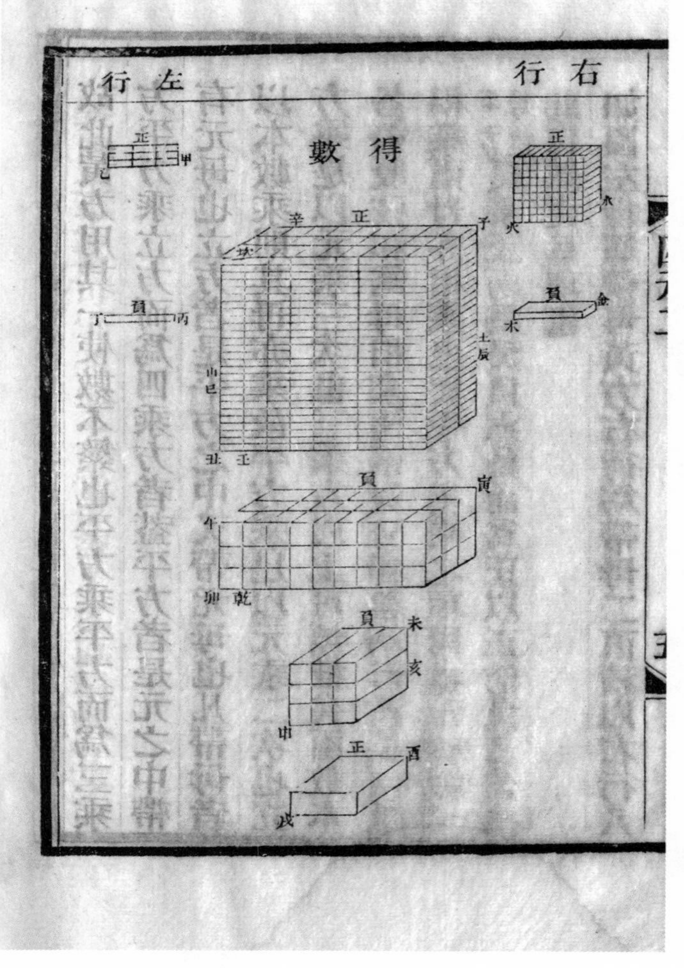

右行　　左行

得數

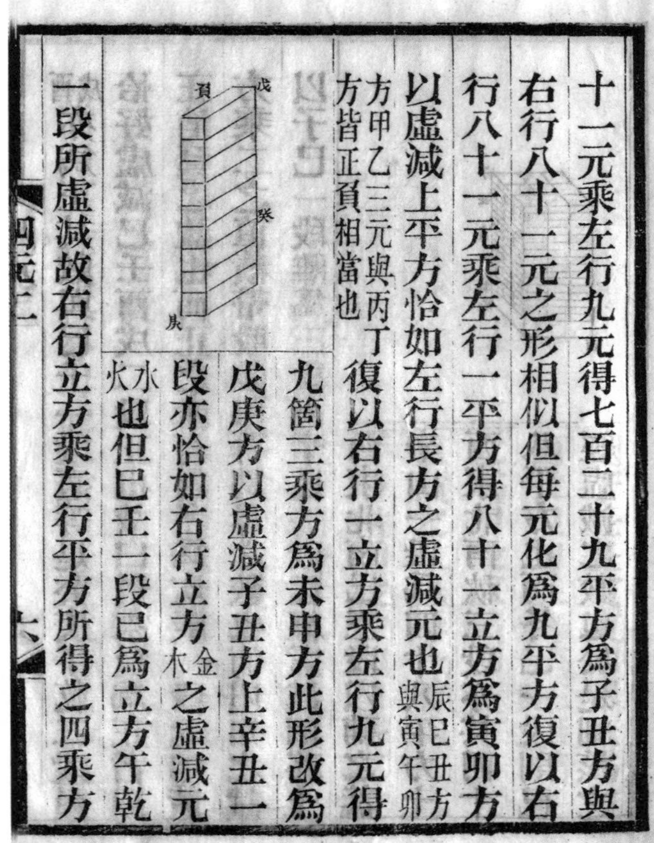

十一元乘左行九元，得七百二十九平方，爲子丑方，與右行八十一元之形相似。但每元化爲九平方，復以右行八十一元乘左行一平方，得八十一立方，爲寅卯方。以虛減上平方，恰如左行長方之虛減元也。辰巳丑方與寅午卯方，甲乙三元與丙丁方，皆正負相當也。復以右行一立方乘左行九元，得九箇三乘方，爲未申方。此形改爲戊庚方，以虛減子丑方上辛丑一段，亦恰如右行立方金木之虛減元水火也。但巳壬一段已爲立方午乾一段所虛減，故右行立方乘左行平方，所得之四乘方酉戌亦爲正。其數與巳壬一段適等，是癸庚午乾二段負，恰好虚減巳壬酉戌二段正也。故曰：負乘負爲正者，以正消負之盈也。而正之未有對者，爲坎辰一段，此即黄方乘二之直積，帶股弦和冪爲母之數也。何以知之？試以子巳一段離爲三段，而辛巳一段已經虚減，則移土酉、東北、南巳三段以補之。蓋辛山一段爲四十八平方，土酉、東北、南秋三段亦共四十八平方也。而冬巳一段，則已經虚減之數也。於是細核之，

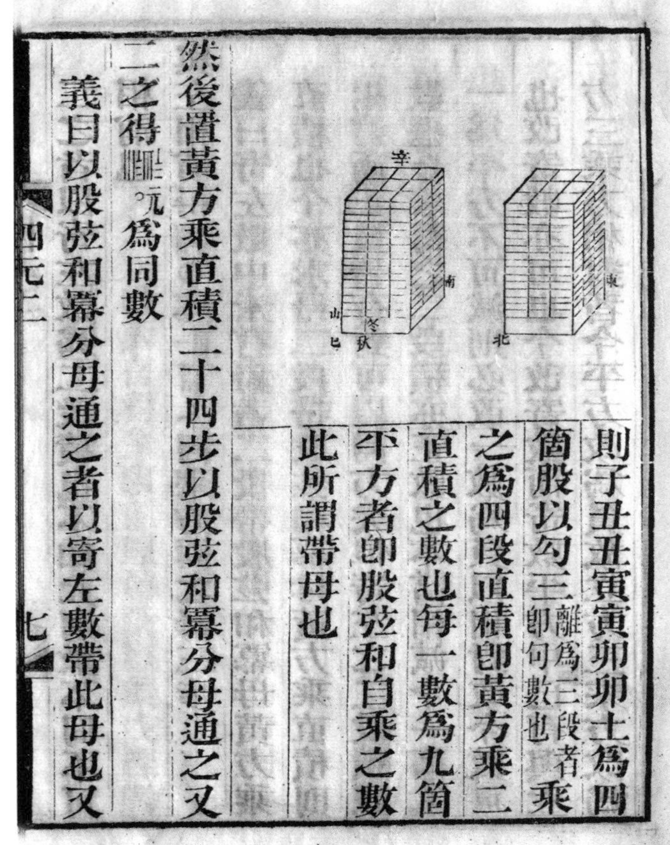

則子丑、丑寅、寅卯、卯土爲四箇股，以勾三離爲三段者，即句數也。乘之，爲四段直積，即黄方乘二直積之數也。每一數爲九箇平方者，即股弦和自乘之數，此所謂帶母也。

然後置黄方乘直積二十四步，以股弦和冪分母通之，又二之，得𝍢𝍮𝍧𝍮〇元，爲同數。

義曰：以股弦和冪分母通之者，以寄左數帶此母也，又

二之者以寄左數爲二段積也不如此則數不同不可相消也

與左相消得[1]四乘方開之得三步

義曰寄左數中未有對者二段帶股弦和冪母黃方乘直積也今亦求得二段帶股弦和冪母黃方乘直積則相消而正負皆有對可以開方矣但寄左之二段積正數也今求得之二段積亦正數也本當相減今一爲太一爲平方不可減則必改一數爲負以相對改今數可也改寄數亦可也今改寄數而寄數平方中已有與立方三乘方相對者今平方改爲負故立方三乘方改爲

二之者，以寄左數爲二段積也。不如此則數不同，不可相消也。

與左相消，得[1]，四乘方開之，得三步。

義曰：寄左數中未有對者，二段帶股弦和冪母黃方乘直積也。今亦求得二段帶股弦和冪母黃方乘直積，則相消而正負皆有對，可以開方矣。但寄左之二段積正數也，今求得之二段積亦正數也，本當相減，今一爲太，一爲平方，不可減，則必改一數爲負以相對。改今數可也，改寄數亦可也。今改寄數，而寄數平方中已有與立方、三乘方相對者。今平方改爲負，故立方、三乘方改爲

1 此開方式表示：$3888-729x^2+81x^3+9x^4-x^5=0$。

正，以仍相對也。而立方、三乘方中又有與四乘方相對者，今立方三乘方改爲正，故四乘方改爲負，以仍相對也。於是三正相和爲一色，二負相和爲一色，兩數相較，數適等。故凡同名者則相和，異名者則相較。未相消之前，正必溢於負；既相消之後，正負必均。焦氏謂正爲和則負爲較，負爲和則正爲較，非也。

如圖，甲、乙、丙、丁四線，甲爲正，乙、丙爲負，丁爲正，三線皆有對，惟丁線上丁丙一段未有對。今改丁線爲負，以與戊線對，則對丁線之乙、丙二線必改爲正，而對乙線之甲線又必改爲貟矣大概正貟相對必分兩層此層正則彼層必貟此層貟則彼層必正明乎此則加減時正貟分變之理思過半矣且天元術之所以千變萬化不可思議者其要不過求正貟之相等而已故欲明天元者當自正貟始
第二草立天元一爲股自之得太○|立地元一爲句弦和以除之得太○○○○|爲句弦較
義曰凡四元無論天地人物但用一元爲法而不別帶他數者則皆可以除帶他數則不可除二元併爲法亦不可除也

乙線之甲線又必改爲負矣。大概正負相對，必分兩層。此層正則彼層必負，此層負則彼層必正。明乎此，則加減時正負分變之理，思過半矣。且天元術之所以千變萬化，不可思議者，其要不過求正負之相等而已。故欲明天元者，當自正負始。

第二草：立天元一爲股，自之得太○|。立地元一爲句弦和，以除之，得太○○○○|，爲句弦較。

義曰：凡四元，無論天地人物，但用一元爲法，而不別帶他數者，則皆可以除，帶他數則不可除。二元併爲法，亦不可除也。

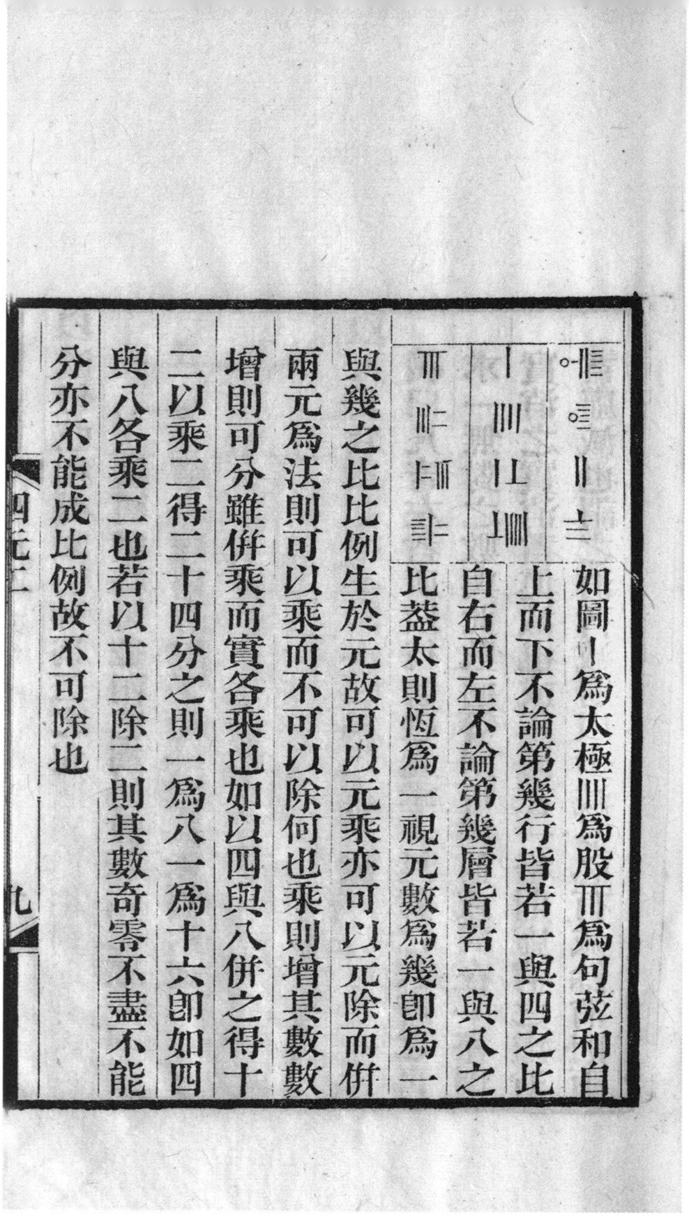

𝍦　　　|　　　〇一‖≣
‖|=　　　||||　　　〇≣
|=𝍦　　　|⊥　　　‖
≣|=　　　⊥||||　　　≟

如圖，|爲太極，|||爲股，𝍦爲句弦和。自上而下，不論第幾行，皆若一與四之比；自右而左，不論第幾層，皆若一與八之比。蓋太則恆爲一，視元數爲幾，即爲一與幾之比。比例生於元，故可以元乘，亦可以元除。而併兩元爲法，則可以乘而不可以除，何也？乘則增其數，數增則可分，雖併乘而實各乘也。如以四與八併之得十二，以乘二得二十四。分之則一爲八，一爲十六，即如四與八各乘二也。若以十二除二，則其數奇零不盡，不能分，亦不能成比例，故不可除也。

以減句弦和，得丨太〇
〇〇〇
〇〇𝍪（負）**，爲二之句。**

如圖，甲爲句弦和，乙爲句弦較，以乙虚減甲，丁甲一段爲有對，丁丙一段爲未有對也。

以天元股乘之，得〇太〇
丨〇〇
〇〇〇
〇〇𝍪（負）**，爲二之直積。**寄左。

義曰：凡寄左者，所以待消也。先求一無對之數寄之，再求一無對之數，與此數適等，則可相消。或同在一格，則實消之，實消者，真減也。或不同在一格，則虚消之，虚消者，虚減也。謂之消者，減則以少減多，必有減餘；消則兩

數適等，消盡無餘也。

如圖，甲丙爲股乘句弦和，乙戊爲股乘句弦較，甲己一段爲虚減之數，丁丙一段爲未減之數，即二直積也。

然後置地元．以天元減之．得$\begin{smallmatrix}| & \text{太}\\ 〇 & \not|\end{smallmatrix}$，爲弦較較。

如圖，甲丙爲句弦和，甲乙爲股，甲丁爲句，丁丙爲弦，丁乙爲句股較，乙丙爲弦較較也。此圖解句股，非解四元，故不記正負。

以減天元冪，得$\begin{smallmatrix}\not| & \text{太}\\ 〇 & |\\ 〇 & |\end{smallmatrix}$，又二之，得$\begin{smallmatrix}\not\| & \text{太}\\ 〇 & \|\\ 〇 & \|\end{smallmatrix}$，爲同數。

義曰：弦較較，線也；天元冪，面也。線何以能減面？蓋以一

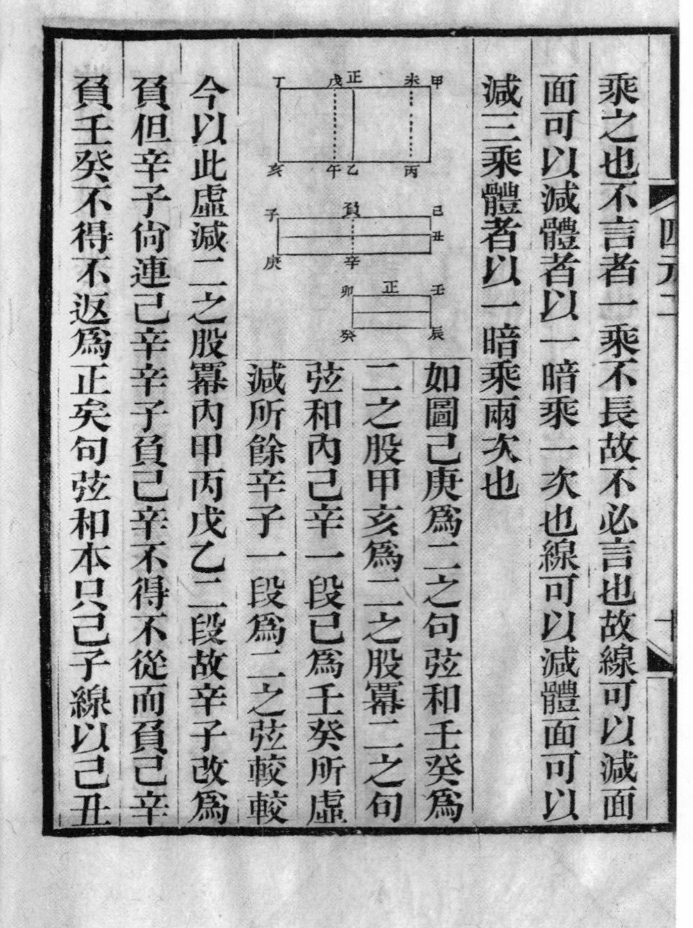
乘之也不言者一乘不長故不必言也故線可以減面
面可以減體者以一暗乘一次也線可以減體面可以
減三乘體者以一暗乘兩次也

如圖己庚爲二之句弦和壬癸爲
二之股甲亥爲二之股冪二之句
弦和內己辛一段已爲壬癸所虛
減所餘辛子一段爲二之弦較較
今以此虛減二之股冪內甲丙戊乙二段故辛子改爲
負但辛子尙連己辛辛子負己辛不得不從而負己辛
負壬癸不得不返爲正矣句弦和本只己子線以己丑

乘之也。不言者，一乘不長，故不必言也。故線可以減面，面可以減體者，以一暗乘一次也；線可以減體，面可以減三乘體者，以一暗乘兩次也。

如圖，己庚爲二之句弦和，壬癸爲二之股，甲亥爲二之股冪。二之句弦和内己辛一段，已爲壬癸所虛減，所餘辛子一段，爲二之弦較較。今以此虛減二之股冪内甲丙、戊乙二段，故辛子改爲負。但辛子尚連己辛，辛子負，己辛不得不從而負；己辛負，壬癸不得不返爲正矣。句弦和本只己子線，以己丑

一乘之而爲丑子面股本只壬卯線以壬辰一乘之而
爲卯辰面也
與左相消得爲今式
義曰今式者今有兩數相消得之式也
如圖申亥己庚壬癸三面又數也正
負皆不變甲丙乙戊二面寄數也正
負皆變蓋以丁丙兩直積虛消未乙
午亥兩直積也若以未乙午亥虛消
丁丙則寄數皆不變又數皆變矣
次置二之句以自之得爲四之句冪

一乘之，而爲丑子面；股本只壬卯線，以壬辰一乘之，而爲卯辰面也。

與左相消，得，爲今式。

義曰：今式者，今有兩數相消得之式也。

如圖，申亥、己庚、壬癸三面，又數也，正負皆不變；甲丙、乙戊二面，寄數也，正負皆變。蓋以丁丙兩直積，虛消未乙、午亥兩直積也。若以未乙、午亥虛消丁丙，則寄數皆不變，又數皆變矣。

次置二之句，以自之，得，爲四之句冪。

義曰地元自乘而爲地元冪地元乘地元所除之天元冪而復爲天元冪皆易明之理也地元所除之天元冪自乘而下兩層右一行者何也蓋本爲天元冪天元冪自乘當下兩層是即前所謂天元中帶天元母如以天元乘兩次也其右移一行者則以原數爲地元除過一次故也凡本數爲他數乘一次者謂之帶乘母本數爲他數除一次者謂之帶除母帶乘母者用以乘則本數乘一次其母亦乘一次帶除母者用以乘則本數乘一次其母除一次今地元所除之天元冪是本數爲天元內帶一天元乘母又帶一地元除母也故下兩層者本

義曰：地元自乘而爲地元冪，地元乘地元所除之天元冪，而復爲天元冪，皆易明之理也。地元所除之天元冪自乘，而下兩層右一行者，何也？蓋本爲天元冪。天元冪自乘，當下兩層，是即前所謂天元中帶天元母，如以天元乘兩次也。其右移一行者，則以原數爲地元除過一次故也。凡本數爲他數乘一次者，謂之帶乘母；本數爲他數除一次者，謂之帶除母。帶乘母者用以乘，則本數乘一次，其母亦乘一次；帶除母者用以乘，則本數乘一次，其母除一次。今地元所除之天元冪，是本數爲天元內帶一天元乘母，又帶一地元除母也。故下兩層者，本

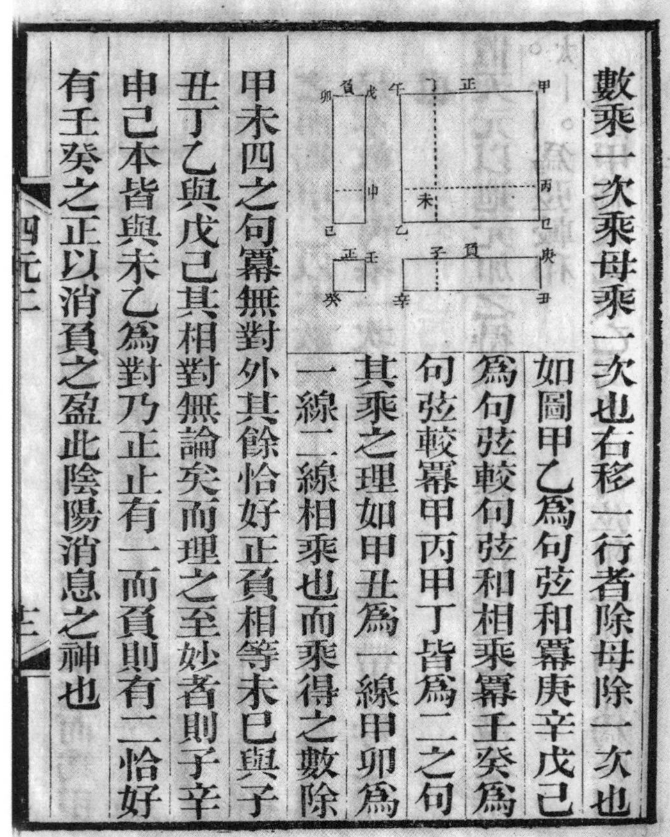
數乘一次乘母乘一次也右移一行者除母除一次也
如圖甲乙爲句弦和冪庚辛戊己爲句弦較句弦和相乘冪壬癸爲句弦較冪甲丙甲丁皆爲二之句其乘之理如甲丑爲一線甲卯爲一線二線相乘也而乘得之數除甲未四之句冪無對外其餘恰好正負相等未巳與子丑丁乙與戊己其相對無論矣而理之至妙者則子辛申己本皆與未乙爲對乃正止有一而負則有二恰好有壬癸之正以消負之盈此陰陽消息之神也

數乘一次，乘母乘一次也；右移一行者，除母除一次也。

如圖，甲乙爲句弦和冪，庚辛、戊己爲句弦較、句弦和相乘冪，壬癸爲句弦較冪，甲丙、甲丁皆爲二之句。其乘之理，如甲丑爲一線，甲卯爲一線，二線相乘也。而乘得之數，除甲未四之句冪無對外，其餘恰好正負相等。未巳與子丑、丁乙與戊己，其相對無論矣，而理之至妙者。則子辛、申己本皆與未乙爲對，乃正止有一而負則有二，恰好有壬癸之正，以消負之盈。此陰陽消息之神也。

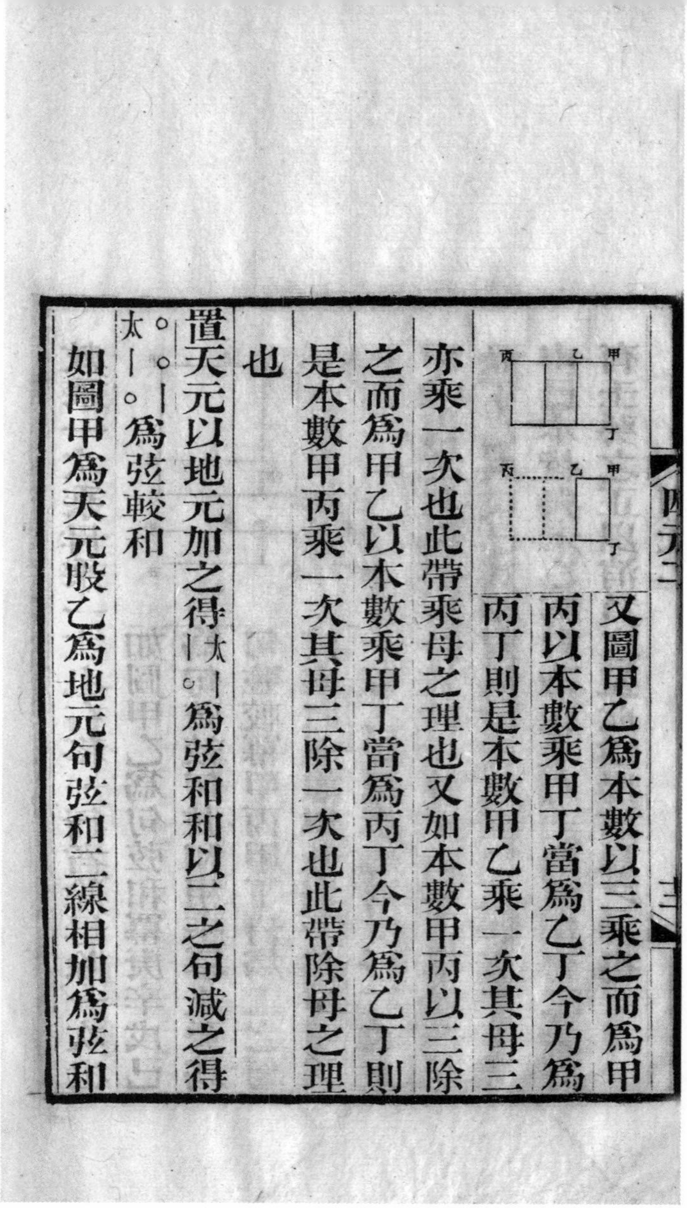

又圖甲乙爲本數以三乘之而爲甲丙以本數乘甲丁當爲乙丁今乃爲丙丁則是本數甲乙乘一次其母三亦乘一次也此帶乘母之理也又如本數甲丙以三除之而爲甲乙以本數乘甲丁當爲丙丁今乃爲乙丁則是本數甲丙乘一次其母三除一次也此帶除母之理也

置天元以地元加之得 $\begin{array}{cc}|&太\\○&|\end{array}$ 爲弦和和以二之句減之得 $\begin{array}{c}太○\\|○\\○|\end{array}$ 爲弦較和

如圖甲爲天元股乙爲地元句弦和二線相加爲弦和

又圖，甲乙爲本數，以三乘之而爲甲丙。以本數乘甲丁，當爲乙丁。今乃爲丙丁，則是本數甲乙乘一次，其母三亦乘一次也，此帶乘母之理也。又如本數甲丙，以三除之而爲甲乙，以本數乘甲丁當爲丙丁。今乃爲乙丁，則是本數甲丙乘一次，其母三除一次也，此帶除母之理也。

置天元，以地元加之，得 $\begin{array}{cc}|&太\\○&|\end{array}$，爲弦和和。以二之句減之，得 $\begin{array}{c}太○\\|○\\○|\end{array}$，爲弦較和。

如圖，甲爲天元股，乙爲地元句弦和，二線相加爲弦和

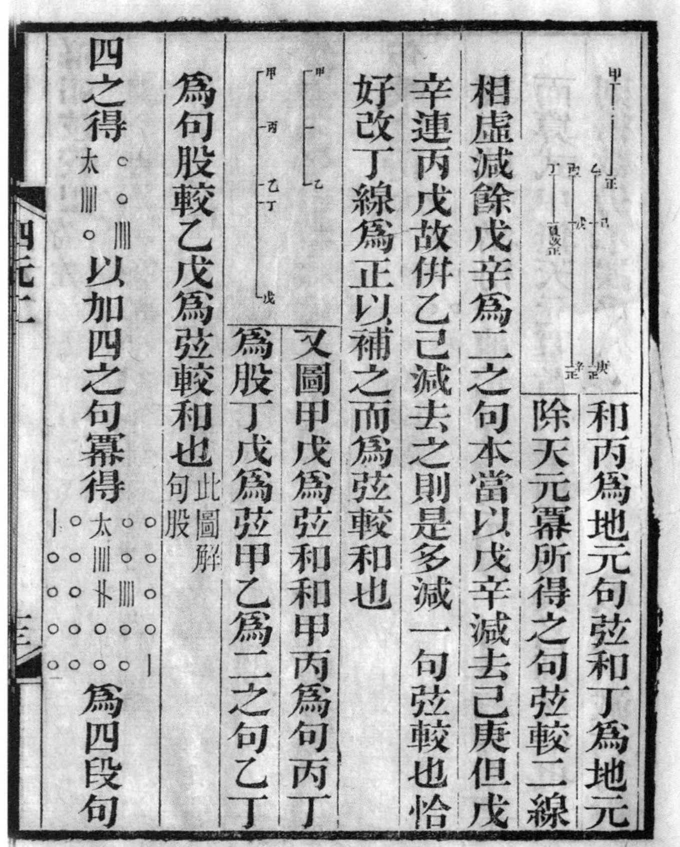

和。丙爲地元句弦和，丁爲地元除天元冪所得之句弦較。二線相虚減，餘戊辛爲二之句。本當以戊辛減去己庚，但戊辛連丙戊，故併乙己減去之，則是多減一句弦較也。恰好改丁線爲正以補之，而爲弦較和也。

又圖，甲戊爲弦和和，甲丙爲句，丙丁爲股，丁戊爲弦，甲乙爲二之句，乙丁爲句股較，乙戊爲弦較和也。此圖解句股。

四之，得[太○ |||○ ○||||]，以加四之句冪，得[|○太○○ ○○||||○○ ○○ ||||○ ○○○○○ ○○○○|]，爲四段句

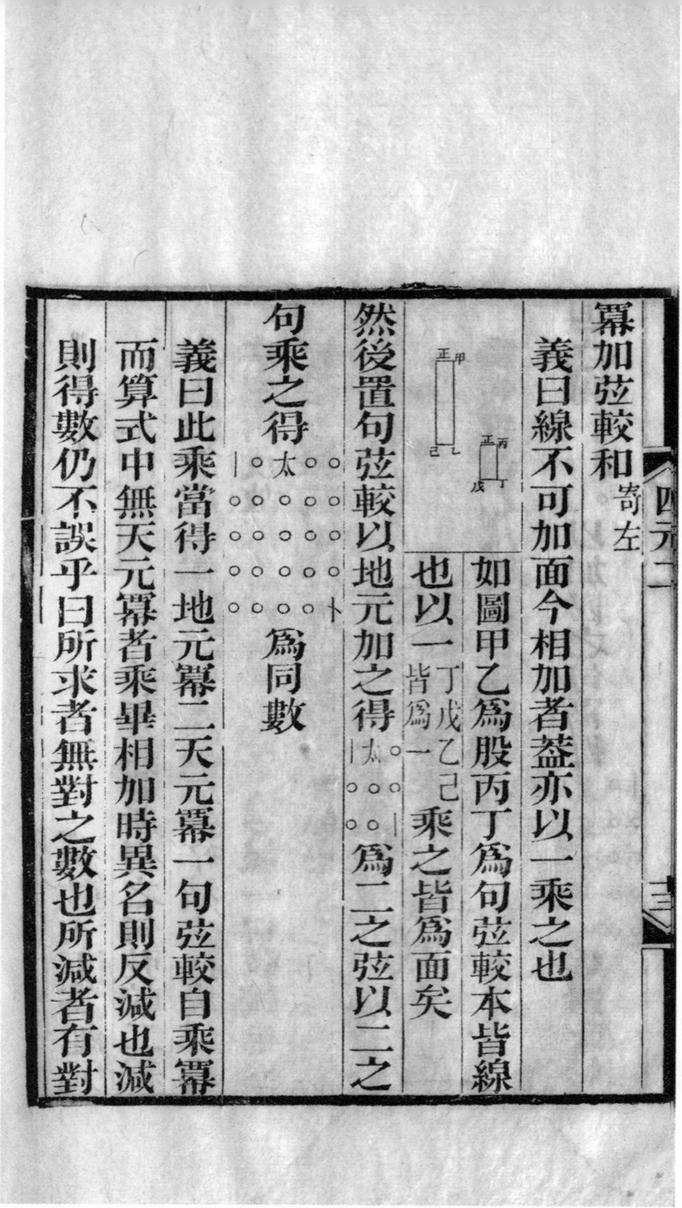

冪加弦較和。寄左。

義曰：線不可加面。今相加者，蓋亦以一乘之也。

如圖，甲乙爲股，丙丁爲句弦較，本皆線也。以一丁戊、乙己皆爲一。乘之，皆爲面矣。

然後置句弦較，以地元加之，得

丨太○
○○○
○○丨

，爲二之弦。以二之句乘之，得

丨○太○○
○○○○○
○○○○○
○○○○○
○○○○○
○○○○㐅

，爲同數。

義曰：此乘當得一地元冪、二天元冪、一句弦較自乘冪，而算式中無天元冪者，乘畢相加時，異名則反減也。減則得數仍不誤乎？曰：所求者無對之數也，所減者有對

之數也。有對之數，或去正不去負，或去負不去正，則得數必誤矣。今以負減正，則是正負皆去若干也。得數之無對者自若也，又何誤焉？

如圖，甲丙、丙乙皆句弦和，己午、申丑皆句弦較。而甲丙、己午相虚減，餘卯丙爲二之句；丙乙、申丑相加，爲二之弦。此二數相乘，則得甲乙、子丑二面正，己壬、庚辛二面負。而甲乙中之丁卯與己壬對，子丑中之子寅與庚辛對，所餘之卯乙、寅申，爲四箇句弦相乘冪也。今子丑與己壬因同在一格而異名，不可相併，故減去，則句弦相乘冪中似少一寅申矣。不知己壬去則卯丁無對，子丑去則庚辛無對。於是以庚辛對丁戊，而所餘之甲戊恰好補寅申，則四箇句弦相乘冪仍無闕也。

與左相消，得$\begin{array}{ccc}\text{𝍣}&〇&〇\\ \text{𝍠̸}&\text{𝍣}&〇\\ 〇&〇&〇\\ 〇&〇&\text{𝍡}\end{array}$**。半之，得**$\begin{array}{ccc}\text{𝍡}&〇&〇\\ \text{𝍠̸}&\text{𝍡}&〇\\ 〇&〇&〇\\ 〇&〇&\text{𝍠}\end{array}$**，爲云式。**

義曰：半之者，以求數之簡也。云式者，只云以下兩數消得之式也。

如圖，甲乙爲地元冪，丙丁爲句弦較冪，此又數也。戊己爲地元冪，庚辛、壬癸皆天元冪，子丑爲句弦較冪，寅卯爲四天元四句弦較，此寄左數也。又數中無對者，爲午未申磬折形。寄左數中無對者，爲戌亥、寅卯二形。兩邊

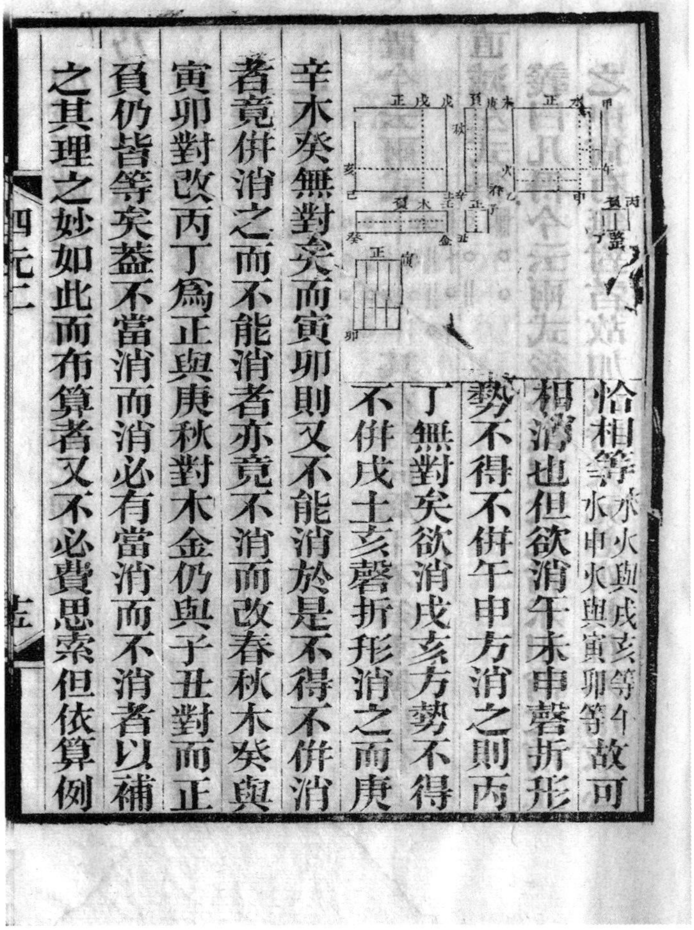

恰相等，水火與戌亥等，午水、申火與寅卯等，故可相消也。但欲消午未申磬折形，勢不得不併午申方消之，則丙丁無對矣。欲消戌亥方，勢不得不併戌土亥磬折形消之，而庚辛、木癸無對矣。而寅卯則又不能消，於是不得不併消者竟併消之，而不能消者亦竟不消。而改春秋、木癸與寅卯對，改丙丁爲正與庚秋對，木金仍與子丑對，而正負仍皆等矣。葢不當消而消，必有當消而不消者以補之。其理之妙如此，而布算者又不必費思索，但依算例加減，而數無不合。此四元術之神妙也。

乃以互隱通分法消之。

義曰：互隱者，真數皆不可知，互相隱伏也。凡通分法，必互乘以齊其分，此亦必互乘以齊其分，然後相消，故謂之通分消也。用此法消多行爲一行，然後開方也。

置今、云兩式，其右行同爲｜，不須乘，便以右式直減左式，得。

義曰：凡得今、云兩式後，不復記太元者，未相消之前，正之中尚有無對者，故加減時太元必齊其位，不則數必誤矣。既相消之後，正負皆相對，故加減時太可升而與元齊，且可升而與諸乘方齊；諸乘方亦可降而與太齊，或與元齊。太、元不復有定位，故不必記也。通分相消圖繪於一處，則理更易明，故此處不作圖。後剔而相消圖亦然。

半之得[⊬〇/〇〇/〇𝍠]，以爲右行。與今式相消，得[𝍡〇/𝍠𝍬/〇⊬]，以爲左行。

義曰：本當以今、云兩式之左一行相偏乘，而消得左行。但今、云兩式之左一行各兩層，而右行與今式之右一行各一層，且皆爲一，故舍彼用此以省算，蓋亦法之變也。云式之右一行亦爲𝍠，或以右行消云式，亦省算。

乃置左右行，以內二行相乘得太，以外二行相乘得太○，內外相消得，開平方得四步

義曰內外相消復記太元者葢左右互乘時本當以左式之左一行徧乘右式亦以右式之左一行徧乘左式然後相消或以左式之右一行徧乘右式亦以右式之右一行徧乘左式然後相消則可不必記太元葢有減盡之兩行以定其等也今不徧乘而各互乘其一行則無減盡之兩行不記太元相減時何以辨其等耶然則何不徧乘也曰以省算也通分消皆徧乘何以不省算

乃置左右行，以内二行相乘，得。以外二行相乘，得。内外相消，得，開平方得四步。

義曰：内外相消復記太元者，葢左右互乘時，本當以左式之左一行徧乘右式，亦以右式之左一行徧乘左式，然後相消；或以左式之右一行徧乘右式，亦以右式之右一行徧乘左式，然後相消，則可不必記太元。葢有減盡之兩行，以定其等也。今不徧乘，而各互乘其一行，則無減盡之兩行。不記太元，相減時何以辨其等耶？然則何不徧乘也？曰：以省算也。通分消皆徧乘，何以不省算，

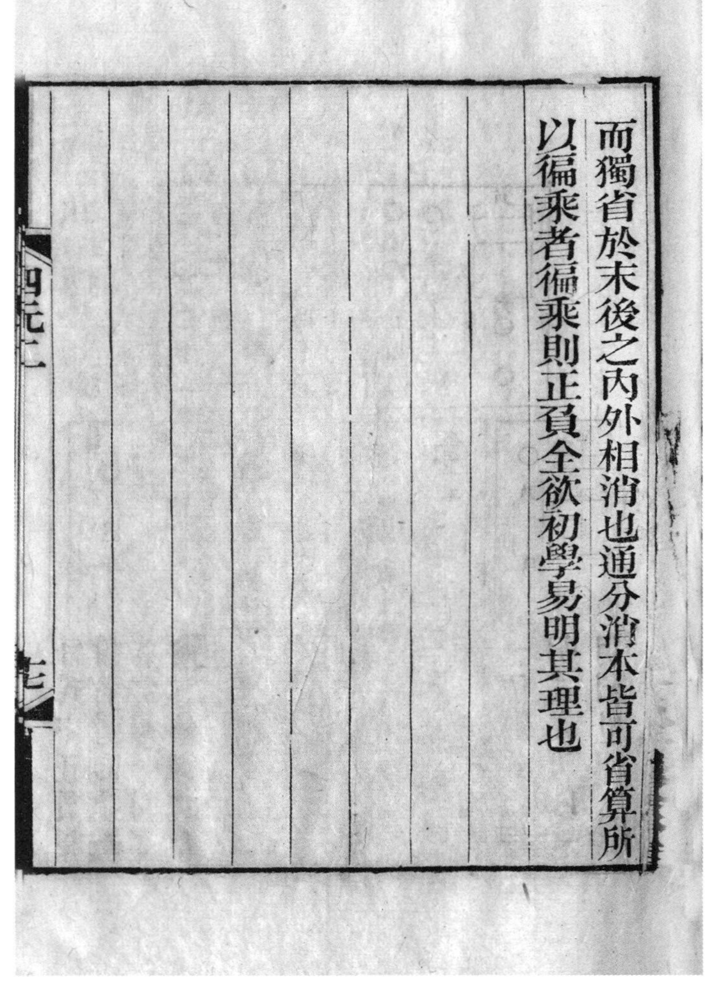
而獨省於末後之內外相消也通分消本皆可省算所
以徧乘者徧乘則正負全欲初學易明其理也

而獨省於末後之內外相消也？通分消本皆可省算，所以徧乘者，徧乘則正負全，欲初學易明其理也。

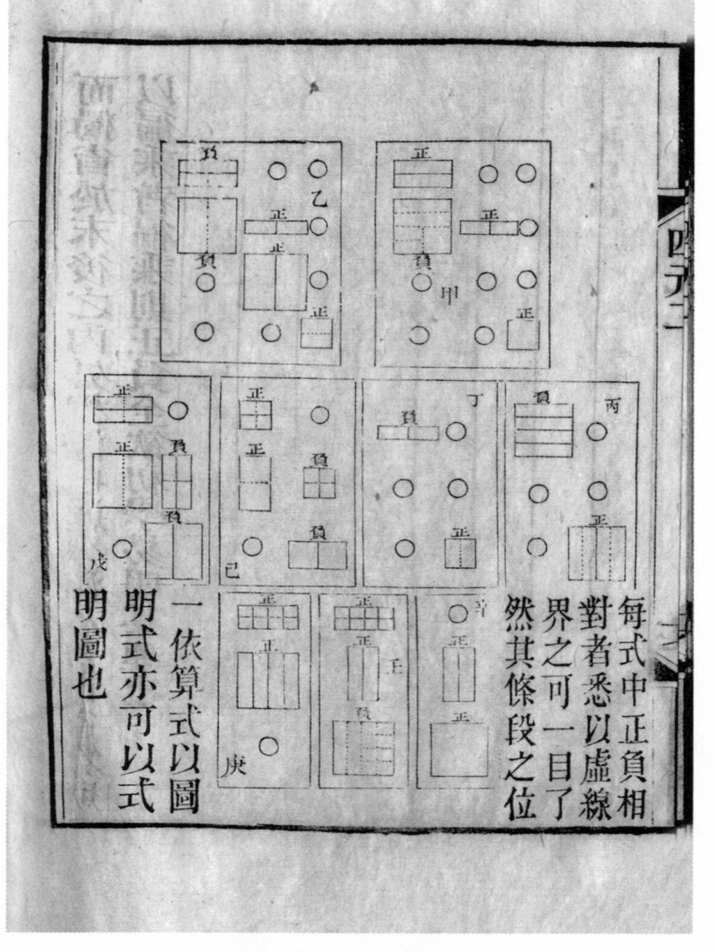

每式中正負相對者，悉以虛線界之，可一目了然。其條段之位，一依算式。以圖明式，亦可以式明圖也。

右互隱通分相消總圖，甲爲云式，乙爲今式，降位以從云式也。丙爲兩式減得之右行，丁爲右行之半，且降位以從今式也。戊爲消得之左行，己爲左行之降位，以從右行也。庚爲内二行乘得之數，辛爲外二行乘得之數，壬爲内外相消得之開方式也。其内外二行相乘得之式，第一層爲太，第二層爲元，第三層爲平方者，亦皆降位而得也。

第三草：立天元一爲句，立地元一爲股，兩數相乘，得$\begin{array}{cc} \bigcirc & \text{太} \\ | & \bigcirc \end{array}$，爲一段直積。立人元一爲弦，以地元一減之，得$\begin{array}{cc} \text{⺊} & \text{太} \\ \bigcirc & \bigcirc \\ \hline \bigcirc & | \\ \bigcirc & \bigcirc \end{array}$，爲股弦較。以乘直積，得$\begin{array}{ccc} \bigcirc & \bigcirc & \text{太} \\ \text{⺊} & \bigcirc & \bigcirc \\ \hline & \bigcirc & \bigcirc \\ & | & \bigcirc \end{array}$，爲帶母直積。寄左。

義曰：此用股弦較乘之者，因又數合以此除，不可除，故

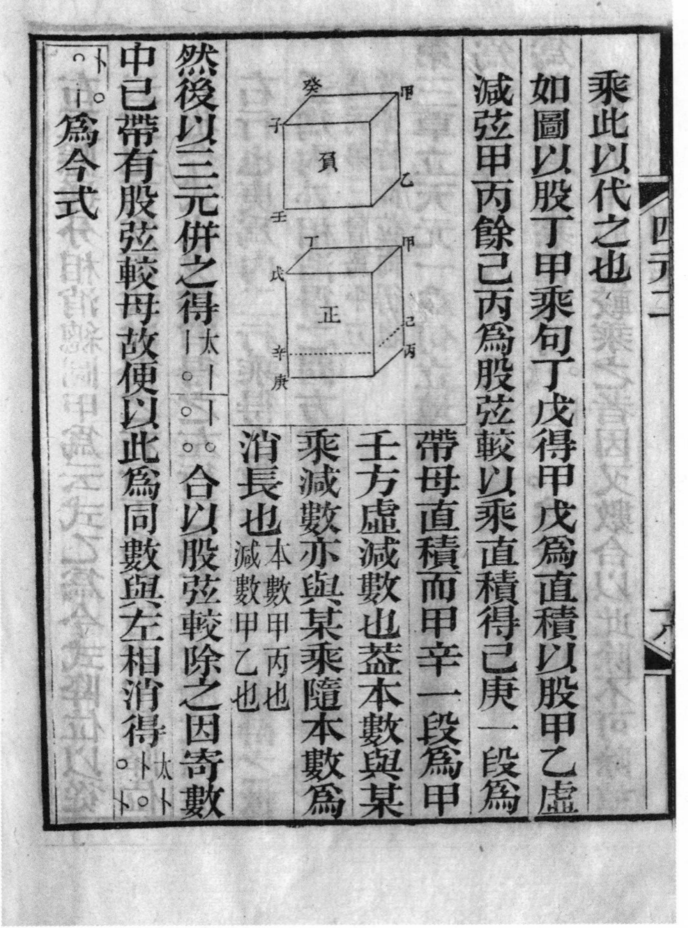

乘此以代之也。

如圖，以股丁甲乘句丁戊，得甲戊爲直積。以股甲乙虛減弦甲丙，餘己丙爲股弦較，以乘直積，得己庚一段，爲帶母直積。而甲辛一段爲甲壬方虛減數也。葢本數與某乘，減數亦與某乘，隨本數爲消長也。本數甲丙也，減數甲乙也。

然後以三元併之，得$\begin{array}{cc} | & \text{太} \\ 〇 & | \\ \hline 〇 & | \\ 〇 & 〇 \end{array}$，合以股弦較除之。因寄數中已帶有股弦較母，故便以此爲同數，與左相消，得$\begin{array}{ccc} 〇 & \not| & \text{太} \\ \not| & 〇 & \not| \\ \hline & 〇 & \not| \\ & | & 〇 \end{array}$，爲今式。

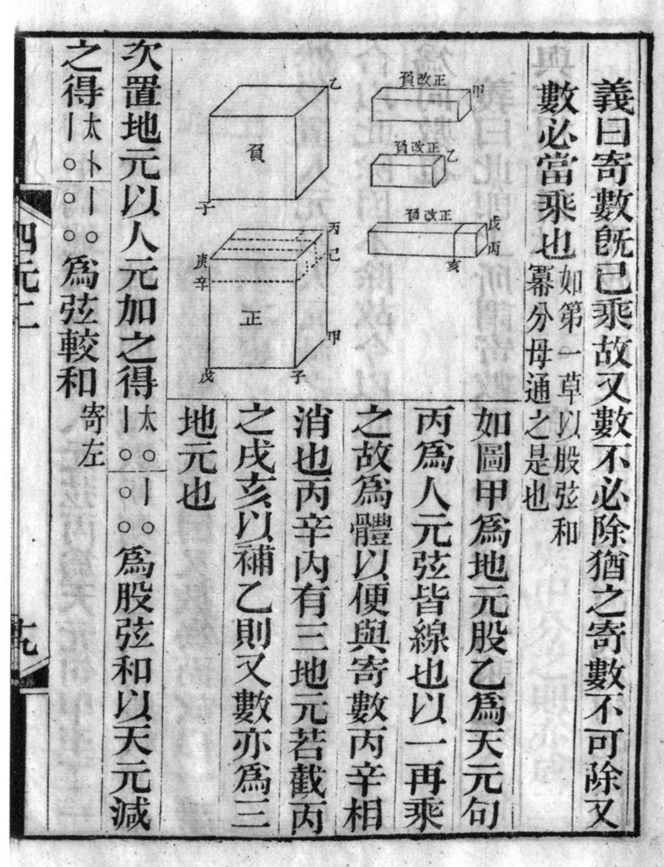

義曰：寄數既已乘，故又數不必除，猶之寄數不可除，又數必當乘也。如第一草以股弦和冪分母通之，是也。

如圖，甲爲地元股，乙爲天元句，丙爲人元弦，皆線也。以一再乘之，故爲體，以便與寄數丙辛相消也。丙辛内有三地元，若截丙之戌亥以補乙，則又數亦爲三地元也。

次置地元，以人元加之，得［丨太／○○／○丨／○○］**，爲股弦和。以天元減之，得**［丨太／○丨／○丨／○○］**，爲弦較和。**寄左。

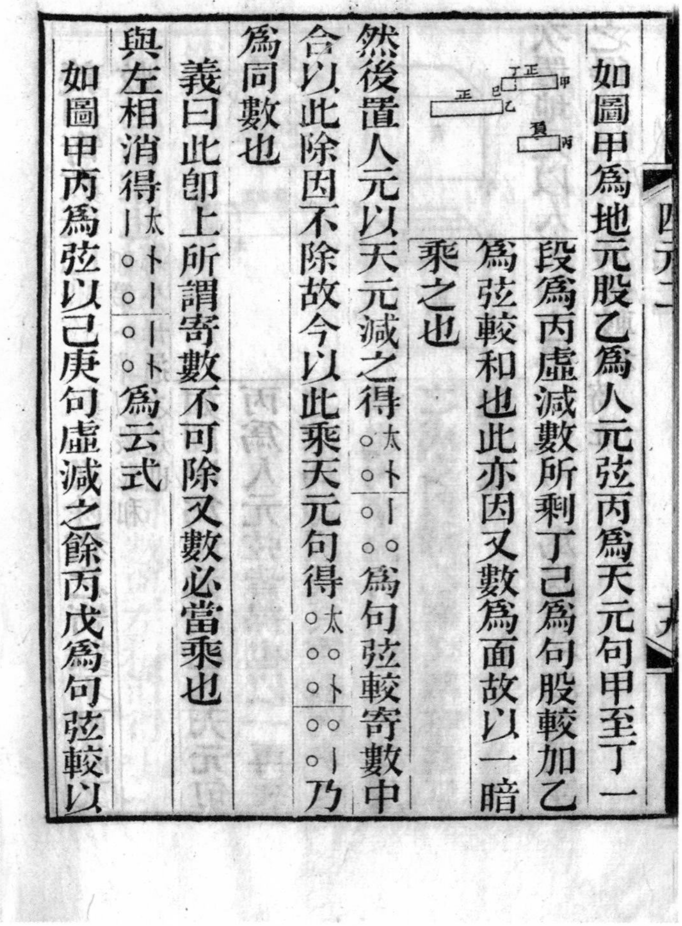

如圖甲爲地元股乙爲人元弦丙爲天元句甲至丁一段爲丙虛減數所剩丁己爲句股較加乙爲弦較和也此亦因又數爲面故以一暗乘之也

然後置人元以天元減之得 $\begin{array}{cc} \bigcirc & \text{太} \\ \bigcirc & \not| \\ \hline \bigcirc & | \\ \bigcirc & \bigcirc \end{array}$ 爲句弦較寄數中合以此除因不除故今以此乘天元句得 $\begin{array}{cc} \bigcirc & \text{太} \\ \bigcirc & \bigcirc \\ \bigcirc & \not| \\ \hline \bigcirc & \bigcirc \\ \bigcirc & | \end{array}$ 乃爲同數也

義曰此卽上所謂寄數不可除又數必當乘也

與左相消得 $\begin{array}{cc} | & \text{太} \\ \bigcirc & \not| \\ \bigcirc & | \\ \hline \bigcirc & | \\ \bigcirc & \not| \end{array}$ 爲云式

如圖甲丙爲弦以己庚句虛減之餘丙戊爲句弦較以

如圖，甲爲地元股，乙爲人元弦，丙爲天元句。甲至丁一段爲丙虛減數所剩，丁己爲句股較，加乙爲弦較和也。此亦因又數爲面，故以一暗乘之也。

然後置人元，以天元減之，得 $\begin{array}{cc} \bigcirc & \text{太} \\ \bigcirc & \not| \\ \hline \bigcirc & | \\ \bigcirc & \bigcirc \end{array}$**，爲句弦較，寄數中合以此除。因不除，故今以此乘天元句，得** $\begin{array}{cc} \bigcirc & \text{太} \\ \bigcirc & \bigcirc \\ \bigcirc & \not| \\ \hline \bigcirc & \bigcirc \\ \bigcirc & | \end{array}$**，乃爲同數也。**

義曰：此即上所謂寄數不可除，又數必當乘也。

與左相消，得 $\begin{array}{cc} | & \text{太} \\ \bigcirc & \not| \\ \bigcirc & | \\ \hline \bigcirc & | \\ \bigcirc & \not| \end{array}$**，爲云式。**

如圖，甲丙爲弦，以己庚句虛減之，餘丙戊爲句弦較，以

乘丙乙句，得乙戊，與左爲同數。蓋此數爲二之句，而寄左數若於庚中分之，則亦成二之句也，故相消而正負皆有對。又數中丁甲一段，爲庚辛虛減數。

次以天元自之，又以地元自之，相加，得$\begin{array}{ccc}|&〇&\text{太}\\〇&〇&〇\\〇&〇&|\end{array}$**，爲弦冪。**寄左。

然後以人元自之爲同數，與左相消，得$\begin{array}{ccc}|&〇&\text{太}\\〇&〇&〇\\〇&〇&|\\\hline &〇& \\\hline 〇& &\text{丅}\\〇& &〇\end{array}$**，爲三元之式。**

義曰：用二元算必求得兩式者，非兩式則不能用互隱

通分消也。用三元必求得三式者，非三式則剔而相消後，僅能得一式，亦不能互隱通分消之也。用四元必求得四式者，蓋四元用兩次剔消。有四式，則第一次消得三式，第二次消得二式，否亦不能用互隱通分消也。

如圖，甲乙爲弦冪，中函四句股積、一句股較冪。今移子爲丑，移己爲午，移寅爲卯，則弦冪變爲一句冪、乙丙。一股冪甲丁。矣。此圖解句股。

乃以上三式剔而消之，先以天、人二元易其位。易今式爲

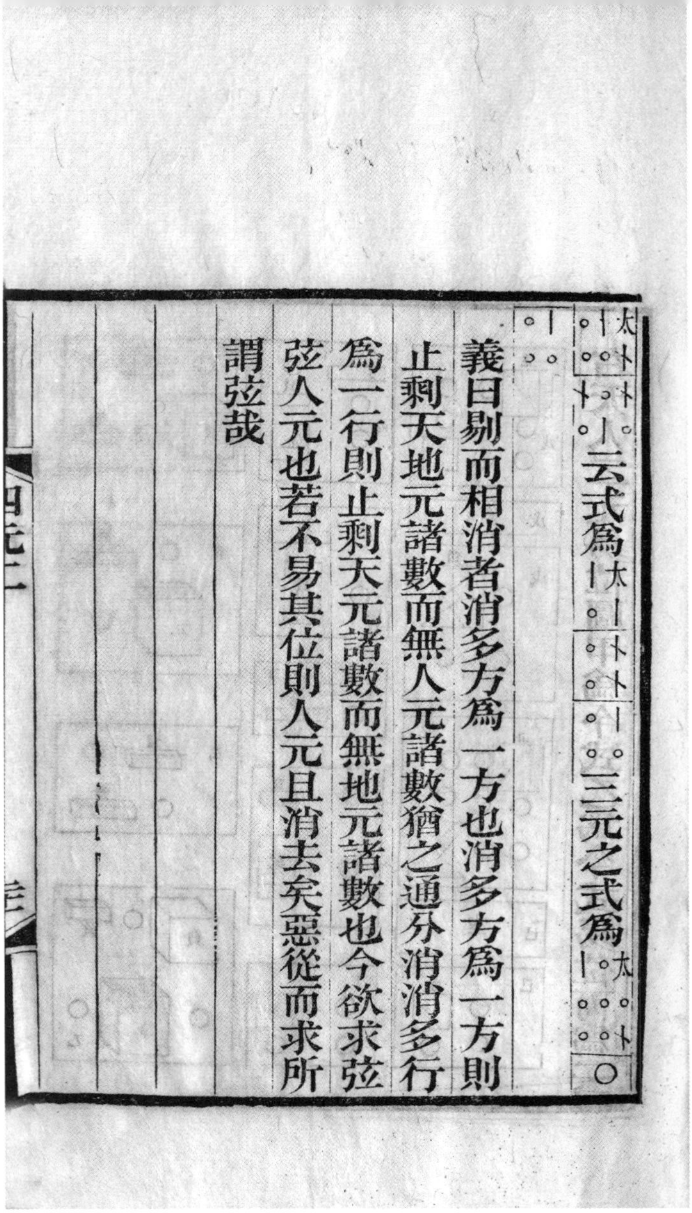

云式爲　三元之式爲

義曰剔而相消者消多方爲一方也消多方爲一方則止剩天地元諸數而無人元諸數猶之通分消消多行爲一行則止剩天元諸數而無地元諸數也今欲求弦弦人元也若不易其位則人元且消去矣惡從而求所謂弦哉

云式爲，三元之式爲。

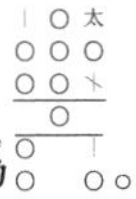

義曰：剔而相消者，消多方爲一方也。消多方爲一方，則止剩天地元諸數，而無人元諸數。猶之通分消，消多行爲一行，則止剩天元諸數，而無地元諸數也。今欲求弦，弦，人元也，若不易其位，則人元且消去矣，惡從而求所謂弦哉？

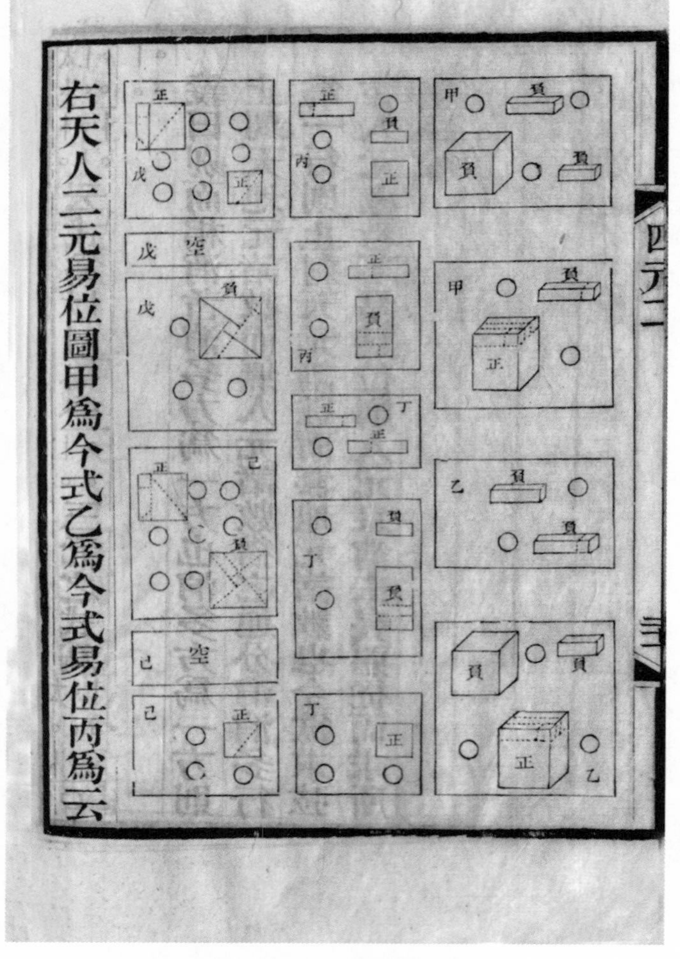

右天、人二元易位圖，甲爲今式，乙爲今式易位。丙爲云

式，丁爲云式易位。戊爲三元之式，己爲三元之式易位。條段悉依算式之位，每方中有虛格幾，亦作幾○以識之，更分明也。

乃並列之，先以云式與三元之式相减，得，爲初消式。

義曰：相消法古既無傳，初消式諸名亦無所本也。所以創立此名者，欲以識别諸式也。

以初消式下方徧乘云式，得。以初消式齊下直减之，得，爲次消式。

義曰：不以云式下方徧乘初消式者，云式下方爲丨，故不須乘也。

以初消式齊右直減之，得，爲三消式。

義曰：此非能消去一方也，僅能消去一行耳。所以如此者，總欲求行數之少耳。

以三消式升一位自相加，得。以直減次消式，得，爲前得式。

義曰：本當以上一方互相偏乘。互相偏乘者，欲齊上方諸數也。今以三消式升一位自相加，而上方諸數亦齊。葢數有適合，便可省乘也。

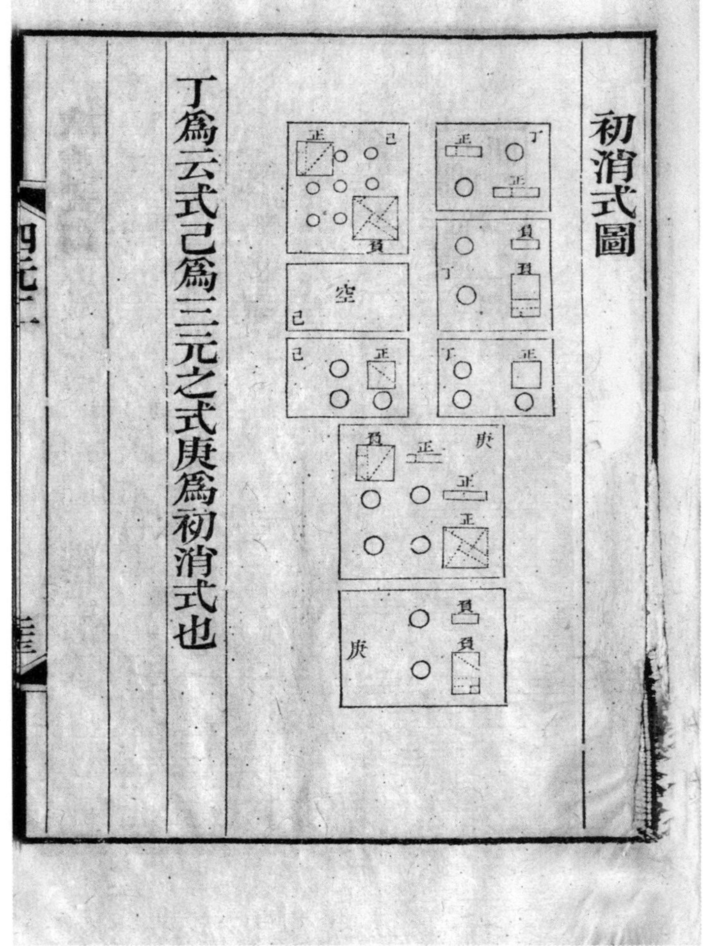

初消式圖

丁爲云式，己爲三元之式，庚爲初消式也。

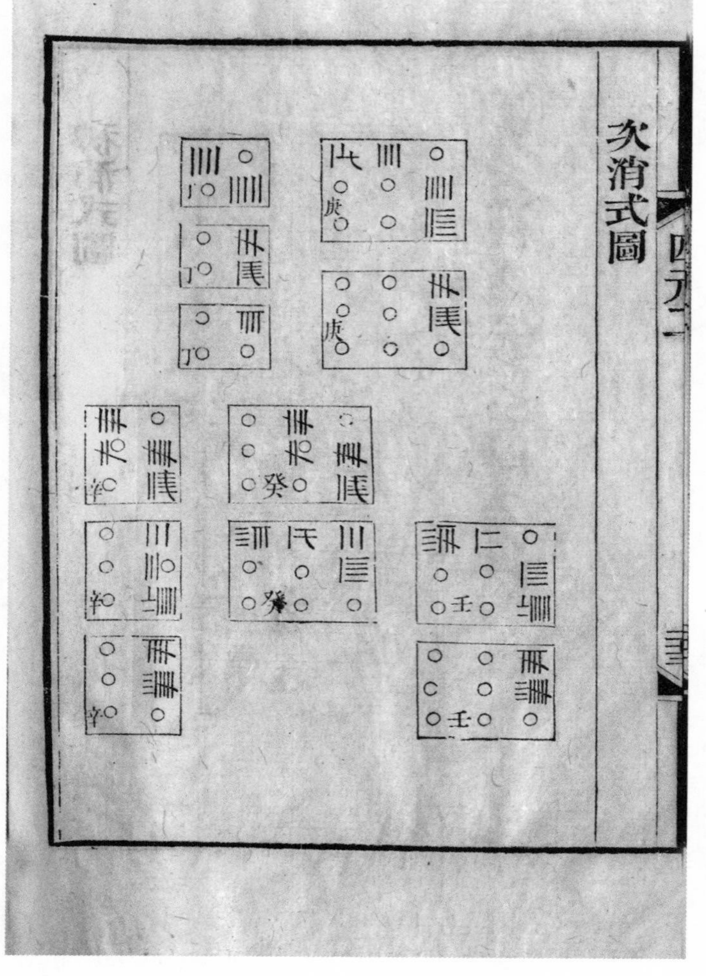

次消式圖

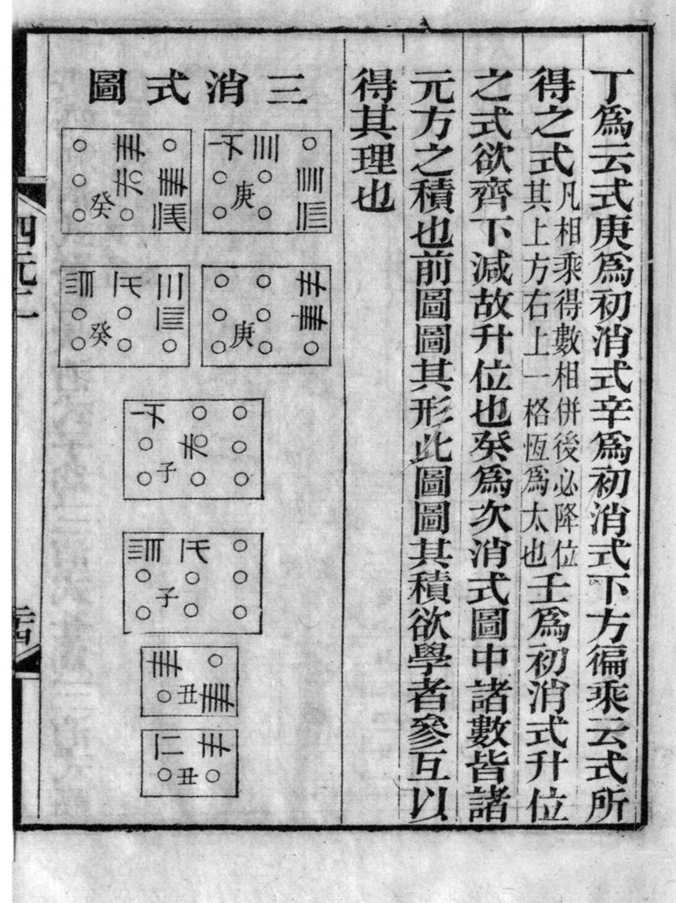

丁爲云式，庚爲初消式，辛爲初消式下方偏乘云式所得之式。凡相乘得數相併後必降位，其上方右上一格恆爲太也。壬爲初消式升位之式，欲齊下減，故升位也。癸爲次消式。圖中諸數皆諸元方之積也。前圖圖其形，此圖圖其積，欲學者參互以得其理也。

三消式圖

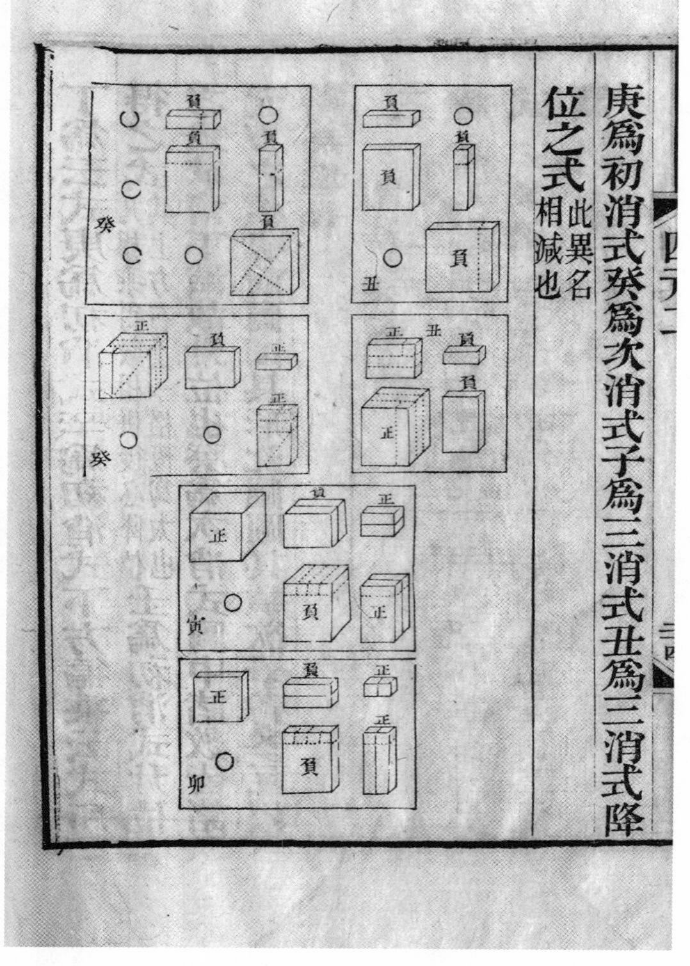

庚爲初消式，癸爲次消式，子爲三消式，丑爲三消式降位之式。此異名相減也。

右前得式圖，癸爲次消式，丑爲三消式升一位自相加式，寅爲前得式，卯爲前得式降位之式。

次以今式齊上直減云式，得　　，爲四消式。

義曰：凡言齊下者，必有一式依人元位暗升也。依人元位暗升者，謂太極升爲人元，人元升爲人元冪也。或升二位，則太極升爲人元冪，人元升爲人元再乘數也。言齊上者，則不升也。言齊左者，必有一式依地元位暗升也。言齊右者，則不升也。若直言升一位者，則依天元也。若通分消言齊下者，亦依天元位暗升也。

以三消式下方徧乘四消式，得　　。即以三消式直減之，得　　，爲後得式。

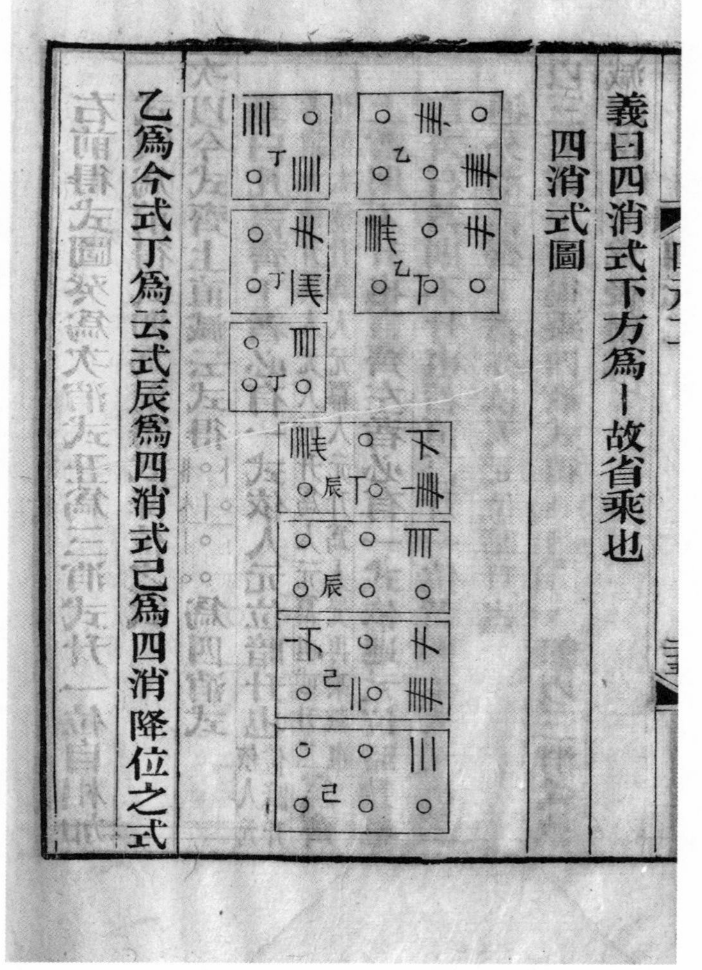

義曰：四消式下方爲丨，故省乘也。

四消式圖

乙爲今式，丁爲云式，辰爲四消式，己爲四消降位之式。

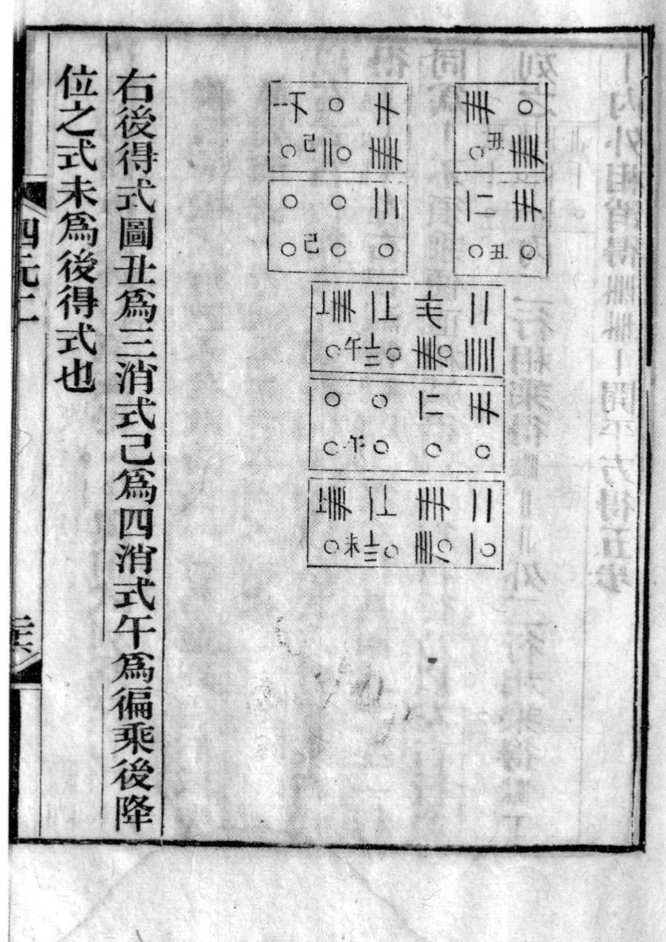

右後得式圖，丑爲三消式，己爲四消式，午爲徧乘後降位之式，未爲後得式也。

四三七

乃以前後兩式齊右直減得 與前式列爲左右
義曰前後式行數未齊故消去一行乃並列也然或先並列消去一行後重列之亦可不拘也
以右式右行徧乘左式得 以左式右行徧乘右式得 左右相減得 爲左行其兩式之左一行同爲丨不須乘便直相減得 爲右行乃以左右行並列之 內二行相乘得 外二行相乘得 丨內外相消得 開平方得五步

乃以前後兩式齊右直減，得 。與前式列爲左右 。

義曰：前後式行數未齊，故消去一行，乃並列也。然或先並列消去一行，後重列之，亦可不拘也。

以右式右行徧乘左式，得 ；以左式右行徧乘右式，得 。左右相減，得 ，爲左行。其兩式之左一行同爲丨，不須乘，便直相減，得 ，爲右行。乃以左右行並列之 。內二行相乘，得 ；外二行相乘，得 。內外相消，得 ，開平方得五步。

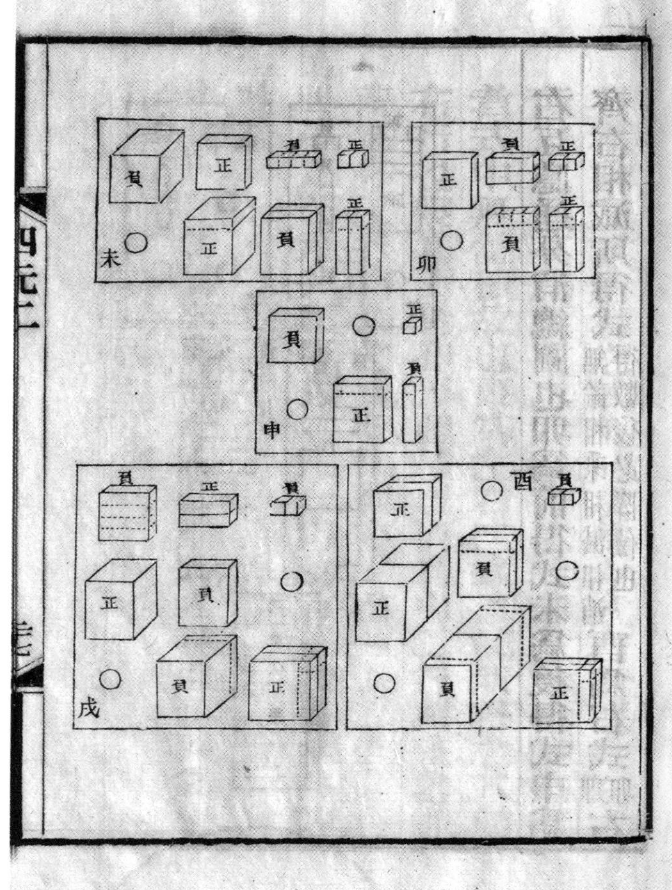

未
卯
申
戌
酉
正
負

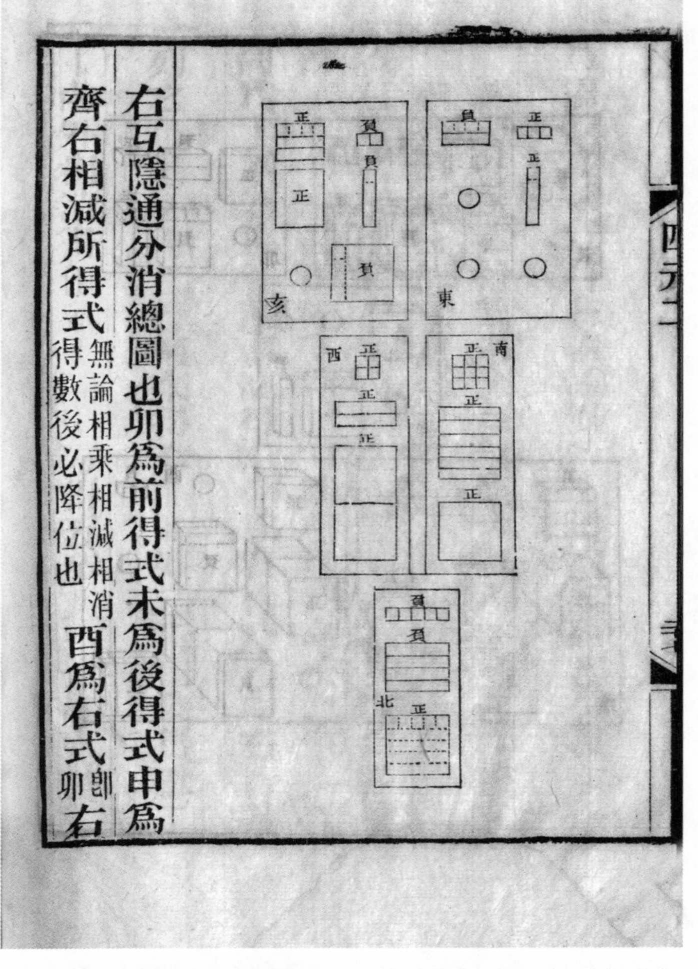

右互隱通分消總圖也，卯爲前得式，未爲後得式，申爲齊右相減所得式。無論相乘、相減相消，得數後必降位也。酉爲右式即卯。右

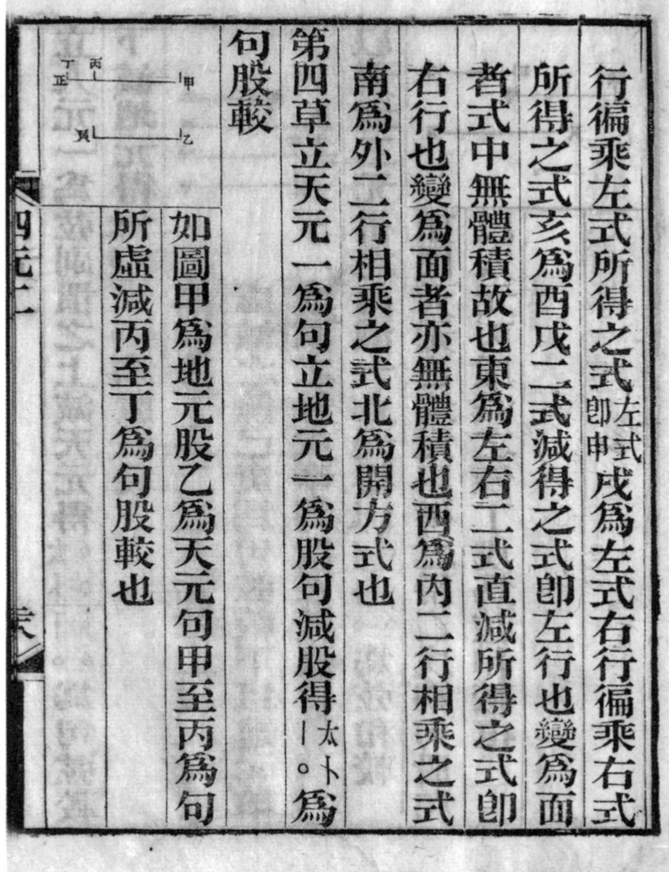

行偏乘左式所得之式左式即申戊爲左式右行偏乘右式所得之式亥爲酉戊二式減得之式即左行也變爲面者式中無體積故也東爲左右二式直減所得之式即右行也變爲面者亦無體積也西爲內二行相乘之式南爲外二行相乘之式北爲開方式也

第四草立天元一爲句立地元一爲股句減股得丨。太卜爲句股較

如圖甲爲地元股乙爲天元句甲至丙爲句所虛減丙至丁爲句股較也

行偏乘左式所得之式，左式即申。戊爲左式右行偏乘右式所得之式。亥爲酉、戊二式減得之式，即左行也，變爲面者，式中無體積故也。東爲左右二式直減所得之式，即右行也，變爲面者，亦無體積也。西爲內二行相乘之式，南爲外二行相乘之式，北爲開方式也。

第四草：立天元一爲句，立地元一爲股，句減股得丨。太卜，爲句股較。

如圖，甲爲地元股，乙爲天元句，甲至丙爲句所虛減，丙至丁爲句股較也。

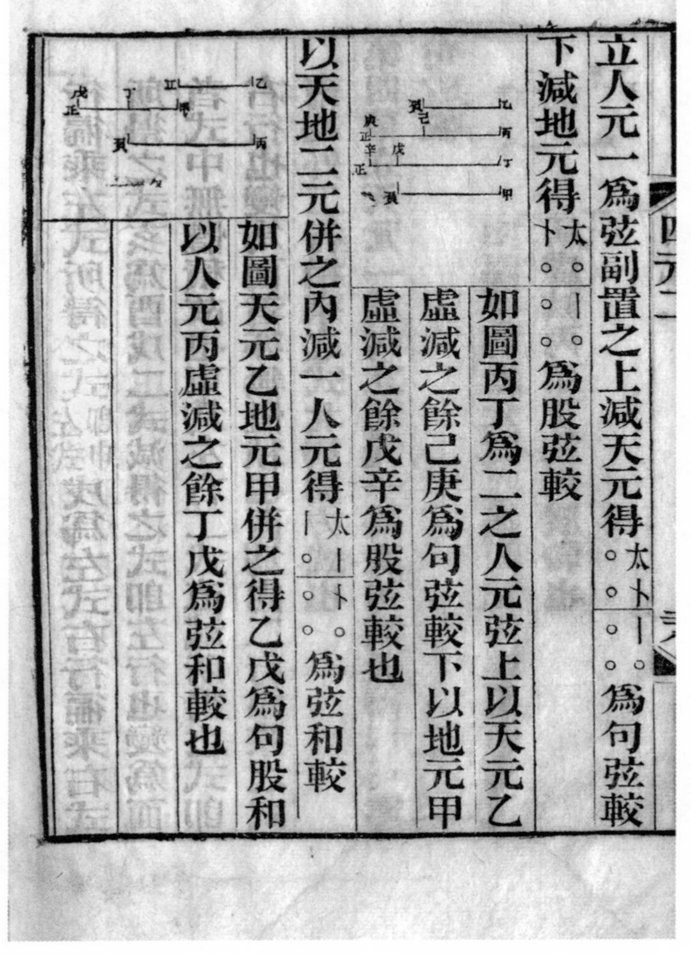

立人元一爲弦，副置之，上減天元，得$\begin{array}{cc}\bigcirc & \text{太}\\ \bigcirc & \text{卜}\\ \hline \bigcirc & |\\ \bigcirc & \bigcirc\end{array}$，爲句弦較；下減地元，得$\begin{array}{cc}\text{卜} & \text{太}\\ \bigcirc & \bigcirc\\ \hline \bigcirc & |\\ \bigcirc & \bigcirc\end{array}$，爲股弦較。

如圖，丙丁爲二之人元弦，上以天元乙虛減之，餘己庚爲句弦較；下以地元甲虛減之，餘戊辛爲股弦較也。

以天、地二元併之，内減一人元，得$\begin{array}{cc}| & \text{太}\\ \bigcirc & |\\ \hline \bigcirc & \text{卜}\\ \bigcirc & \bigcirc\end{array}$，爲弦和較。

如圖，天元乙、地元甲併之，得乙戊爲句股和；以人元丙虛減之，餘丁戊爲弦和較也。

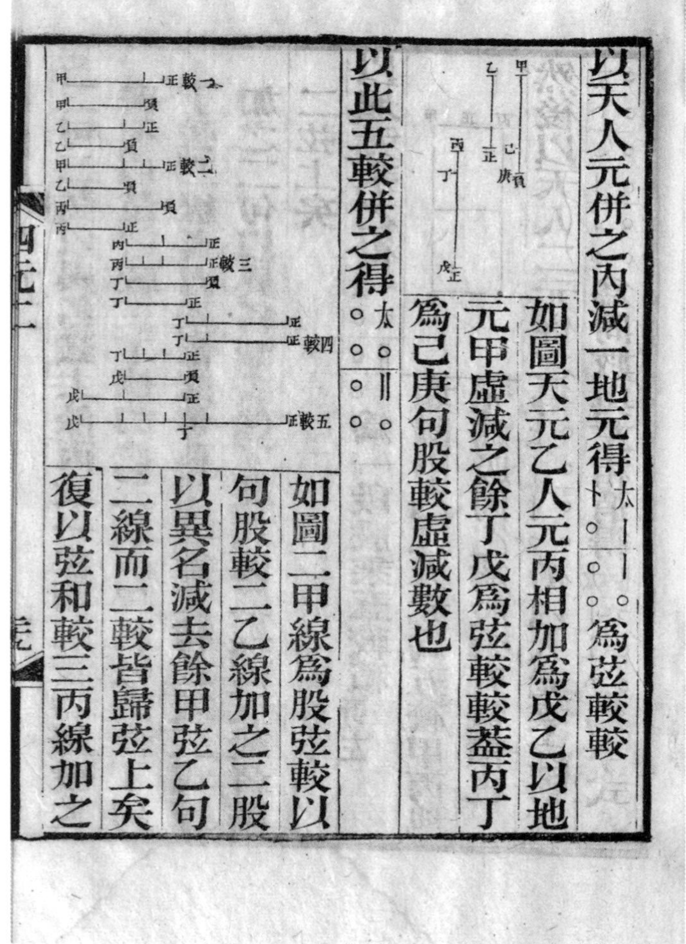

以天、人元併之，内減一地元，得$\begin{array}{cc} \not{|} & \text{太} \\ \bigcirc & | \\ \hline \bigcirc & | \\ \bigcirc & \bigcirc \end{array}$**，爲弦較較。**

如圖，天元乙、人元丙相加爲戊乙，以地元甲虛減之，餘丁戊爲弦較較，蓋丙丁爲己庚句股較虛減數也。

以此五較併之，得$\begin{array}{cc} \bigcirc & \text{太} \\ \bigcirc & \bigcirc \\ \hline \bigcirc & || \\ \bigcirc & \bigcirc \end{array}$。

如圖，二甲線爲股弦較。以句股較二乙線加之，二股以異名減去，餘甲弦、乙句二線，而二較皆歸弦上矣。復以弦和較、三丙線加之，

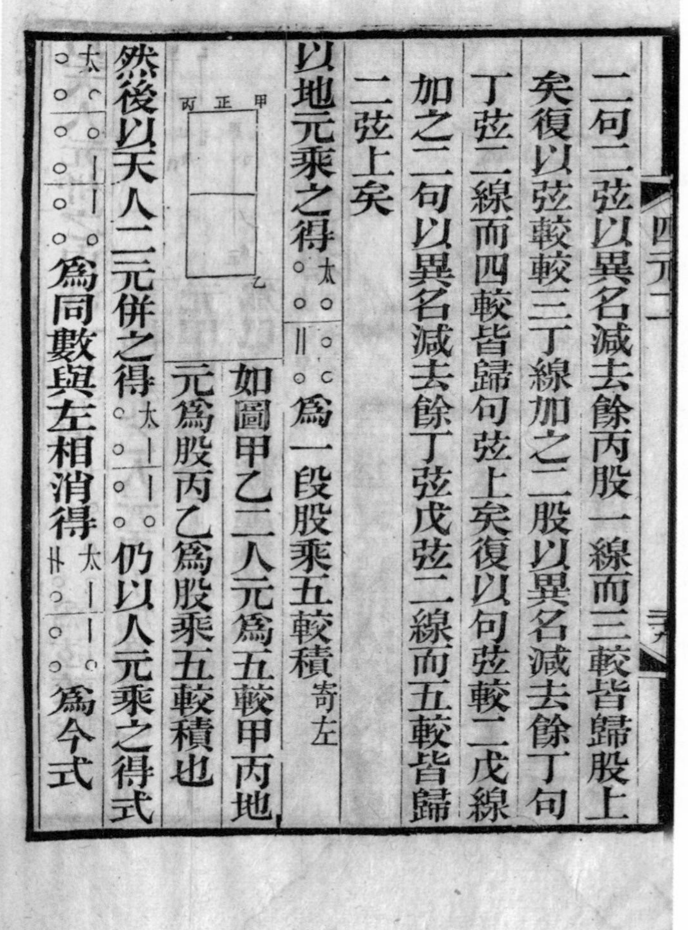

二句、二弦以異名減去，餘丙股一線，而三較皆歸股上矣。復以弦較較、三丁線加之，二股以異名減去，餘丁句、丁弦二線，而四較皆歸句弦上矣。復以句弦較、二戊線加之，二句以異名減去，餘丁弦、戊弦二線，而五較皆歸二弦上矣。

以地元乘之，得$\begin{array}{cc} \text{〇} & \text{太} \\ \text{〇} & \text{〇} \\ \hline \text{〢} & \text{〇} \\ \text{〇} & \text{〇} \end{array}$，爲一段股乘五較積。寄左。

如圖，甲乙二人元爲五較，甲丙地元爲股，丙乙爲股乘五較積也。

然後以天、人二元併之，得$\begin{array}{cc} \text{〇} & \text{太} \\ \text{〇} & | \\ \hline \text{〇} & | \\ \text{〇} & \text{〇} \end{array}$。仍以人元乘之，得式$\begin{array}{cc} \text{〇} & \text{太} \\ \text{〇} & \text{〇} \\ \hline \text{〇} & \text{〇} \\ \text{〇} & | \\ \hline \text{〇} & | \\ \text{〇} & \text{〇} \end{array}$，爲同數。與左相消，得$\begin{array}{cc} \not{\text{〢}} & \text{太} \\ \text{〇} & | \\ \hline \text{〇} & | \\ \text{〇} & \text{〇} \end{array}$，爲今式。

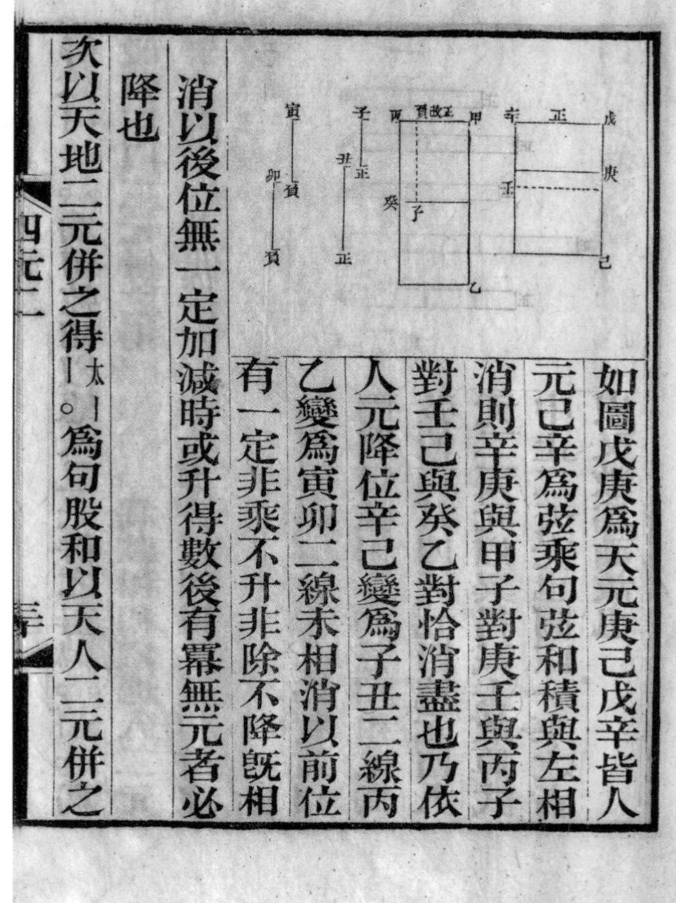

如圖，戊庚爲天元，庚己、戊辛皆人元。己辛爲弦乘句弦和積，與左相消，則辛庚與甲子對，庚壬與丙子對，壬己與癸乙對，恰消盡也。乃依人元降位，辛己變爲子、丑二線，丙乙變爲寅、卯二線，未相消以前，位有一定，非乘不升，非除不降。既相消以後，位無一定，加減時或升，得數後有冪無元者必降也。

次以天、地二元併之，得○太|，爲句股和。以天、人二元併之，

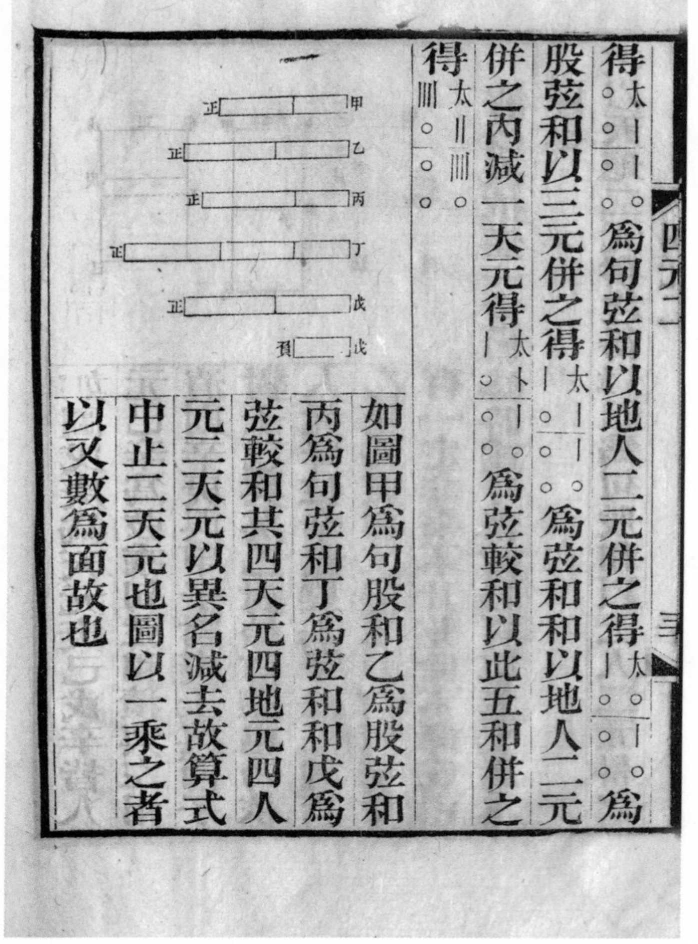

得$\begin{array}{cc}\bigcirc&\text{太}\\\bigcirc&\mid\\\hline\bigcirc&\mid\\\bigcirc&\bigcirc\end{array}$，爲句弦和。以地、人二元併之，得$\begin{array}{cc}\mid&\text{太}\\\bigcirc&\bigcirc\\\hline\bigcirc&\mid\\\bigcirc&\bigcirc\end{array}$，爲股弦和。以三元併之，得$\begin{array}{cc}\mid&\text{太}\\\bigcirc&\mid\\\hline\bigcirc&\mid\\\bigcirc&\bigcirc\end{array}$，爲弦和和。以地、人二元併之，内減一天元，得$\begin{array}{cc}\mid&\text{太}\\\bigcirc&\text{卜}\\\hline\bigcirc&\mid\\\bigcirc&\bigcirc\end{array}$，爲弦較和。以此五和併之，得$\begin{array}{cc}\text{||||}&\text{太}\\\bigcirc&\text{||}\\\hline\bigcirc&\text{||||}\\\bigcirc&\bigcirc\end{array}$。

如圖，甲爲句股和，乙爲股弦和，丙爲句弦和，丁爲弦和和，戊爲弦較和，共四天元、四地元、四人元。二天元以異名減去，故算式中止二天元也。圖以一乘之者，以又數爲面故也。

以天元除之，得，爲句除五和數。寄左。

如圖，甲乙爲天元除二句數，丙丁爲天元除四股數，戊己爲天元除四弦數，皆爲前圖三分之一也。

然後以地元自之，得，爲股冪於上。以天元減人元，得，爲句弦較，以減上，得，爲同數。與左相消，得，爲云式。

如圖，己爲天元，庚爲人元，戊丁爲地元冪，甲乙丙爲寄左數。本以己虛減庚，則庚爲正而己爲負。繼以庚之減餘轉減戊丁，則戊丁爲正而庚變爲負，己變爲正。繼以

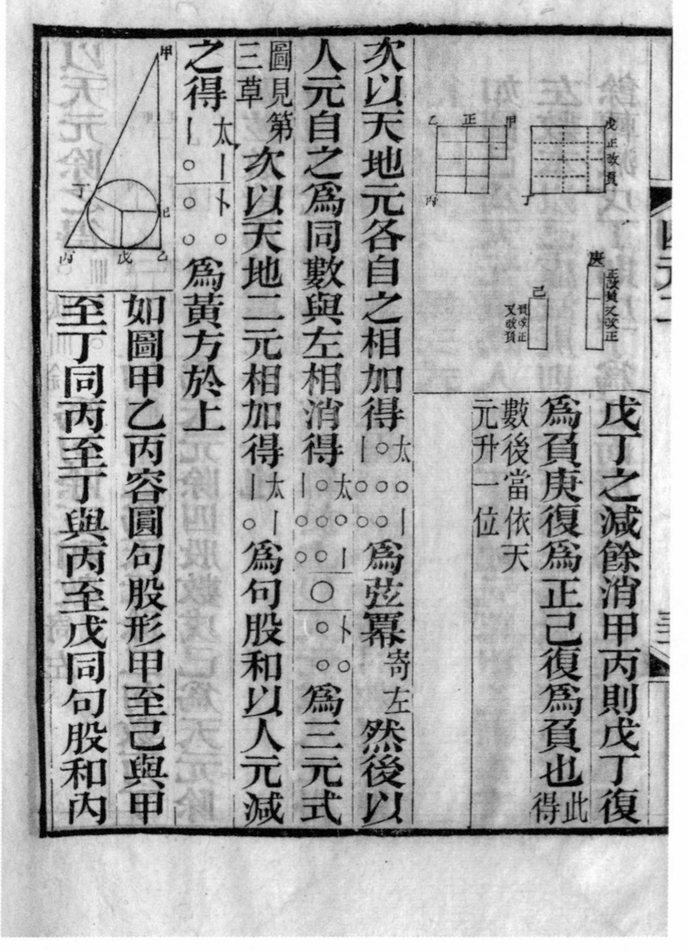

戊丁之減餘消甲丙，則戊丁復爲負，庚復爲正，己復爲負也。此得數後當依天元升一位。

次以天、地元各自之，相加，得$\begin{array}{ccc} \text{丨} & \text{○} & \text{太} \\ \text{○} & \text{○} & \text{○} \\ \text{○} & \text{○} & \text{丨} \end{array}$**，爲弦冪；**寄左。**然後以人元自之爲同數，與左相消，得**$\begin{array}{ccc} \text{丨} & \text{○} & \text{太} \\ \text{○} & \text{○} & \text{○} \\ \text{○} & \text{○} & \text{丨} \\ \hline & \text{○} & \\ \hline & \text{○} & \text{卜} \\ & \text{○} & \text{○} \end{array}$**，爲三元式。**圖見第三草。**次以天、地二元相加，得**$\begin{array}{cc} \text{丨} & \text{太} \\ \text{○} & \text{丨} \end{array}$**，爲句股和。以人元減之，得**$\begin{array}{cc} \text{丨} & \text{太} \\ \text{○} & \text{丨} \\ \hline \text{○} & \text{卜} \\ \text{○} & \text{○} \end{array}$**，爲黄方於上。**

如圖，甲乙丙容圓句股形，甲至己與甲至丁同，丙至丁與丙至戊同。句股和內

去一弦，是去一甲己、一丙戊也。餘己乙、乙戊爲兩半徑，併之即黄方也。此圖解句股。

以三元併之，得$\begin{array}{cc} | & 太 \\ ○ & | \\ \hline ○ & | \\ ○ & ○ \end{array}$，爲三事和。以加上，得$\begin{array}{cc} \| & 太 \\ ○ & \| \end{array}$，爲黄方帶三事和。寄左。**然後立物元一爲同數，與左相消，得式$\begin{array}{cc|cc} ○ & \top & \| & 太 \\ ○ & ○ & ○ & \| \end{array}$，爲物元之式。**

如圖，甲、乙、丙三線爲黄方，丁、戊、己三線爲三事和。六線相加，丙、己二線以異名減去，餘甲、丁二句線，乙、戊

二股線與物元庚爲等數也

乃以四式剔而消之先以今式與三元之式齊下位相減得　爲初消式以初消式下方偏乘今式得下　以初消式減之得　爲次消式以云式下方偏乘今式得　與云式相減得　爲三消式

義曰此第一次剔消消去人元諸數也

二股線，與物元庚爲等數也。

乃以四式剔而消之，先以今式與三元之式齊下位相減，得　，爲初消式。以初消式下方徧乘今式，得下　。以初消式減之，得　，爲次消式。以云式下方徧乘今式，得　，與云式相減，得　，爲三消式。

義曰：此第一次剔消，消去人元諸數也。

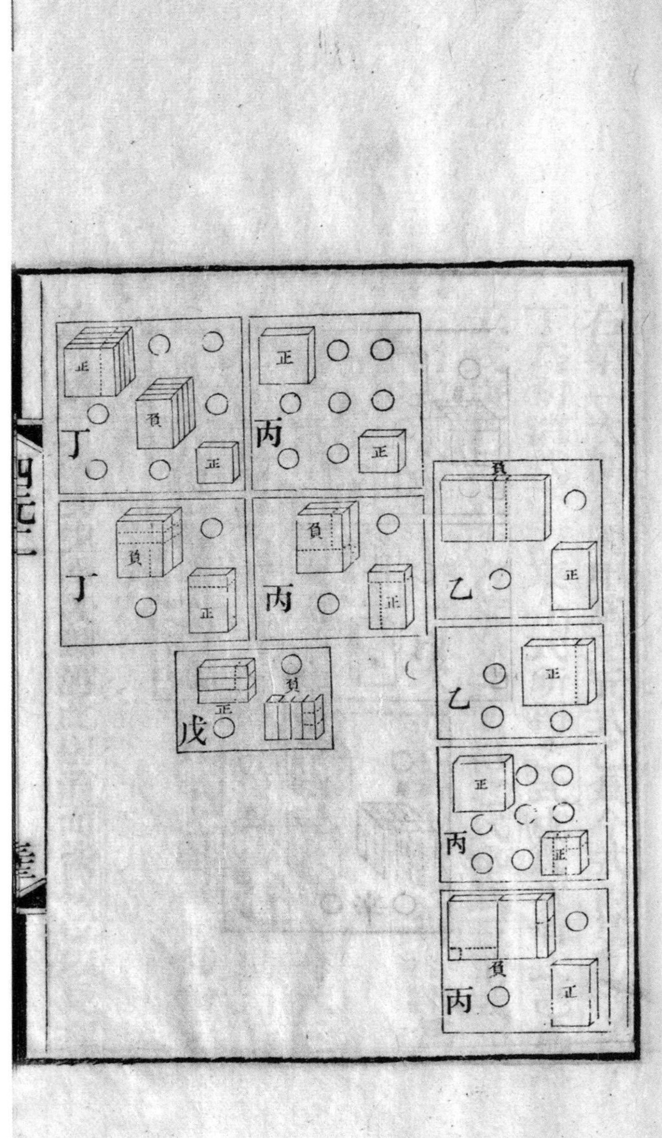

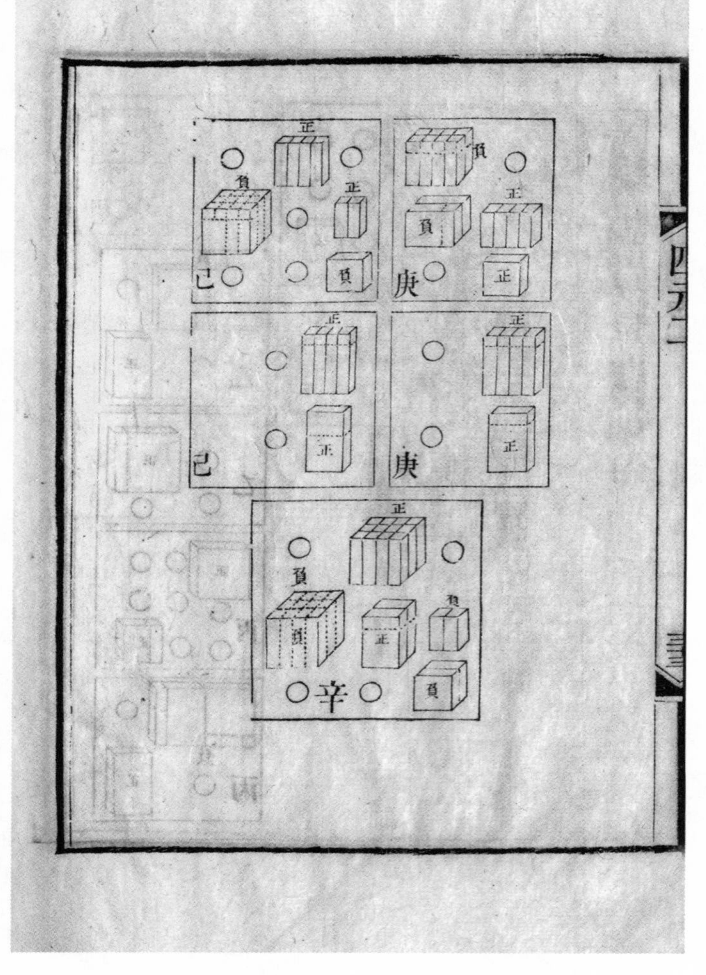
己
庚
己
庚
辛

右第一次剔消圖，甲爲三元式，乙爲今式，丙爲初消式，丁爲初消式下方乘今式所得之式，戊爲次消式，己爲云式，庚爲云式下方乘今式所得之式，辛爲三消式。

以三消式二之，得；以次消式齊下減之，得，爲四消式。

義曰：此齊下乃依天元升位也。因物元式中止有天元，無天元冪，故此亦消去天元冪，然後與彼相消也。

以物元之式倍之，得。以次消式減之，得。移物元居天元位，得，便爲左行。

義曰：第三草易位而後剔消，此剔消而後易位，以見理之無不通也。

以四消式上層徧乘物元式，得[illegible]；以物元式上層徧乘四消式，得[illegible]。兩得式相消，得[illegible]。移物元諸數，各居天元諸位，得[illegible]，爲後得式。

義曰：此第二次剔消，消去天元諸數也。若先易位，則所消之天元乃物元也。

四消式圖

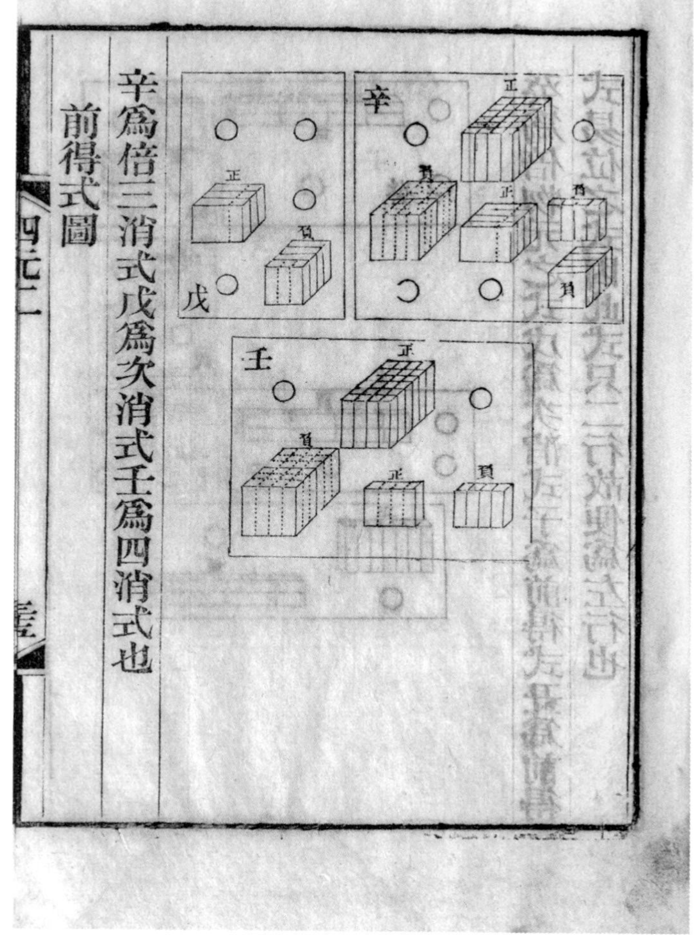

辛爲倍三消式，戊爲次消式，壬爲四消式也。

前得式圖

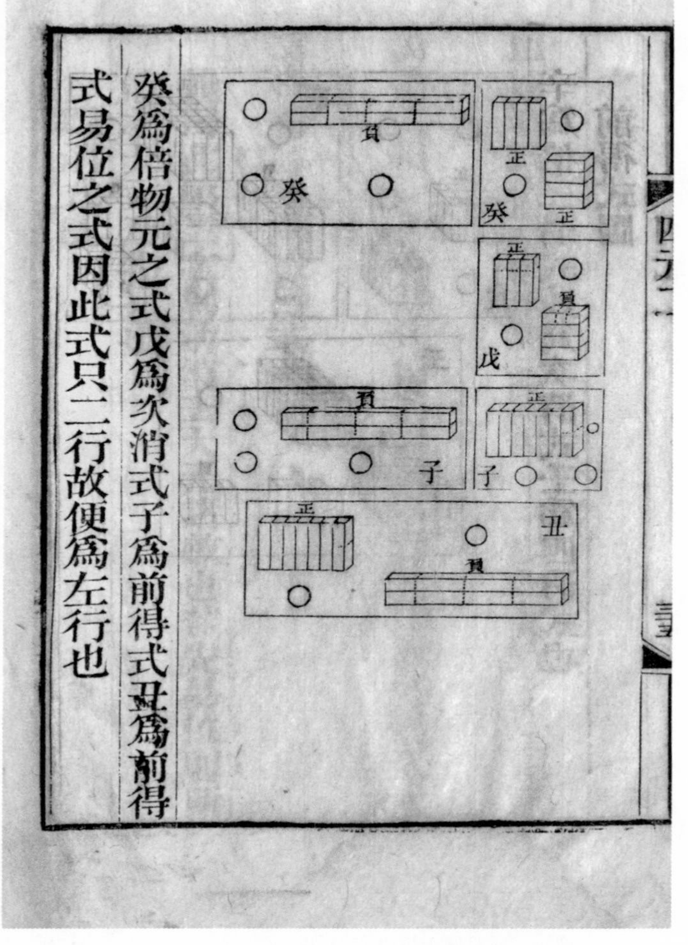

癸爲倍物元之式，戊爲次消式，子爲前得式，丑爲前得式易位之式。因此式只二行，故便爲左行也。

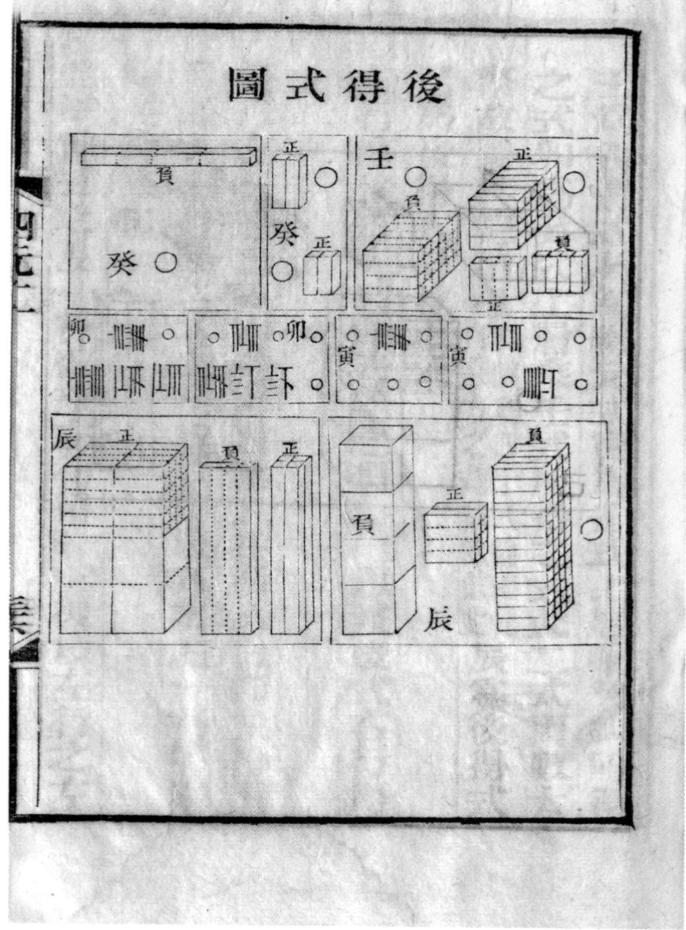

後得式圖

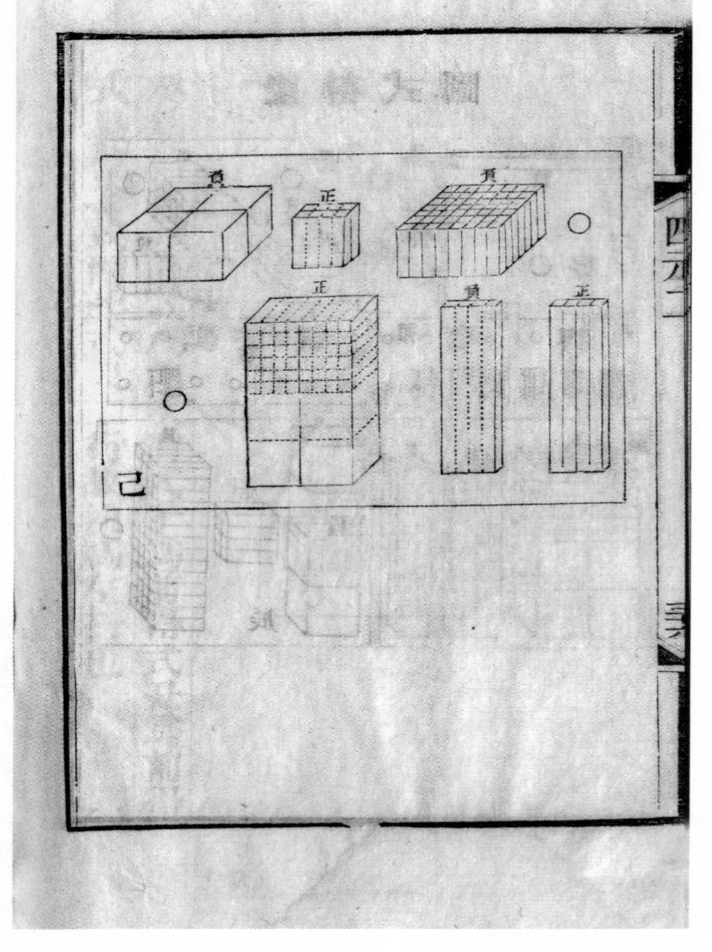
負
正
負
正
負
正
己

壬爲四消式，癸爲物元式。寅爲壬式上層乘癸式所得之式，卯爲癸式上層乘壬式所得之式，此二式因數太繁，故圖其總積也。如〢丨〣爲四十八箇地元自乘方之總積，餘倣此。辰爲後得式，己爲後得式易位之式。

以左行消後式，先以左行倍之，得。以減後式右行，得。

義曰：左行己無可消，故不曰兩式相消，而曰以左行消後式也。左行倍之，其右一行恰與後式之右一行等，則便可省乘也。

以此減餘式之左一行徧乘左行，得。復以左行之左

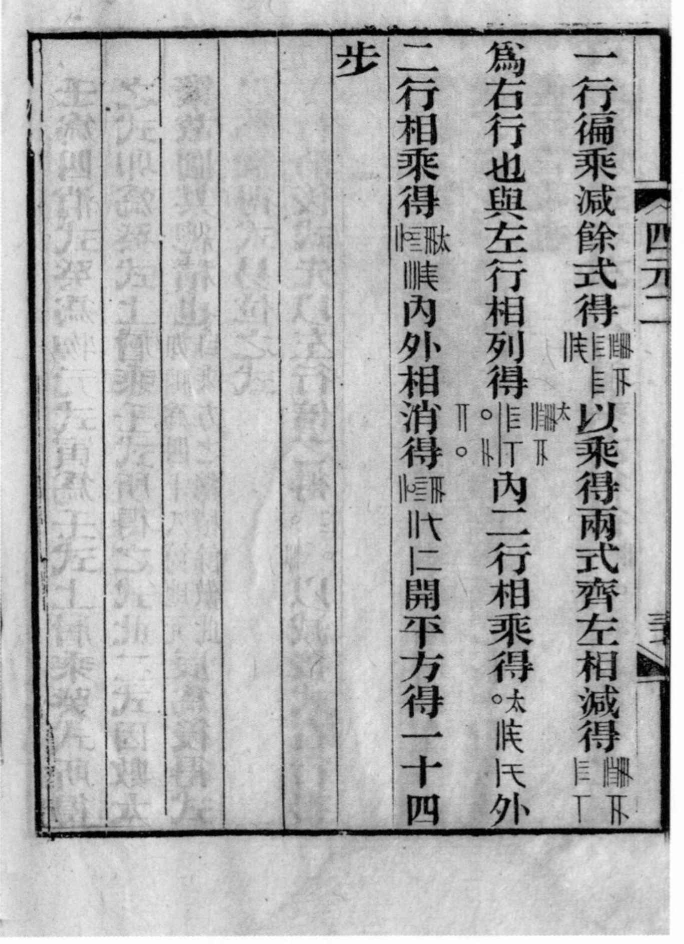
四元二

一行偏乘減餘式得以乘得兩式齊左相減得爲右行也與左行相列得內二行相乘得外二行相乘得內外相消得開平方得一十四步

一行偏乘減餘式，得。以乘得兩式齊左相減，得，爲右行也。與左行相列，得。內二行相乘，得；外二行相乘，得。內外相消，得。開平方，得一十四步。

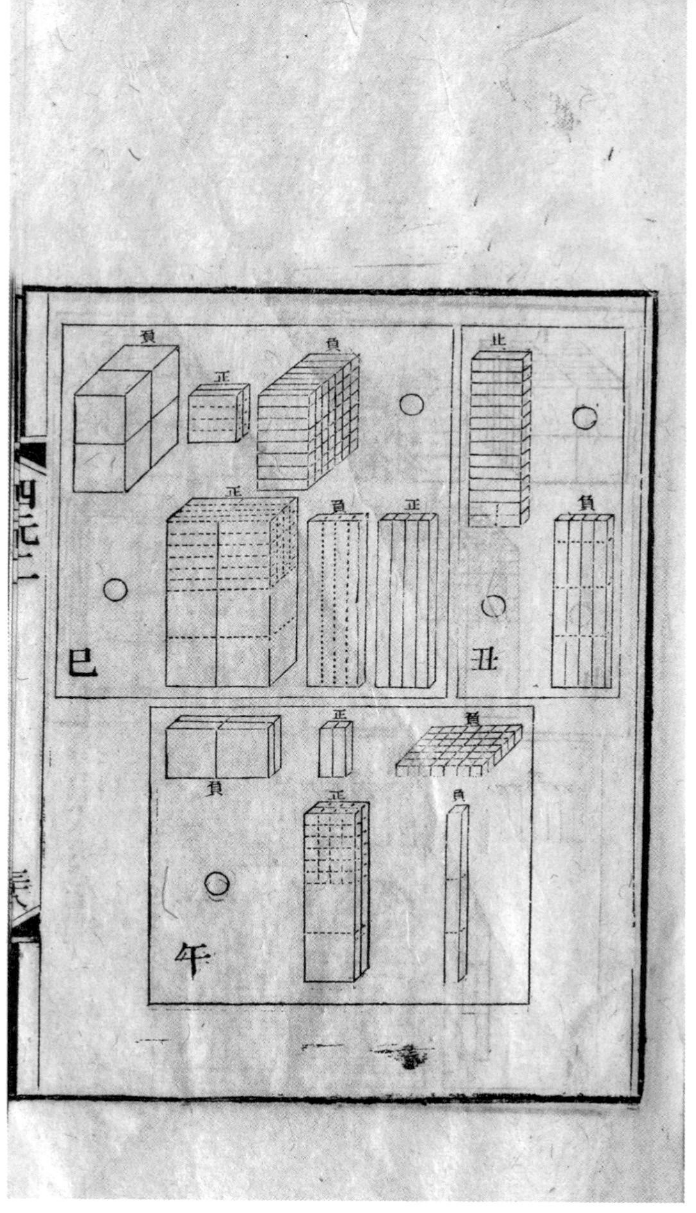
負
正
負
正
負
正
巳
正
負
丑
負
正
負
正
負
午

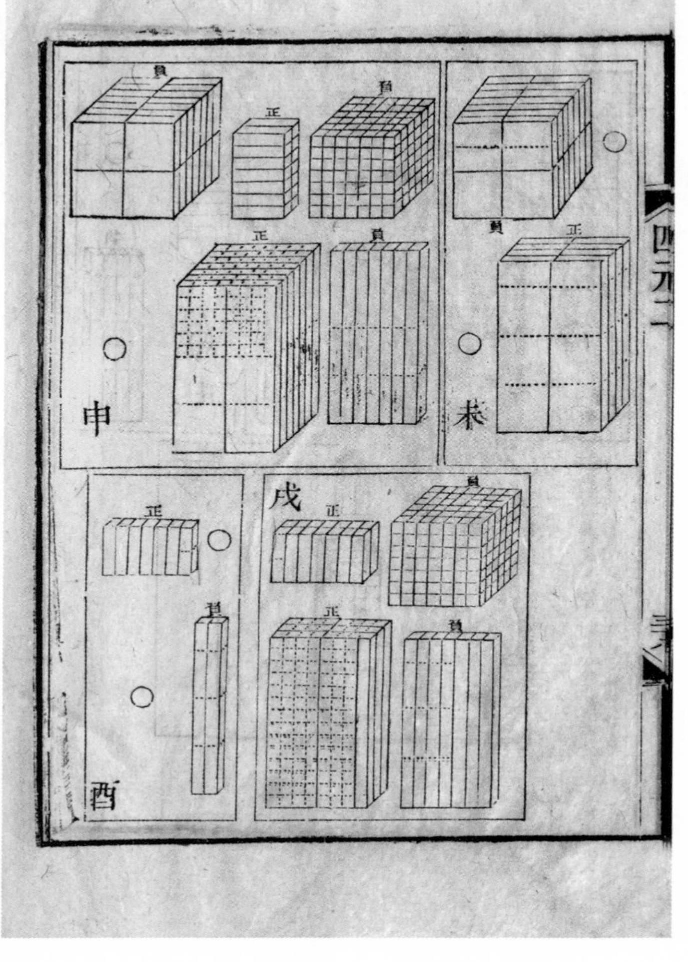
四元二
負
正
負
負
正
正
負
申
未
正
正
負
正
負
酉
戌

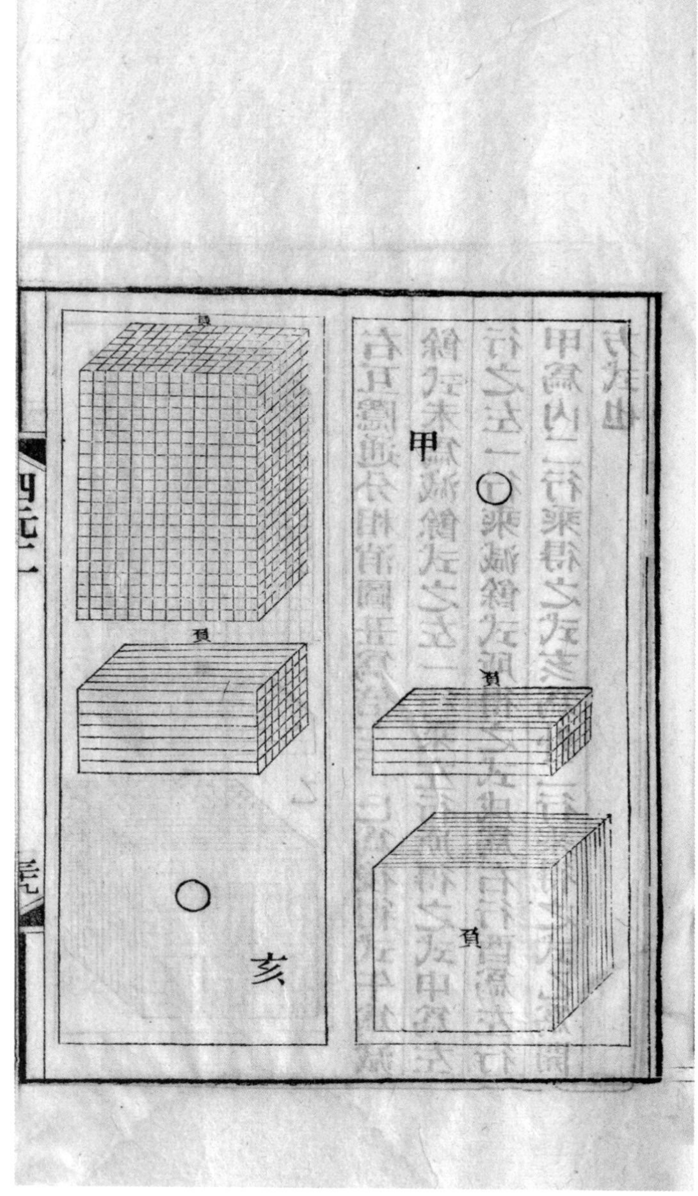

負
負
亥
甲
負
負

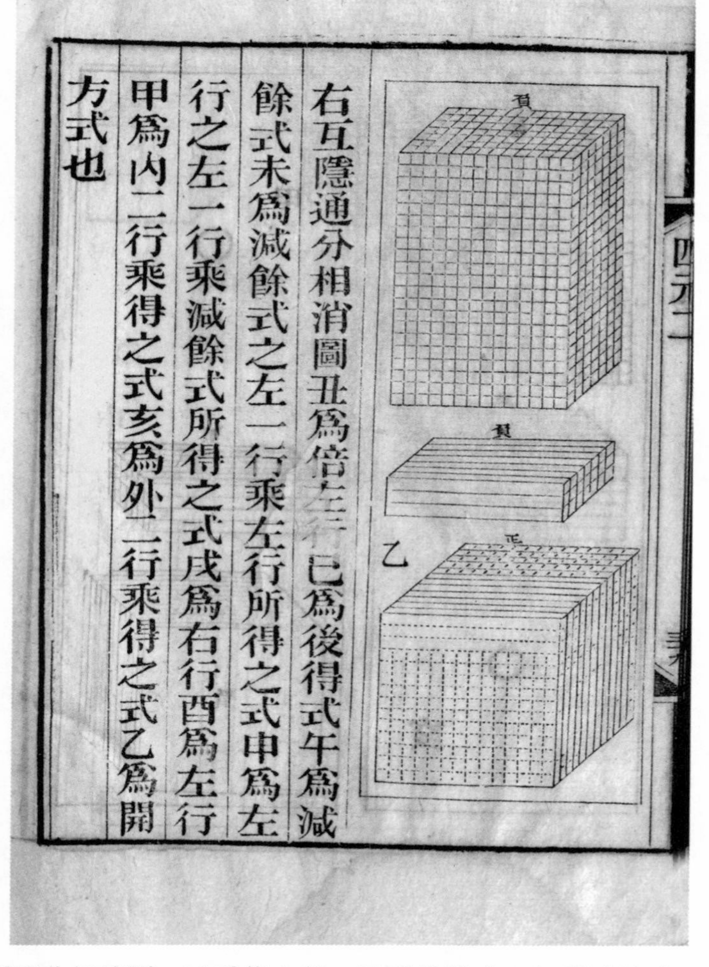

右互隱通分相消圖，丑爲倍左行，巳爲後得式，午爲減餘式，未爲減餘式之左一行乘左行所得之式，申爲左行之左一行乘減餘式所得之式，戌爲右行，酉爲左行，甲爲内二行乘得之式，亥爲外二行乘得之式，乙爲開方式也。

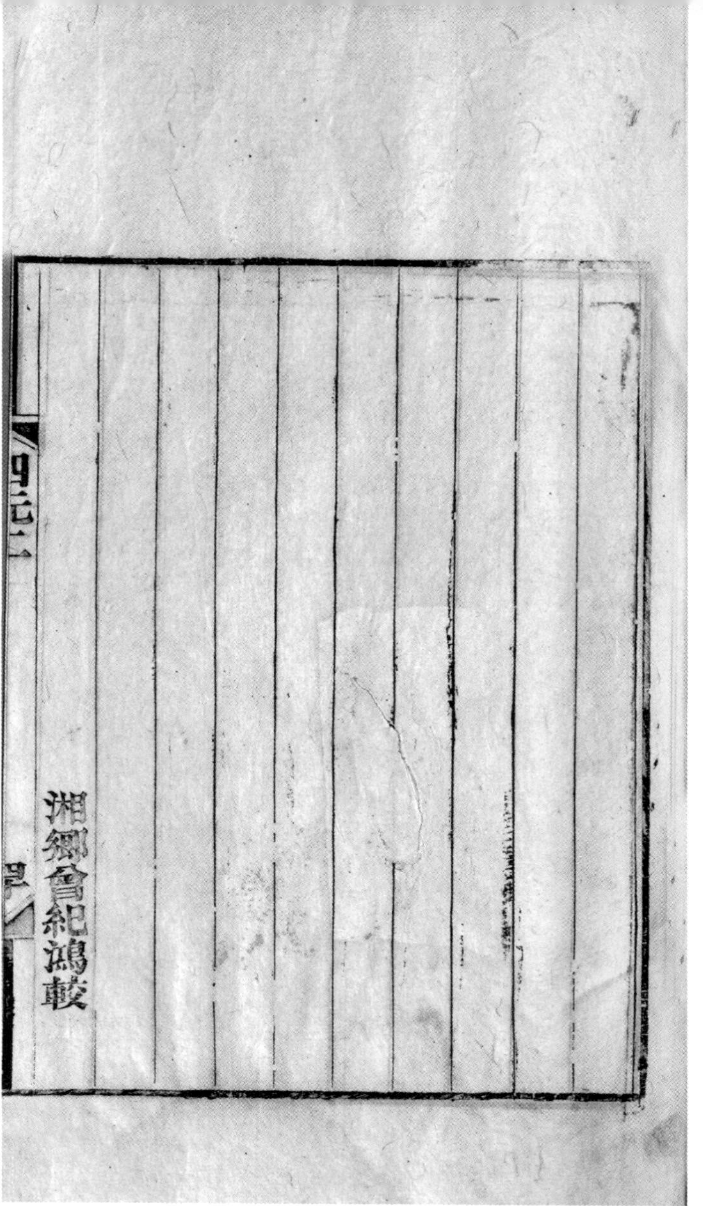

湘鄉曾紀鴻較

圖書在版編目（CIP）數據

則古昔齋算學（上、下）/［清］李善蘭撰； 本書整理組整理. — 長沙 ：湖南科學技術出版社，2023.8
（中國科技典籍選刊. 第六輯）
ISBN 978-7-5710-1967-9

Ⅰ. ①則… Ⅱ. ①李… ②本… Ⅲ. ①天文計算－中國－清代 Ⅳ. ①P114.5

中國版本圖書館 CIP 數據核字(2022)第 233390 號

中國科技典籍選刊（第六輯）
ZEGUXIZHAI SUANXUE （SHANG）
則古昔齋算學（上）
撰　　者：[清]李善蘭
整　　理：本書整理組
出 版 人：潘曉山
責任編輯：楊　林
出版發行：湖南科學技術出版社
社　　址：湖南省長沙市開福區芙蓉中路一段 416 號泊富國際金融中心 40 樓
网　　址：http://www.hnstp.com
郵購聯係：本社直銷科 0731-84375808
印　　刷：湖南省眾鑫印務有限公司
（印裝質量問題請直接與本廠聯係）
廠　　址：湖南省長沙縣榔梨街道梨江大道20號
郵　　編：410100
版　　次：2023 年 8 月第 1 版
印　　次：2023 年 8 月第 1 次印刷
開　　本：787mm×1092mm　1/16
本册印張：30.25
本册字數：580 千字
書　　號：ISBN 978-7-5710-1967-9
定　　價：680.00 圓（共兩册）